PROVSM
기초회로 시뮬레이션

최상복 · 홍원학 공저

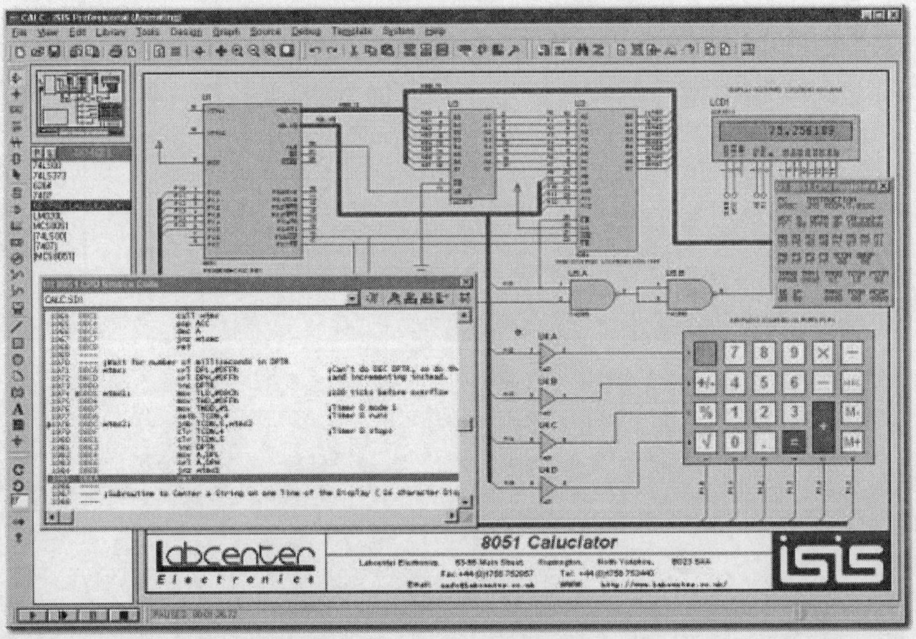

도서출판 상학당

이 책의 머리말

현대의 공학은 이론과 실습이 서로 상호보완적인 관계로 발전하고 있으며, 특히 컴퓨터의 급속한 발전과 더불어 실습방법도 새롭게 바뀌고 있다. 일반적으로 실습의 전단계로서 모의실험(Simulation : 시뮬레이션) 단계가 이루어지는데, 이는 회로를 설계 · 제작함에 있어 원가절감과 실수를 줄이려고 현재 발달한 컴퓨터 기술을 이용하여 회로동작의 검증 및 성능분석 등의 과정을 컴퓨터의 도움으로 쉽게 해결하고 있다.

VSM(Virtual Simulation Modeling)이란 기존의 off-line 시뮬레이션에 네트워크를 결합하여 사이버 공간상에서 시뮬레이션할 수 있는 on-line 시뮬레이션 툴(tool)로서 주로 오토닉스 분야의 회로설계 및 검증에 많이 사용되고 있다.

이 책에서 다루는 PROVSM 툴은 Window 98/NT/2000/XP용 Proteus 시뮬레이션 패키지로서 기존의 SPICE 아날로그 및 디지털 분석기능은 물론 기존의 패키지에서 볼 수 없었던 애니메이션 기능을 포함하고 있어 높은 교육 효과를 가지고 있으며, 사용법이 쉬워 학생들이 쉽게 모의실험을 할 수 있는 장점을 가지고 있다. 그리고 하나의 원리나 기본법칙, 기본부품, 기초회로에 대하여 각각 4단계로 구성하였다.

첫째, 이론을 설명한다.

둘째, 시뮬레이션할 회로를 이론을 바탕으로 검증한다.

셋째, 시뮬레이션 과정을 통하여 이론으로 검증한 결과와 시뮬레이션을 통하여 얻은 결과를 비교하여 살펴보고, Proteus VSM 프로그램 사용법을 익히게 하였다.

넷째, 실습문제를 통하여 앞서 설명하고, 설계하고, 시뮬레이션한 것을 숙지하도록 구성하였다.

이 책의 내용은 다음과 같다.

제1장에서는 모의실험에 사용되는 Proteus VSM 프로그램의 시작 및 구성을 살펴보고, 무조건 따라 하기와 가상 오실로스코프 사용법을 통하여 자연스럽게 Proteus VSM 프로그램 사용법을 익히게 하였다.

제2장에서는 회로 기본법칙을 설명하고, 이를 이용한 기초회로 해석 방법을 시뮬레이션을 통하여 검증하여 회로의 기본법칙들을 이해하도록 하였다. 그리고 시뮬레이션 과정을 통하여 Proteus VSM 프로그램 사용법을 익히게 하였다.

제3장에서는 R, L, C 기본회로를 통하여 수동소자의 기본속성을 설명하고, 수동소자를 활용한 공진회로와 미·적분회로, 필터회로의 설명과 시뮬레이션을 통하여 R, L, C 기본회로와 공진회로, 필터회로를 설계할 수 있는 기초적 지식을 익힐 수 있도록 하였다. 또한, R, L, C 수동소자의 기본속성을 이해함으로써 교류회로의 기초를 익히도록 하였다. 그리고 시뮬레이션 과정을 통하여 Proteus VSM 프로그램 사용법을 익히게 하였다.

제4장에서는 능동소자의 기초소자인 다이오드와 트랜지스터의 기본 특성을 시뮬레이션을 통하여 확인함으로써 능동소자의 특성을 이해하도록 하였다. 또한, 다이오드와 트랜지스터의 기본적인 응용회로를 이론적 회로해석과 시뮬레이션을 통하여 능동소자를 응용한 회로설계를 할 수 있는 기초를 익히도록 하였다. 그리고 시뮬레이션 과정을 통하여 Proteus VSM 프로그램 사용법을 익히게 하였다.

5장에서는 시뮬레이션을 통하여 디지털 기본 논리소자들의 동작을 이해하고, 회로 간소화 방법을 통하여 디지털 논리회로설계 기초를 쌓도록 하였으며, 기본 논리 게이트들을 조합하여 다양한 논리회로들을 설계하고 시뮬레이션을 통하여 디지털회로를 쉽게 이해하도록 하였다. 그리고 Proteus VSM 프로그램의 디지털회로 시뮬레이션 사용법을 익히게 하였다.

끝으로 전기·전자를 공부하려는 학생들에게 전기·전자에서 다소 어려운 이론들을 이 책의 이론과 시뮬레이션을 통하여 보다 쉽게 접근할 수 있도록 구성하였으나, 저자들의 부족함으로 오류가 있을 수 있으리라 생각되므로, 계속해서 미비한 점들을 보완할 것을 약속드리며 독자 여러분의 많은 지도편달을 바라는 바이다.

공저자 씀

이 책의 **차 례**

제 1 장 PROVSM 입문

제 2 장 수동소자 회로 시뮬레이션

제3장 R, L, C 기본회로

제4장 능동소자 회로 시뮬레이션

제 5 장 ▶ 디지털 회로 시뮬레이션

제1장

PROVSM 입문

1.1 PROVSM 시작 및 메인 화면의 구성
1.2 PROVSM의 풀다운 메뉴
1.3 단축 아이콘
1.4 무조건 따라 하기
1.5 가상 오실로스코프

제1장에서는 PROVSM을 사용하고자 하는 사용자를 위하여 PROVSM의 기초적인 화면 구성 및 풀다운 메뉴와 단축 아이콘에 대하여 간략히 설명하였다. 그리고 프로그램의 자세한 내용을 언급하기보다는 무조건 따라 하기를 통하여 PROVSM 프로그램의 구성과 메뉴의 구성, 프로그램의 기능을 파악하도록 하였다. 또한, 리사주 도형 실습을 통하여 가상 오실로스코프 사용법을 익힘으로써 다양한 가상계측기 사용법을 이해하는데 기초가 되도록 하였다.

1.1 PROVSM 시작 및 메인 화면의 구성

1.1.1 프로그램 시작

PROVSM이 설치가 완료되면 [그림 1-1]과 같이 프로그램을 시작할 수 있다. [그림 1-1]의 윗부분은 Proteus 6 Professional용(정식 버전) 실행방법이고, 아래쪽은 Proteus 7 Demo용 실행방법이다. 유사 OS에서의 시작방법도 [그림 1-1]과 유사하다. 그리고 보다 편하게 프로그램을 실행하려면 윈도우 바탕화면에 단축 아이콘을 만드는 방법도 있다.

그리고 Proteus 6 Professional 프로그램과 Proteus 7 Demo 프로그램은 이 책을 학습하는 데 있어 차이가 없다.(PROVSM의 데모용(Proteus 7 Demo) 설치과정은 부록을 참조하기 바란다.)

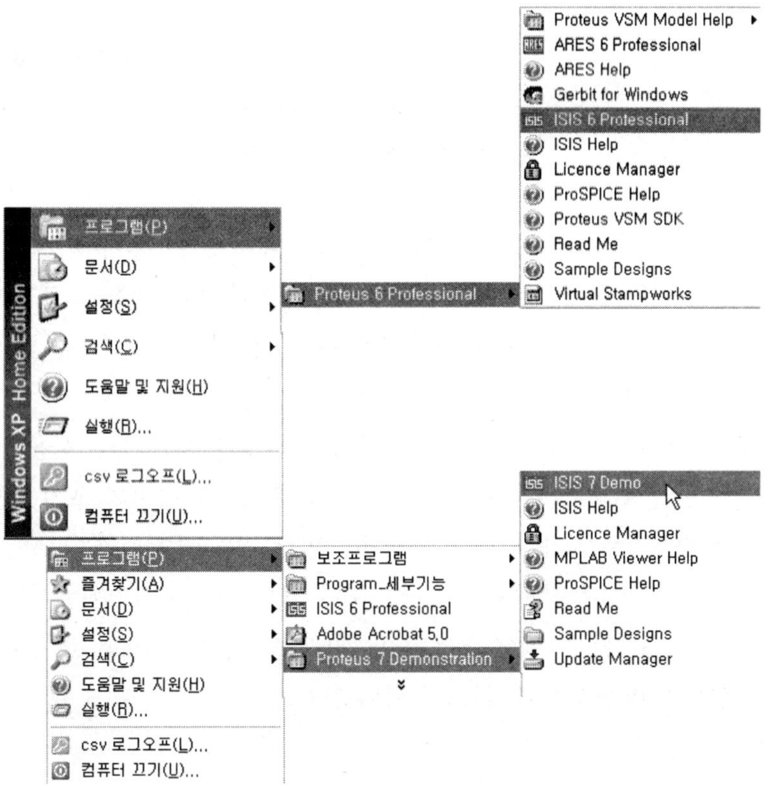

[그림 1-1] 프로그램 시작

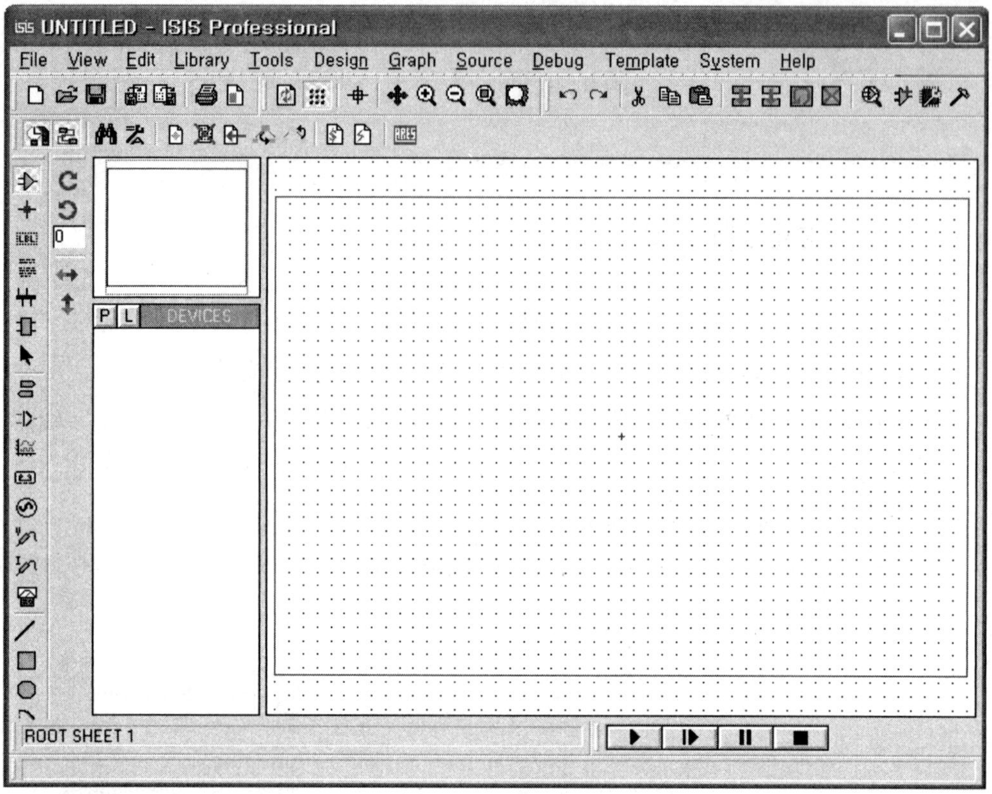

[그림 1-2] 프로그램 메인 화면

앞에서 설명한 내용과 같이 PROVSM 프로그램을 실행하였다면 [그림 1-2]와 같은 프로그램 메인 화면이 컴퓨터 모니터에 나타날 것이다. PROVSM 프로그램 실행 후 나타나는 [그림 1-2]의 메뉴 및 단축 아이콘은 다음 절에 설명되는 메뉴 및 단축 아이콘 설명에서 자세히 다루기로 한다.

[그림 1-2]에서 보인 것과 같은 단축 아이콘 및 실행 버튼 등은 사용자의 설정에 따라 그 위치가 변할 수도 있고, 또한 초기 화면의 배색과 사용자의 초기 화면의 배색 등이 다를 수 있다. 이는 사용자가 단축 아이콘 박스 자체를 선택하기 위하여 마우스 왼쪽 버튼으로 단축 아이콘 상자(툴바)를 클릭하고, 클릭한 상태로 단축 아이콘 툴바를 이동시켜 사용자가 원하는 위치에 당겨 놓아 재배치되었거나, Template 풀다운(Full down) 메뉴의 설정을 바꾸었을 때 다르게 나타난다.

1.1.2 프로그램의 구성

메인 화면은 [그림 1-3]과 같이 통상적인 풀다운(Full down) 메뉴와 툴바 단축 아이콘, 회로작성 도구, 회로보조 도구, 그리기 도구, 미리보기, 목록창, 회로작성창, 애니메이션(시뮬레이션) 실행 버튼 등으로 구성되어 있다.

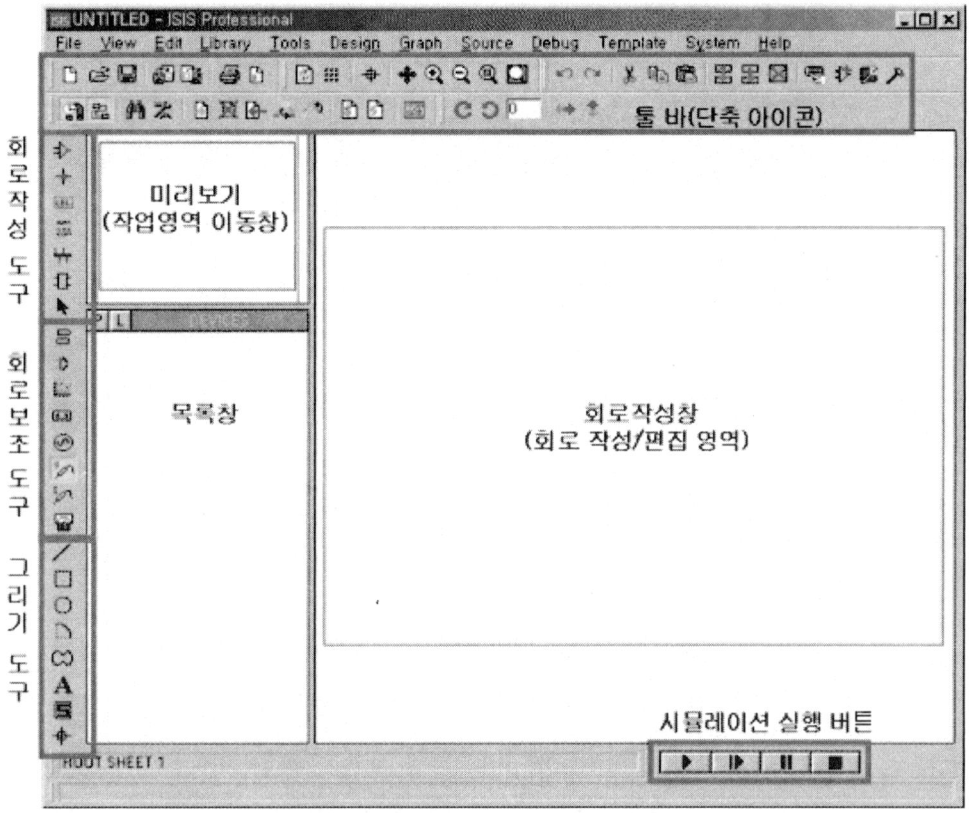

[그림 1-3] 프로그램의 기본적인 구성 요소

풀다운(Full Down) 메뉴는 [그림 1-3]의 상단에서 보는 것과 같이 File, View, Edit, Library, Tools, Design, Graph, Source, Debug, Template, System, Help 메뉴로 구성되어 있다. 그 상세한 내용은 "1.2 PROVSM의 풀다운 메뉴"에서 설명하기로 한다.

[그림 1-3]의 각 구성을 간략히 살펴보면 아래와 같다.

- 툴바(Tool bar) : 단축 아이콘 묶음을 툴바라고 한다. [그림 1-3]에 보이는 툴바는 File, View, Edit, Design, Tools 툴바가 있다. 각 툴바의 단축 아이콘들

의 그 상세한 내용은 "1.3 단축 아이콘"에서 설명하기로 한다.

- **회로작성 도구 아이콘** : 회로설계를 위한 단축 아이콘들로 구성되어 있으며, 부품 불러오기, 신호선에 접속점 추가, 신호선에 이름 입력, 도면에 문자 입력, 버스선 그리기, 모듈회로 그리기 기능들이 있다.
- **회로보조 도구 아이콘** : 회로설계시 전원, 접지, 입출력 포트, 측정기구 등의 회로보조 장치를 회로에 추가하고자 할 때 사용된다.
- **그리기 도구 아이콘** : 회로와 시뮬레이션에 관계없는 보조적인 문자나 그림을 삽입하고자 하는 경우 사용하는 아이콘들로 구성되어 있다.
- **미리보기창** : 선택된 부품의 모양을 미리 보여주는 기능과 작업영역을 작게 도시하여 작업영역 내의 이동창 기능으로 사용된다.
- **목록창** : 선택된 기능의 목록을 보여주는 창이다. 부품( ) 아이콘을 선택하면 회로작성에 사용할 부품목록을 나타내며, 이 목록창에는 회로설계시 사용할 부품이 반드시 목록창에 존재해야만 한다. 그리고 가상계측기( ) 아이콘을 선택하면 사용할 수 있는 가상계측기 목록이 나타난다. 전원( ) 아이콘을 선택하면 사용할 수 있는 전원 목록이 나타난다. 시뮬레이션 그래프( ) 아이콘을 선택하면 여러 가지 시뮬레이션 방법의 목록이 나타난다. 이처럼 목록창에는 사용자가 선택한 기능에 따라 그 기능에 맞는 목록이 나타난다.
- **회로작성창** : 실제 회로를 작성하거나 회로를 편집하는 영역이다.
- **시뮬레이션 실행 버튼** : 애니메이션 혹은 시뮬레이션을 할 때 사용하는 단축 아이콘들로 애니메이션 실행, 정지, 일시 정지 등의 기능으로 구성되어 있다.
- 그 밖에 메인 화면에는 실행 시간 및 부품 정보를 알려주는 상태 라인과 마우스 좌표를 표시하는 마우스의 위치 표시 부분도 있다.

1.2 PROVSM의 풀다운 메뉴

이 절은 PROVSM의 풀다운(Full down) 메뉴에 대하여 설명할 것이다. 여기에서 설명이 빠진 내용도 중요하므로 PROVSM 설명서(Manual)를 참조하기 바란다.(참조 사이트 : http://www.labcenter.co.uk)

1.2.1 File 메뉴

File 메뉴는 [그림 1-4]와 같이 회로 불러오기, 저장, 출력 등 일반적으로 프로그램이 가진 파일 관리에 관한 기본적인 기능들로 구성되어 있다.

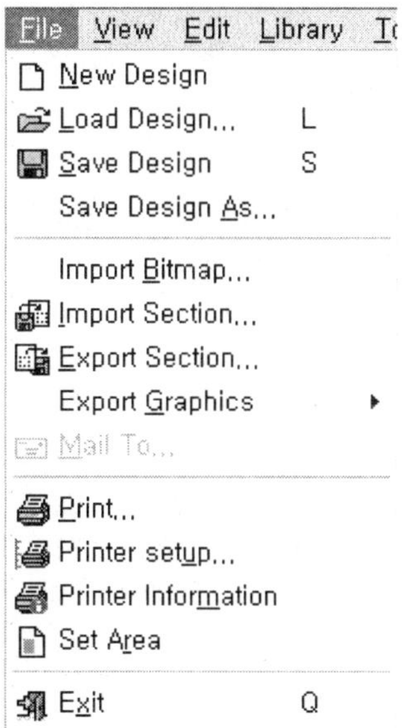

[그림 1-4] File 메뉴

- **N**ew Design : 새로운 회로 작성하기
- **L**oad Design : 저장된 회로 불러오기
- **S**ave Design : 현재의 회로 저장하기
- Save Design **A**s : 현재의 회로를 다른 이름으로 저장하기

- Import Bitmap : 그림 파일 불러오기
- Import Section : 현재의 회로에 다른 회로 추가하기
- Export Section : 현재의 회로를 다른 회로에 추가하기 위한 파일 만들기
- Export Graphics : 현재의 회로를 그림 파일로 만들기
- Mail To : 현재의 회로를 메일로 보내기
- Print : 현재의 회로 프린터로 출력하기
- Printer Setup : 프린터 환경 설정하기
- Printer Information : 프린터 정보 보기
- Set Area : 출력영역 선택적으로 지정하기
- Exit : 프로그램 종료

1.2.2 View 메뉴

View 메뉴는 [그림 1-5]와 같이 회로작성시 회로의 확대/축소 그리드(Grid) 지정 등 화면에 보이는 부분의 설정에 관한 기능들로 구성되어 있다.

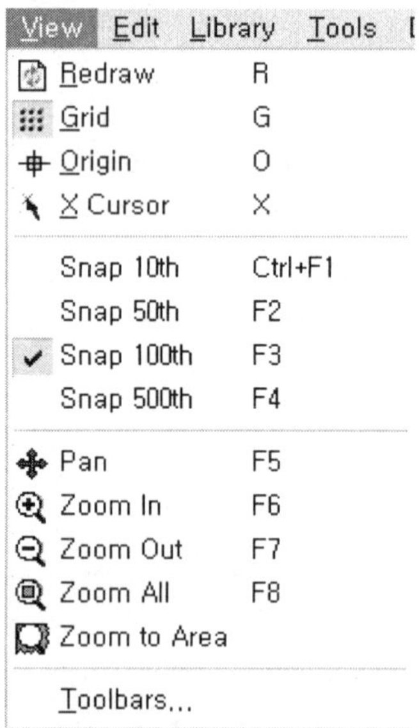

[그림 1-5] View 메뉴

- Redraw : 프로그램 화면 잔상 정리(메모리 정리)
- Grid : 회로작성에 필요한 그리드(Grid) 표시 여부 선택

- Origin : 회로작성 기준 좌표 설정
- X Cursor : 마우스 커서의 모양 선택
- Snap 10th : 그리드(Grid) 간격 10으로 지정
- Snap 50th : 그리드(Grid) 간격 50으로 지정(기본 값으로 사용 권장)
- Snap 100th : 그리드(Grid) 간격 100으로 지정
- Snap 500th : 그리드(Grid) 간격 500으로 지정
- Pan : 마우스 커서를 중심으로 화면 이동하기
- Zoom In : 현재 회로를 확대해서 보기
- Zoom Out : 현재 회로를 축소해서 보기
- Zoom All : 회로작성 영역을 화면 전체 보이기
- Zoom to Area : 회로작성 영역 내의 부분 확대
- Toolbars : 메뉴들의 단축 아이콘 바들의 화면표시 여부 선택

1.2.3 Edit 메뉴

[그림 1-6]과 같이 편집 메뉴는 명령 실행 취소 또는 부품의 복사, 붙여넣기 등의 기본적인 편집 기능들로 구성되어 있다.

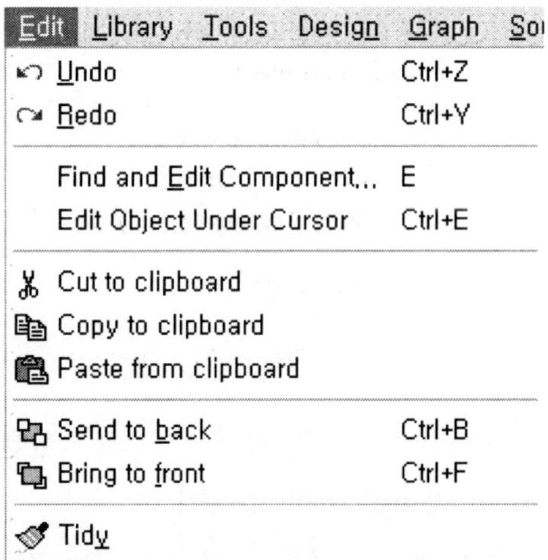

[그림 1-6] Edit 메뉴

- Undo : 직전 실행한 명령 취소
- Redo : 직전 실행한 Undo 취소

- Find and **E**dit Component : 부품 찾기와 부품속성 편집
- Edit Object Under Cursor : 마우스를 이용한 부품속성 편집
- Cut to clipboard : 선택된 부품 클립보드로 잘라내기
- Copy to clipboard : 선택된 부품 클립보드로 복사하기
- Paste from clipboard : 클립보드에 복사된 부분 붙여넣기
- Send to back : 부품이 겹친 경우 선택된 부품 뒤로 보내기
- Bring to front : 부품이 겹친 경우 선택된 부품 앞으로 가져오기
- Tid**y** : 부품목록창에서 부품 삭제

1.2.4 Library 메뉴

[그림 1-7]과 같이 라이브러리 메뉴는 회로작성에 필요한 부품을 불러오거나 새로운 부품과 심벌을 만들고 관리하는 기능들로 구성되어 있다.

[그림 1-7] Library

- **P**ick Device/Symbol : 부품 불러오기 또는 심벌 불러오기
- Make De**v**ice : 새로운 부품 만들기
- Make **S**ymbol : 새로운 부품에 필요한 심벌 작성
- Packaging **T**ool : 인쇄회로기판(PCB : Printed Circuit Board) 라이브러리 지정하기
- Store **L**ocal Object : 선택한 심벌을 편집과정은 생략하고 심벌 만들기

- **D**ecompose : 부품의 편집을 위해 부품 분해하기
- **C**ompile to Library : 회로작성에 사용된 부품을 사용자가 원하는 부품 라이브러리 폴더에 저장하기
- **A**utoplace Library : 사용자가 선택한 라이브러리 폴더의 모든 부품을 회로작성 영역에 배치하기
- Verif**y** Packaging : PCB 라이브러리 검증하기
- Library **M**anger : 부품과 심벌 관리기

1.2.5 Tools 메뉴

Tools 메뉴는 [그림 1-8]과 같이 회로작성에 사용된 부품의 참조번호, 신호선 연결방법 등 회로작성에 필요한 기능을 선택, 지정하거나 회로관리에 편리한 기능들로 구성되어 있다.

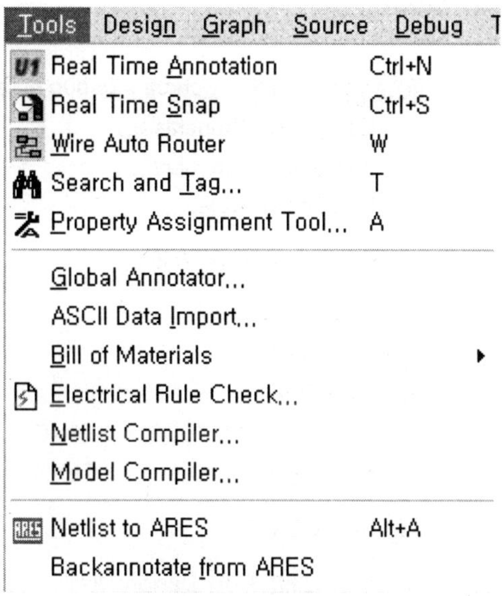

[그림 1-8] Tools 메뉴

- Real Time **A**nnotation : 실시간 참조번호 지정 여부 선택
- Real Time **S**nap : 실시간 스냅기능 사용 여부 선택
- **W**ire Auto Router : 신호선 자동결선 사용 여부 선택
- Search and **T**ag... : 회로작성창 내에서 부품 찾기

- Property Assignment Tool : 부품값 및 참조번호 등을 일괄지정
- Global Annotator : 전체 부품의 참조번호 새롭게 지정하기
- ASCII Data Import : 자재관리를 위한 부품정보 data 입력
- Bill of Materials : 회로에 사용한 부품목록 출력
- Electrical Rule Check : 회로설계규칙 검사
- Netlist Compiler : Netlist(넷리스트) 작성하기
- Model Compiler : 작성된 회로를 모델 파일로 변환
- Netlist to ARES : ARES로 netlist 자동으로 보내기
- Backannotate from ARES : ARES로부터 수정된 정보 가져오기

1.2.6 Design 메뉴

디자인(Design) 메뉴는 [그림 1-9]와 같이 계층도면 작성 또는 회로도에 관한 정보를 작성하는 기능들로 구성되어 있다.

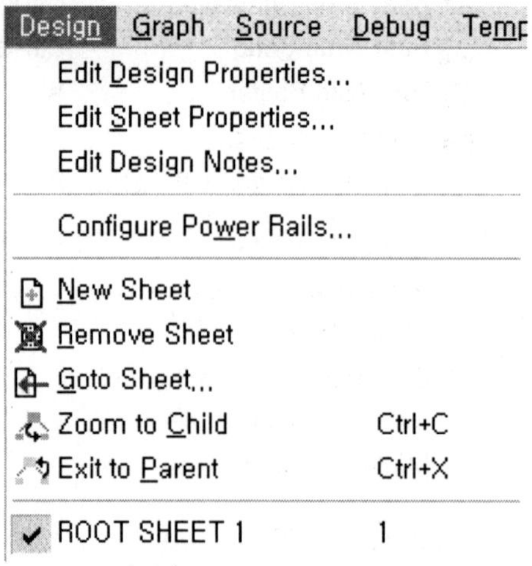

[그림 1-9] Design 메뉴

- Edit Design Properties : 전체 회로에 관한 정보 기입하기
- Edit Sheet Properties : 현재 회로의 정보 입력하기
- Edit Design Notes : 메모 입력하기
- Configure Power Rails : 전원처럼 사용할 net명 추가 및 편집하기
- New Sheet : 도면 작성중 새로운 시트(Sheet) 추가하기

- **R**emove Sheet : 작성중이거나 작성된 시트 삭제하기
- **G**oto Sheet : 여러 개의 계층도면 중 원하는 시트로 이동
- Zoom to **C**hild : 계층도면 선택하기
- Exit to **P**arent : 계층도면에서 메인 시트로 돌아가기

1.2.7 Graph 메뉴

그래프(Graph) 풀다운 메뉴는 [그림 1-10]과 같이 SPICE 시뮬레이션을 위한 그래픽 창에 관한 설정 기능들로 구성되어 있다.

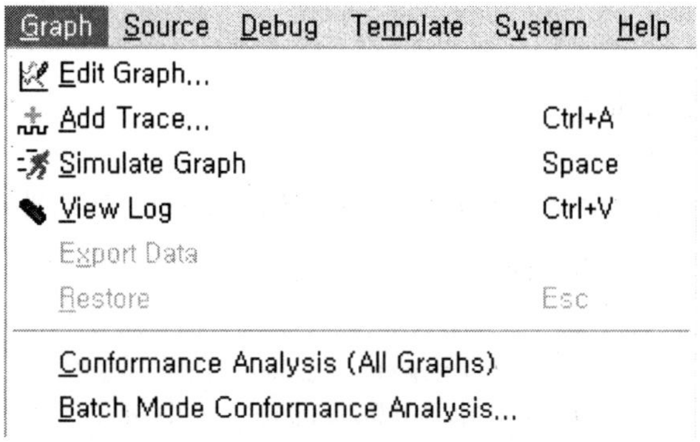

[그림 1-10] Graph 메뉴

- **E**dit Graph : SPICE 회로분석에 사용된 그래픽 창 속성 지정하기
- **A**dd Trace : SPICE 회로분석을 위한 프로브 추가하기
- **S**imulation Graph : 시뮬레이션(SPICE 시뮬레이션) 실행하기
- **V**iew Log : SPICE 회로분석에 관한 정보 보기
- E**x**port Data : SPICE 회로분석 결과를 파일로 저장하기
- **R**estore : 확대된 분석창을 본래 크기로 복귀하기
- **C**onformance Analysis : 하나의 분석창으로 서로 다른 분석 결과 보기

1.2.8 Source 메뉴

[그림 1-11]과 같이 소스(Source) 풀다운 메뉴는 마이크로프로세서의 소스 추가 및 삭제, 작성된 소스의 컴파일러 지정 및 컴파일하기로 구성되어 있다.

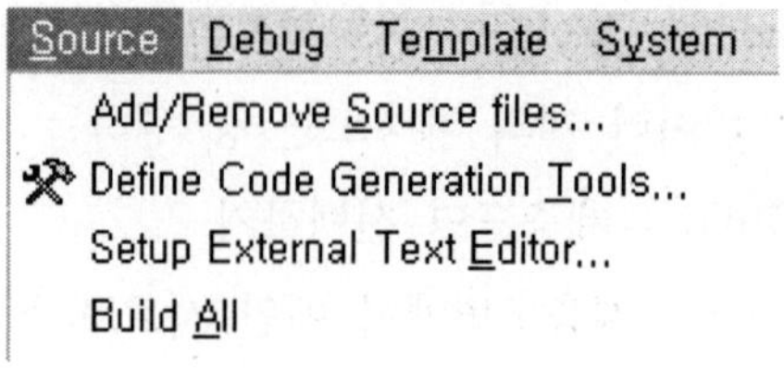

[그림 1-11] Source 메뉴

- Add/Remove **S**ource files : 소스파일 추가 및 삭제하기
- Define Code Generation **T**ools : 컴파일러 지정하기
- Setup External Text **E**ditor : 소스 편집기 지정하기
- Build **A**LL : 사용자가 지정한 소스와 컴파일러를 사용하여 컴파일하기

1.2.9 Debug 메뉴

디버그(Debug) 메뉴는 [그림 1-12]와 같이 마이크로프로세서와 컨트롤러의 동작 상태를 파악하기 위한 기능들로 구성되어 있다.

[그림 1-12] Debug 메뉴

- Start/Restart Debugging : 회로 애니메이션 실행

- Pause Animation : 회로 애니메이션 일시정지
- Stop Animation : 회로 애니메이션 정지
- Execute : 회로 시뮬레이션 실행하기
- Execute Without Breakpoint : 브레이크 포인트에서 정지 없이 실행하기
- Execute for Specified Time : 시간설정으로 시뮬레이션 실행하기
- Step Over : 서브루틴 단위로 소스 프로그램 디버깅(Debugging)하기
- Step Info : 소스코드 단위로 프로그램 디버깅하기
- Step Out : 프로그램 디버깅을 멈추고 회로 시뮬레이션하기
- Step To : 소스 창의 마우스 커서 위치까지만 디버깅하기
- Reset Popup Windows : 수정된 팝업 윈도 창의 위치 및 크기 등을 초기화
- Reset Persistent Model Data : 메모리에 읽어 들인 data 초기화하기
- Use Remote Debug Monitor : Keil uVision2를 이용한 원격 디버깅
- Tile Hori**z**ontally : 팝업 윈도 수평으로 정렬하기
- Tile **V**ertically : 팝업 윈도 수직으로 정렬하기
- Toggle Breakpoint : 브레이크 포인트 지정 또는 삭제하기
- Clear All Breakpoint : 브레이크 포인트 모두 해제하기

1.2.10 Template 메뉴

[그림 1-13]은 템플릿(Template) 메뉴로 회로작성에 사용되는 색상과 글자의 크기 등을 지정하는 기능들로 구성되어 있다.

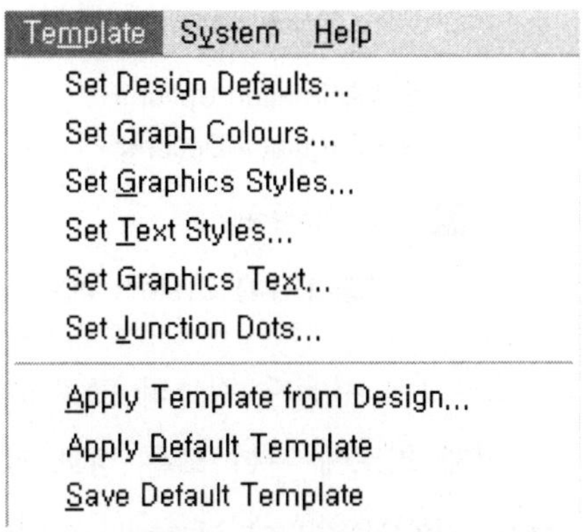

[그림 1-13] Template

- Set Design Defaults : 프로그램의 기본 색과 애니메이션의 색 지정
- Set Graph Colours : 회로분석에 필요한 그래픽 도구 색상 지정
- Set Graphics Styles : 회로구성 요소들의 고유 색상 지정
- Set Text Styles : 회로구성에 필요한 요소들의 글꼴 및 크기, 색상 지정
- Set Graphics Text : 회로에 기입되는 문자의 글꼴 및 크기, 색상 지정
- Set Junction Dots : 신호선의 접속점 크기 및 형태 지정
- Apply Template from Design : 기존 회로의 환경을 현재 회로에 적용
- Apply Default Template : 기본으로 지정된 환경을 현재 회로에 적용
- Save Default Template : 현재의 상태를 기본 환경으로 저장

1.2.11 System

[그림 1-14]는 시스템(System) 메뉴로 프로그램 전체 환경을 설정하는 기능들로 구성되어 있다.

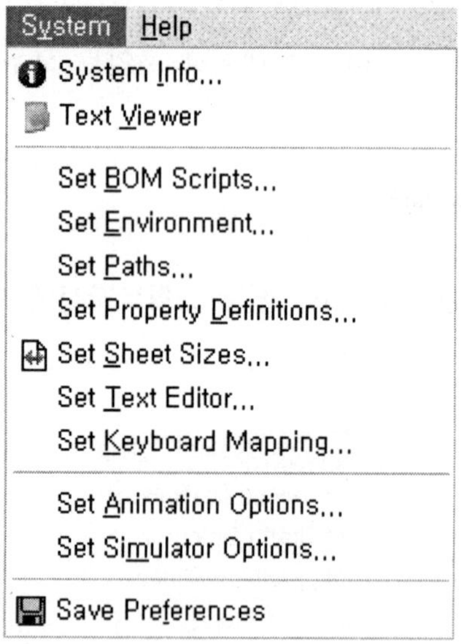

[그림 1-14] System 메뉴

- System Info : 프로그램 사용자 정보와 프로그램 정보 보기
- Text Viewer : 현재 회로에 관한 모든 정보 보기
- Set BOM Scripts : BOM(Bill of Materials) 데이터 작성 환경 설정

- Set Environment : 회로작성에 필요한 작업 환경 설정하기
- Set Paths : 라이브러리와 모델의 경로 설정하기
- Set Property Definitions : 시뮬레이션 부품을 만들기 위한 기본 파라미터의 등록 정보 표시(가급적 수정금지)
- Set Sheet Size : 작성할 회로도의 용지크기 설정하기
- Set Text Editor : 부품 속성창 입력 문자 폰트 설정하기
- Set Keyboard Mapping : 단축키 설정하기
- Set Animation Options : 회로 애니메이션 환경 설정하기
- Set Simulation Options : 회로 시뮬레이션 환경 설정하기
- Save Perference : 시스템(System) 풀다운 메뉴 내에서 설정한 값들을 저장하기

1.2.12 Help

[그림 1-15]는 헬프(Help) 메뉴로 프로그램의 도움말을 보여주는 기능을 수행한다.

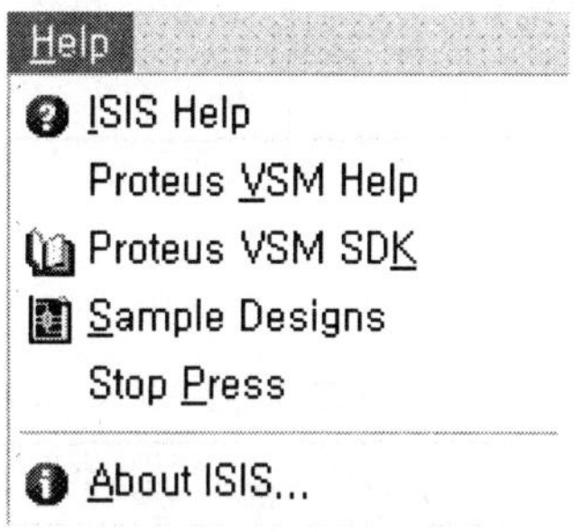

[그림 1-15] Help 메뉴

- ISIS Help : 회로작성과 사용법에 관한 도움말을 표시하는 기능
- Proteus VSM Help : 애니메이션·시뮬레이션·에뮬레이션에 관한 도움말
- About ISIS : 현재 프로그램의 버전을 표시하는 기능

1.3 단축 아이콘

이 절에서는 PROVSM의 단축 아이콘들의 기능을 간략히 알아보기로 한다.

1.3.1 File 아이콘

〈표 1-1〉 파일 아이콘

아이콘	File 풀다운 메뉴	기 능
	New	새로운 회로 작성하기
	Open	저장된 회로 불러오기
	Save	현재의 회로 저장하기
	Import Section	현재의 회로에 다른 회로 추가하기
	Export Section	다른 회로에 추가하기 위한 파일 만들기
	Print	현재의 회로 프린터로 출력하기
	Set Area	출력영역 지정하기

1.3.2 View 아이콘

〈표 1-2〉 View 아이콘

아이콘	View 풀다운 메뉴	기 능
	Redraw	프로그램 화면 잔상 정리
	Grid	회로작성에 필요한 그리드 표시 여부 선택
	Origin	회로작성 기준 좌표 설정
	Pan	마우스 커서를 중심으로 화면 이동하기(F5)
	Zoom In	현재 회로 확대하여 보기(F6)
	Zoom Out	현재 회로 축소하여 보기(F7)
	Zoom All	회로작성 영역 화면 전체 보이기(F8)
	Zoom to Area	회로작성 영역 내의 부분 확대

1.3.3 Edit 아이콘

〈표 1-3〉 편집 아이콘

아이콘	Edit 풀다운 메뉴	기 능
	Undo	직전 실행한 명령 취소
	Redo	직전 실행한 Undo 취소
	Cut to Clipboard	선택된 부품 클립보드로 잘라내기
	Copy to Clipboard	선택된 부품 클립보드로 복사하기
	Paste from Clipboard	클립보드에 복사된 부분 붙여넣기

1.3.4 블록 편집 아이콘

〈표 1-4〉 블록 편집 아이콘

아이콘	기능 명	기 능
	Copy Tagged Objects	선택된 내용의 블록 복사
	Move Tagged Objects	선택된 내용의 블록 이동
	Rotate Tagged Objects	선택된 내용의 블록 회전
	Delete Tagged Objects	선택된 내용의 블록 삭제

1.3.5 Library 아이콘

〈표 1-5〉 라이브러리 아이콘

아이콘	Library 풀다운 메뉴	기 능
	Pick Device/Symbol	부품/심벌 불러오기
	Make Device	새로운 부품 만들기
	Packaging Tool	PCB 라이브러리 지정하기
	Decompose	부품의 편집을 위해 부품 분해하기

1.3.6 Tools 아이콘

〈표 1-6〉 Tools 아이콘

아이콘	Tools 풀다운 메뉴	기 능
	Real Time Snap	실시간 스냅기능 사용 여부 선택
	Wire Auto Router	신호선의 자동결선 사용 여부 선택
	Search and Tag	회로도에서 부품 찾기
	Property Assignment Tool	부품값 및 참조번호 등을 일괄지정
	Bill of Materials	회로에 사용한 부품목록 출력
	Electrical Rule Check	회로설계 규칙검사
	Netlist to ARES	ARES로 netlist 자동으로 보내기

1.3.7 Design 아이콘

〈표 1-7〉 Design 아이콘

아이콘	Design 풀다운 메뉴	기 능
	New Sheet	도면 작성중 새로운 시트 추가하기
	Remove Sheet	작성중이거나 작성된 시트 삭제하기
	Goto Sheet	여러 개의 계층도면 중 원하는 시트로 이동
	Zoom to Child	계층도면 선택하기
	Exit to Parent	계층도면에서 메인 도면으로 이동

1.3.8 회로설계 아이콘

<표 1-8> 회로설계 아이콘

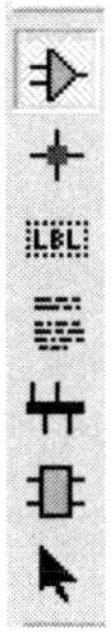

아이콘	기능명	아이콘 명	기 능
	Component	**부품**	부품 불러오기
	Junction Dot	접속점	신호선에 접속점 추가
	Wire Label	신호선명	신호선 이름 입력(net명)
	Text Script	텍스트	도면에 텍스트 입력
	Buses	버스	버스선 그리기
	Subcircuit	부회로	모듈회로 그리기
	Selection	편집 모드	편집 모드 실행

1.3.9 회로분석 아이콘

<표 1-9> 회로분석 아이콘

아이콘	기능명	아이콘 명	기 능
	Terminal	**터미널**	터미널 선택하기
	Device Pins	부품핀	부품핀 선택하기
	Graph	**그래프**	시뮬레이션(그래프) 방법 선택하기
	Tape Recorder	레코더	데이터 레코더 선택하기
	Generator	**전원**	회로분석 전원 선택하기
	Voltage Probe	**전압 프로브**	전압 프로브 선택하기
	Current Probe	**전류 프로브**	전류 프로브 선택하기
	Virtual Instruments	**계측기**	가상계측기 선택하기

1.3.10 애니메이션 아이콘

〈표 1-10〉 애니메이션 아이콘

아이콘	기 능
	회로 애니메이션 실행
	회로 애니메이션 스텝 단위 실행
	회로 애니메이션 일시정지
	회로 애니메이션 정지

1.3.11 회전 아이콘

〈표 1-11〉 회전 아이콘

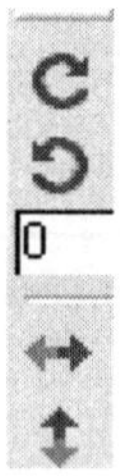

아이콘	기 능
	선택한 부품/심벌 시계 방향으로 회전시키기
	선택한 부품/심벌 반시계 방향으로 회전시키기
0	입력한 각도만큼 회전시키기(0, ±90, ±180, ±270)
	좌우 반전
	상하 반전

1.3.12 그림 그리기 아이콘

〈표 1-12〉 그림 그리기 아이콘

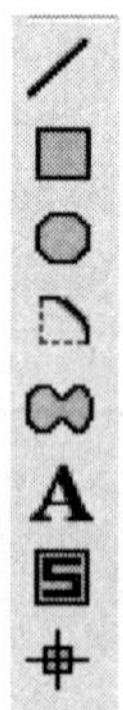

아이콘	기 능
	선 그리기
	사각형 그리기
	원 그리기
	호 그리기
	폐곡선 그리기
A	문자 입력
	부품 심벌 선택하기
	마크 찍기

1.4 무조건 따라 하기

이 절에서는 앞 절에서 설명한 풀다운(Full down) 메뉴의 기능과 단축 아이콘의 내용을 기초로 하여 [그림 1-16]의 회로를 무조건 따라 하기를 통하여 설계하고, 애니메이션과 시뮬레이션을 실행하면서 PROVSM 프로그램 사용법을 자연스럽게 숙지하도록 한다.

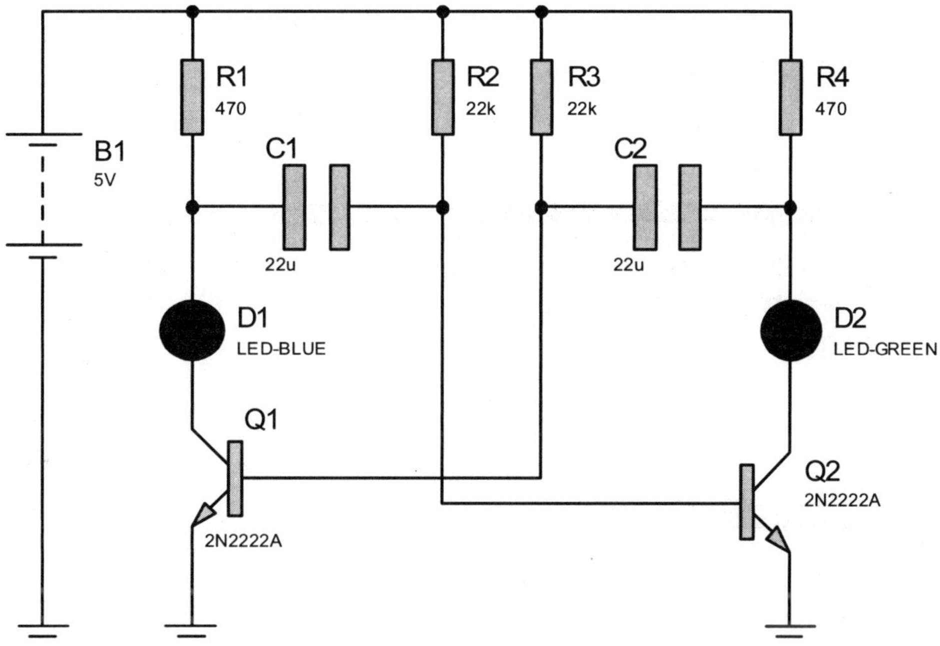

[그림 1-16] 무조건 따라 하기 예제 회로

1.4.1 PROVSM 프로그램 실행

먼저 [그림 1-17]과 같이 ISIS 6 Professional을 실행한다. 그러면 [그림 1-18]과 같은 PROVSM 메인 화면이 나타난다.

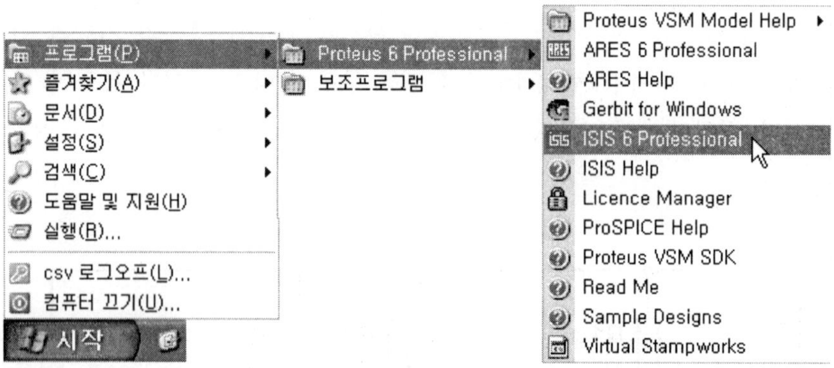

[그림 1-17] PROVSM 프로그램 실행하기

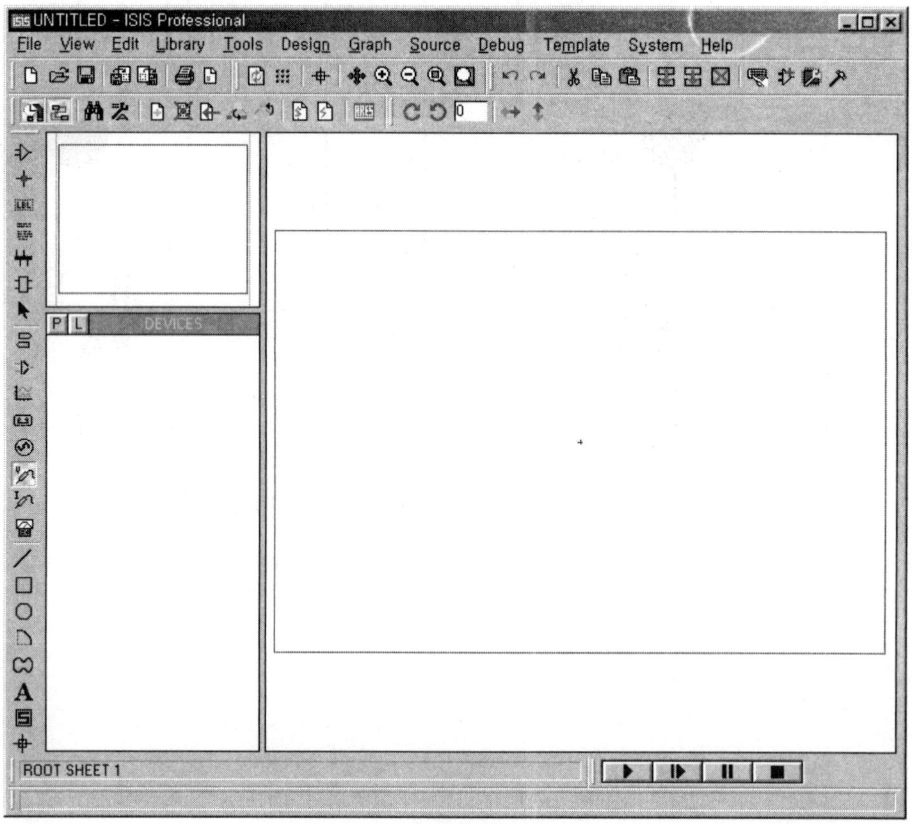

[그림 1-18] 프로그램 메인 화면

1.4.2 사용할 부품들 부품목록창에 등록하기

회로설계에 앞서 가장 선행해야 할 작업이 설계에 포함될 부품들을 부품목록창에 등록시키는 일이다. 부품들을 부품목록창에 등록시켜야만 회로작성창에 회로를 설계할 수 있다. [그림 1-16]과 같은 회로를 설계하기 위하여 [그림 1-16] 회로에 사용한 부품들을 부품목록창에 등록시켜보자.

① 부품 아이콘 선택(: Component)

- 우선 [그림 1-19]와 같이 마우스를 부품( ) 단축 아이콘 위로 이동시킨다.
- [그림 1-19]와 같이 마우스의 왼쪽 버튼 클릭으로 선택한다.
- 단, 부품( ) 단축 아이콘이 [그림 1-19]와 같이 눌러진 상태라면 부품( ) 아이콘을 누르지 않아도 된다.

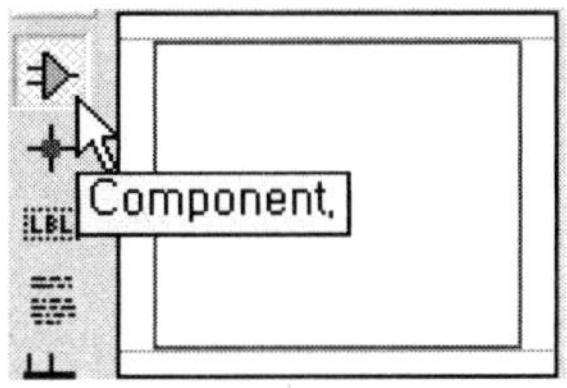

[그림 1-19] 부품 아이콘 선택

② 부품선택 아이콘 선택(P : Pick Devices)

- 부품( ) 아이콘이 눌러진 상태라면
- [그림 1-20]과 같이 부품선택(P : Pick Devices) 아이콘과 라이브러리 관리(L : Manage Library) 아이콘이 나타난다.
- 이때 [그림 1-20]처럼 부품 고리기 아이콘(P)를 마우스 왼쪽 버튼 클릭으로 선택한다.

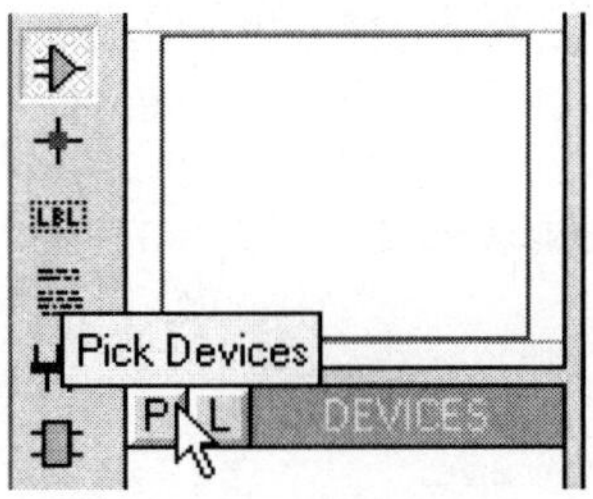

[그림 1-20] Pick Devices(부품선택)창 실행방법

- 그러면 [그림 1-21]과 같은 Pick Devices(부품선택)창이 열린다.

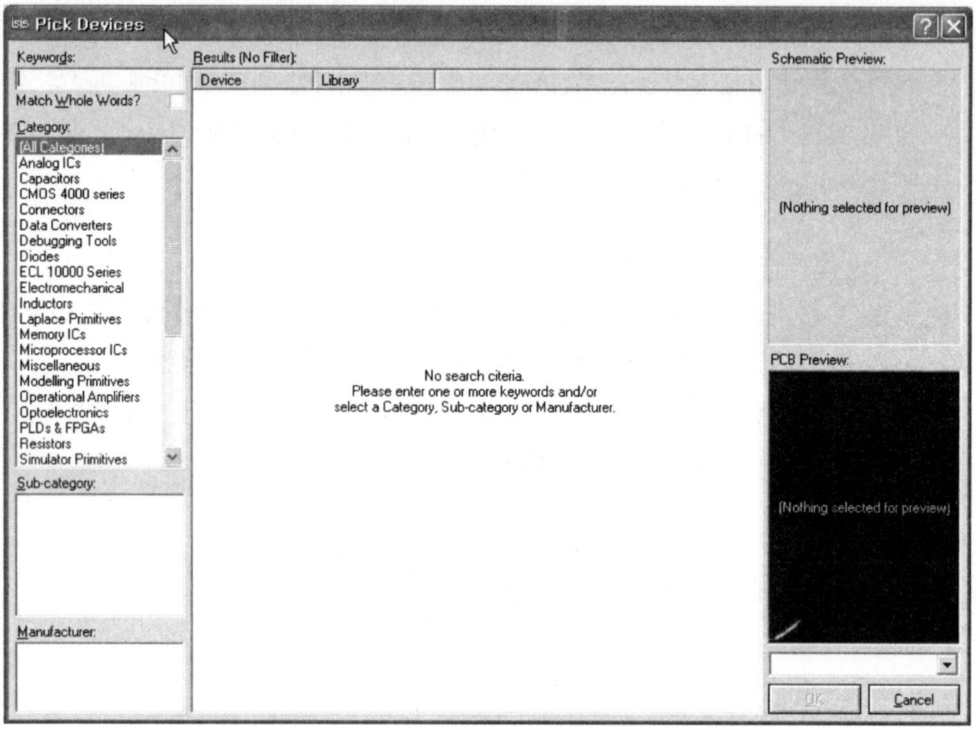

[그림 1-21] Pick Devices 창

③ 부품 Keywords 입력

- [그림 1-22]와 같이 부품선택창의 Keywor**d**s란에 마우스 왼쪽 버튼을 한 번 클릭한 후
- DC 전원을 찾기 위해 [그림 1-22]와 같이 'bat'라고 입력하면
- [그림 1-22]와 같이 'bat' 문자를 포함한 부품을 모두 보여준다.

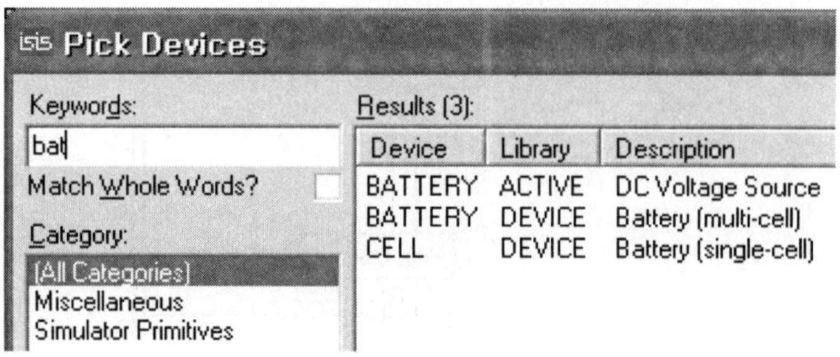

[그림 1-22] 부품 찾기

④ 부품목록창에 등록하기

[그림 1-23]과 같이 부품선택창의 **R**esults창에 나타난 목록에서 부품목록창에 등록하고자 하는 부품을 마우스 왼쪽 버튼으로 더블클릭하면 [그림 1-23]과 같이 왼쪽 부품목록창에 'BATTERY'라는 부품이 등록된다.

- 이때 **R**esults 창에서 나타난 부품목록 중에 선택된 부품은 부품선택창의 오른쪽의 Preview(미리보기)창에 부품의 모양(기호)이 나타난다. 이때 오른쪽 창에 나타난 부품의 모양이 사용자가 원하는 부품인지를 확인을 해야 한다.
- 만일 **R**esults 창에 목록이 보이지 않으면 Keywor**d**s에 입력한 문자가 오타이거나, 다른 이름으로 부품이 등록된 상태이므로 **C**ategory 영역에서 하나씩 찾아 선택해야 한다.

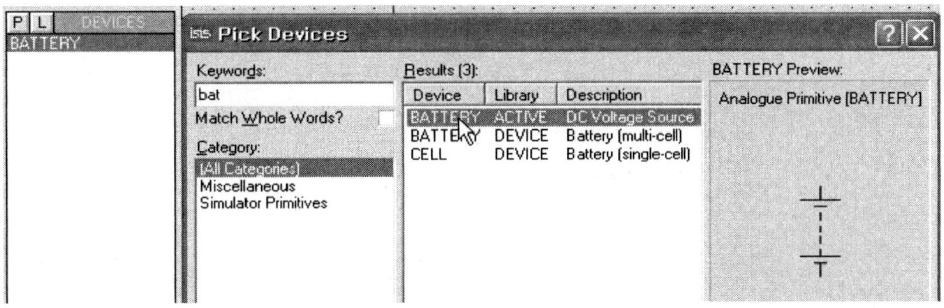

[그림 1-23] 부품목록창에 부품 등록하기

⑤ 사용할 부품 모두 등록하기

트랜지스터('2N2222A'), 콘덴서('CAPACITOR'), 파란색 발광 다이오드('LED-BLUE'), 녹색 LED('LED-GREEN'), 저항('RES')을 부품선택창의 Keywor**d**s에 각각을 입력하고 마우스 왼쪽 버튼을 더블클릭하여 [그림 1-24]와 같이 부품목록창에 부품목록이 나타나도록 등록하자.

(앞서 배운 "③ 부품 Keywords 입력"과 "④ 부품목록창에 등록하기" 과정을 반복하여 회로작성에 필요한 모든 부품을 추가로 등록하자.)

⑥ 부품 등록 종료하기

- [그림 1-24]와 같이 모든 부품이 등록된 후
- Pick Devices(부품선택)창의 우측 상단의 X표를 마우스 왼쪽 버튼으로 클릭하여 부품선택창을 닫자.

⑦ 만약 부품목록창에 원치 않는 부품을 목록에 추가하였다면 도면 배치 및 도면 설계를 마친 후 풀다운 메뉴의 'Edit 〉 Tidy'를 실행하면 사용하지 않은 부품은 자동으로 부품목록창에서 삭제된다.

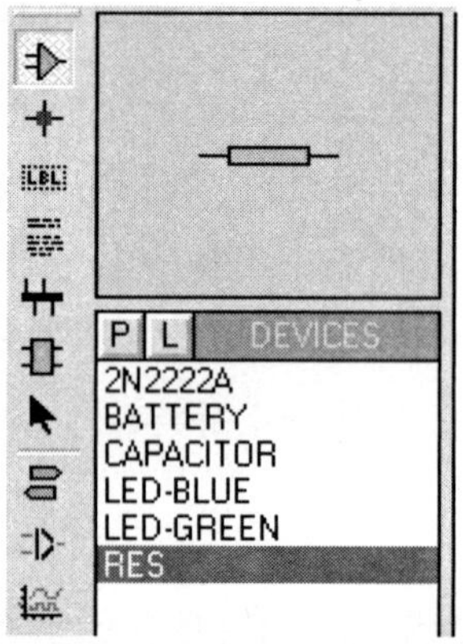

[그림 1-24] 회로설계에 필요한 부품이 모두 등록된 후의 부품목록창의 모습

1.4.3 배치할 부품선택

[그림 1-16]과 같은 회로를 설계하기 위해서 [그림 1-25]와 같이 우선 부품목록창에서 배치할 부품명에 마우스 왼쪽 버튼으로 클릭하여 선택해야 한다.

우선 전원을 배치해보도록 하자. DC전원인 'BATTERY'를 선택하자. 이때 미리보기창에 도면에 삽입할 부품 모양이 [그림 1-25]와 같이 나타난다.

물론 부품목록창에 있는 다른 부품명에 마우스 왼쪽 버튼을 클릭하면 선택한 부품의 모양이 미리보기창에 나타날 것이다.

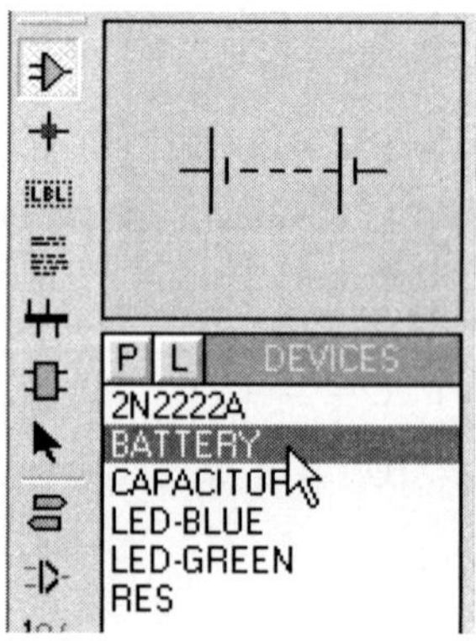

[그림 1-25] 'BATTERY' 부품을 선택한 상태

1.4.4 부품 회전시키기

회전 아이콘 툴바의 구분선 부분을 잡아당겨 [그림 1-26]과 같이 배치 후 목록창에서 'BATTERY'를 선택하였다면, 회전 아이콘을 클릭하여 [그림 1-26]과 같이 부품을 회전시켜보자. 이때 미리보기창에 나타난 부품의 모양이 배치하고자 하는 부품의 모양이면 회로작성창에 마우스 왼쪽 버튼을 클릭하여 배치하면 된다.(나머지 회전 아이콘도 눌러보고 각 기능을 익히자.)

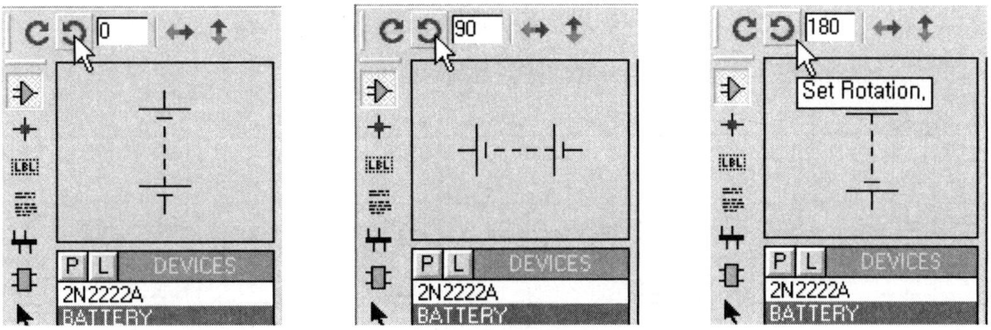

[그림 1-26] 회전 아이콘을 이용한 부품 회전

1.4.5 부품 배치하기

회로작성창에 마우스 왼쪽 버튼을 클릭하면 [그림 1-27]과 같이 선택한 부품의 모양이 나타난다. 만일 회로작성창에서 마우스 왼쪽 버튼을 두 번 또는 그 이상 클릭하게 되면 클릭한 횟수만큼 부품이 배치된다. 이때 배치한 부품에 마우스 오른쪽 버튼을 한 번 클릭하면 부품이 선택되고, 한 번 더 마우스 오른쪽 버튼을 클릭하면 선택된 부품이 삭제된다.

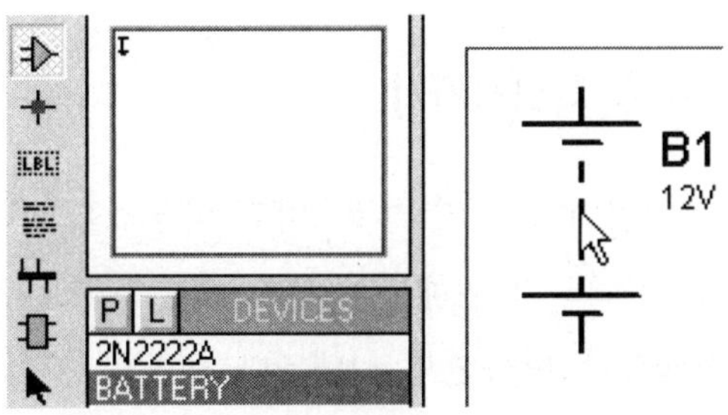

[그림 1-27] 마우스 왼쪽 버튼 클릭으로 'BATTERY'를 배치한 모습

1.4.6 배치된 부품 삭제하기

회로작성창에 마우스 왼쪽 버튼 클릭을 계속하면 [그림 1-28](a)와 같이 된다. 이때 원치 않는 부품을 삭제하려면,

① [그림 1-28](b)처럼 삭제시킬 부품 위로 마우스를 이동한다.
② 삭제할 부품을 선택하기 위해서 마우스 오른쪽 버튼을 클릭하면 [그림 1-28](c)와 같이 색이 적색으로 변하면서 선택된다.
③ 한 번 더 마우스 오른쪽 버튼을 클릭하거나, Delete키를 누르거나, 'Edit 〉 Cut'을 실행하면 [그림 1-28](d)와 같이 삭제된다.

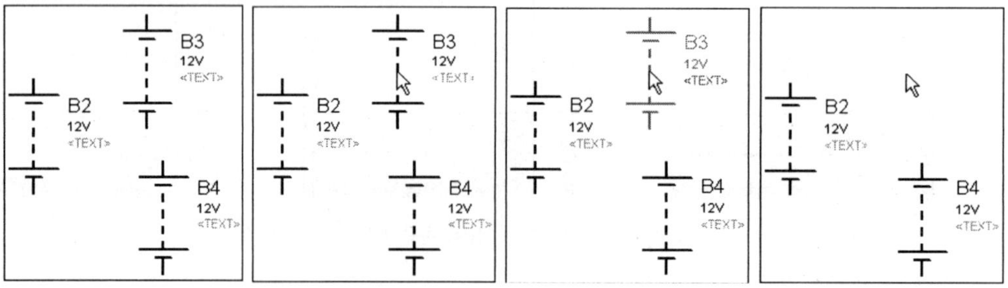

(a) 왼쪽 클릭 결과 (b) 삭제할 부품으로 이동 (c) 선택(오른쪽 클릭) (d) 삭제(오른쪽 클릭)

[그림 1-28] 부품 삭제하기

> **• 중요 •**
> PROVSM은 마우스 왼쪽 버튼이 명령 실행이며,
> 마우스 오른쪽 버튼이 편집 명령으로 동작한다.
> (마우스 오른쪽 버튼은 회로작성창에서만 사용된다.)

1.4.7 배치된 부품 회전시키기

① [그림 1-29](a)처럼 회전시킬 부품 위로 마우스를 이동한다.
② 회전할 부품을 선택하기 위해서 마우스 오른쪽 버튼을 클릭하면 [그림 1-29](b)와 같이 색이 적색으로 변하면서 선택된다.
③ [그림 1-29](c)처럼 회전 아이콘을 클릭하여 부품을 회전시킨다.

④ 마지막으로 선택된 부품선택 취소를 위하여 [그림 1-29](d)처럼 부품이 없는 빈 공간에 마우스 오른쪽 버튼을 클릭하면 회전이 완료된다.

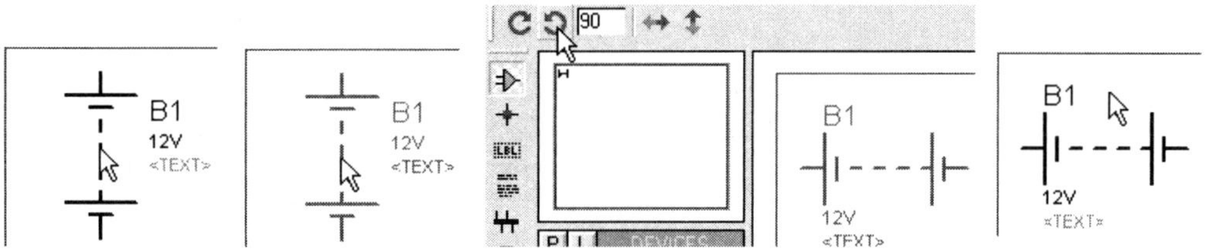

(a) 부품 선정 (마우스 이동) (b) 부품선택 (오른쪽 클릭) (c) 부품 회전 (왼쪽 버튼 클릭) (d) 선택 해제 (빈 공간 오른쪽 클릭)

[그림 1-29] 배치된 부품 회전시키기

> 이후로
> • 부품선택 : 선택할 부품에 마우스 오른쪽 버튼을 클릭
> • 선택 해제 : 빈 공간에 마우스 오른쪽 버튼을 클릭

1.4.8 부품 위치 이동시키기

① 위치 이동시킬 부품선택(마우스 오른쪽 버튼을 클릭)
[그림 1-30](a)처럼 부품선택을 위해서 이동시킬 부품 위로 마우스를 이동한 후 마우스 오른쪽 버튼을 클릭한다. 그러면 부품의 색이 적색으로 변하면서 선택된다.

② [그림 1-30](b)처럼 왼쪽 버튼을 클릭한 상태로 이동시킨다.

③ 원하는 이동 위치에서 왼쪽 버튼 클릭 상태를 해제하면, [그림 1-30](c)처럼 이동된다.

④ 선택된 부품선택 해제(빈 공간 마우스 오른쪽 버튼 클릭)
마지막으로 부품이 없는 빈 공간에 오른쪽 버튼을 클릭하면 [그림 1-30](d)처럼 이동이 완료된다.

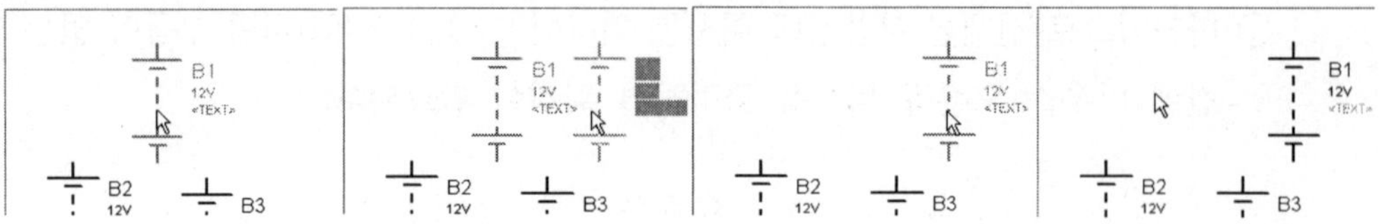

(a) 부품 선택 (오른쪽 클릭) (b) 부품 이동중 (왼쪽 클릭 유지) (c) 부품 이동 (클릭 해제) (d) 선택 해제 (빈 공간 오른쪽 클릭)

[그림 1-30] 부품 위치 이동시키기

1.4.9 신호선 연결하기

신호선을 연결하기 위해서 "1.4.3 배치할 부품선택"에서 "1.4.8 부품 위치 이동시키기"의 과정(부품 배치, 삭제, 회전, 이동)을 이용하여 [그림 1-31]과 같이 부품들을 배치하자.

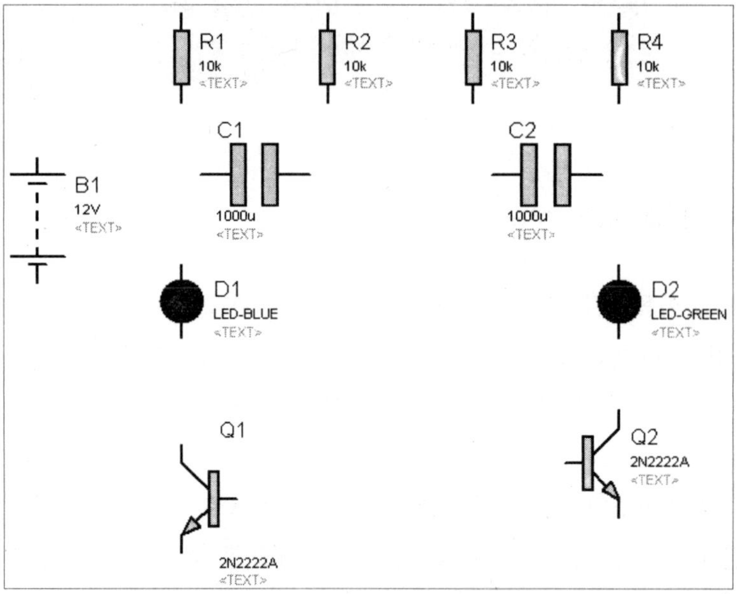

[그림 1-31] 배치가 완료된 부품들

① 부품핀으로 마우스 이동(마우스 왼쪽 버튼 클릭)

- [그림 1-32](a)처럼 연결하고자 하는 부품핀으로 마우스를 이동시킨다.
- 어느 순간 마우스 커서의 끝 모양이 [그림 1-32](a)에서 (b)와 같이 X표시가 나타난다.
- 이때 마우스 왼쪽 버튼을 클릭한다.

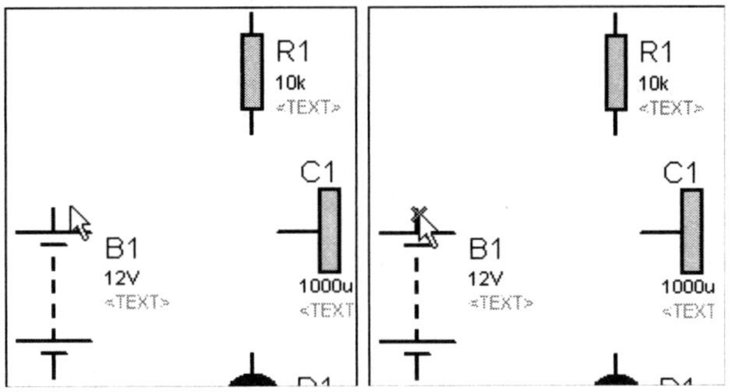

(a) 일반 마우스 모양 (b) 부품핀의 마우스 모양

[그림 1-32] 신호선 연결을 위한 부품핀에 마우스 놓기

② 연결할 부품핀에 놓기(마우스 왼쪽 버튼 클릭)

- 연결하고자 하는 다른 부품의 핀으로 [그림 1-33](a)처럼 마우스를 이동
- [그림 1-33](b)와 같이 대각선 방향으로 이동시켜 R1의 부품핀에 가져가면 X 표가 다시 나타난다.
- 이때 마우스 왼쪽 버튼을 클릭한다.
- 그러면 [그림 1-33](c)와 같이 자동으로 연결된다.

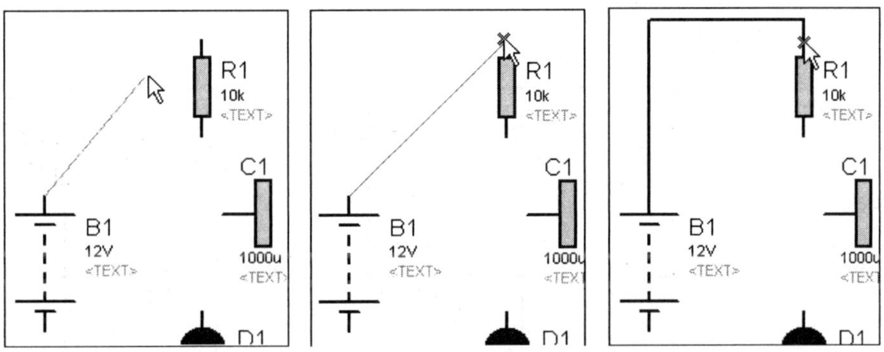

(a) 마우스 이동 (b) 다음 부품핀에 놓기 (c) 연결하기 완료

[그림 1-33] 부품핀과 부품핀 신호선 연결하기

1.4.10 신호선과 부품핀 연결하기

신호선과 부품핀을 연결하는 방법은 [그림 1-34]와 같이 따라 하면 된다.

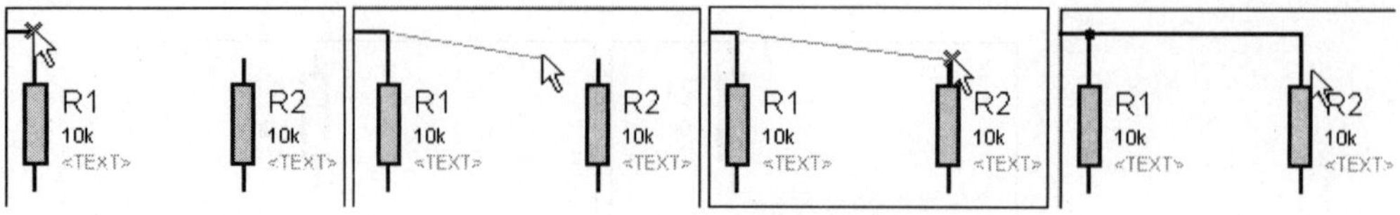

(a) 신호선에 놓기 (b) 왼쪽 클릭 후 이동 (c) 부품핀에 놓기 (d) 부품핀에 왼쪽 클릭

[그림 1-34] 신호선과 부품핀 연결하기

① [그림 1-34](a)와 같이 신호선의 직각 부분 모서리에 마우스를 놓으면 X표가 나타난다. 이때 마우스 왼쪽 버튼을 클릭한다.

② [그림 1-34](b)와 같이 마우스를 연결하고자 하는 부품핀으로 이동시킨다.

③ [그림 1-34](c)와 같이 연결하고자 하는 부품의 부품핀에 마우스가 놓이면 다시 X표가 나타난다.

④ 이때 마우스 왼쪽 버튼을 클릭하면 [그림 1-34](d) 같이 신호선과 부품핀이 자동으로 연결된다.

⑤ 신호선 모두 연결하기

- [그림 1-34] 과정의 원리를 이해하였다면
- 나머지 부품들도 마우스 왼쪽 버튼을 이용하여 [그림 1-35]와 같이 모두 연결한다.

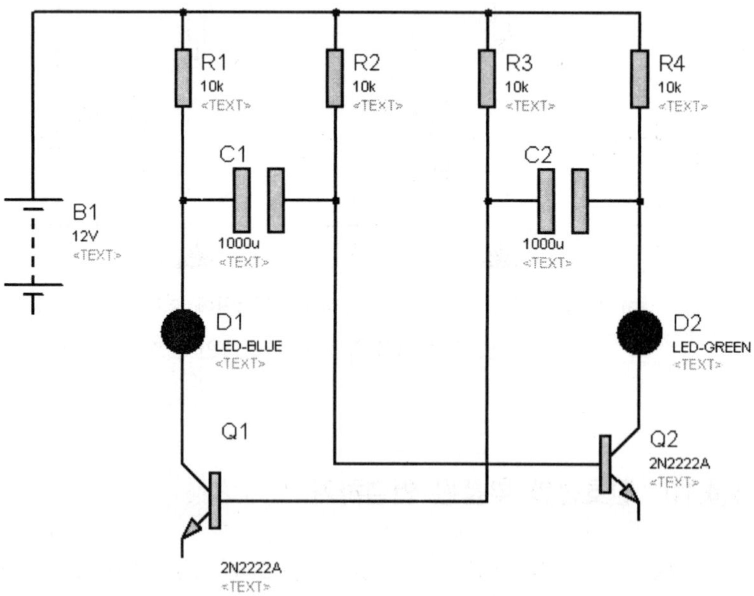

[그림 1-35] 신호선 연결

1.4.11 접지를 불러와 연결하기(터미널( ) 연결)

모든 전자회로에는 반드시 기준 전위가 있어야 한다. 물론 시뮬레이션에서도 반드시 기준 전위가 있어야 된다. 시뮬레이션의 기준 전위는 보통 0전위(접지 : Ground)를 사용한다. 이는 계산 용이성 때문이다.

① GROUND(접지) 선택하기

- [그림 1-36](a)와 같이 터미널( ) 단축 아이콘을 마우스 왼쪽 버튼으로 클릭한다.
- [그림 1-36](b)와 같이 목록창에서 GROUND을 마우스 왼쪽 버튼으로 클릭한다.

  이때 미리보기 창에 삽입할 접지(ground) 부품 모양이 나타난다.

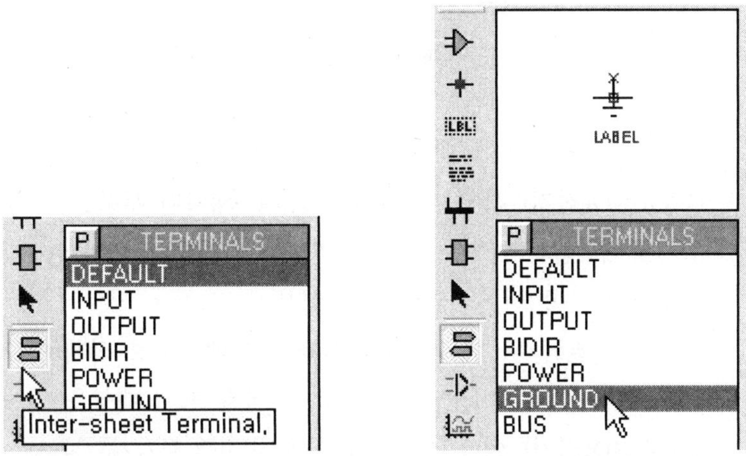

(a) 포트 선택 아이콘 (b) GROUND 선택

[그림 1-36] 접지 불러오기

② GROUND(접지) 배치하기

- 다음은 [그림 1-37]과 같이 마우스 왼쪽 버튼을 클릭하여 원하는 곳에다 접지(GROUND)를 배치하자.

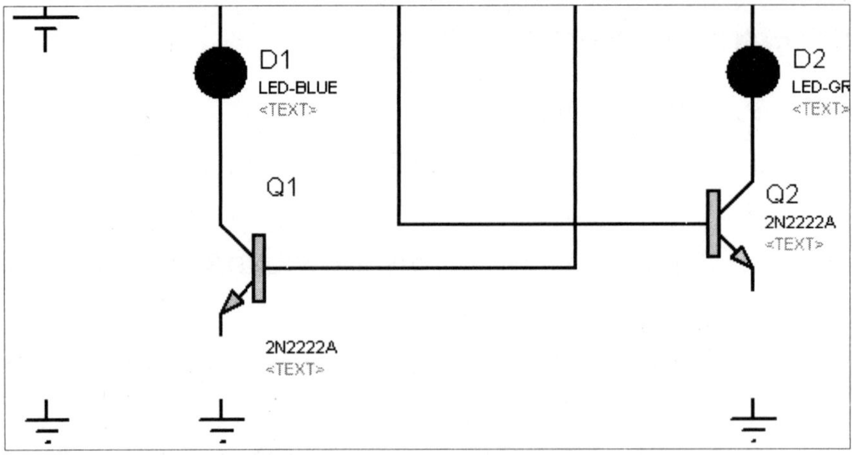

[그림 1-37] GROUND(접지) 배치

③ 만약에 원치 않는 곳에 배치하였다면 아래의 두 가지 방법으로 해결할 수 있다.

- GROUND(접지) 삭제 후 재배치("1.4.6 배치된 부품 삭제하기" 참조)
  접지를 두 번의 마우스 오른쪽 버튼으로 클릭하여 삭제하거나, 또는 한 번의 마우스 오른쪽 버튼 클릭으로 선택한 후 Delete 키를 눌러 삭제한다. 그리고 마우스 오른쪽 버튼을 클릭한 상태로 드래그하여 삭제하고자 하는 대상들을 모두 선택한 후 Delete 키를 눌러 선택된 모든 대상을 삭제한다.
- GROUND(접지) 이동("1.4.8 부품 위치 이동시키기" 참조)
  GROUND를 선택(마우스 오른쪽 버튼을 한 번 클릭) 후 마우스 왼쪽 버튼을 클릭한 상태(드래그)로 원하는 곳으로 이동 후 마우스 왼쪽 버튼 클릭상태를 해제하고, 선택된 GROUND를 선택취소(빈 곳에 마우스 오른쪽 버튼 클릭)한다.

④ GROUND 연결하기

배치된 GROUND와 부품 간에 신호선을 [그림 1-38]과 같이 연결하자. 이로써 회로의 모든 배선이 끝이 났다.("1.4.9 신호선 연결하기" 참조)

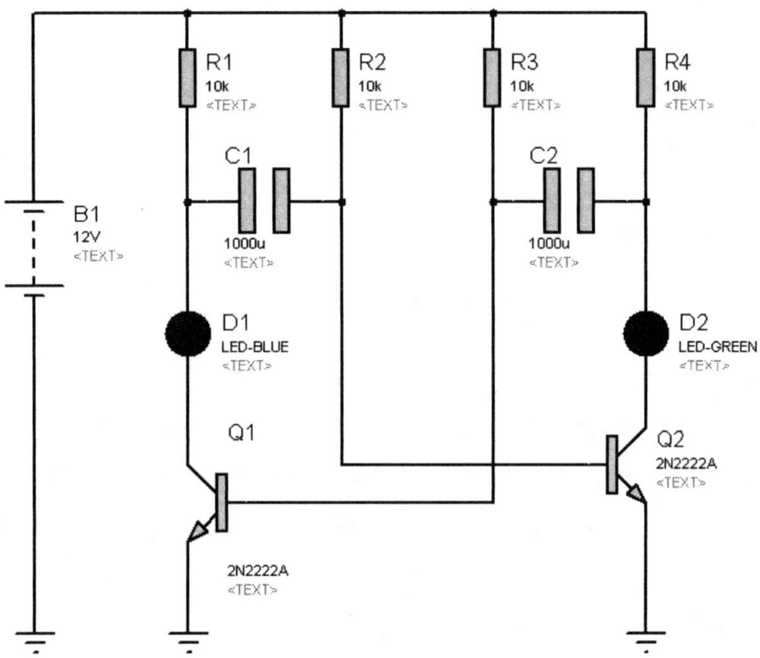

[그림 1-38] GROUND 신호선 연결

1.4.12 화면 이동 · 확대 · 축소

회로를 설계하다 보면 회로를 확대해서 보거나, 축소, 이동해서 보기, 전체 보기 등이 필요하다. 이러한 기능은 풀다운 메뉴의 View 메뉴나 View 아이콘을 이용하면 된다. View 기능은 실제 도면의 변화는 일어나지 않으며, 단지 사용자에게 보다 편하게 보여주기 위한 기능이다. 추가로 function 키를 이용한 화면 이동 · 확대 · 축소 기능을 설명한다.

1) 화면 이동

① 키보드의 F5를 누르면 현재의 마우스 위치가 화면에 중앙에 놓이도록 회로작성창의 화면이 이동된다.

② 팬(✥) 아이콘을 클릭하면
- 십자 모양으로 마우스 모양이 변한다.
- 이때 화면의 중앙이 될 위치에 마우스 왼쪽 버튼을 클릭하면
- 회로작성창 내의 마우스 왼쪽 버튼으로 클릭한 부분이 화면의 중앙으로 이동된다.

③ 풀다운 메뉴의 'View 〉 Pan'을 선택하면 팬(✥) 아이콘 클릭과 동일한 동작을 한다.

2) 화면 확대

회로작성창의 도면을 확대하여 보여준다.

① 확대(🔍) 단축 아이콘을 클릭하거나
② 풀다운 메뉴의 'View 〉 Zoom In'을 선택하면 된다.
③ 원하는 곳을 확대하고자 한다면 우선 확대하고자 하는 곳의 중심에 마우스의 커서를 놓고, 키보드의 F6을 누르면 현재 마우스 위치를 중심으로 확대하여 보여준다.

3) 화면 축소

회로작성창의 도면을 축소하여 보여준다.

① 축소(🔍) 단축 아이콘을 클릭하거나
② 풀다운 메뉴의 'View 〉 Zoom Out'을 선택하면 된다.
③ 키보드의 F7을 누르면 현재의 마우스 위치를 중심으로 축소하여 보여준다.

4) 전체 화면 보기

도면 전체를 보여준다.

① 키보드의 F8을 누르거나
② 전체 화면 보기(🔍) 단축 아이콘을 클릭하거나
③ 풀다운 메뉴의 'View 〉 Zoom All'을 선택하면 된다.

1.4.13 신호선 이동

① 이동할 신호선 선택(마우스 오른쪽 버튼 클릭)

[그림 1-39](a)처럼 이동할 신호선을 마우스 오른쪽 버튼으로 클릭하여 선택한다.

② 이동 시작(마우스 왼쪽 버튼 클릭 상태 유지)

[그림 1-39](b)처럼 선택된 신호선을 마우스 왼쪽 버튼으로 클릭을 유지하면 이동할 수 있음을 알리는 상하 화살표가 나타난다. 이때 마우스 왼쪽 버튼을 클릭한 상태를 유지한다.

③ 신호선 드래그

[그림 1-39](c)처럼 마우스 왼쪽 버튼을 클릭한 상태에서 마우스를 이동시킨다.

④ 이동 정지

원하는 위치까지 신호선이 이동하였다면 [그림 1-39](d)처럼 마우스 왼쪽 버튼 클릭 상태를 해제한다.

⑤ 신호선 선택 취소(빈 곳에 마우스 오른쪽 버튼 클릭)

[그림 1-39](e)처럼 빈 곳에 마우스 오른쪽 버튼을 클릭하여 신호선 이동을 마무리한다.

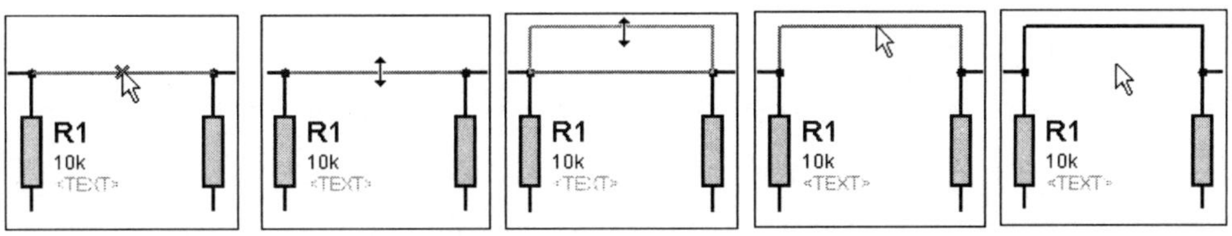

(a) 오른쪽 클릭 (b) 왼쪽 클릭 유지 (c) 마우스 이동 (d) 클릭 해제 (e) 오른쪽 클릭

[그림 1-39] 신호선 이동

1.4.14 신호선이 연결된 부품 이동

신호선이 연결된 부품 이동 역시 신호선 이동 방법과 배치된 부품 위치 이동과 동일하다. 단지 이동하고자 하는 신호선이 연결된 부품을 마우스 오른쪽 버튼을 클릭하여 선택하면 선택한 부품뿐만 아니라 부품에 연결된 신호선까지 선택된다는 것이 다르고, 신호선이 연결된 부품의 이동 완료 후에 부품에 연결된 신호선이 자동으로 이동 배치되어 연결을 유지한다는 것이 다르다.

① 신호선이 연결된 부품선택

[그림 1-40]과 같이 부품(Q2)을 마우스 오른쪽 버튼 클릭으로 선택하면 Q2와 Q2에 연결된 신호선이 모두 적색으로 변한다.

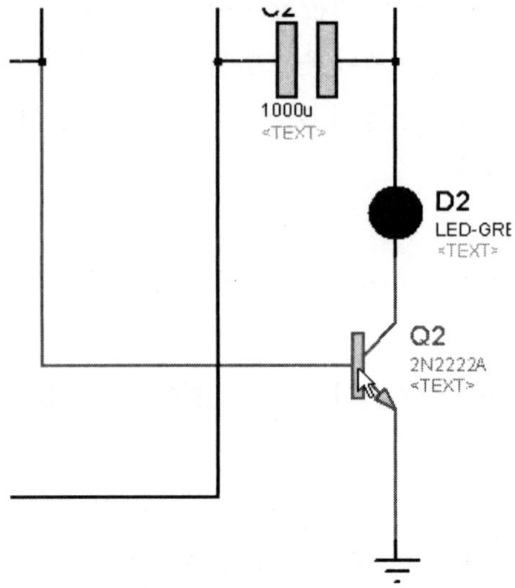

[그림 1-40] 부품선택

② 선택된 부품 이동

마우스 왼쪽 버튼 클릭 상태로 마우스를 이동시키면 [그림 1-41]과 같이 된다.

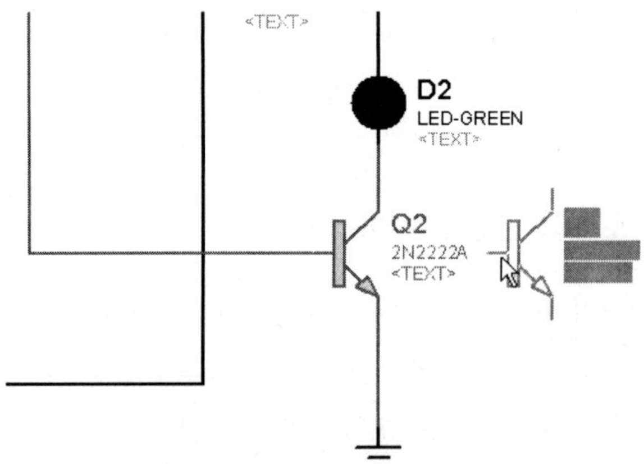

[그림 1-41] 부품을 이동 위치 지정

③ 원하는 위치로 이동되면 마우스 왼쪽 버튼 클릭을 해제한다.
[그림 1-42]와 같이 이동이 되면서 신호선이 자동으로 연결된다.

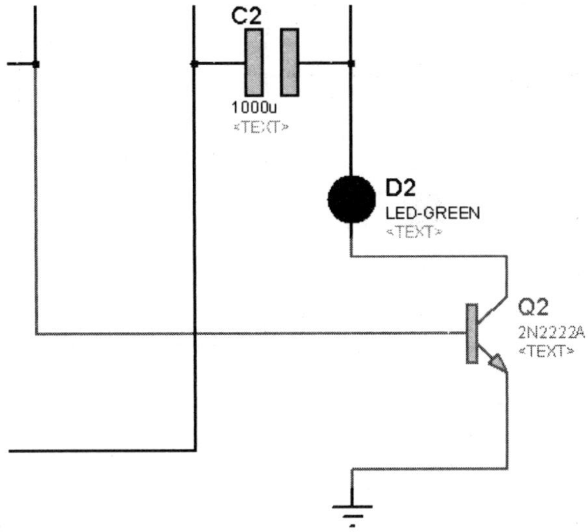

[그림 1-42] 부품 이동

④ 선택된 부품선택 취소
선택취소를 위하여 빈공에 마우스 오른쪽 버튼을 클릭하면 [그림 1-42]의 선택된 부분인 적색이 원래의 색으로 변하면서 부품 이동이 완료된다.

"신호선이 연결된 부품 이동" 방법을 숙지하였다면 다음 실습을 위하여 실행취소(↶) 아이콘을 마우스 왼쪽 버튼으로 클릭하여 [그림 1-38]과 같은 상태로 되돌려 놓는다.

1.4.15 회로 블록단위로 이동시키기

① 블록 선택하기(마우스 오른쪽 버튼을 클릭한 상태로 드래그)
LED(D1), TR(Q1), GROUND를 선택하기 위하여

- [그림 1-43]과 같이 GROUND 우측 하단에서 마우스 오른쪽 버튼을 클릭한 상태로(물론 좌측 상단에서 우측 하단으로 드래그해도 된다.)
- LED(D1) 좌측 상단까지 당긴 후 마우스 오른쪽 버튼 클릭 상태를 해제하면
- [그림 1-43]과 같이 LED(D1), TR(Q1), GROUND와 상호 연결된 신호선까지 적색으로 변하면서 블록이 선택되었음을 보여준다.

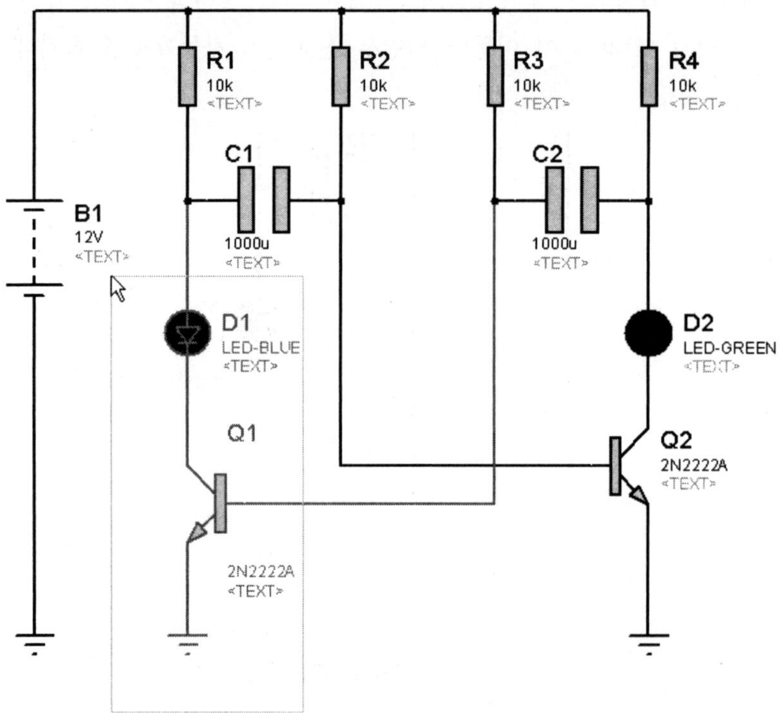

[그림 1-43] 이동 대상 블록 선택

② 블록 이동(▣) 단축 아이콘 선택

[그림 1-44]와 같이 블록 이동(▣) 단축 아이콘(Move Tagged Objects.)을 클릭한다.

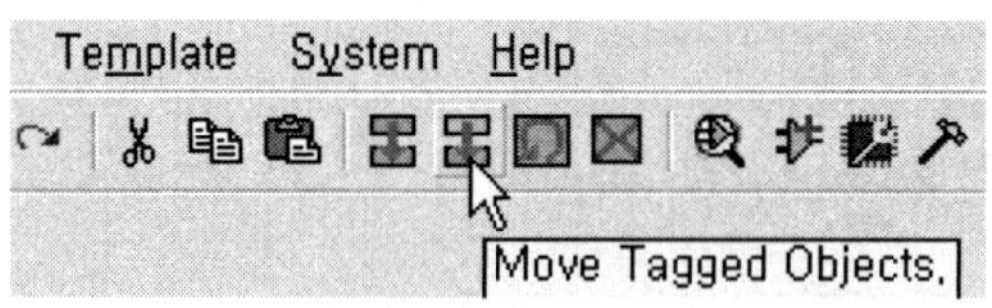

[그림 1-44] 블록 이동 기능 선택

③ 블록 이동하기(원하는 위치로 마우스를 이동)

- 원하는 위치로 마우스를 이동하면 [그림 1-45]와 같이 선택된 블록이 움직인다.
- 이때 블록 내의 부품들과 마킹된 문자들만이 움직임을 알 수 있다.
- [그림 1-45]와 같이 이동하고자 하는 위치까지 마우스를 이동시킨다.
- 만약 블록 선택을 취소하려면 마우스 오른쪽 버튼을 클릭하면 된다.

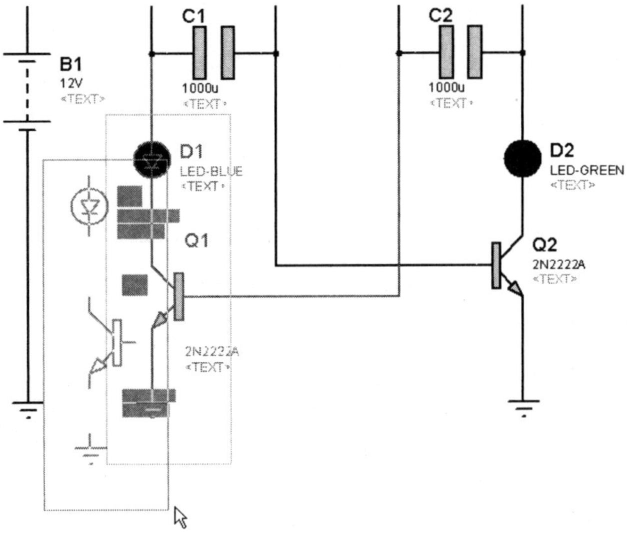

[그림 1-45] 선택된 블록 이동

④ 블록 이동 위치 지정(마우스 왼쪽 버튼 클릭)

- 원하는 위치에 마우스 왼쪽 버튼을 클릭하면
- [그림 1-46]과 같이 신호선이 자동으로 이동된 곳으로 연결된다.
- 여전히 선택된 부품들과 신호선이 적색으로 남아 있으며
- 이때 다시 [그림 1-44]처럼 블록 이동(▦) 단축 아이콘을 누르면 또 다시 이동할 수 있는 상태가 된다.

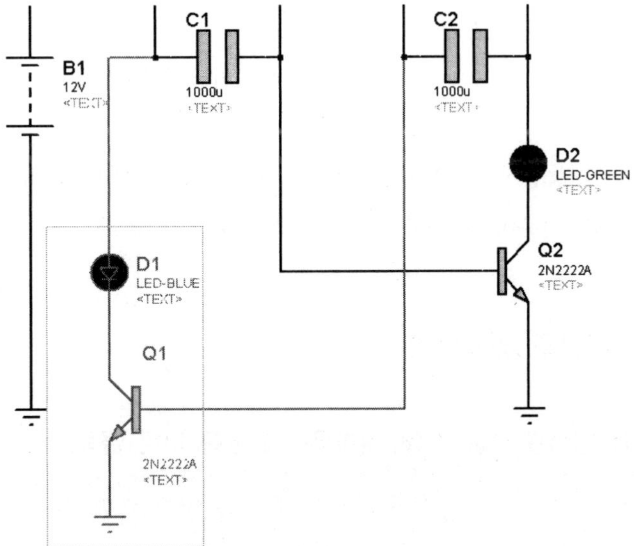

[그림 1-46] 이동된 블록

⑤ 블록 이동 완료(선택 취소)

- 선택된 블록 취소를 위하여 빈 공간에 마우스 오른쪽 버튼을 클릭하면
- [그림 1-46]의 적색으로 선택된 블록이 선택 취소되면서
- [그림 1-47]과 같이 이동이 완료된다.

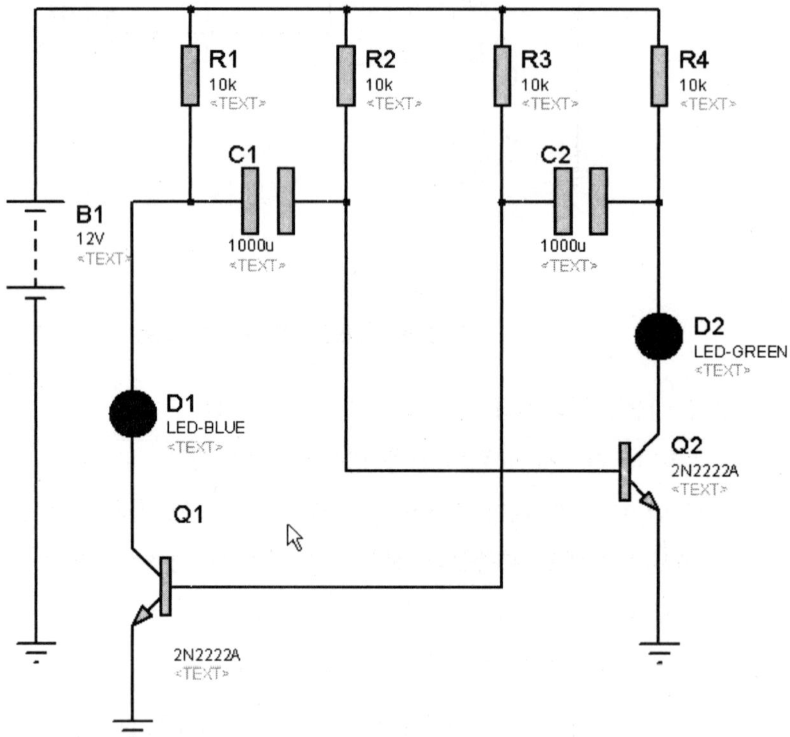

[그림 1-47] 이동 완료된 블록

블록 이동 기능을 이해하였다면 다음 작업 부품값 입력 단계를 위하여 실행취소(↶) 단축 아이콘을 이용하여 블록 이동 전 상태로 돌려놓자.

1.4.16 부품값 입력하기

1) 부품값 입력할 부품선택하기(마우스 오른쪽 버튼 클릭)

부품 위로 마우스를 이동시켜 마우스 오른쪽 버튼을 한 번만 클릭하여 부품을 선택한다. [그림 1-48]처럼 선택된 부품은 적색으로 변한다.(부품이 적색으로 변하지 않았다면

부품값을 입력할 수 없다.)

만일 실수로 마우스 오른쪽 버튼을 두 번 클릭하여 부품 또는 신호선이 삭제되었을 경우에는 키보드에서 [U]를 누르거나 실행명령 취소(↶) 단축 아이콘을 선택하면 삭제된 내용을 복구한다.

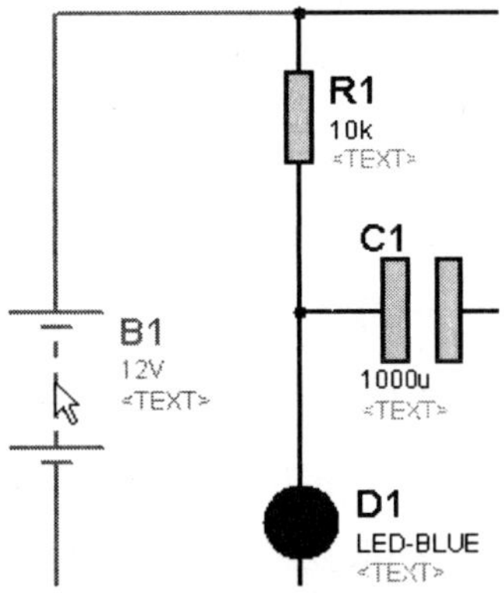

[그림 1-48] 부품선택하기

2) 설정 편집(Edit Component)창 실행하기(마우스 왼쪽 버튼 클릭)

선택된 부품에 마우스 왼쪽 버튼을 클릭하면 [그림 1-49]와 같이 부품값 편집창이 열린다.

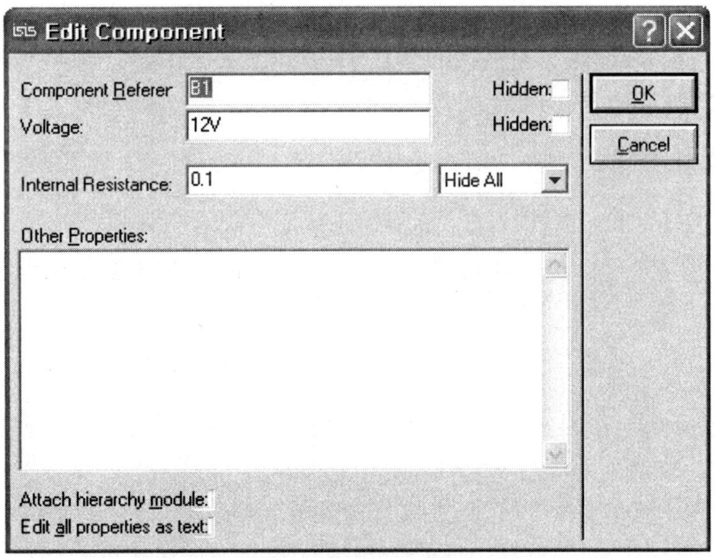

[그림 1-49] BATTERY 설정값 입력

3) 값 입력하기([그림 1-49]와 같이 입력하기)

① Component Reference(부품 번호) : 기본값 사용 또는 임의의 값 입력

- 중복되지 않도록 입력해야 한다.
- PROVSM이 자동으로 지정한 번호를 사용하는 것이 좋다.
- 우측의 Hidden(부품 번호 숨기기)은 보이도록 설정한다.(선택하지 않음)

② Voltage(DC전압) : 5V로 입력

- 우측의 Hidden(전압값 숨기기)은 보이도록 설정한다.(선택하지 않음)

③ Internal Resistance(내부저항) : 기본 값 사용

- 보통 0.1[Ω]로 입력하고
- Hide All을 선택하여 보이지 않도록 설정한다.

④ Other Properties(그 외 특성) : 그 외의 특성은 입력하지 않는다.

⑤ Attach hierarchy module : 여기서는 사용하지 않는다.

- 다른 sheet에서 동일한 부품을 사용하고 싶을 경우 선택한다.
- 가끔 사용함(같은 전원을 다른 sheet에서도 이용하고자 하는 경우에 사용)

⑥ Edit all properties as text : 사용하지 않는다.

- 현 부품의 모든 속성을 text 형식으로 입력하고자 할 경우 선택한다.
- 전문적인 지식이 필요함. 따라서 보통은 사용하지 않는다.

[그림 1-49]와 같이 값을 입력하고 마우스 왼쪽 버튼을 이용하여 OK 버튼을 한 번 클릭하여 DC 전원인 전지(BATTERY)의 값 입력을 마친다.

4) 선택 해제

OK 버튼을 눌렀다면 [그림 1-50]과 같이 입력한 값으로 부품번호, 부품값이 바뀐 것을 알 수 있다. 그 다음은 선택 해제를 위하여 빈 공간에 마우스 오른쪽 버튼을 클릭한다.

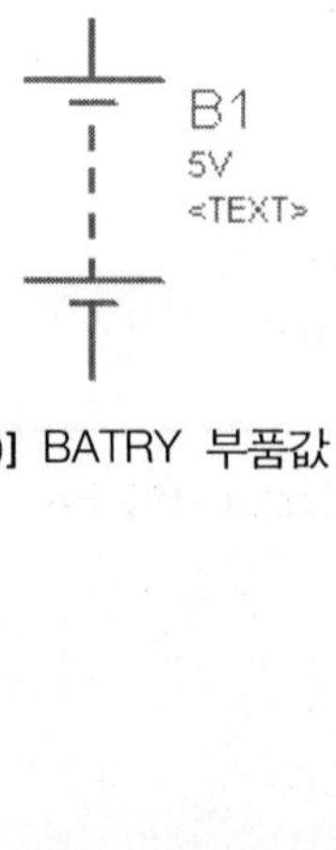

[그림 1-50] BATRY 부품값 입력 완료

1.4.17 같은 값을 가지는 부품 한 번에 입력하기

PROVSM에서는 부품값 입력 이외에도 참조번호 입력, 부품값과 참조번호 표시여부 등 한 번에 여러 개의 부품에 대한 일괄지정 및 입력이 가능하다.

1) 같은 값으로 입력할 부품들을 선택하자

마우스 오른쪽 버튼을 클릭하여 같은 값을 입력하려는 부품 R1, R4를 한 번씩만 클릭한다. 그러면 선택된 부품들이 [그림 1-51]처럼 적색으로 변한다.

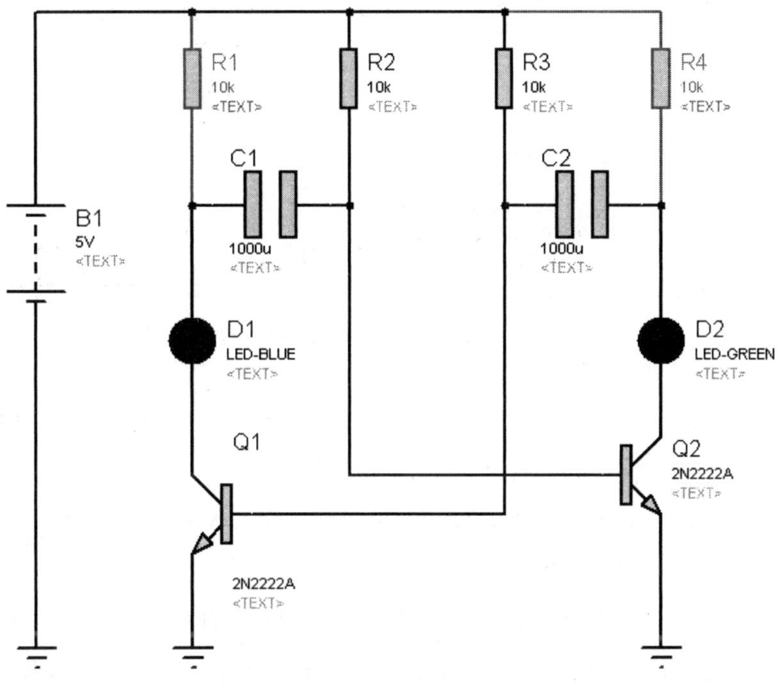

[그림 1-51] 일괄 입력할 부품선택

2) 일괄지정() 아이콘 선택

부품값 및 참조번호 일괄지정(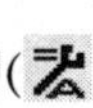) 아이콘을 [그림 1-52]와 같이 선택한다.

[그림 1-52] 부품값/참조번호 일괄지정 아이콘 선택

3) 속성 일괄 입력창(Property Assignment Tool)에 값 입력

속성 일괄 입력창에 [그림 1-53]과 같이 값을 입력한다.

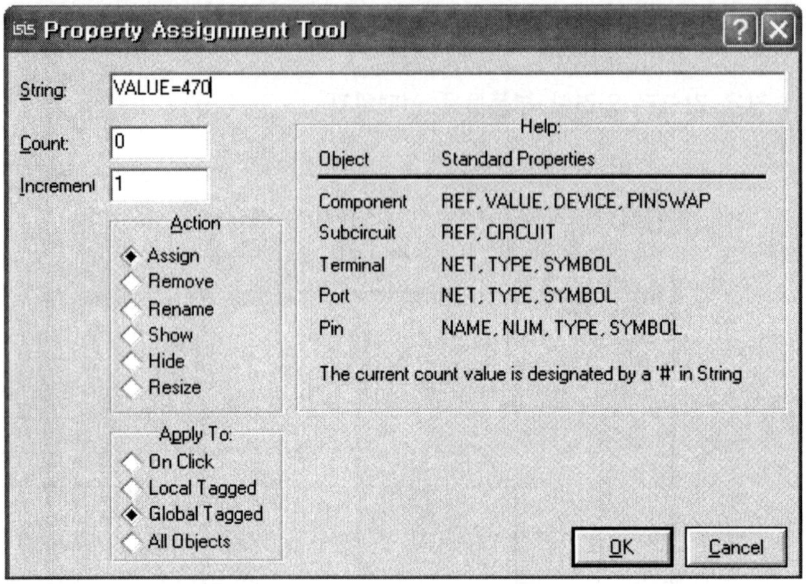

[그림 1-53] 속성 일괄 입력 툴 창

① String : 'VALUE=470'은 선택된 저항값을 모두 470[Ω]으로 설정한다.
String에 입력하는 속성 값들은 아래와 같다.

- 부품(Component) : REF(부품 참조번호), VALUE(부품값), DEVICE(부품 교체), PINSWAP(핀 교체)
- 서브 회로(Subcircuit) : REF(블록 이름), CIRCUIT(회로 이름)
- 단자(Terminal) : NET(네트명), TYPE(형식), SYMBOL(심벌)
- 포트(Port) : NET(포트 네트명), TYPE(형식), SYMBOL(심벌)
- 핀(Pin) : NAME(핀 이름), NUM(번호), TYPE(형식), SYMBOL(심벌)
- '#'을 입력하면 현재 값을 기준으로 순차적으로 증가한다.

② Count : 시작값 0으로 설정

③ Increment : 증가할 값 1로 설정

④ Action : Assign(직접 입력) 선택

- Assign : String을 통하여 입력된 특성으로 지정
- Remove : String을 통하여 입력된 특성을 삭제

- Rename : String을 통하여 입력된 특성 이름 교체
- Show : String을 통하여 입력된 특성 보이기
- Hide : String을 통하여 입력된 특성 감추기
- Resize : String을 통하여 입력된 특성 크기 변경

⑤ Apply To : 적용방법을 'Global Tagged' 선택

- On Click : 마우스로 선택하는 것에 한하여 적용
- Local Tagged : 현재 회로에만 적용
- Global Tagged : 현재 회로와 서브회로 모두에 적용
- All Objects : 모든 구성요소에 일괄적으로 적용

[그림 1-53]과 같이 속성 일괄 입력창(Property Assignment Tool)의 값을 입력하였다면 OK 버튼(마우스 왼쪽 버튼 클릭)을 눌러 입력을 종료한다.

4) 선택 해제

OK 버튼을 클릭하였다면 [그림 1-54]와 같이 R1과 R4의 값이 470으로 바뀐다. 그 다음은 선택 해제를 위하여 빈 공간에 마우스 오른쪽 버튼을 클릭한다.

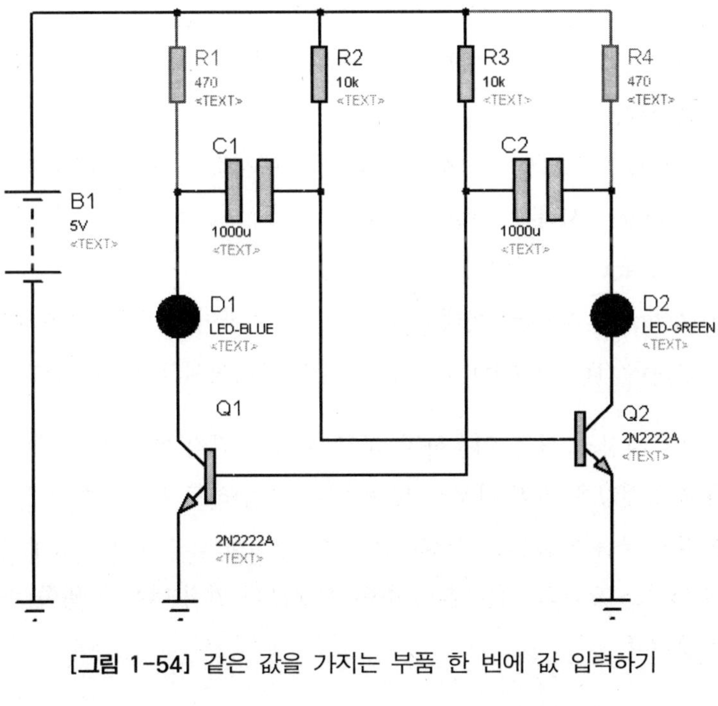

[그림 1-54] 같은 값을 가지는 부품 한 번에 값 입력하기

5) 부품값 입력 완료하기

앞서 설명한 "1.4.16 부품값 입력하기"나 "1.4.17 같은 값을 가지는 부품 한 번에 입력하기" 과정을 이용하여 [그림 1-16] 무조건 따라 하기 예제 회로를 완성하자.

① 같은 값으로 입력할 부품 R2와 R3을 마우스 오른쪽 버튼 클릭으로 각각 선택한다.

② 일괄지정( ) 아이콘을 마우스 왼쪽 버튼을 클릭하여 속성 일괄 입력창을 실행시킨다.

③ 속성 일괄 입력창의 'STRING'란에 'VALUE = 22k'[Ω]을 입력하고 나머지는 기존 값으로 둔다.

- String : 'VALUE = 22k' 선택된 저항값을 모두 22[kΩ]으로 설정
- Count : 시작값 0으로 설정
- Increment : 증가량은 1로 설정
- Action : Assign 선택하여 String을 통하여 입력된 특성으로 지정
- Apply To : Global Tagged 선택하여 현재 회로와 서브회로 모두에 적용

④ 같은 값으로 입력할 부품 C1과 C2를 마우스 오른쪽 버튼 클릭으로 각각 선택한다.

⑤ 일괄지정( ) 아이콘을 마우스 왼쪽 버튼으로 클릭하여 속성 일괄 입력창을 실행시킨다.

⑥ 속성 일괄 입력창의 'STRING'란에 'VALUE = 22uF'을 입력하고 나머지는 기존 값으로 둔다.

- String : 'VALUE = 22uF' 선택된 콘덴서값을 모두 22[uF]으로 설정
- Count : 시작값 0으로 설정
- Increment : 증가량은 1로 설정
- Action : Assign 선택하여 String을 통하여 입력된 특성으로 지정
- Apply To : Global Tagged 선택하여 현재 회로와 서브회로 모두에 적용

물론 일괄지정 방식을 이용하지 않고 부품을 각각 하나씩 선택(마우스 오른쪽 버튼 클릭)하여 설정값을 편집(마우스 왼쪽 버튼 클릭)해도 된다. 즉 2개 이상은 일괄지정 방식을 통하여 부품의 값들을 설정하는 것이 편리하고, 1개 또는 2개 정도는 일일이 부품을 선택(마우스 오른쪽 버튼 클릭)하여 설정값을 편집(마우스 왼쪽 버튼 클릭)하는 것이 편리할 것이다.

1.4.18 회로 애니메이션 실행방법

1) 애니메이션 환경설정창 실행

회로 애니메이션을 실행하기 전에 우선 애니메이션 환경을 설정하여야 한다. [그림 1-55]와 같이 풀다운 메뉴의 'System〉Set Animation Option' 메뉴를 선택한다.

[그림 1-55] 애니메이션 환경설정창 실행

2) 애니메이션 옵션 설정

[그림 1-56]처럼 시뮬레이션 속도와 전압/전류 범위, 애니메이션 옵션을 설정해보자. 설정이 완료되면 OK 버튼을 클릭한다.

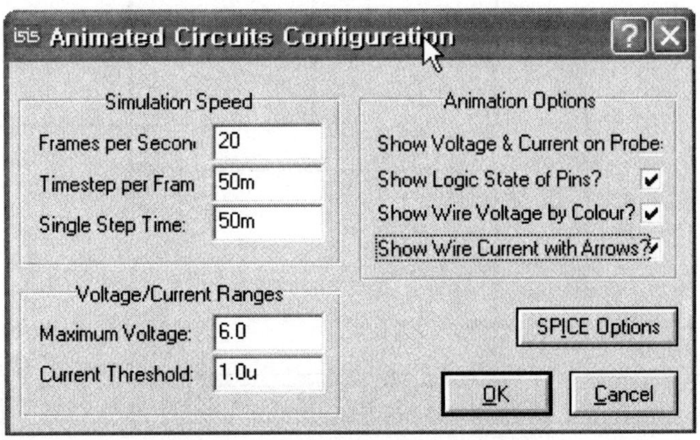

[그림 1-56] 애니메이션 환경설정

① 시뮬레이션 속도(Simulation Speed) 설정
- Frames per Second : 초당 '20'프레임으로 표시
- Timestep per Frame : 프레임당 '50m'[s] 시뮬레이션 간격으로 설정
- Single Step Time : 시뮬레이션 신호의 간격을 '50m'[s]로 설정

② 전압/전류 범위(Voltage/Current Ranges) 설정
- Maximum Voltage : 애니메이션 최대 전압은 '6'[V]로 설정
- Current Threshold : 애니메이션 전류의 한계치는 '1u'[A]로 설정

③ 애니메이션 옵션(Animation Options) 모두 선택
- Show Voltage & Current on Probe : 프로브에 전압/전류 표시 선택
- Show Logic State of Pins : 논리회로의 핀 상태 표시
- Show Wire Voltage by Color : 신호선 전압에 따른 색 표시 선택
- Show Wire Current by Arrow : 신호선에 전류 화살표 표시 선택

3) 애니메이션 실행

[그림 1-57]과 같이 회로 애니메이션 실행(▶) 버튼을 클릭한다.

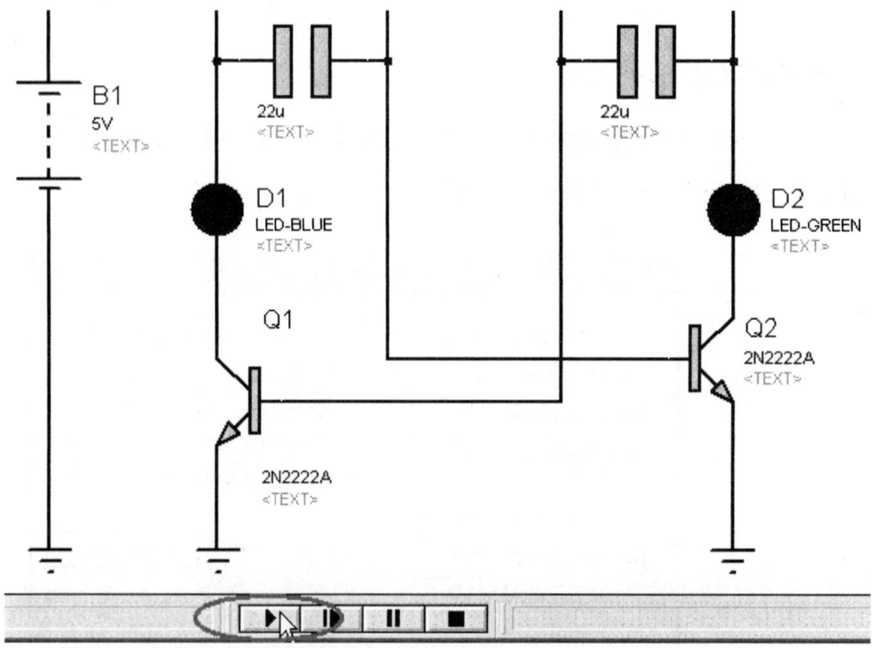

[그림 1-57] 애니메이션 실행하기

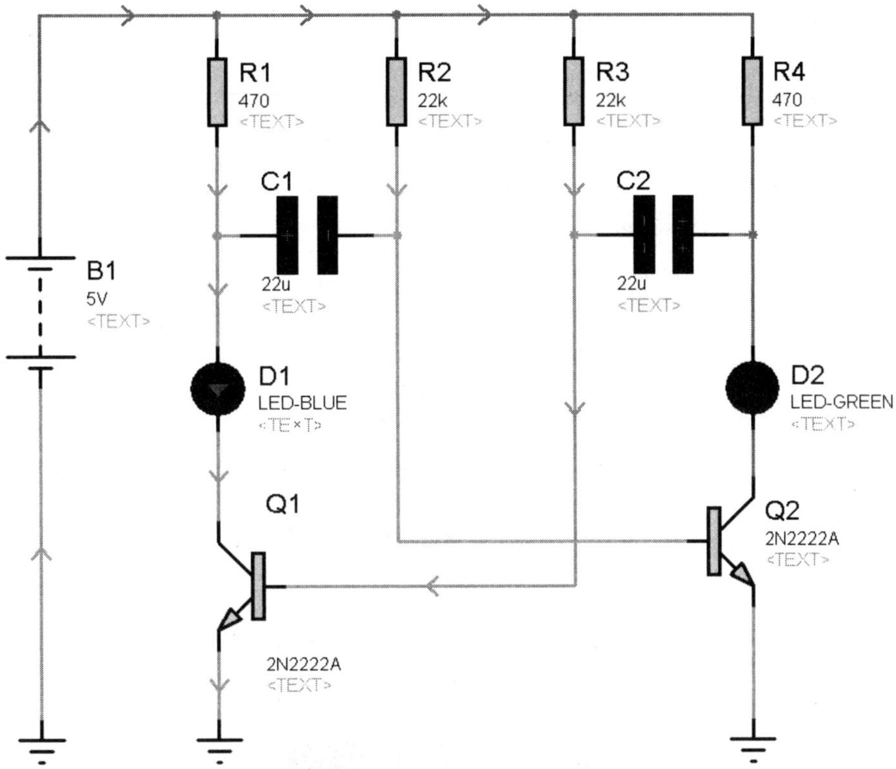

[그림 1-58] 애니메이션 결과

[그림 1-58]과 같이 애니메이션이 동작하면 모든 것이 정상적으로 수행된 것이다. 만약, [그림 1-58]과 다르게 화면에 나타난다면 부품값들을 다시 확인하고, "1.4.18 회로 애니메이션 실행하기" 과정을 다시 살펴보기 바란다.

[그림 1-58] 애니메이션 결과에 나타나는 다양한 색은 "1.4.23 PROVSM 기본 색상 및 애니메이션 색상 설정"에서 다시 다루기로 한다.

4) 애니메이션 정지

애니메이션 정지하기 위해서는 [그림 1-59]처럼 애니메이션 정지 버튼()을 클릭한다. 그러면 애니메이션 전 화면이 나타난다.

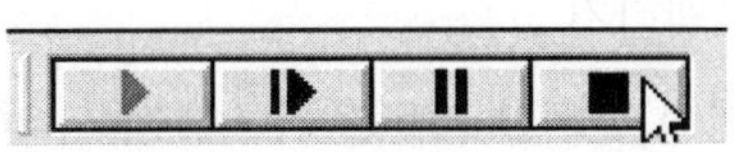

[그림 1-59] 애니메이션 멈추기

1.4.19 계측기를 이용한 애니메이션

이제 설계된 회로의 각 노드의 전압값, 전류값, 파형 등을 알아보기 위하여 본 프로그램에서 제공하는 계측기를 사용해 보자.

① 계측기 아이콘(: 가상계측기(Virtual Instruments)) 선택하기

- [그림 1-60]과 같이 계측기() 아이콘을 선택한다.

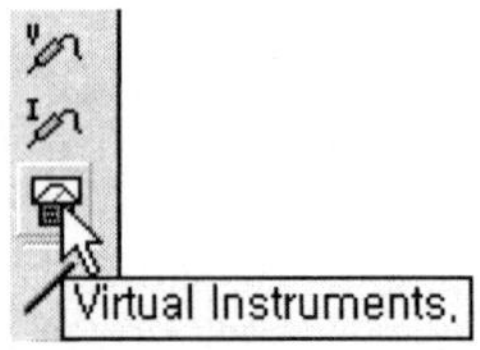

[그림 1-60] 계측기 아이콘 클릭

- [그림 1-61]과 같이 목록창에 가상계측기 목록이 표시된다.

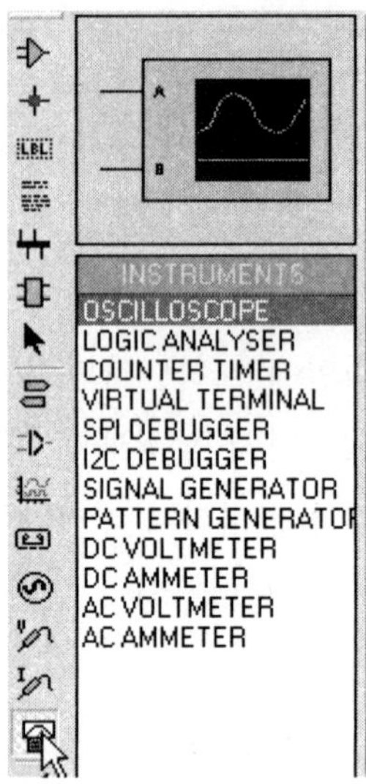

[그림 1-61] 가상계측기 목록

② 오실로스코프 선택하기

- 계측기 목록에서 'OSCILLOSCOPE'(오실로스코프)를 마우스 왼쪽 버튼으로 클릭하여 선택한다.
- 이때 미리보기창에는 [그림 1-61]과 같이 목록에서 선택된 계측기의 모양이 나

타난다.(오실로스코프에 대한 상세한 설명은 1.5절에서 다루도록 한다.)

③ 선택된 오실로스코프 도면에 배치하기
가상계측기 목록창에서 선택한 오실로스코프를 마우스 왼쪽 버튼으로 클릭하여 [그림 1-62]와 같이 도면에 배치하자.

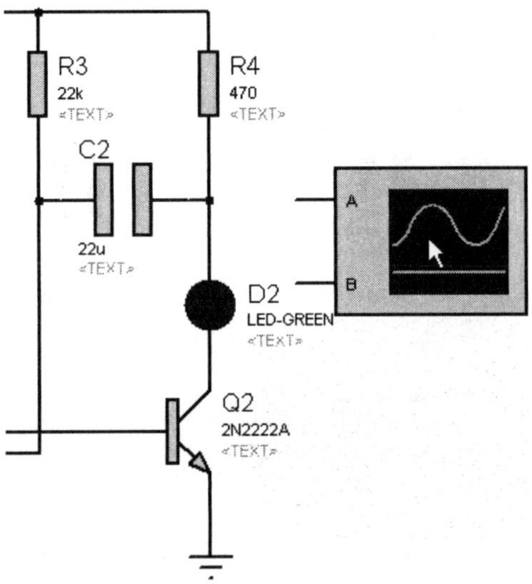

[그림 1-62] 오실로스코프 도면에 배치

④ 오실로스코프와 신호선을 연결하기("1.4.9 신호선 연결하기" 참조)
[그림 1-63]과 같이 오실로스코프와 신호선을 연결하자.

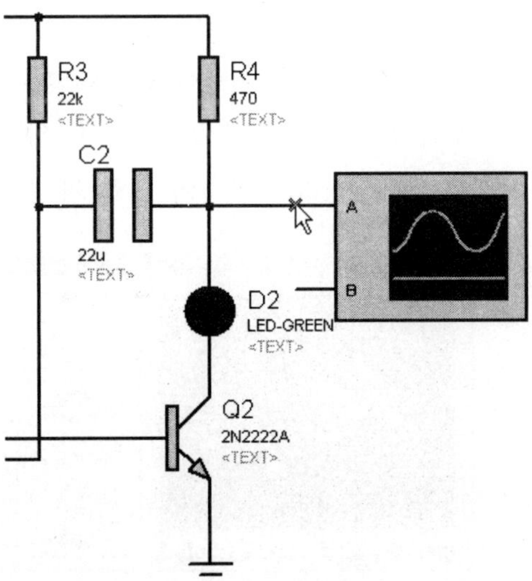

[그림 1-63] 오실로스코프에 신호선 연결

⑤ 애니메이션 실행하기(▶)

- [그림 1-57]과 같이 회로 애니메이션 실행 버튼(▶)을 클릭한다.
- 이때 [그림 1-64]와 같은 애니메이션 결과가 나타난다.
- 그리고 오실로스코프 모양의 창이 [그림 1-64]와 같이 열린다.

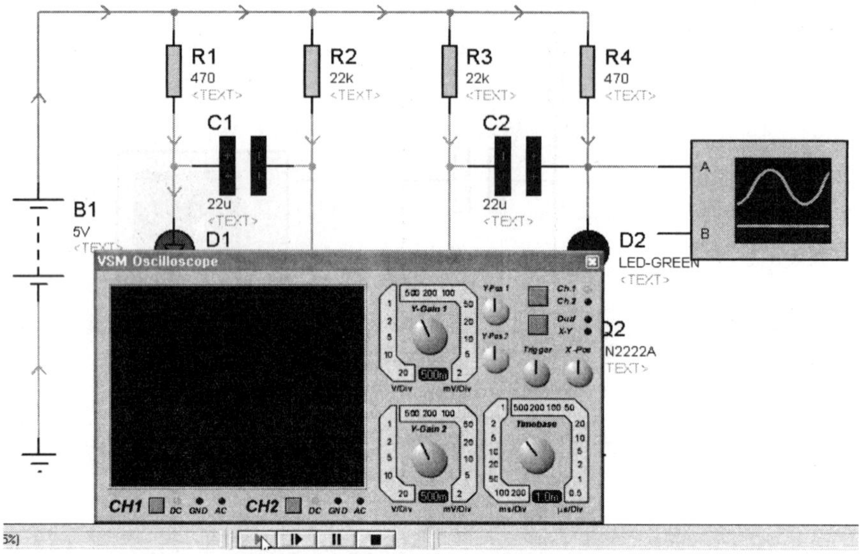

[그림 1-64] 시뮬레이션 후 실행된 계측창

⑥ 오실로스코프 레인지 조절

시뮬레이션을 실행해도 [그림 1-64]와 같이 오실로스코프에 파형이 나타나지 않는 것은 오실로스코프의 레인지가 맞지 않기 때문이다. [그림 1-65]의 원 안에 값과 같도록 마우스 왼쪽 버튼을 이용하여 다이얼을 조절하자.

- A단(CH1)의 Y축(전압표시 레벨)을 [그림 1-65]와 같이 '5.0'[V]를 설정한다.
- '50m'은 오실로스코프 X축(시간축의 레벨)의 단위로 50[ms]로 설정한다.

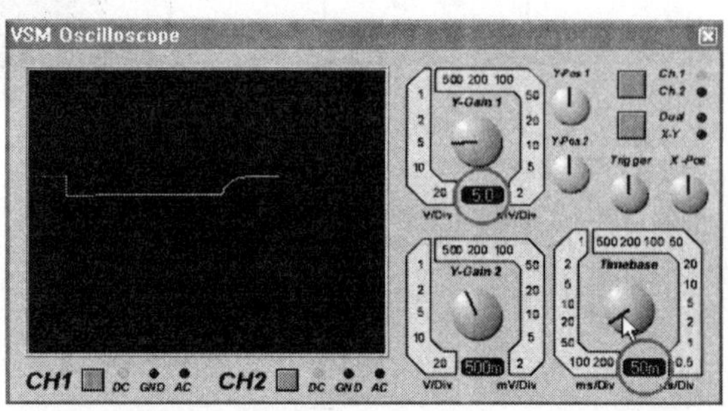

[그림 1-65] 오실로스코프 레인지 다이얼 설정

⑦ 계측기를 이용한 시뮬레이션 종료

- 애니메이션 종료 버튼(■)을 클릭하면 시뮬레이션이 종료된다.

1.4.20 사라진 계측기 다시 보이게 하기

간혹 계측기가 열려진 상태에서 계측기 아래에 가려진 회로를 보기 위하여 시뮬레이션 실행중인 계측기를 닫아버려 다음에 시뮬레이션할 때 계측기가 보이지 않는다고 하는 경우가 자주 발생한다. 만일 이와 같은 경우라면

① 반드시 시뮬레이션 상태에서

② [그림 1-66]과 같이 풀다운 Debug 메뉴 가장 아래 부분에서

③ 다시 보고자 하는 가상계측기('VSM Oscilloscope')를 마우스 왼쪽 버튼으로 클릭하여 선택하면 다시 화면에 사라진 가상계측기가 나타날 것이다.

[그림 1-66] 사라진 계측기(오실로스코프) 다시 보이게 하기

1.4.21 아날로그 시뮬레이션 방법

아날로그 시뮬레이션(Analogue Simulation)은 시간 변화에 따른 결과를 분석하는 시뮬레이션이다.

1) 시뮬레이션 결과창 만들기

① 시뮬레이션( ) 아이콘 클릭(마우스 왼쪽 버튼 클릭)

- 스파이스(SPICE) 시뮬레이션을 위해서 시뮬레이션 그래프(: Graph) 아이콘을 [그림 1-67]과 같이 클릭하면
- [그림 1-67]과 같이 목록창에 여러 가지 시뮬레이션 방법 목록이 나타난다.

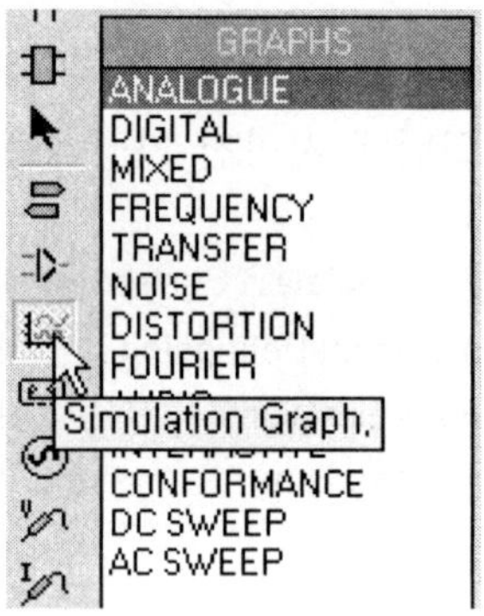

[그림 1-67] 시뮬레이션 아이콘 클릭

② 시뮬레이션 방법 선택(마우스 왼쪽 버튼 클릭)

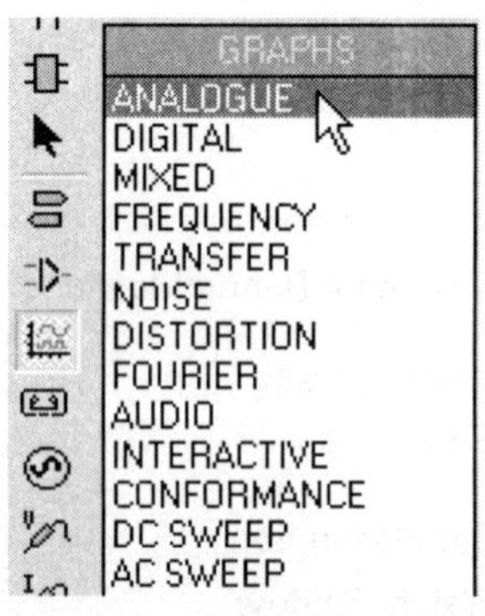

[그림 1-68] 시뮬레이션 방법 ANALOGUE 선택

현재 무조건 따라 하기 예제 회로는 시간변화에 따른 시뮬레이션을 해야 한다.

- 목록창에는 [그림 1-68]과 같이 여러 가지의 분석 방법이 표시된다.
- [그림 1-68]과 같이 시간변화에 따른 시뮬레이션은 'ANALOGUE'를 선택한다.

③ 시뮬레이션 결과 표시영역 설정하기

- [그림 1-69]와 같이 마우스를 회로도 빈 공간으로 이동시킨다.
- [그림 1-69]와 같이 마우스 왼쪽 버튼으로 좌측 상단을 클릭하고, 클릭한 상태로 우측 하단으로 당겨 영역을 설정한다.
- 원하는 표시영역의 크기가 되면 마우스 왼쪽 버튼 클릭 상태를 해제한다.
- [그림 1-70]과 같이 'ANALOGUE ANALYSIS'(아날로그 분석)창이 나타난다.

[그림 1-69] 시뮬레이션 결과창 크기 설정

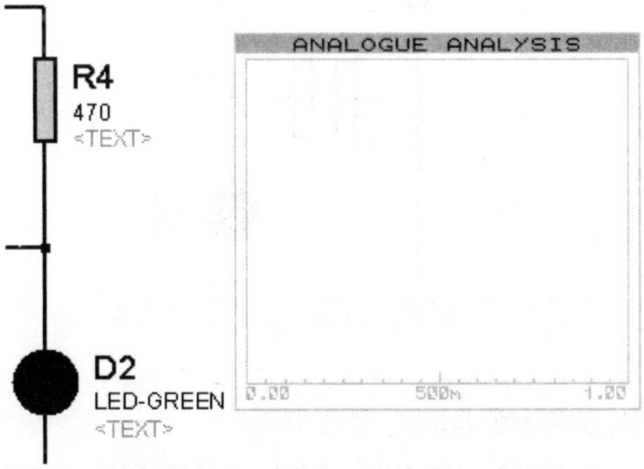

[그림 1-70] 만들어진 시뮬레이션 결과창

2) 프로브 추가하기

① 전압 프로브( ) 아이콘 선택하기

[그림 1-71]처럼 전압 프로브(: Voltage probe.) 아이콘을 선택한다.

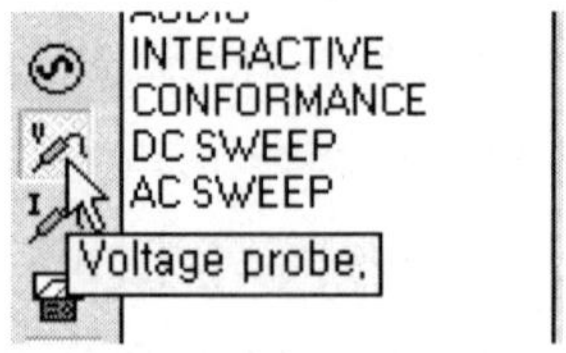

[그림 1-71] 전압 프로브 선택

② 프로브 연결하기

- [그림 1-72]처럼 프로브를 연결할 지점으로 마우스를 이동시킨다.
- 분석하고자 하는 신호선 위에서 마우스 왼쪽 버튼을 한 번만 클릭하면 [그림 1-72]와 같이 프로브가 표시된다.

> **주의**
>
> 프로브는 신호선 위에만 연결된다. 노드(접속점) 또는 부품의 핀에는 프로브가 연결되지 않고, 신호선 연결 모드로 전환되어 신호선이 겹쳐 나타나게 됨을 주의해야 한다.

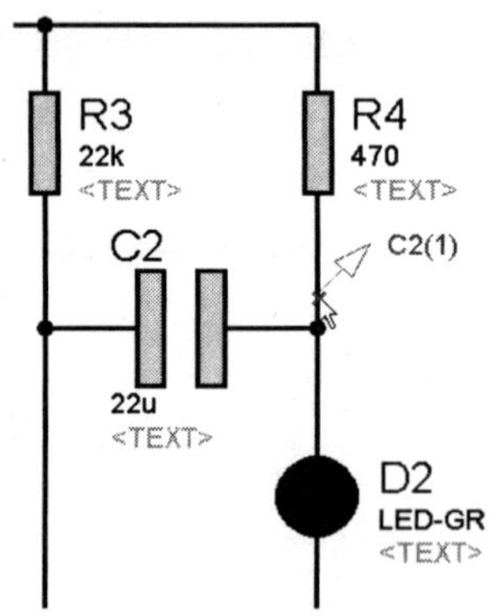

[그림 1-72] 전압 프로브 연결

③ 시뮬레이션 결과창에 프로브 당겨 놓기

- [그림 1-73](a)처럼 프로브를 마우스 오른쪽 버튼 클릭으로 선택

- 프로브를 마우스 왼쪽 버튼으로 클릭한 후 클릭 상태에서 [그림 1-73](b)처럼 시뮬레이션 결과창까지 끌어당긴다.
- 마우스 왼쪽 버튼을 클릭한 상태를 해제하면 [그림 1-73](c)처럼 시뮬레이션 결과창에 C2(1)프로브가 추가되어 나타난다.

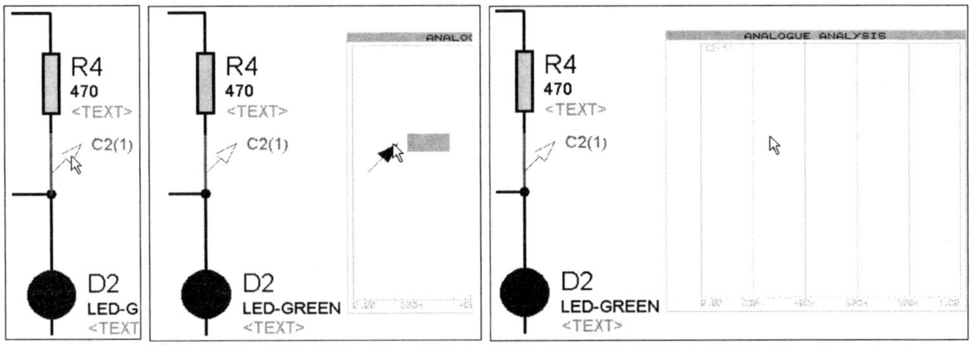

(a) 선택 (b) 왼쪽 클릭 상태 유지해서 당기기 (c) 왼쪽 클릭 상태 해제 후의 결과

[그림 1-73] 시뮬레이션 결과창에 프로브 당겨 놓기

3) 시뮬레이션 시작하기

앞서 잠깐 언급한 바와 같이 지금 하려고 하는 분석 방법은 SPICE 해석 방법으로 실시간 해석 방법(애니메이션)과 달리 회로분석을 시작할 때 애니메이션 실행 버튼을 사용하지 않고 아래의 두 가지 방법 중 하나를 사용하면 된다.

① 키보드의 스페이스바를 한 번만 눌러준다.

② [그림 1-74]처럼 풀다운 메뉴의 'Graph 〉 Simulate Graph'를 클릭한다.

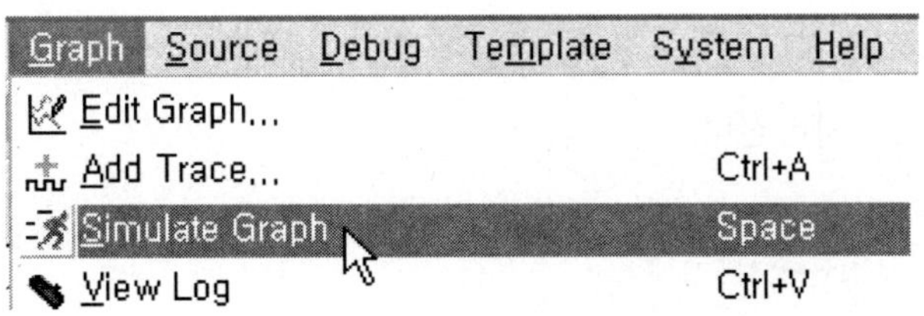

[그림 1-74] 시뮬레이션 그래프 실행

③ 시뮬레이션 결과 보기

[그림 1-75]와 같이 회로분석창에 분석 결과가 표시된다.

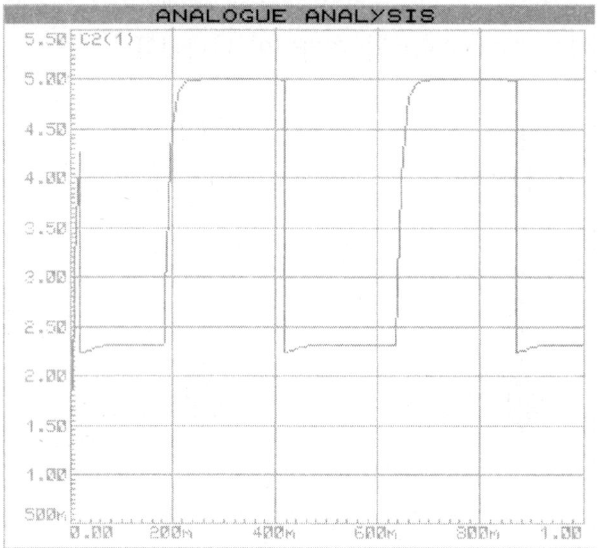

[그림 1-75] 시뮬레이션 결과

④ 분석 결과를 전체화면으로 보기

- [그림 1-76]과 같이 분석 결과창의 타이틀 바에 마우스 왼쪽 버튼을 한 번만 클릭하면 분석 결과가 큰 화면으로 새로운 분석 결과창이 나타난다. 이때 윈도 일반 창과 같이 창의 크기 조절도 가능하다.
- 새로운 분석 결과창을 전체화면으로 보려면 타이틀 바를 두 번 클릭하거나, 창 우측 상단의 전체화면 보기 아이콘을 클릭한다.
- 결과창을 닫으려면 우측 상단의 윈도 창 닫기 아이콘을 클릭하면 전체화면 보기창은 사라진다.

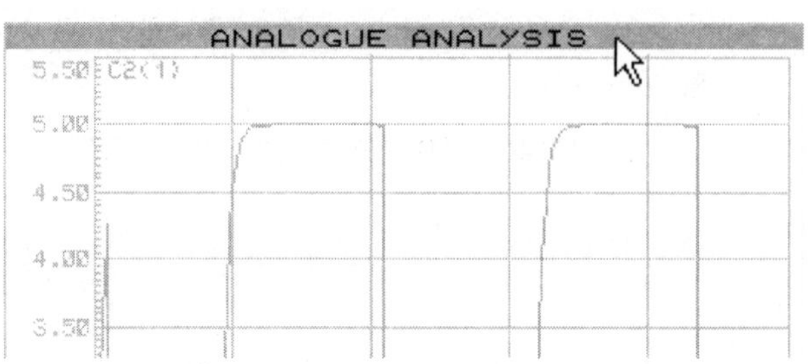

[그림 1-76] 시뮬레이션 결과 확대해서 보기

1.4.22 시뮬레이션 범위(시간) 변경

① 시뮬레이션 결과창 선택(시뮬레이션 결과창 마우스 오른쪽 버튼 클릭)

분석 결과창 위로 마우스를 이동시켜, 오른쪽 버튼 클릭으로 시뮬레이션 결과창을 선택하면 시뮬레이션 결과창 전체가 [그림 1-77]과 같이 적색으로 변한다.

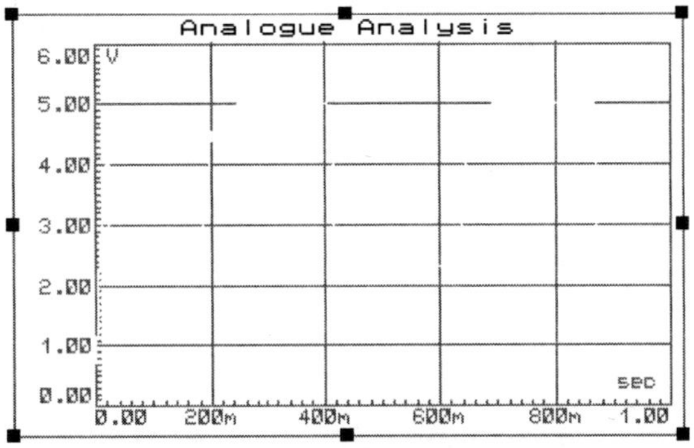

[그림 1-77] 시뮬레이션 결과창 선택

주의

[그림 1-77]과 같이 시뮬레이션 결과창이 선택된 후 오른쪽 버튼 클릭시 회로 분석 결과창이 삭제된다. 이때는 실행취소를 눌러 복원시킨다.

② 시뮬레이션 조건 편집창 실행(시뮬레이션 결과창을 마우스 왼쪽 버튼으로 클릭)

[그림 1-77]과 같이 시뮬레이션 결과창이 선택된 후 선택된 시뮬레이션 결과창을 마우스 왼쪽 버튼을 클릭하면 [그림 1-78]과 같은 편집창(Edit Transient Graph)이 실행한다.

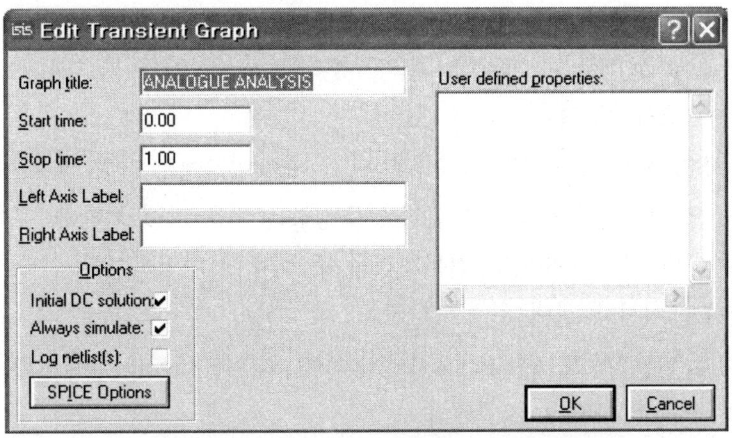

[그림 1-78] 아날로그 시뮬레이션 조건 편집창

③ 시뮬레이션 조건 변경

[그림 1-79]와 같이 시뮬레이션 조건을 변경하고, 변경이 완료되면 [그림 1-79]의 OK 버튼을 누른다.

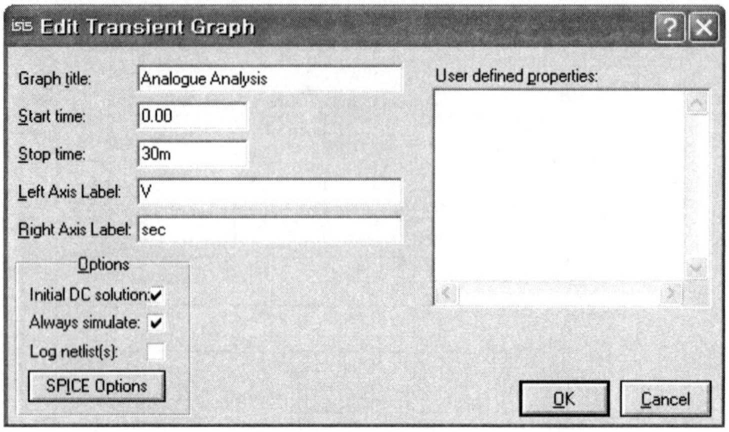

[그림 1-79] 아날로그 시뮬레이션 조건 변경

- Graph title : 시뮬레이션 결과창의 타이틀 바의 문자
- Start time : 시뮬레이션 시작 시간
- Stop time : 시뮬레이션 종료 시간
- Left Axis Label : y축 문자
- Right Axis Label : x축 문자
- Initial DC solution : 초기의 DC값 반영 여부로 0V부터 보려면 선택하지 않음
- Always simulate : [Ctrl+V]를 이용하여 시뮬레이션 로그를 상세히 보고자 할 경우 선택
- Log netlist(s) : [Ctrl+V]를 이용하여 시뮬레이션 로그에 netlist 내용도 함께 보고자 할 경우
- SPICE Options 버튼 : 이 부분은 시뮬레이션에서 가장 민감한 부분으로 일반적으로 사용자가 함부로 설정을 수정하는 것은 피해야 한다. 부득이 수정하고 싶다면 반드시 SPICE 전문서적을 숙지 후에 수정하여야 한다.

④ 시뮬레이션창 선택 취소

마우스를 회로도 빈 공간으로 이동하여 오른쪽 버튼을 클릭하면 분석창이 적색에서 본래의 색으로 전환된다.

⑤ 시뮬레이션 다시 시작

- 키보드의 스페이스바를 한 누르거나
- 풀다운 메뉴의 'Graph 〉 Simulate Graph'를 클릭한다.

시뮬레이션 조건 변경 후의 분석 결과는 [그림 1-80]과 같다. 앞서 분석한 결과 [그림 1-75]와 다르게 보임을 알 수 있다. 이는 사용자가 시뮬레이션 조건 변경을 통하여 시뮬레이션 시작과 종료 시간을 0~30[ms]로 변경하였기 때문에 앞서 0~1[s]와 다른 결과를 나타낸다.

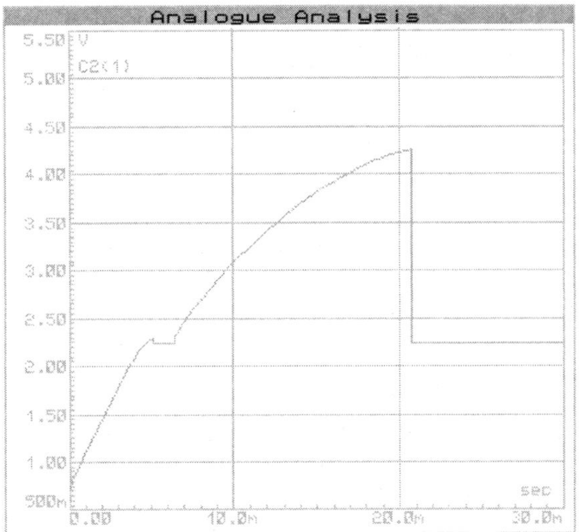

[그림 1-80] 변경된 조건에 의한 시뮬레이션 결과

1.4.23 PROVSM 기본 색상 및 애니메이션 색상 설정

도면 작성에 관련된 기본 색상 및 애니메이션 색상을 설정하여 [그림 1-16]과 같이 '〈TEXT〉'라는 문자를 제거하여 보자. [그림 1-81]과 같이 풀다운 메뉴에서 'Template 〉 Set Design Defaults...'를 선택하자.

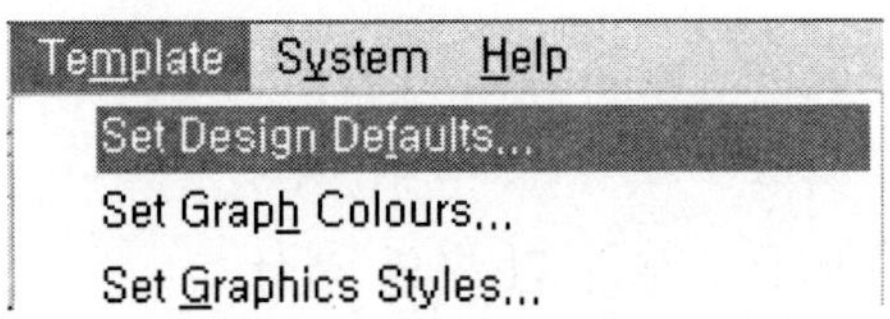

[그림 1-81] 기본색 설정 변경 메뉴

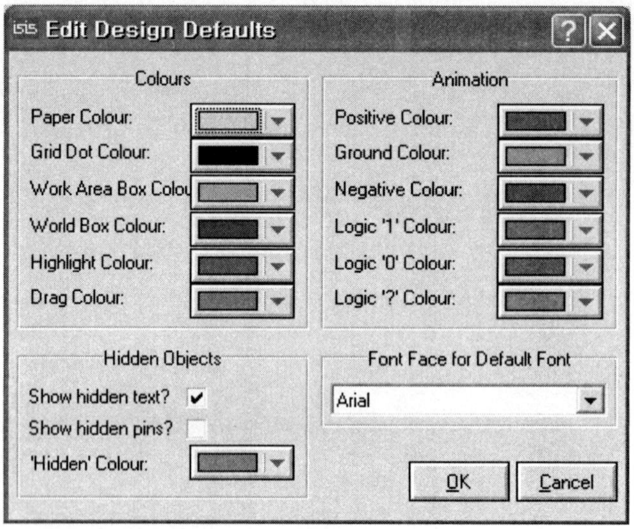

[그림 1-82] 기본색 설정 창

그러면 [그림 1-82]와 같이 기본색 편집창이 열린다. 그 상세한 설정 내용은 아래와 같다.

① Colours : 기본 색상 설정

- Paper Colour : 회로작성창의 배경색
- Grid Dot Colour : 그리드 점 색상
- Work Area Box Colour : 미리보기창의 색상
- World Box Colour : 회로작성창의 작업영역 테두리 색상
- Highlight Colour : 선택된 대상의 색상
- Drag Colour : 선택된 대상 드래그시 색상

② Animation : 애니메이션 색상 설정

- Positive Colour : +V 전위 색상
- Ground Colour : 접지 전위 색상
- Negative Colour : −V 전위 색상
- Logic '1' Colour : 로직 값 '1'의 색상
- Logic '0' Colour : 로직 값 '0'의 색상
- Logic '?' Colour : 로직 값 '?'의 색상

③ Hidden Objects : 숨기기 대상

- Show Hidden text : 숨겨진 문자 보이기(이 곳을 선택 취소한다.)
- Show Hidden pins : 숨겨진 핀 보이기
- 'Hidden' Colour : 숨겨진 대상의 색상

④ Font Face for Default Font : PROVSM 기본 문자 폰트 선택

- 기본값은 'Arial' 체로 되어 있다.
- 사용자가 원하는 글자체를 선택해도 좋다.

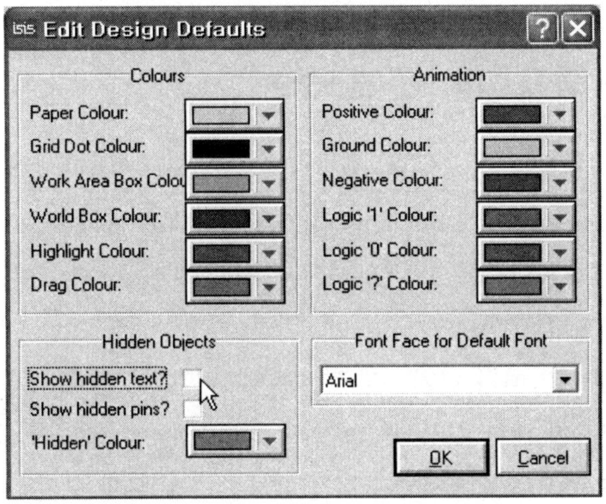

[그림 1-83] 숨겨진 문자 감추기 설정

[그림 1-83]과 같이 Hidden Objects의 "Show Hidden text?" 숨겨진 문자 보이기의 선택을 취소 후 OK 버튼을 누르면 [그림 1-16]과 같이 '<TEXT>'는 보이지 않는다.

PROVSM 기본 색상 및 애니메이션 색상 설정도 변경하여 보자. 그러면 보다 'Set Design Defaults'에 관하여 이해가 쉬울 것이라 여겨진다. 'Edit Design Defaults'의 설정을 이해하였다면 Template 풀다운 메뉴의 'Set Graph Colours' 메뉴가 회로분석에 필요한 색상 지정임을 이해할 수 있고, 'Set Graphics Styles' 메뉴가 회로구성 요소들의 고유 색상 지정임을 이해할 수 있을 것이다. 또한, Template 풀다운 메뉴의 다른 내용들도 쉽게 설정할 수 있으리라 믿는다.

지금까지 무조건 따라 하기를 통하여 PROVSM 프로그램의 사용법을 계략적으로 이해했으리라 생각한다. 그러나 본 프로그램을 별 어려움이 없이 사용하려면 반드시 "1.4 무조건 따라 하기"를 한 번 더 무조건 따라 하기 바란다. 그러면 보다 이 책을 쉽게 이해할 수 있으리라 여겨진다.

1.5 가상 오실로스코프

대표적인 전자계측장치인 오실로스코프를 PROVSM 가상계측기를 통해 사용법을 익히고, 리사주 도형을 통해 주파수, 위상차(Phase Difference) 등을 측정하는 방법을 숙지한다.

1.5.1 PROVSM 가상 오실로스코프

오실로스코프(OSC : Oscilloscope)는 전자분야에서 가장 많이 사용되는 계측기이며, 입력신호를 시간적으로 변화하는 파형으로 나타내어 전기적인 변화를 분석하는 목적으로 사용된다. PROVSM의 오실로스코프는 실제 오실로스코프와 달리 간략하게 [그림 1-84]와 같이 구성되어 있다.

앞서 "1.4 무조건 따라 하기" 절에서 구체적인 설명 없이 사용하였지만, 이 절에는 가상 오실로스코프에 대하여 상세하게 설명하기로 한다. 실제 오실로스코프 또한 이 절의 내용을 기초로 하고 있으므로, 이 절을 이해한다면 실제 오실로스코프 사용에도 무리가 없으리라 여겨진다.

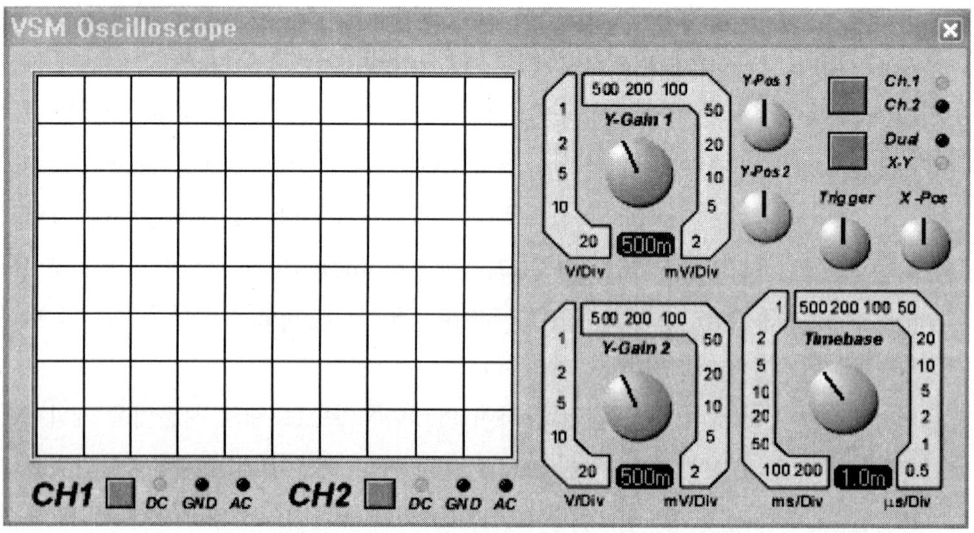

[그림 1-84] PROVSM 가상 오실로스코프 모양

1) 가상 오실로스코프 사용 순서

① 가상계측기( ) 아이콘을 선택한다.

② 가상계측기 목록창에서 'OSCILLOSCOPE'(오실로스코프)를 선택한다.

③ 선택된 오실로스코프를 회로작성창 내에 적당한 위치에 배치한다.

④ 측정하고자 하는 곳과 오실로스코프를 신호선으로 연결한다.

⑤ 애니메이션(Animation)을 실행( )한다.

⑥ 만약 두 신호(CH1, CH2)들을 동시에 표시하고 싶으면 모드버튼을 마우스 왼쪽 버튼 클릭으로 듀얼 모드(Dual mode)(Dual X-Y)를 선택한다.

⑦ [그림 1-85]의 타임베이스(Timebase) 다이얼 위에 마우스 왼쪽 버튼을 클릭한 상태로 움직여 그 회로에 대한 적당한 값으로 조정한다. 회로에 나타나는 파형의 주파수에 대해 충분히 고려하고 그들의 역수를 취함으로써 반복시간(주기)으로 변환해야 할 필요가 있다.

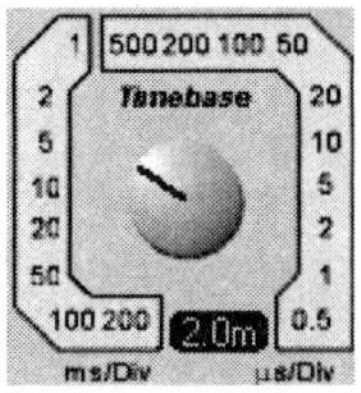

[그림 1-85] Timebase 다이얼

⑧ 만약 DC offset(오프셋)을 가진 신호를 나타낸다면 양 입력채널이 적당히 표현되도록 AC 모드(AC coupling)(DC GND AC)를 선택한다.
(일반적으로는 DC 모드(DC GND AC)로 설정)

⑨ [그림 1-86]에 보이는 것과 같이 Y-gain는 입력신호의 y축 전압이득을 조절하는 다이얼이고, Y-pos는 y축의 전압위치 조절 다이얼이다. 이 둘의 다이얼을 조정해서, 파형들이 적당한 크기와 위치에 있도록 조절한다.

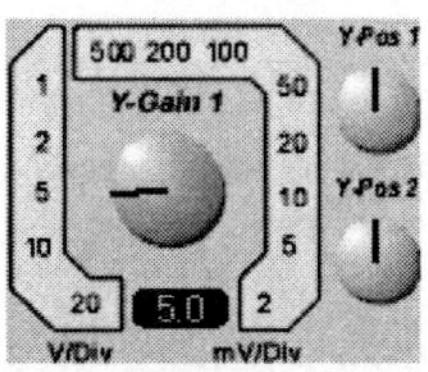

[그림 1-86] Y-Gain과 Y-Pos 다이얼

⑩ 트리거 입력 채널(Ch.1 Ch.2)을 원하는 채널 Ch.1 또는 Ch.2의 불이 적당하게 켜져

있는지 확인한다.

⑪ 디스플레이가 입력파형의 필요한 부분을 고정시킬 때까지 [그림 1-87]의 Trigger (트리거) 다이얼을 돌린다. 만약 다이얼의 선이 [그림 1-87]과 같이 위에 있으면 파형의 상승 경사면(Rising slope)을 시작으로, 반대로 밑에 있으면 파형의 하강 경사면(Falling slope)을 시작신호로 고정된다.

[그림 1-87] 트리거 다이얼

2) 동작 모드

가상 오실로스코프는 3가지 모드로 동작할 수 있다. 오실로스코프 동작 모드 버튼을 클릭함으로써 단일 모드(단일 빔), 듀얼 모드, X-Y 모드로 반복된다.

- 단일 빔(Dual X-Y) : 이 모드에서는 Dual과 X-Y LED가 켜지지 않고, Ch1과 Ch2 LED가 ON되어 있는 채널이 표시되고 있다는 것을 가리킨다.
- 듀얼 빔(Dual X-Y) : 듀얼 LED가 켜지며 Ch1과 Ch2를 모두 표시한다. 이때 Ch1과 Ch2 LED은 트리거 입력이 Ch1인지 Ch2인지를 가리킨다.
- X-Y 모드(Dual X-Y) : X-Y LED가 켜지며 Ch1는 수직축(Y)신호로 사용하고, Ch2는 수평축(X)신호로 사용하여 화면에 표시한다.

3) 트리거링(Ch.1 Ch.2 : Triggering)

VSM 오실로스코프는 타임베이스를 입력 파형과 동기시키기 위한 자동적인 트리거 메커니즘을 제공한다.

- 어떤 입력 채널이 트리거링(트리거 발생신호)을 위해 사용되는지는 Ch1과 Ch2 LED들에 의해 나타난다.
- 트리거 다이얼이 연속적으로 360° 회전하고 트리거링이 발생하는 전압 레벨과 경사(slope)를 설정한다. 트리거 다이얼의 마크가 위쪽을 가리키고 있을 때 상승전압(Rising slope)에서 트리거링하며, 트리거 다이얼의 마크가 아래 방향을 가리키고 있으면 하강전압(Falling slope)에서 트리거링한다.
- 만약 트리거링이 1 타임베이스 주기 동안 발생하지 않는다면 타임베이스는 자유롭게 동작할 것이다.

4) 입력 커플링(DC GND AC : Input coupling)

각 입력 채널은 직접적으로 커플링하는 'DC coupling'(DC 모드)과 가상 커패시터를 통해 커플링하는 'AC coupling'(AC 모드)될 수 있다. AC 커플링은 큰 DC 바이어스 전압의 꼭대기에 작은 AC 신호가 실려있는 경우에 DC 신호를 제거하여 AC 신호만을 표시하고자 할 때 유용하다. 그 외에는 일반적으로 DC 커플링(DC 모드)에 놓고 사용한다.

1.5.2 위상차 측정

1) 두 신호 간의 수평거리에 의한 위상차 측정 방법

① 동작 모드를 듀얼 모드(Dual mode)(Dual X-Y)에 놓은 후 Ch1에 기준신호를, Ch2에 비교신호를 입력한다.

② 신호 파형의 한 주기가 수평 눈금 8[cm]에 맞도록 Timebase과 Y-gain1과 Y-gain2를 조정한다.(단, 1칸을 1[cm]라고 가정한다.)

③ 한 주기가 360°이므로 수평축 1[cm]는 45°(360°/8 = 45°)의 위상차(Phase difference)가 된다. 따라서 위상차는 다음 식과 같이 된다.

위상차 θ = 두 파형 간의 수평거리[cm] × 45°

예제 문제를 통하여 두 파형 사이의 위상차를 구해 보도록 하자.

예제문제

[그림 1-88]에서 위상차 θ를 구하여라.

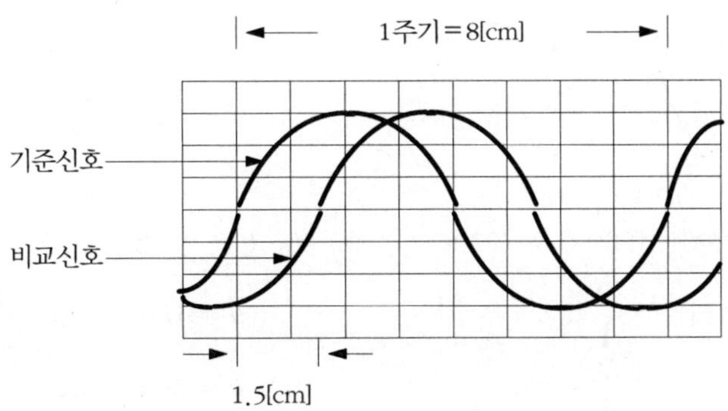

[그림 1-88] 예제 파형

풀이 위상차 $\theta = 1.5[\text{cm}] \times 45^\circ = 67.5^\circ$

2) 리사주 도형에 의한 위상차 측정

앞서 예제 문제를 통하여 두 파형의 위상차를 계산하는 방법을 익혔다. 이보다 오실로스코프로 가시적으로 두 신호의 위상차를 볼 수 있는 방법이 리사주 도형(Lissajous patterns)을 이용하는 것이다. 리사주 도형은 기준신호에 대한 비교신호의 주파수 및 위상차를 동시에 측정하는 장점이 있다.

두 신호를 Ch1과 Ch2에 입력한 후 아래와 같은 순으로 오실로스코프를 설정하면 리사주 도형으로 두 신호의 주파수와 위상차를 동시에 가시적으로 측정이 가능하다.

① 오실로스코프 동작 모드를 X-Y 모드(
)에 놓는다.

② 주파수를 알고 있는 기준신호를 수직축 입력단자 Ch1(Y)에 입력한다.

③ 주파수를 알 수 없는 비교신호를 수평축 입력단자 Ch2(X)에 입력한다.

④ 보통 두 파형간의 진폭이 같지 않으므로 Timebase과 Y-gain1(Y)과 Y-gain2(X)를 조정하여 정사각형 내에 도형이 나타나도록 한다.

⑤ 식 [1-1]과 같이 비교신호의 주파수는 기준신호에 대한 주파수 비에 의하여 측정한다.

$$\frac{\text{비교신호의 주파수}(f_x)}{\text{기준신호의 주파수}(f_y)} = \frac{\text{수직선과의 교차수}}{\text{수평선과의 교차수}} \qquad [1\text{-}1]$$

⑥ 동일한 주파수를 갖는 두 개의 정현파 신호 간의 위상차는 [그림 1-89](a), (b)의 위상차 θ에 의하여 측정한다.

(a) $0^\circ < \theta < 90^\circ,\ 180^\circ < \theta < 270^\circ$

$$\theta = \sin^{-1}\frac{B}{A}$$

$$\theta = \sin^{-1}\frac{B}{A} + 180^\circ$$

(b) $90^\circ < \theta < 180^\circ,\ 270^\circ < \theta < 360^\circ$

$$\theta = 180^\circ - \sin^{-1}\frac{B}{A}$$

$$\theta = 360^\circ - \sin^{-1}\frac{B}{A}$$

[그림 1-89] 리사주 위상차

1.5.3 리사주 도형 실습

시뮬레이션 디바이스 목록

종 류	부품/계기명	실행 아이콘
교류 전압원	VSINE	: 부품(Component)
접지	GROUND	: 터미널(Terminal)
교류전원	SINE	: 전원(Generator)
오실로스코프	OSCILLOSCOPE	: 계측기(Instruments)

1) 리사주 도형 실습내용

[그림 1-90](a)와 (b)는 리사주 도형을 보여주기 위한 실습회로를 설계하고, (a)의 V2와 (b) Horizontal(수평) 전원의 위상을 가변해가며 리사주 도형을 살펴보자.

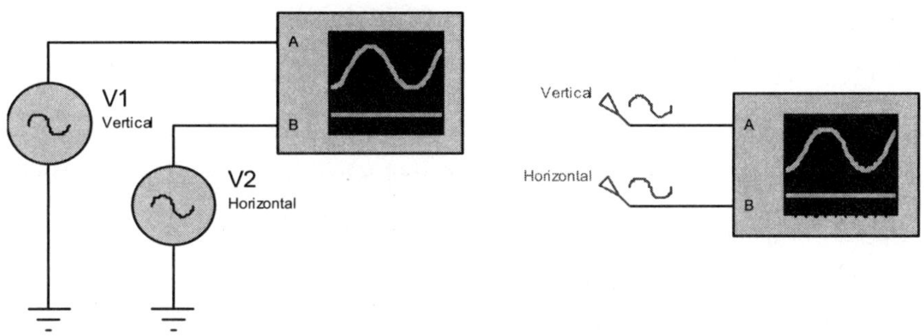

(a) 입력 소스를 부품목록의 VSINE 선택 (b) 입력 소스를 전원목록의 SINE 선택

[그림 1-90] 리사주 도형 실습회로

① NEW( ) 아이콘을 클릭하여 새로운 도면에 작성하자.

② 가상계측기( ) 아이콘을 클릭한다.

③ 목록에서 'OSCILLOSCOPE'를 선택한다.

④ [그림 1-90]과 같이 2개 오실로스코프를 마우스 왼쪽 버튼으로 클릭하여 배치한다.

⑤ 부품( ) 아이콘을 클릭한다.

⑥ 부품의 'VSINE'를 불러오기 위해 P 을 클릭한다.

⑦ 부품선택창의 Keywords란에 'VSINE'라고 입력한다.
("1.4.2 사용할 부품들 부품목록창에 등록하기" 참조)

⑧ 부품선택창 목록에서 'VSINE'을 마우스 왼쪽 버튼으로 더블클릭(double click)하여 부품목록창에 등록시킨다.

⑨ 부품선택창을 닫고, 부품목록창에서 'VSINE'을 선택한다.

⑩ [그림 1-90](a)와 같이 'VSINE'를 연결한다.

⑪ 터미널( ) 아이콘을 클릭하여 목록에서 'GROUND'를 선택한다.

⑫ [그림 1-90](a)와 같이 GROUND를 연결한다.

⑬ 전원( ) 아이콘을 클릭하여 'SINE'을 선택한다.

⑭ 왼쪽 버튼 클릭으로 2개의 'SINE' 소스를 [그림 1-90](b)와 같이 배치한다.

⑮ [그림 1-90](b)와 같이 교류전원 'SINE'를 연결한다.

[그림 1-90](a)와 (b)의 차이점은 전원에 있는데, (a)에서는 전원을 부품(: Component)에서 선택한 'VSINE'를 사용하였고, (b)에서는 PROVSM 내의 시뮬레이션을 위한 전원(: Generator)인 'SINE'를 사용하였다.

전원(Generator)의 'SINE'를 사용하면 위상차를 가변할 수 있는 메뉴가 존재하여 시뮬레이션이 간편해지는 장점이 있다.

[그림 1-90]의 회로에서 오실로스코프의 입력 A와 B는 각각 아날로그 오실로스코프의 수직 편향판과 수평 편향판에 인가되는 전압에 해당되며 이를 나타내기 위해 입력 소스의 이름을 각각 Vertical(수직) 및 Horizontal(수평)로 하였다.

2) VSINE를 사용한 리사주 도형 시뮬레이션

① [그림 1-90](a) 회로의 V1을 마우스 오른쪽 버튼으로 클릭 후(선택), 왼쪽 버튼을 클릭(편집)한다.

② V1을 [그림 1-91]과 같이 입력하고 OK 버튼을 클릭한다.

- Component Referer : 부품 번호를 'V1'로 입력
- Component Value : 부품명을 'Vertical'로 입력
- DC Offset : 교류신호에 DC 성분값은 입력하지 않음(0[V])
- Amplitude : 출력 전압을 '10V'로 입력
- Frequency : 교류신호의 주파수는 각각 '1k'[Hz]로 입력
- Time Delay : 시작 시간 지연을 Default(0s)로 입력
- Damping Factor : 제동 요소는 Default로 한다.

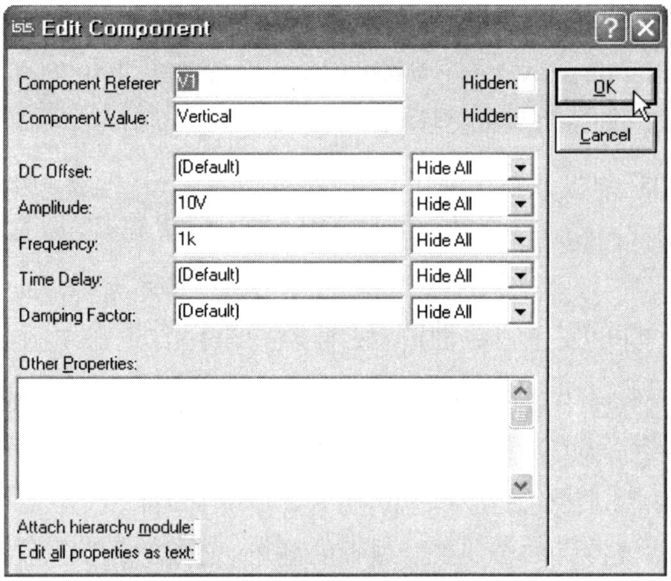

[그림 1-91] V1 소스에 대한 설정(VSINE 설정)

③ [그림 1-90](a)회로의 V2를 마우스 오른쪽 버튼 클릭 후(선택) 왼쪽 버튼을 클릭(편집)한다.

④ V2를 [그림 1-92]와 같이 입력하고 OK 버튼을 클릭한다.

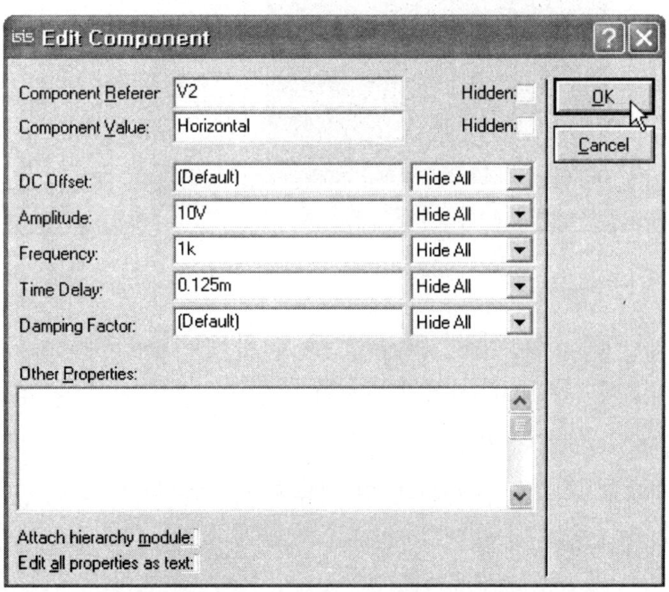

[그림 1-92] V2 소스에 대한 설정(VSINE 설정)

- Component Referer : 부품 번호를 'V2'로 입력
- Component Value : 부품명을 'Horizontal'로 입력
- DC Offset : 교류신호에 DC 성분값은 입력하지 않음(0[V])
- Amplitude : 출력 전압을 '10V'로 입력
- Frequency : 교류신호의 주파수는 '1k'[Hz]로 입력
- Time Delay : 시작 시간 지연을 '0.125m'[s]로 입력
- Damping Factor : 제동 요소는 Default로 한다.

⑤ 애니메이션 실행 버튼(▶)을 클릭하여 애니메이션을 실행한다.
(애니메이션을 실행하면 가상 오실로스코프가 나타난다.)

⑥ 각 채널의 전압의 크기는 5[V]로 볼륨을 조절한다.
("[그림 1-65] 오실로스코프 레인지 다이얼 설정" 참조)

⑦ [그림 1-93]처럼 X-Y 모드(Dual X-Y)가 되도록 클릭한다.

⑧ 그 결과 [그림 1-93]과 같은 [그림 1-90](a)회로의 리사주 도형을 확인할 수 있다.

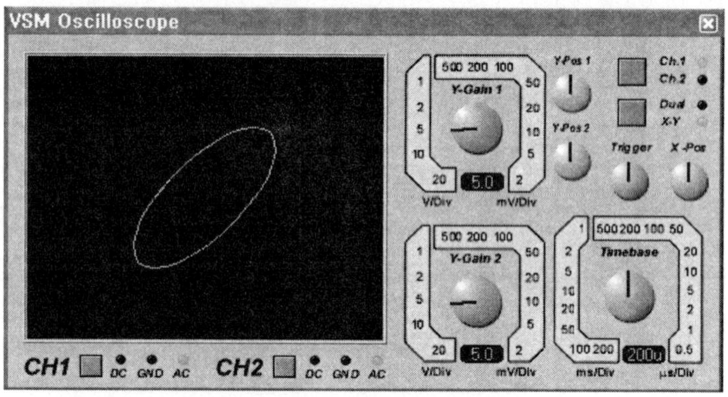

[그림 1-93] [그림 1-90](a) 회로의 리사주 도형

그리고 애니메이션을 정지(■)한 후 V2의 주파수(Frequency)를 1[kHz], 2[kHz], 3[kHz]로 바꾸어 다시 시뮬레이션 해보자. 그러면 수직 및 수평 주파수 비율이 각각 1 : 1, 1 : 2, 1 : 3과 같이 변함을 알 수 있다.

또한 위상차도 변경할 수 있는데 위 메뉴에서는 위상차를 바로 알기가 어렵기 때문에 간단한 계산을 통해야만 알 수 있다. 즉 위의 경우에 주기 T = 1/1[kHz]이므로 주기가 1[ms]이고 45°, 90°, 180°의 위상차는 각각 0.125[ms], 0.25[ms], 0.5[ms]에 해당한다.

다음 실습을 위해서 애니메이션 정지(■)를 클릭한다.

3) SINE를 사용한 리사주 도형 시뮬레이션

[그림 1-90](b) 회로를 이용하여 리사주 도형 시뮬레이션을 해보자.

① [그림 1-90](b) 회로의 Vertical(수직) 입력 소스를 마우스 오른쪽 버튼 클릭 후(선택), 왼쪽 버튼 클릭(편집)으로 [그림 1-94]와 같은 Sine Generator Properties(사인신호 발생기 속성)창을 실행한다.

② Vertical(수직) 입력 소스의 사인신호 발생기 속성창의 내용을 [그림 1-94]와 같이 입력하고, OK 버튼을 클릭한다.

③ [그림 1-90](b) 회로의 Horizontal(수평) 입력 소스를 마우스 오른쪽 버튼 클릭 후(선택) 왼쪽 버튼 클릭(편집)으로 [그림 1-95]와 같은 사인신호 발생기 속성창을 실행한다.

④ Horizontal(수평) 입력 소스의 사인신호 발생기 속성창의 내용을 [그림 1-95]와 같이 입력하고, OK 버튼을 클릭한다.

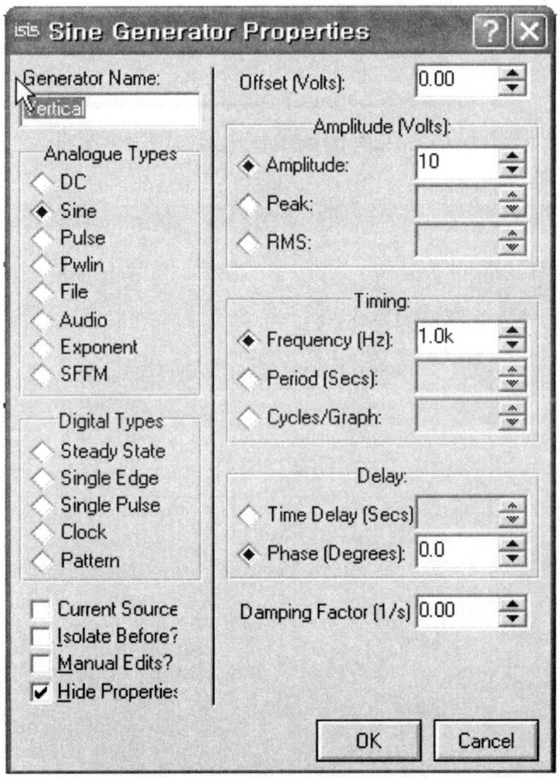

[그림 1-94] Vertical Sine 설정

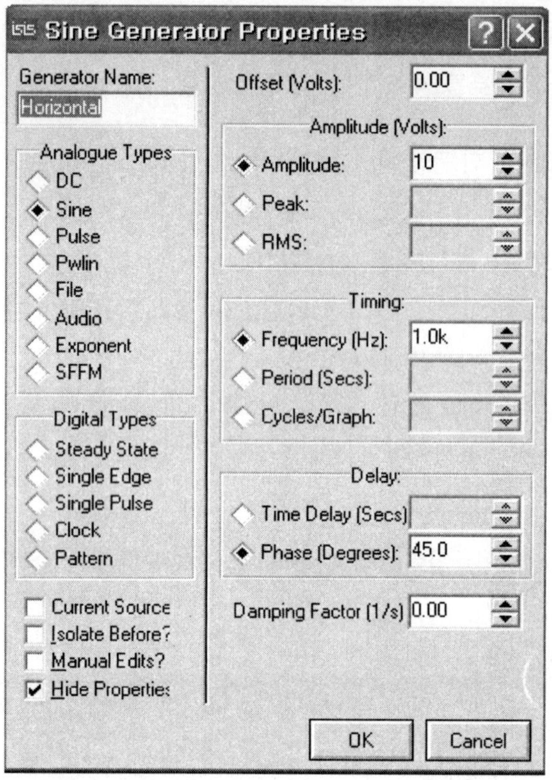

[그림 1-95] Horizontal Sine 설정

- Generator Name : 사인파 발생기의 이름을 'Vertical', 'Horizontal'로 입력
- DC : DC전압 사용시
- Sine : 교류 정현파로 선택
  - ◇ Offset(Volts) : DC Offset(직류 성분값) 없음
  - ◇ Amplitude : Sine파의 크기 '10'[V]로 입력
  - ◇ Frequency(Hz) : '1.0k'[Hz] 입력
  - ◇ Phase(Degrees) : 위상 '0', '45'도 입력
  - ◇ Damping Factor : 제동 요소는 Default로 한다.
- Pulse : 구형파(Pulse파) 사용시
- Pwlin : 사용자가 직접 그려서 만든 파형 사용시
- File : 파형을 file로 불러오기
- Audio : 음원 파일을 신호원으로 사용시
- Exponent : 지수 파형 사용시

- SFFM : 가변 주파수 파형 사용시

⑤ 애니메이션 실행 버튼(▶)을 클릭하여 애니메이션을 실행한다.

애니메이션 실행 결과는 [그림 1-96]과 같고, [그림 1-93]의 'VSINE' 전원 소스를 이용한 결과와 완전히 일치함을 알 수 있다.

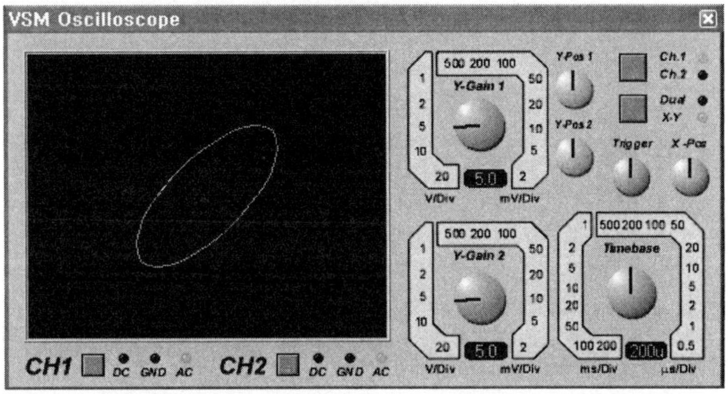

[그림 1-96] [그림 1-90](b)의 결과인 리사주 도형

⑥ 애니메이션을 정지(■)한 후

⑦ Horizontal(수평) 입력 소스를 오른쪽 버튼 클릭 후(선택), 왼쪽 버튼 클릭(편집)으로 Horizontal Sine 설정의 'Phase (Degrees)'값을 0으로 변경한다. 즉, 위상을 '0'°로 변경 후 OK 버튼 클릭한다.

⑧ 애니메이션을 실행(▶)하면 [그림 1-97]과 같은 리사주 도형을 얻을 수 있다.

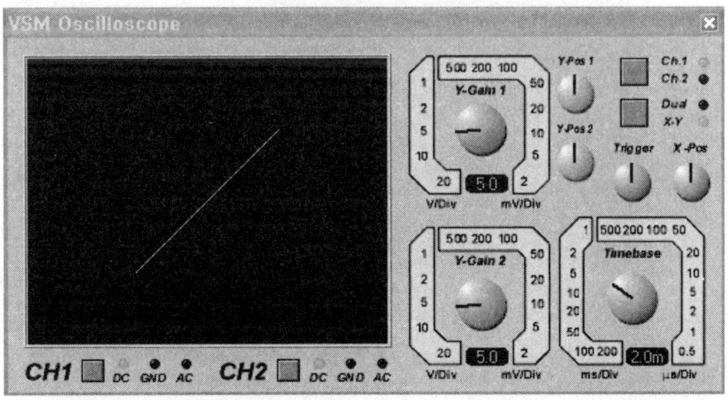

[그림 1-97] Horizontal 입력 소스의 위상이 0°일 때의 결과

⑨ 애니메이션을 정지(■)한 후

⑩ Horizontal(수평) 입력 소스를 오른쪽 버튼 클릭 후(선택), 왼쪽 버튼 클릭(편집)으로 Horizontal Sine 설정의 위상을 '90'°로 변경 후 OK 버튼을 클릭한다.

⑪ 애니메이션 실행(▶)하면 [그림 1-98]과 같은 리사주 도형을 얻을 수 있다.

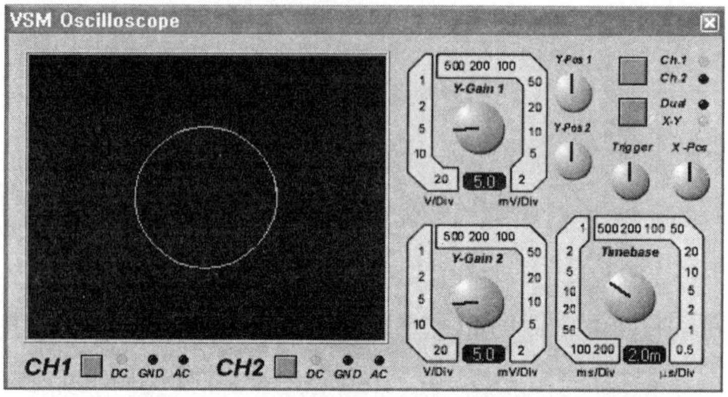

[그림 1-98] Horizontal 입력 소스의 위상이 90°일 때의 결과

⑫ 애니메이션을 정지(■)한 후

⑬ Horizontal 입력 소스를 오른쪽 버튼 클릭 후(선택), 왼쪽 버튼 클릭(편집)으로 Horizontal Sine 설정의 위상을 '135'°로 변경 후 OK 버튼을 클릭한다.

⑭ 애니메이션을 실행(▶)하면 [그림 1-99]와 같은 리사주 도형을 얻을 수 있다.

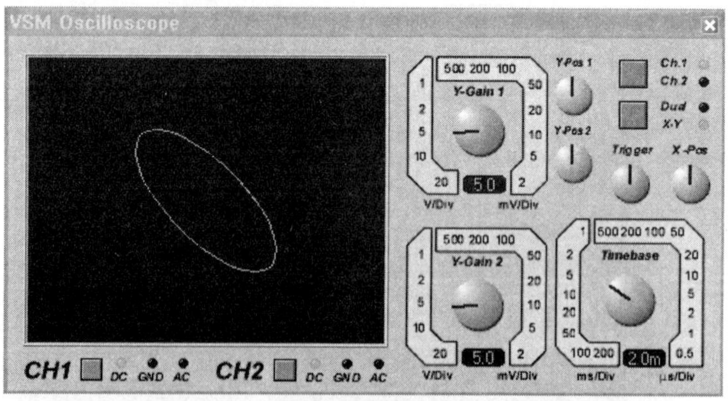

[그림 1-99] Horizontal 입력 소스의 위상이 135°일 때의 결과

⑮ 애니메이션을 정지(■)한 후

⑯ Horizontal 입력 소스를 오른쪽 버튼 클릭 후(선택), 왼쪽 버튼 클릭(편집)으로 Horizontal Sine 설정의 위상을 '180°'로 변경 후 OK 버튼을 클릭한다.

⑰ 애니메이션을 실행(▶)하면 [그림 1-100]과 같은 리사주 도형을 얻을 수 있다.

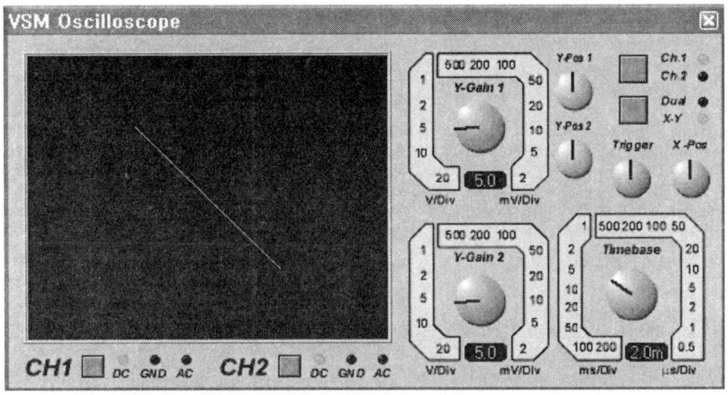

[그림 1-100] Horizontal 입력 소스의 위상이 180°일 때의 결과

앞에서 언급하였듯이 전원(: Generator)의 'SINE'를 사용할 경우는 위상차를 설정창에서 쉽게 조정할 수 있음 알 수 있다.

리사주 도형 시뮬레이션을 통하여 교류전원 두 가지, 즉 부품( )의 'VSINE'과 전원( )의 'SINE'의 사용법 및 설정방법을 이해할 수 있었다.

제 2 장

수동소자 회로 시뮬레이션

제2장에서는 수동소자만을 이용하여 기본 전기전자회로의 기본법칙인 옴법칙, 키르히호프의 법칙, 중첩의 원리, 테브난의 정리, 노튼의 정리, 최대전력 전달 조건들의 이론을 기본회로를 통하여 설명하고, 설명한 기본회로를 시뮬레이션(Simulation)을 통하여 전기전자회로의 기본법칙인 옴법칙과 옴법칙을 이용한 전압분배법칙과 전류분배법칙, 키르히호프의 법칙, 중첩의 원리, 테브난의 정리, 노튼의 정리, 최대전력 전달 조건들을 이해하도록 하였다. 아울러 PROVSM 프로그램 사용법을 익히게 하였다.

2.1 전기회로의 기본법칙

옴법칙은 모든 전기회로에서 가장 기본이 되는 법칙으로 모든 전기회로에 적용되는 법칙이다. 그리고 옴법칙을 이용한 전압분배법칙과 전류분배법칙은 전기회로 해석에서 가장 기초가 되는 법칙이다. 또한, 회로해석에 많이 사용되는 키르히호프의 전압법칙(KVL : Kirchhoff's Voltage Law)과 키르히호프의 전류법칙(KCL : Kirchhoff's Current Law) 역시 가장 기본이 되는 전기법칙이다. 이러한 전기회로의 기본이 되는 옴법칙과 전기회로 해석에 기본이 되는 전압분배법칙과 전류분배법칙, 키르히호프의 전압법칙(KVL), 키르히호프의 전류법칙(KCL)을 모의실험(시뮬레이션)을 통해 이해하고 숙지해보자.

2.1.1 옴법칙

옴법칙(Ohm Law)은 회로에서 전압, 전류, 저항의 관계를 나타내는 법칙으로 [그림 2-1]에서의 전압, 전류, 저항과의 관계는 식 [2-1]과 같다.

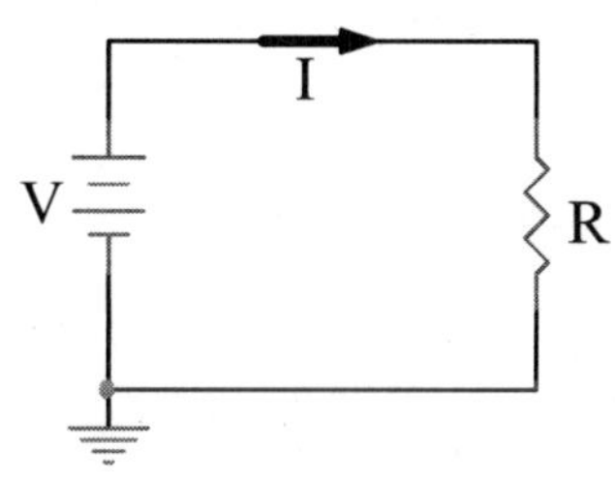

[그림 2-1] 옴법칙 회로

$$V = IR\ ,\ \ I = \frac{V}{R}\ ,\ \ R = \frac{V}{I} \qquad [2\text{-}1]$$

이러한 옴법칙은 모든 전기회로에 적용이 되는 기본법칙으로 회로의 전 부분이나 일부분 모두에 적용되는 법칙이다.

2.1.2 전압분배법칙

전압분배법칙은 직렬로 연결된 임피던스 회로에서 각 임피던스의 크기에 비례하여 입력전압이 분배되는 법칙이다. [그림 2-2]와 같이 N개의 직렬저항으로 구성된 회로에서 X번째 임피던스(저항 R_X)에 걸리는 전압을 수식으로 표현하면 식 [2-2]와 같이 되고, 식 [2-2]가 전압분배법칙 수식이다.

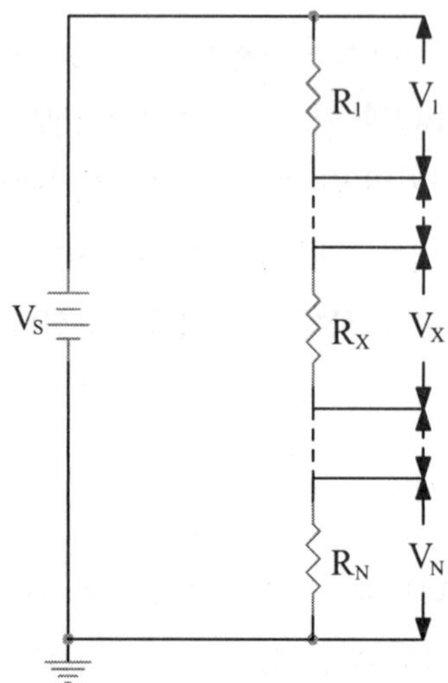

[그림 2-2] 전압분배법칙 회로

$$V_X = \frac{\text{알고자 하는 저항}}{\text{전체합성 저항}} \times \text{입력전압} \qquad [2\text{-}2]$$

$$= \frac{R_X}{R_1 + R_2 + R_3 + \cdot\cdot\cdot\cdot\cdot R_N} V_S$$

두 개의 직렬저항회로에서 전압분배법칙을 알아보자.

[그림 2-3] 전압분배법칙의 예제 회로에서 부하저항 R_1에 걸리는 전압 V_1은 식 [2-2]에 의하여 식 [2-3]과 같고, R_2에 걸리는 전압도 식 [2-2]에 의하여 V_2은 식 [2-4]와 같다. 만약 $R_1 = R_2$이라면 식 [2-3]에 의하여 입력전압의 반이 된다.

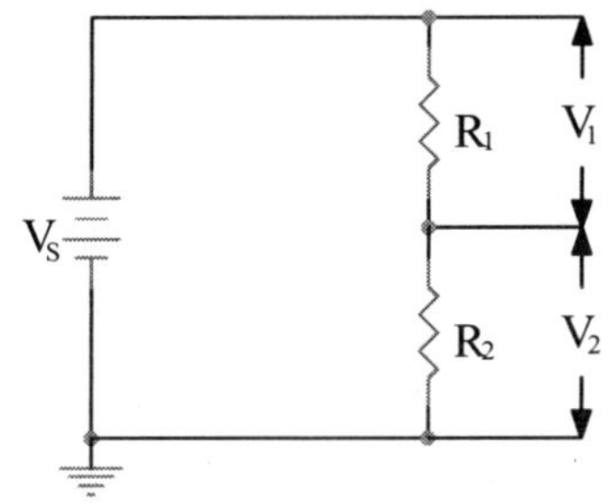

[그림 2-3] 전압분배법칙의 예제 회로

$$V_1 = \frac{R_1}{R_1 + R_2} V_S \qquad [2\text{-}3]$$

$$V_2 = \frac{R_2}{R_1 + R_2} V_S \qquad [2\text{-}4]$$

2.1.3 전류분배법칙

전류분배법칙은 [그림 2-4]와 같은 병렬 임피던스 회로에서 각 임피던스 크기에 반비례하여 입력전류가 분배되는 법칙이다. 즉 흐르는 전류는 옴법칙에 의하여 저항에 반비례하여 갈라지는 것이다. N개의 병렬 저항으로 구성된 [그림 2-4]와 같은 회로에서 R_X에 흐르는 전류(I_X)를 전류분배법칙으로 구하려면 반드시 N개의 병렬저항을 2개의 병렬저항 회로로 만든 후 전류분배법칙을 구할 수 있음을 명심해야 한다.

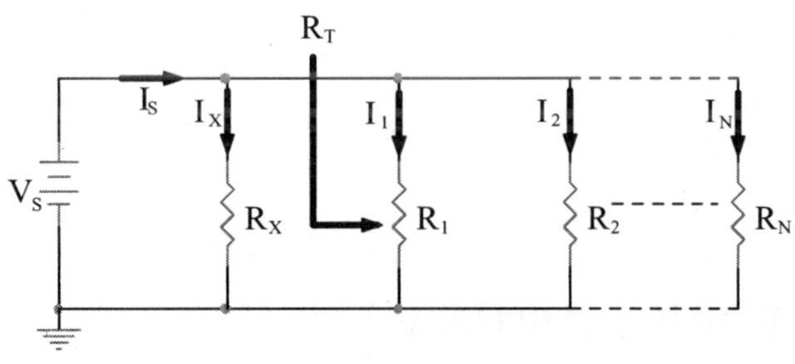

[그림 2-4] 전류분배법칙 회로

즉, N개의 저항을 2개의 저항으로 만든 후 수식으로 표현하면 식 [2-5]와 같다. 식 [2-5]에서 R는 R_X를 제외한 나머지 저항의 병렬 합성저항이다. 따라서 R_T는 식 [2-6]과 같이 병렬 합성저항을 구하는 식이 된다.

$$I_X = \frac{R_T}{R_X + R_T} I_S \qquad [2\text{-}5]$$

$$R_T = \frac{1}{\frac{1}{R_1} + \frac{1}{R_2} + \cdot \cdot \cdot \cdot \cdot + \frac{1}{R_N}} \qquad [2\text{-}6]$$

식 [2-5]와 같이 전류분배법칙은 전압분배법칙과 달리 무조건 2개의 병렬저항형태로 만들어야만 전류분배법칙을 적용한다는 것이다.

두 개의 병렬저항회로에서 전류분배법칙을 알아보자. [그림 2-5] 전류분배법칙의 예제 회로에서 두 개의 임피던스(저항)가 병렬로 연결된 회로에서 R_1에 흐르는 전류 I_1과 R_2에 흐르는 전류 I_2를 구해보면, I_1는 전류분배법칙 식 [2-5]에 의해 식 [2-7]과 같이 되고, I_2는 전류분배법칙 식 [2-5]에 의하여 식 [2-8]과 같이 된다. 그리고 R_1과 R_2의 저항이 같다면 각 단의 전류는 입력전류(I_S)의 반이 된다.

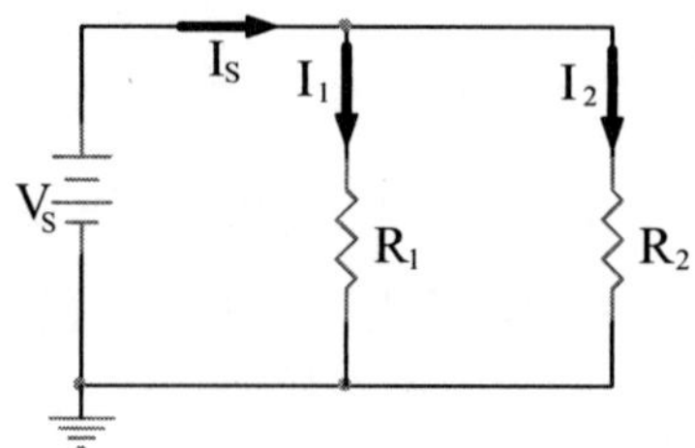

[그림 2-5] 전류분배법칙의 예제 회로

$$I_1 = \frac{R_2}{R_1 + R_2} I_S \qquad [2\text{-}7]$$

$$I_2 = \frac{R_1}{R_1 + R_2} I_S \qquad [2\text{-}8]$$

2.1.4 키르히호프의 전압법칙(KVL)

키르히호프의 전압법칙(KVL : Kirchhoff's Voltage Law)은 [그림 2-6]과 같이 하나의 폐회로에서 한 방향으로 일주하는 모든 전원의 합과 소자에 걸리는 전압강하의 합은 같다. 즉 식 [2-9]와 같이 "한 폐회로에 걸리는 전압강하의 합은 0"이다.(단, 이때 각 전압의 값은 한 방향을 기준으로 합한 것으로 한다.)

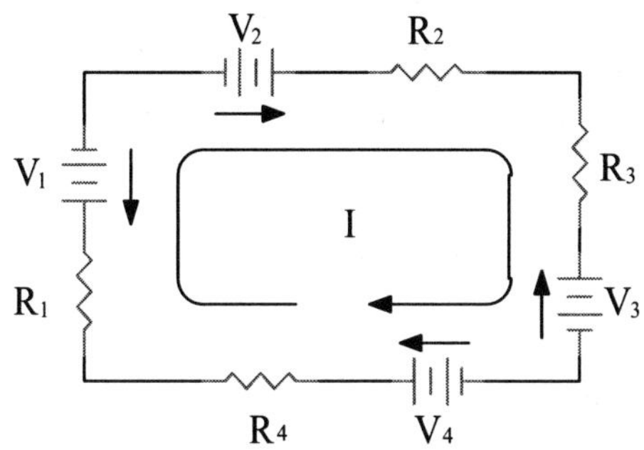

[그림 2-6] 키르히호프의 전압법칙

$$IR_1 + V_1 - V_2 + IR_2 + IR_3 + V_3 - V_4 + IR_4 = 0$$

$$-V_1 + V_2 - V_3 + V_4 - (R_1 + R_2 + R_3 + R_4)I = 0$$

$$-V_1 + V_2 - V_3 + V_4 = (R_1 + R_2 + R_3 + R_4)I$$

폐회로의 전압강하의 합 $= 0[V]$ [2-9]

2.1.5 키르히호프의 전류법칙(KCL)

키르히호프의 전류법칙(KCL : Kirchhoff's Current Law)은 [그림 2-7]과 같이 "임의의 접속점 P에 들어가는 전류의 합과 나가는 전류의 합은 같다."라는 것이다. 즉 P점을 중심으로 전류 I_1과 I_2는 들어가고, I_3와 I_4, I_5는 나가는 전류이므로 식 [2-10]과 같이 된다. 식 [2-10]에서 우변에 0만 남기고 넘기면 식 [2-11]과 같이 "한 점의 전류의 합은 0"이라는 식 [2-12]와 같은 전류법칙을 얻을 수 있다.(단, 한 점에서 전류방향은 모두 나가거나, 혹은 모두 들어가는 방향을 기준으로 합한 것으로 한다.)

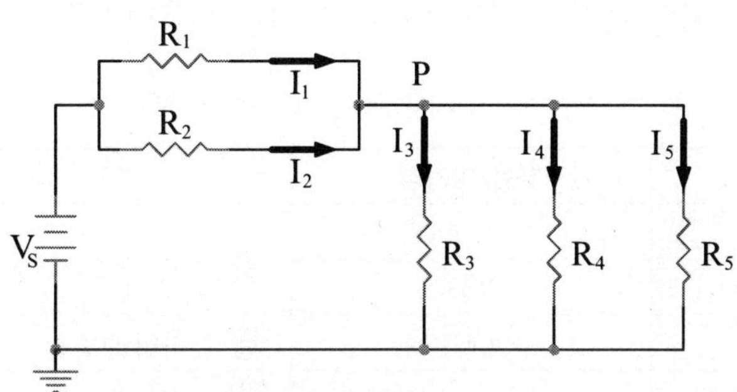

[그림 2-7] 키르히호프의 전류법칙 예제 회로

$$I_1 + I_2 = I_3 + I_4 + I_5 \quad [2\text{-}10]$$

$$I_1 + I_2 - I_3 - I_4 - I_5 = 0 \quad [2\text{-}11]$$

$$\text{한 점의 전류의 합} = 0[\mathrm{A}] \quad [2\text{-}12]$$

2.1.6 옴법칙 실습

1) 옴법칙 실습내용

[그림 2-8]과 같은 회로에 흐르는 전류를 알아보자.

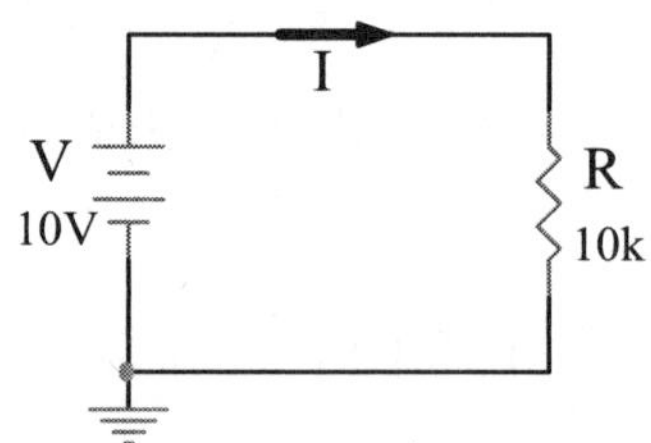

[그림 2-8] 옴법칙 실습회로

직류전원 10[V]에 의해 10[kΩ] 저항에 흐르는 전류는 옴법칙에 의해

$$\mathrm{I} = \frac{\mathrm{V}}{\mathrm{R}} = \frac{10[\mathrm{V}]}{10[\mathrm{k}\Omega]} = 1[\mathrm{mA}]$$

가 된다.

2) 옴법칙 시뮬레이션

[그림 2-9]와 같이 회로를 구성하고, 옴법칙을 시뮬레이션을 통하여 확인해보자.

시뮬레이션 디바이스 목록

종 류	부품/계기명	실행 아이콘
전 지	BATTERY	: 부품(Component)
저 항	RES	
접 지	GROUND	: 터미널(Terminal)
직류 전류계	DC AMMETER	: 계측기(Instruments)

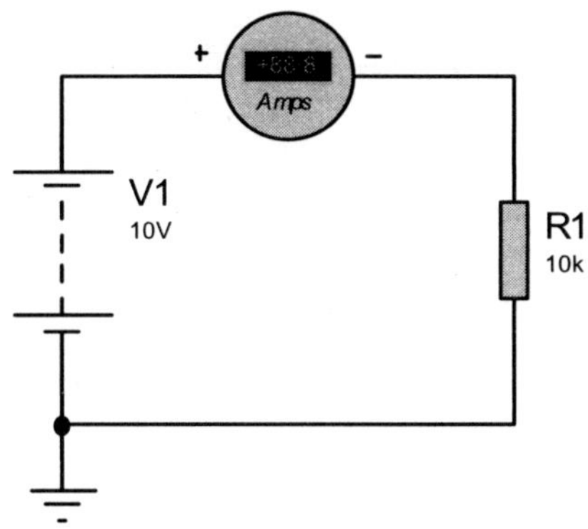

[그림 2-9] 옴법칙 시뮬레이션 회로

① 부품(: Component) 아이콘을 클릭한다.

② 부품목록창 상단의 부품선택(P : Pick Devices) 아이콘을 클릭하여 Pick Devices 창을 실행시킨다.("[그림 1-20] 부품선택창 실행방법" 참고)

③ 부품선택창에서 저항('RES')과 전지('BATTERY')를 부품목록창에 등록시킨다. ("1.4.2 사용할 부품들 부품목록창에 등록하기" 참조)

④ 부품목록창에서 저항('RES')과 전지('BATTERY')를 선택하여 회로작성창에 [그림 2-9]와 같이 배치한다.

⑤ 터미널(: Terminal) 아이콘을 클릭하고, 접지('GROUND')를 선택한다.

⑥ [그림 2-9]와 같이 접지('GROUND')를 배치한다.

⑦ 가상계측기(: Virtual Instruments)을 클릭하고, 계측기 목록에서 DC 전압계 ('DC VOLTMETER')를 선택한다.

⑧ [그림 2-9]와 같이 DC 전압계를 배치한다.(극성을 잘 고려하여 연결한다.)

⑨ 배치한 모든 부품을 [그림 2-9]와 같이 신호선으로 연결한다.

⑩ 전지(B1)를 선택(마우스 오른쪽 버튼 클릭) 후 편집(마우스 왼쪽 버튼 클릭)으로 전지의 설정값을 'V1', '10'[V]로 변경한다.("1.4.16 부품값 입력하기" 참조)

⑪ 그리고 OK 버튼을 누르고, 전지(B1) 선택을 해제(빈 공간에 마우스 오른쪽 버튼 클릭)한다.

⑫ 다음은 애니메이션 버튼(▶)을 눌러 애니메이션을 동작시키면 [그림 2-10]과 같이 나타난다. 그러나 원하는 1[mA]가 아닌 0[A]가 나타난다. 이는 전류계의 단위를 잘못 선택했기 때문이다. DC Ammeter의 단위는 기본이 Ampere([A])로 되어 있으므로 이를 Milliampere([mA])로 변환해야 한다.

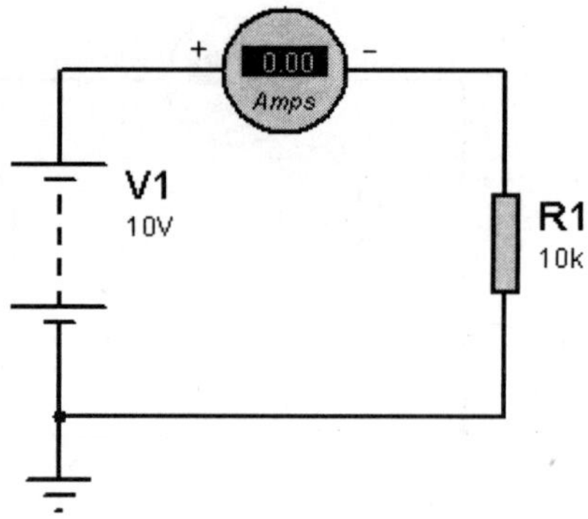

[그림 2-10] 옴법칙 시뮬레이션 결과 1

⑬ 전류계 표시 단위를 수정하기 위하여 우선, 애니메이션 정지 버튼(■)을 눌러 정지시킨다.

⑭ 마우스 오른쪽 버튼 클릭으로 전류계를 선택한다.

⑮ 전류계를 마우스 왼쪽 버튼 클릭으로 전류계 설정 편집창을 [그림 2-11]과 같이 실행한다.

⑯ [그림 2-11]과 같이 표시범위(Display Range)를 'Milliamps'로 선택한다.

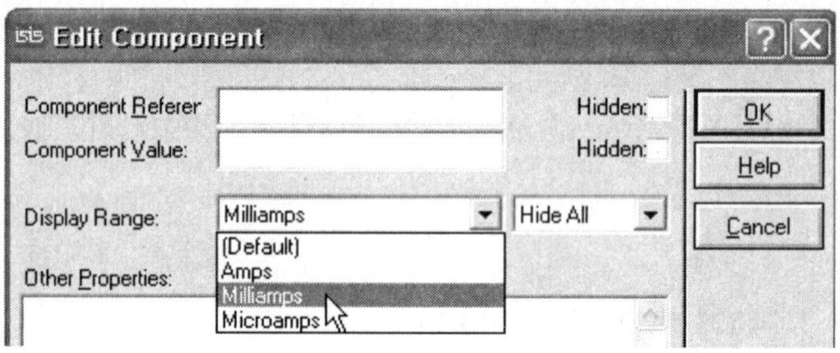

[그림 2-11] 전류계 표시범위 설정값 mA로 선택

⑯ OK 버튼을 눌러 DC 전류계 설정을 종료한다. 전류계 설정을 mA로 수정하고 나면 [그림 2-12]에서 보는 것과 같이 전류계 모양의 단위가 mA로 바뀐 것을 알 수 있다.

⑰ 전류계 선택을 해제(빈 공간에 마우스 오른쪽 버튼 클릭)한다.

⑱ 다시 애니메이션 실행 버튼(▶)을 클릭하여 시뮬레이션을 실행하면 [그림 2-12]와 같이 전류계에 +1.00[mA]가 나타난다.

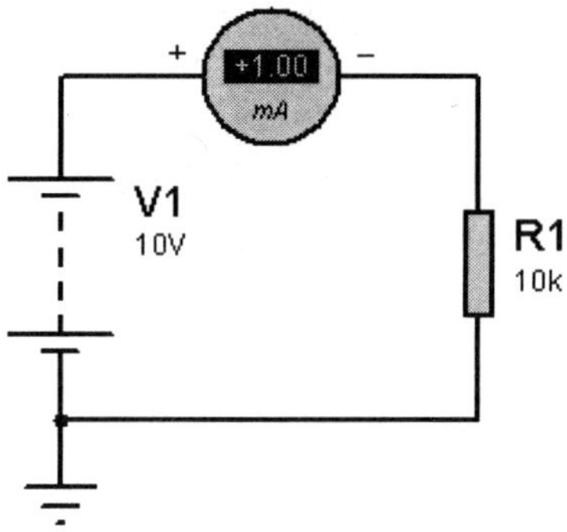

[그림 2-12] 시뮬레이션 결과2

따라서 10[V], 10[kΩ] 회로에서 흐르는 전류는 1[mA]라는 옴법칙이 성립함을 알 수 있다.

■ TIP

가상계측기(전압계, 전류계)를 사용한 시뮬레이션 결과가 0으로 나타나거나, 결과가 보이지 않는다면 반드시 가상계측기의 표시범위 설정을 변경해 보아야 한다.

2.1.7 전압분배법칙 실습

1) 전압분배법칙 실습내용

[그림 2-13]과 같은 회로에서 R_1에 걸리는 전압(V_1)과 R_2에 걸리는 전압(V_2)을 전압분배법칙으로 알아보자.

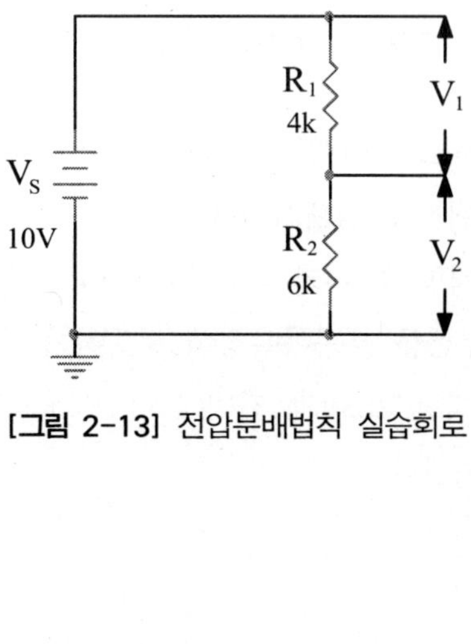

[그림 2-13] 전압분배법칙 실습회로

전압분배법칙 식 [2-3]과 식 [2-4]에 의하여 V_1과 V_2는 아래와 같다.

$$V_1 = \frac{R_1}{R_1 + R_2} V_S = \frac{4k}{4k + 6k} 10V = 4[V]$$

$$V_2 = \frac{R_2}{R_1 + R_2} V_S = \frac{6k}{4k + 6k} 10V = 6[V]$$

2) 전압분배법칙 시뮬레이션

[그림 2-14]와 같이 회로를 구성하고, 전압분배법칙을 시뮬레이션을 통하여 확인해보자.

시뮬레이션 디바이스 목록

종 류	부품/계기명	실행 아이콘
전 지	BATTERY	: 부품(Component)
저 항	RES	
접 지	GROUND	: 터미널(Terminal)
직류 전압계	DC VOLTMETER	: 계측기(Instruments))

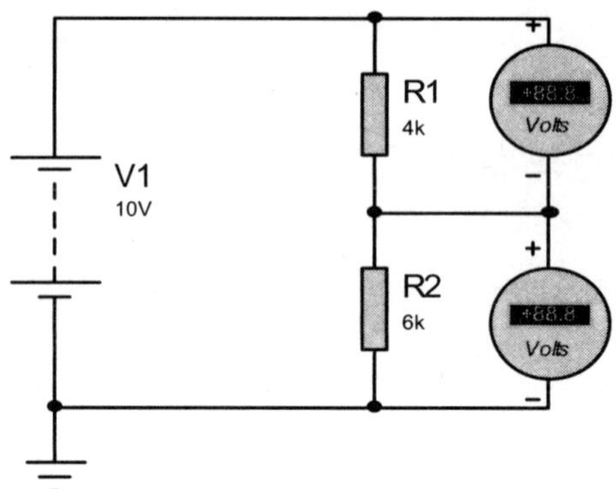

[그림 2-14] 전압분배법칙 시뮬레이션 회로

① 부품(: Component) 아이콘을 클릭 후 부품선택(P : Pick Devices) 아이콘을 클릭하여 부품선택창을 실행시킨다.

② 부품선택창에서 저항('RES')과 전지('BATTERY')를 부품목록창에 등록시킨다. ("1.4.2 사용할 부품들 부품목록창에 등록하기" 참조)

③ 부품목록창에서 저항('RES')과 전지('BATTERY')를 선택하여 회로작성창에 [그림 2-14]와 같이 배치한다.

④ 터미널(: Terminal) 아이콘을 클릭 후 접지('GROUND')를 선택하여 [그림 2-14]와 같이 배치한다.

⑤ 가상계측기(: Virtual Instruments) 아이콘을 클릭 후 계측기 목록에서 DC 전압계('DC VOLTMETER')를 선택하여 [그림 2-14]와 같이 DC 전압계를 배치한다. (이때 전압계의 방향(극성)을 반드시 잘 확인하여 한 방향으로만 연결되어야 한다. 만약 반대로 연결하여 시뮬레이션을 실행하면 각각의 결과가 원하지 않는 음수나 양수가 나올 수 있다.)

⑥ 배치한 모든 부품들을 [그림 2-14]와 같이 신호선으로 연결한다.

⑦ 전지(B1)를 선택(마우스 오른쪽 버튼 클릭) 후 편집(마우스 왼쪽 버튼 클릭)으로 전지의 설정값을 'V1', '10'[V]로 변경하고 마우스 왼쪽 버튼으로 OK 버튼을 누른다. ("1.4.16 부품값 입력하기" 참조)

⑧ 저항 R1을 선택(마우스 오른쪽 버튼 클릭) 후 편집(마우스 왼쪽 버튼 클릭)으로 저항 R1의 설정값을 '4k'[Ω]로 변경하고 마우스 왼쪽 버튼으로 OK 버튼을 누른다.

⑨ 저항 R2를 선택(마우스 오른쪽 버튼 클릭) 후 편집(마우스 왼쪽 버튼 클릭)으로 저항 R2의 설정값을 '6k'[Ω]로 변경하고 마우스 왼쪽 버튼으로 OK 버튼을 누른다.

⑩ 선택된 모든 것(V1, R1, R2)을 선택 해제(빈 공간에 마우스 오른쪽 버튼 클릭)한다.

⑪ 애니메이션 실행 버튼( )을 클릭하여 애니메이션을 실행하면 [그림 2-15]와 같은 시뮬레이션 결과를 얻을 수 있다.

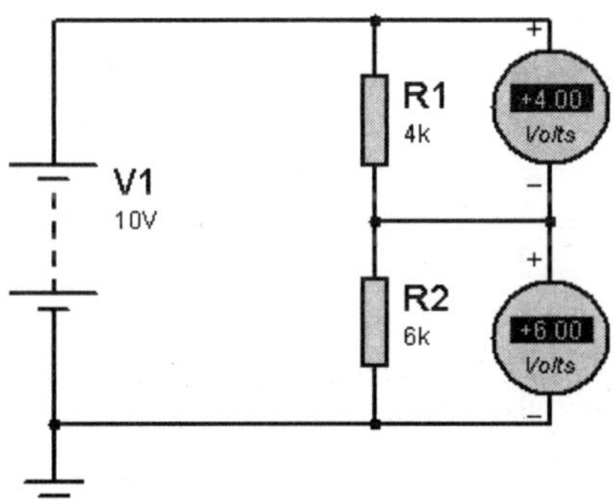

[그림 2-15] 전압분배법칙 시뮬레이션 결과

앞서 전압분배법칙에 의해 구한 V_1과 V_2가 [그림 2-15]의 시뮬레이션 결과와 일치함을 알 수 있다.

2.1.8 전류분배법칙 실습

1) 전류분배법칙 실습내용

[그림 2-16]과 같은 회로에서 R_1에 흐르는 전류(I_1)와 R_2에 흐르는 전류(I_2)를 전류분배법칙으로 알아보자.

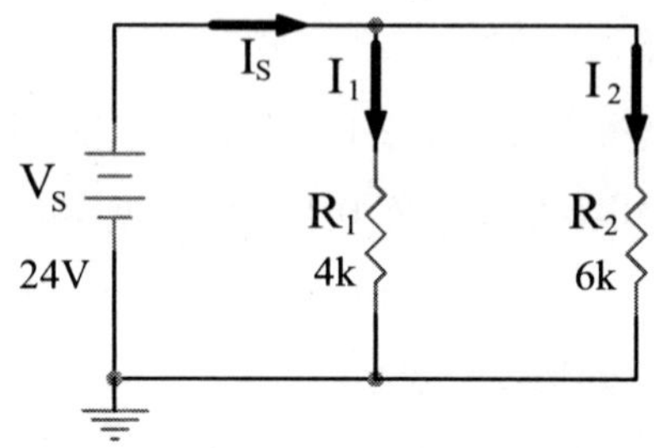

[그림 2-16] 전압분배법칙 실습회로

회로에서 전체합성저항 R과 입력전류 I_S를 구하면 아래와 같다.

$$R = R_1 // R_2 = \frac{R_1 \cdot R_2}{R_1 + R_2} = \frac{4k \cdot 6k}{4k + 6k} = 2.4[k\Omega]$$

$$I_S = \frac{V_S}{R} = \frac{24}{2.4k} = 10[mA]$$

전류분배법칙 식 [2-7]과 식 [2-8]에 의하여 I_1과 I_2는 아래와 같다.

$$I_1 = \frac{R_2}{R_1 + R_2} I_S = \frac{6k}{4k + 6k} 10[mA] = 6[mA]$$

$$I_2 = \frac{R_1}{R_1 + R_2} I_S = \frac{4k}{4k + 6k} 10[mA] = 4[mA]$$

2) 전류분배법칙 시뮬레이션

[그림 2-17]과 같이 회로를 구성하고, 전류분배법칙을 시뮬레이션을 통하여 확인해보자.

시뮬레이션 디바이스 목록

종 류	부품/계기명	실행 아이콘
전 지	BATTERY	: 부품(Component)
저 항	RES	
접 지	GROUND	: 터미널(Terminal)
직류 전류계	DC AMMETER	: 계측기(Instruments)

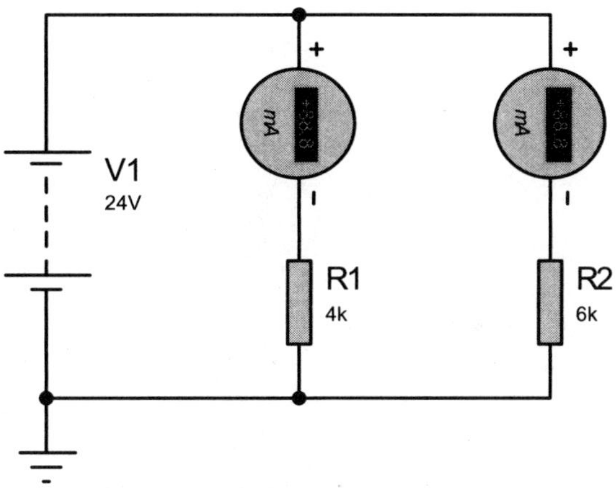

[그림 2-17] 전류분배법칙 시뮬레이션 회로

① 부품(: Component) 아이콘을 클릭 후 부품선택(P : Pick Devices) 아이콘을 클릭하여 부품선택창을 실행시킨다.

② 부품선택창에서 저항('RES')과 전지('BATTERY')를 부품목록창에 등록시킨다. ("1.4.2 사용할 부품들 부품목록창에 등록하기" 참조)

③ 부품목록창에서 저항('RES')과 전지('BATTERY')를 선택하여 회로작성창에 [그림 2-17]과 같이 배치한다.

④ 터미널(: Terminal) 아이콘을 클릭 후 접지('GROUND')를 선택하여 [그림 2-17]과 같이 배치한다.

⑤ 가상계측기(: Virtual Instruments) 아이콘을 클릭 후 계측기 목록에서 DC 전류계('DC AMMETER')를 선택하여 [그림 2-17]과 같이 배치한다.

⑥ 배치한 모든 부품들을 [그림 2-17]과 같이 신호선으로 연결한다.

⑦ 전지(B1)를 선택(마우스 오른쪽 버튼 클릭) 후 편집(마우스 왼쪽 버튼 클릭)으로 전지의 설정값을 'V1', '24'[V]로 변경하고 OK 버튼을 누른다.("1.4.16 부품값 입력하기" 참조)

⑧ 저항 R1을 선택(마우스 오른쪽 버튼 클릭) 후 편집(마우스 왼쪽 버튼 클릭)으로 저항 R1의 설정값을 '4k'[Ω]로 변경하고 OK 버튼을 누른다.

⑨ 저항 R2를 선택(마우스 오른쪽 버튼 클릭) 후 편집(마우스 왼쪽 버튼 클릭)으로 저항 R2의 설정값을 '6k'[Ω]로 변경하고 OK 버튼을 누른다.

⑩ 선택된 모든 것(V1, R1, R2)을 선택 해제(빈 공간에 마우스 오른쪽 버튼 클릭)한다.

⑪ 애니메이션 실행 버튼()을 클릭하여 애니메이션을 실행하면 [그림 2-18]과 같은 시뮬레이션 결과를 얻을 수 있다.

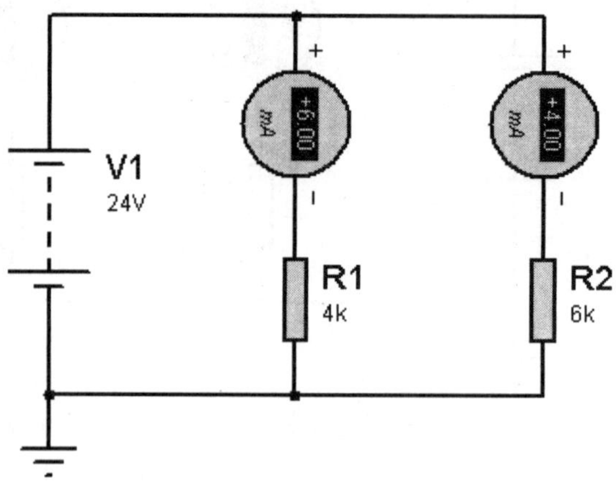

[그림 2-18] 전류분배법칙 시뮬레이션 결과

앞서 전류분배법칙에 의해 구한 I_1과 I_2가 [그림 2-18]의 시뮬레이션 결과와 일치함을 알 수 있다.

2.1.9 키르히호프의 전압법칙 실습

1) 키르히호프의 전압법칙(KVL) 실습내용

[그림 2-19]와 같은 회로에서 키르히호프의 전압법칙(KVL)을 확인하자.

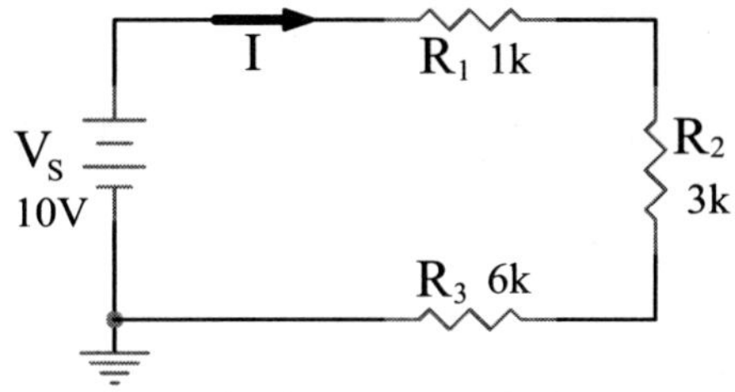

[그림 2-19] 키르히호프 전압법칙 실습

[그림 2-19] 회로에서 키르히호프의 전압법칙을 확인하기 위해서는 각 저항에 걸리는 전압을 알아야 하고, 각 저항에 걸리는 전압을 알기 위해서는 전류를 알아야 하며, 전류를 알기 위해서는 회로의 전체 합성저항을 구해야 한다.

직렬합성저항(R)을 구하면 $R = R_1 + R_2 + R_3 = 1[k\Omega] + 3[k\Omega] + 6[k\Omega] = 10[k\Omega]$ 이다.

전체저항을 알았으므로 옴법칙에 의하여 전체전류를 구하면 아래와 같다.

$$I = \frac{V_S}{R} = \frac{10[V]}{10[k\Omega]} = 1[mA]$$

옴법칙에 의하여 저항 R_1의 전압 V_1을 구하면 아래와 같다.

$$V_1 = I \times R_1 = 1[mA] \times 1[k\Omega] = 1[V]$$

옴법칙에 의하여 저항 R_2의 전압 V_2를 구하면 아래와 같다.

$$V_2 = I \times R_2 = 1[mA] \times 3[k\Omega] = 3[V]$$

옴법칙에 의하여 저항 R_3의 전압 V_3를 구하면 아래와 같다.

$$V_3 = I \times R_3 = 1[mA] \times 6[k\Omega] = 6[V]$$

GROUND(그라운드)를 기준으로 시계방향으로 전압을 더하면 아래와 같다.

$$-V_S + V_1 + V_2 + V_3 = -10[V] + 1[V] + 3[V] + 6[V] = 0[V]$$

따라서 키르히호프의 전압법칙이 성립한다는 것을 알 수 있다.

2) 키르히호프의 전압법칙(KVL) 시뮬레이션

[그림 2-20]과 같이 회로를 구성하고, 키르히호프의 전압법칙을 시뮬레이션을 통하여 확인해보자.

시뮬레이션 디바이스 목록

종 류	부품/계기명	실행 아이콘
전 지	BATTERY	: 부품(Component)
저 항	RES	
접 지	GROUND	: 터미널(Terminal)
직류 전압계	DC VOLTMETER	: 계측기(Instruments))

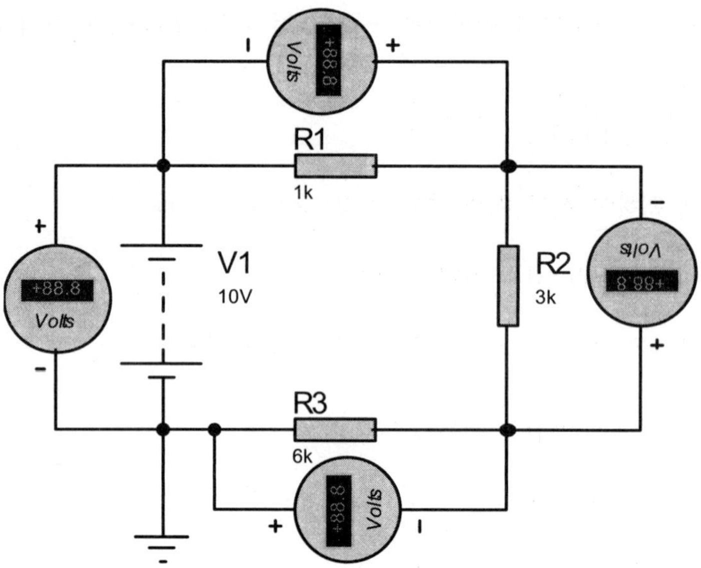

[그림 2-20] KVL 시뮬레이션 회로

① 부품(: Component) 아이콘을 클릭 후 부품선택(P : Pick Devices) 아이콘을 클릭하여 부품선택창을 실행시킨다.

② 부품선택창에서 저항('RES')과 전지('BATTERY')를 부품목록창에 등록시킨다. ("1.4.2 사용할 부품들 부품목록창에 등록하기" 참조)

③ 부품목록창에서 저항('RES')과 전지('BATTERY')를 선택하여 회로작성창에 [그림 2-20]과 같이 배치한다.

④ 터미널(: Terminal) 아이콘을 클릭하고, 접지('GROUND')를 선택하여 [그림 2-20]과 같이 배치한다.

⑤ 가상계측기(: Virtual Instruments) 아이콘을 클릭하고, 계측기 목록에서 DC 전압계('DC VOLTMETER')를 선택한다.

⑥ [그림 2-20]과 같이 DC 전압계를 배치한다. 이때 전압계의 방향(극성)을 반드시 잘 확인하고 한 방향으로만 연결해야 한다.(만약 반대로 연결하여 시뮬레이션을 실행하면, 결과가 원치 않는 음수나 양수가 나올 수 있다.)

⑦ 배치한 모든 부품들을 [그림 2-20]과 같이 신호선으로 연결한다.

⑧ 전지(B1)를 선택(마우스 오른쪽 버튼 클릭) 후 편집(마우스 왼쪽 버튼 클릭)으로 전지의 설정값을 'V1', '10'[V]로 변경하고 OK 버튼을 누른다.("1.4.16 부품값 입력하기" 참조)

⑨ 저항 R1을 선택(마우스 오른쪽 버튼 클릭) 후 편집(마우스 왼쪽 버튼 클릭)으로 저항 R1의 설정값을 '1k'[Ω]로 변경하고 OK 버튼을 누른다.

⑩ 저항 R2를 선택(마우스 오른쪽 버튼 클릭) 후 편집(마우스 왼쪽 버튼 클릭)으로 저항 R2의 설정값을 '3k'[Ω]로 변경하고 OK 버튼을 누른다.

⑪ 저항 R3을 선택(마우스 오른쪽 버튼 클릭) 후 편집(마우스 왼쪽 버튼 클릭)으로 저항 R3의 설정값을 '6k'[Ω]로 변경하고 OK 버튼을 누른다.

⑫ 선택된 모든 것(V1, R1, R2, R3)을 선택 해제(빈 공간에 마우스 오른쪽 버튼 클릭)한다.

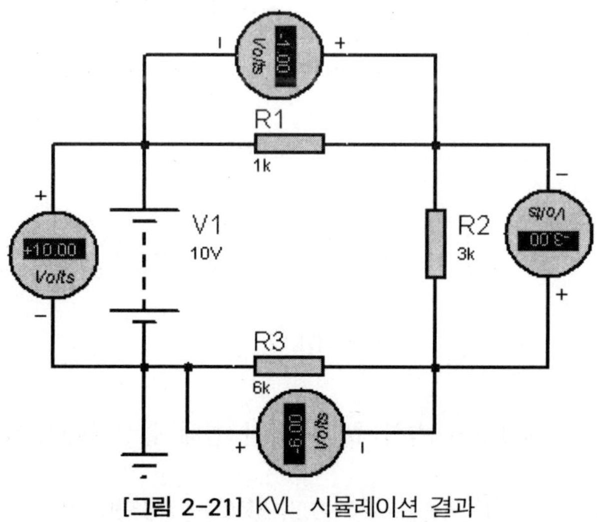

[그림 2-21] KVL 시뮬레이션 결과

⑬ 애니메이션 실행 버튼(▶)을 클릭하여 애니메이션을 실행하면 [그림 2-21]과 같은 시뮬레이션 결과를 얻을 수 있다.

[그림 2-21]에서 보는 것과 같이 폐회로의 전압을 모두 더하면

$$10[V]-1[V]-3[V]-6[V]=0[V]$$

임을 알 수 있다. 따라서 "폐회로의 전압의 합=0[V]"이라는 키르히호프의 전압법칙이 성립함을 알 수 있다.

2.1.10 키르히호프의 전류법칙 실습

1) 키르히호프의 전류법칙(KCL) 실습내용

[그림 2-22]와 같은 회로에서 R_1에 흐르는 전류 I_1과 R_2에 흐르는 전류 I_2, R_3에 흐르는 전류 I_3, R_4에 흐르는 전류 I_4를 구하여 [그림 2-22]의 노드 P에서 전류를 합산하여 키르히호프의 전류법칙(KCL)을 확인하자.

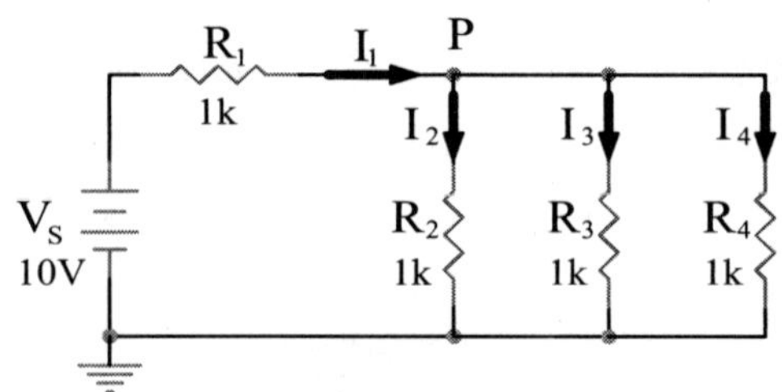

[그림 2-22] 키르히호프 전류 실습회로

우선 R_2, R_3, R_4의 병렬 합성저항을 구하면

$$R_1//R_2//R_3=\frac{1}{\frac{1}{R_2}+\frac{1}{R_3}+\frac{1}{R_4}}=\frac{1}{\frac{1}{1[k\Omega]}+\frac{1}{1[k\Omega]}+\frac{1}{1[k\Omega]}}=\frac{1}{\frac{3}{1[k\Omega]}}$$

$$=\frac{1[k\Omega]}{3}=0.333[k\Omega]$$

이다. R_1과 $(R_2//R_3//R_4)$의 직렬 합성저항인 전체 합성저항(R)을 구하면

$$R_1+(R_2//R_3//R_4)=1[k\Omega]+0.333[k\Omega]=1.333[k\Omega]$$

이다. 이제 각 저항에 흐르는 전류를 계산해보자. 우선 옴법칙에 의해 I_1는

$$I_1 = \frac{V_S}{R} = \frac{10[V]}{1.333[k\Omega]} = 7.5[mA]$$

이다. P점의 전위(V_P)는 옴법칙에 의해

$$V_P = I_1 \times (R_2 // R_3 // R_4) = 7.5[mA] \times 0.333[k\Omega] = 2.5[V]$$

이다. 옴법칙에 의해 R_2, R_3, R_4에 흐르는 전류를 구하면

$$I_2 = I_3 = I_4 = \frac{V_P}{R_2} = \frac{V_P}{R_3} = \frac{V_P}{R_4} = \frac{2.5[V]}{1[k\Omega]} = 2.5[mA]$$

이다. 여기서 I_1는 들어가는 전류임으로 양수(+), I_2, I_3, I_4는 나가는 전류이므로 음수(−)를 취하여 더하면

$$I_1 - I_2 - I_3 - I_4 = 7.5[mA] - 2.5[mA] - 2.5[mA] - 2.5[mA] = 0[A]$$

이다. 따라서 "한 점의 전류의 합=0[A]"라는 KCL을 확인할 수 있다.

2) 키르히호프의 전류법칙(KCL) 시뮬레이션

[그림 2-23]과 같이 회로를 구성하고, 노드 P에서 키르히호프의 전류법칙을 시뮬레이션을 통하여 확인해보자.

시뮬레이션 디바이스 목록

종 류	부품/계기명	실행 아이콘
전 지	BATTERY	: 부품(Component)
저 항	RES	
접 지	GROUND	: 터미널(Terminal)
직류 전류계	DC AMMETER	: 계측기(Instruments)

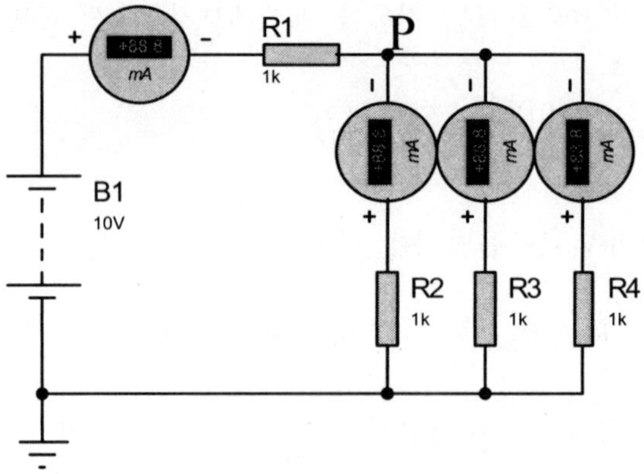

[그림 2-23] KCL 시뮬레이션 회로

① 부품( : Component) 아이콘을 클릭 후 부품선택(P : Pick Devices) 아이콘을 클릭하여 부품선택창을 실행시킨다.

② 부품선택창에서 저항('RES')과 전지('BATTERY')를 부품목록창에 등록시킨다. ("1.4.2 사용할 부품들 부품목록창에 등록하기" 참조)

③ 부품목록창에서 저항('RES')과 전지('BATTERY')를 선택하여 회로작성창에 [그림 2-23]과 같이 배치한다.

④ 터미널( : Terminal) 아이콘을 클릭 후 접지('GROUND')를 선택하여 배치한다.

⑤ 가상계측기( : Virtual Instruments) 아이콘을 클릭하고, 계측기 목록에서 DC 전류계('DC AMMETER')를 선택한다.

⑥ [그림 2-23]과 같이 DC 전류계를 배치한다. 이때 전류계의 방향(극성)을 반드시 노드를 기준으로 모두 나가거나, 들어오도록 잘 확인하고 연결해야 한다.

⑦ 배치한 모든 부품들을 [그림 2-23]과 같이 신호선으로 연결한다.

⑧ 전지(B1)를 선택(마우스 오른쪽 버튼 클릭) 후 편집(마우스 왼쪽 버튼 클릭)으로 전지의 설정값을 '10'[V]로 변경한다.("1.4.16 부품값 입력하기" 참조)

⑨ 그리고 OK 버튼을 누르고, 전지 선택을 해제(빈 공간에 마우스 오른쪽 버튼 클릭) 한다.

⑩ 저항 R1, R2, R3, R4를 모두 선택(마우스 오른쪽 버튼 클릭)한다.("1.4.17 같은 값을 가지는 부품 한 번에 입력하기" 참조)

⑪ 부품값 및 참조번호 일괄지정() 아이콘을 선택한다.

⑫ Property Assignment Tool(속성 일괄 입력)창의 String 부분에 'VALUE＝1k'[Ω] 로 변경한다.

("1.4.17 같은 값을 가지는 부품 한 번에 입력하기" 참조)

⑬ 그리고 OK 버튼을 누르고, 저항 선택을 해제(빈 공간에 마우스 오른쪽 버튼 클릭)한다.

⑭ 4개의 전류계를 각각 선택(마우스 오른쪽 버튼 클릭) 후 편집(마우스 왼쪽 버튼 클릭)으로 표시범위(Display Range)를 'Milliamps'로 선택한 후 OK 버튼을 누른다.

("[그림 2-11] 전류계 표시범위 설정값 mA로 선택" 참조)

⑮ 선택된 전류계들을 선택 해제(빈 공간에 마우스 오른쪽 버튼 클릭)한다.

⑯ 다음은 애니메이션 버튼(▶)을 눌러 애니메이션을 실행시키면 [그림 2-24]와 같은 시뮬레이션 결과를 얻을 수 있다.

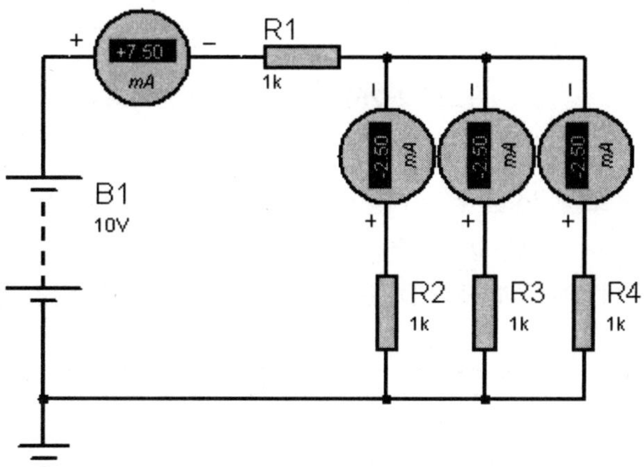

[그림 2-24] KCL 시뮬레이션 결과

[그림 2-24]에서 보는 것과 같이 한 노드(P점)를 기준으로 전류계의 (−)부분이 P점을 향하고 있음을 알 수 있고, 이때 P점에서 전류를 모두 더하면

$$7.5[mA]-2.5[mA]-2.5[mA]-2.5[mA]=0[A]$$

임을 알 수 있다. 따라서 "한 점의 전류의 합=0[A]"라는 키르히호프의 전류법칙(KCL)이 성립함을 알 수 있다.

실습문제 KVL과 KCL 회로

1. [그림 2-25]와 같은 회로를 구성한 후 각 저항에 걸리는 전압을 DC 전압계(Voltmeter)를 사용하여 측정하고, 각 루프의 전압의 합이 0임을 시뮬레이션을 통하여 보여라. 그리고 DC 전류계(Ammeter)를 사용하여 P점의 전류의 합이 0임도 시뮬레이션을 통하여 보여라.

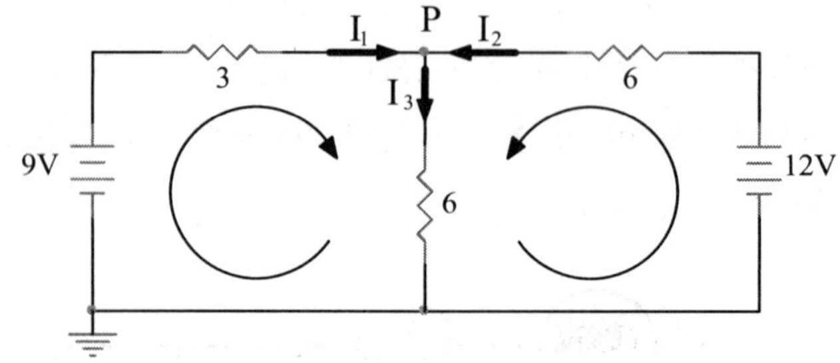

[그림 2-25] KVL, KCL 실습회로 1

2. [그림 2-26]과 같은 회로를 구성한 후 각 저항에 흐르는 I_{S1}, I_{S2}, I_1, I_2, I_3, I_4를 DC 전류계(Ammeter)를 사용하여 측정하고, 각 노드(A, B, C, D)의 전류의 합이 0임을 시뮬레이션을 통하여 보여라. 그리고 DC 전압계(Voltmeter)를 사용하여 3개의 폐루프 내에 전압의 합이 0임을 시뮬레이션을 통하여 보여라.

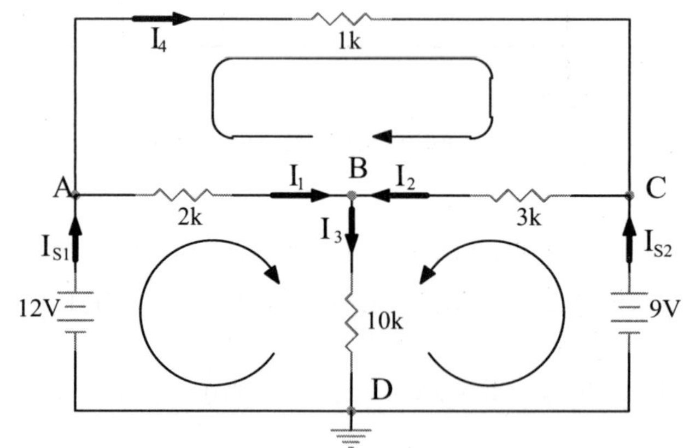

[그림 2-26] KVL, KCL 실습회로 2

2.2 중첩의 원리

회로망 내에 둘 이상의 전원이 있을 때 중첩의 원리를 이용하면 회로 해석이 쉬워진다. 이러한 중첩의 원리를 모의실험을 통해 이해하고 숙지하자.

2.2.1 중첩의 원리

중첩의 원리는 선형 소자들과 N개의 전원소스(Source)들로 구성된 회로에서 특정 소자에 걸리는 전압이나 흐르는 전류를 알고자 한다면, N개의 전원이 하나씩 단독으로 있을 때의 특정 소자에 흐르는 전류 또는 전압을 모두 구하여 그 특정 소자의 전압을 합하거나, 전류를 합하여 구하는 원리이다. 이때 전원 소스를 하나만 남길 때 나머지 전원 소스는 모두 0으로 놓는다.

중요

전원 소스를 하나만 남기고 나머지 전원소스를 0으로 할 때
- 이상적인 전압원의 저항은 0[Ω]임으로 **전압원은 short**
- 이상적인 전류원의 저항은 ∞[Ω]임으로 **전류원은 open**

2.2.2 전압원, 전압원 회로의 중첩의 원리 실습

1) 전압원, 전압원 회로의 중첩의 원리 실습내용

[그림 2-27]과 같이 2개의 전압원 소스와 3개의 저항으로 구성된 회로에서 R_2에 흐르는 전류(I_2)와 R_2에 걸리는 전압(V_2)을 중첩의 원리로 구해보자.

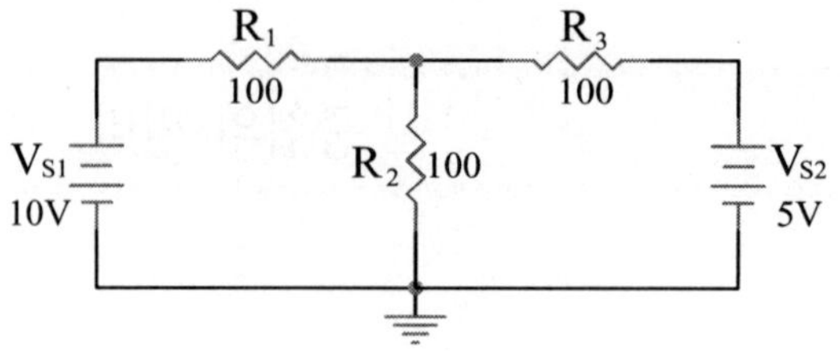

[그림 2-27] 전압원 2개인 회로

먼저 V_{S1}을 남기고, V_{S2}를 0[V]로 놓으면, 이상적인 전압원의 저항은 0[Ω]이므로 V_{S2} 전압원은 short 상태와 같아진다. 따라서 [그림 2-28](a)와 같은 회로가 되고, 그 다음 V_{S1}을 0[V]로 놓으면 [그림 2-28](b)와 같이 된다.

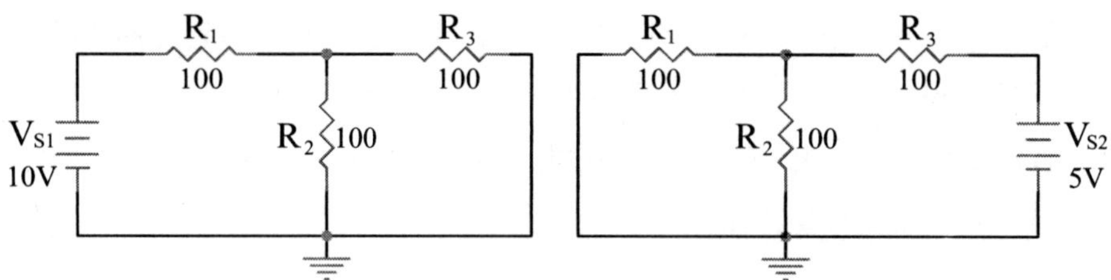

(a) V_{S2} 단락회로 (b) V_{S1} 단락회로

[그림 2-28] [그림 2-27]회로를 중첩의 원리로 분리한 회로

우선 [그림 2-28](a)에서 R_2와 R_3의 병렬 합성저항을 구하면

$$(R_2//R_3) = \frac{R_2 \times R_3}{R_2 + R_3} = \frac{100 \times 100}{100 + 100} = 50[\Omega]$$

이 되고, 전압분배법칙을 이용하여 R_2에 걸리는 전압($V_{2(a)}$)을 구하면

$$V_{2(a)} = \frac{R_2//R_3}{R_1 + R_2//R_3} V_{S1} = \frac{50}{100+50} 10 = 3.33[V]$$

이다. R_1에 흐르는 전류($I_{1(a)}$)를 구하기 위하여 전체 합성저항($R_{(a)}$)을 구하면

$$R_{(a)} = R_1 + (R_2//R_3) = 100 + 50 = 150[\Omega]$$

이 되고, 따라서 전체 전류, 즉 R_1의 전류 $I_{1(a)}$은 옴법칙에 의하여

$$I_{1(a)} = \frac{V_{S1}}{R_{(a)}} = \frac{10[V]}{150[\Omega]} = 66.66[mA]$$

가 된다. R_2에 흐르는 전류($I_{2(a)}$)는 전류분배법칙에 의하여

$$I_{2(a)} = \frac{R_3}{R_2 + R_3} I_{1(a)} = \frac{100}{100+100} 66.66[mA] = 33.33[mA]$$

이다. 다음은 [그림 2-28](b)에서 R_1과 R_2의 병렬 합성저항은 50[Ω]이 되고, 이를 이용하여 전압분배법칙에 의해 R_2에 걸리는 전압(V_2)을 구하면

$$V_{2(b)} = \frac{R_1//R_2}{R_3 + R_1//R_2} V_{S2} = \frac{50}{100+50} 5 = 1.67[V]$$

가 된다. [그림 2-28](b)에서 R_3의 전류(I_3)를 구하기 위하여 전체 합성저항($R_{(b)}$)을 구하면 $R_{(b)} = R_3 + (R_1//R_2) = 100 + 50 = 150[\Omega]$이 되고, 따라서 전체 전류($R_3$의 전류 $I_{3(b)}$)는 옴법칙에 따라

$$I_{3(b)} = \frac{V_{S2}}{R_{(b)}} = \frac{5[V]}{150[\Omega]} = 33.33[mA]$$

가 된다. R_2에 흐르는 전류($I_{2(a)}$)는 전류분배법칙에 의하여

$$I_{2(b)} = \frac{R_1}{R_1 + R_2} I_{3(b)} = \frac{100}{100+100} 33.33[mA] = 16.67[mA]$$

이다. 따라서 [그림 2-28](a)와 (b)의 R_2의 전압과 전류의 합은 아래와 같다.

$$V_2 = V_{2(a)} + V_{2(b)} = 3.33 + 1.67 = 5[V]$$

$$I_2 = I_{2(a)} + I_{2(b)} = 33.33[mA] + 16.67[mA] = 50[mA]$$

2) 전압원, 전압원 회로의 중첩의 원리 시뮬레이션

[그림 2-29]와 같이 회로를 구성하고, 앞서 중첩의 원리로 계산한 R2의 전압과 전류를 시뮬레이션을 통하여 확인해보자.

시뮬레이션 디바이스 목록

종 류	부품/계기명	실행 아이콘
전 지	BATTERY	: 부품(Component)
저 항	RES	
접 지	GROUND	: 터미널(Terminal)
직류 전류계	DC AMMETER	: 계측기(Instruments)
직류 전압계	DC VOLTMETER	

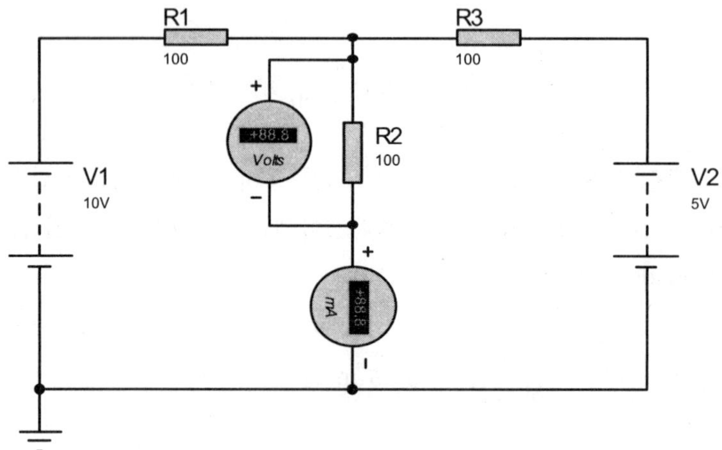

[그림 2-29] 중첩의 원리 시뮬레이션 회로 1

① 부품( ) 아이콘을 클릭하고, 부품선택(P) 아이콘을 클릭한다.

② 부품선택창에서 저항('RES')과 전지('BATTERY')를 부품목록창에 등록시킨다. ("1.4.2 사용할 부품들 부품목록창에 등록하기" 참조)

③ 부품목록창에서 저항('RES')과 전지('BATTERY')를 선택하여 회로작성창에 [그림 2-29]와 같이 배치한다.

④ 터미널( ) 아이콘을 클릭하고, 접지('GROUND')를 선택하여 배치한다.

⑤ 가상계측기( ) 아이콘을 클릭하고, 계측기 목록에서 DC 전압계('DC VOLTMETER')와 DC 전류계('DC AMMETER')를 선택하여 배치한다.

⑥ 배치한 모든 부품들을 [그림 2-29]와 같이 신호선으로 연결한다.

⑦ 전지1을 선택(마우스 오른쪽 버튼 클릭) 후 편집(마우스 왼쪽 버튼 클릭)으로 B1 전지의 설정값을 'V1', '10'[V]로 변경 후 OK 버튼을 누른다.

⑧ 전지2를 선택(마우스 오른쪽 버튼 클릭) 후 편집(마우스 왼쪽 버튼 클릭)으로 B2 전지의 설정값을 'V2', '5'[V]로 변경 후 OK 버튼을 누른다.

⑨ 저항 R1, R2, R3를 모두 선택(마우스 오른쪽 버튼 클릭)한 후 일괄지정( )의 String 부분에 'VALUE = 100'[Ω]로 변경 후 OK 버튼을 누른다.("1.4.17 같은 값을 가지는 부품 한 번에 입력하기" 참조)

⑩ 전류계를 선택(마우스 오른쪽 버튼 클릭) 후 편집(마우스 왼쪽 버튼 클릭)으로 표시범위(Display Range)를 'Milliamps'로 선택한 후 OK 버튼을 누른다.
("[그림 2-11] 전류계 표시범위 설정값 mA로 선택" 참조)

⑪ 선택된 모든 것(V1, R1, R2, R3, 전류계)을 선택 해제(빈 공간에 마우스 오른쪽 버튼 클릭)한다.

⑫ 애니메이션 실행 버튼( )을 클릭하여 애니메이션을 실행하면 [그림 2-30]과 같은 시뮬레이션 결과를 얻을 수 있다.

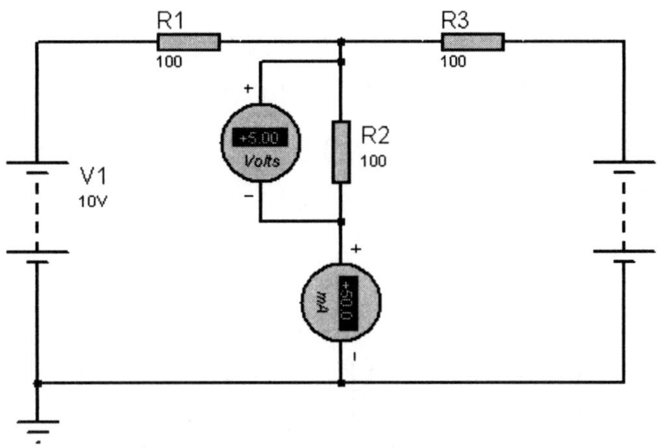

[그림 2-30] 중첩의 원리 시뮬레이션 결과 1

[그림 2-30]에서 보는 것과 같이 R2의 전압과 전류가 앞서 실습내용에서 중첩의 원리로 구한 R2의 전압과 전류가 일치함을 확인할 수 있다.

2.2.3 전류원, 전류원 회로의 중첩의 원리 실습

1) 전류원, 전류원 회로의 중첩의 원리 실습내용

[그림 2-31]과 같이 2개의 전류원 소스와 3개의 저항으로 구성된 회로에서 R_2에 흐르는 전류(I_2)와 R_2에 걸리는 전압(V_2)을 중첩의 원리로 구해보자.

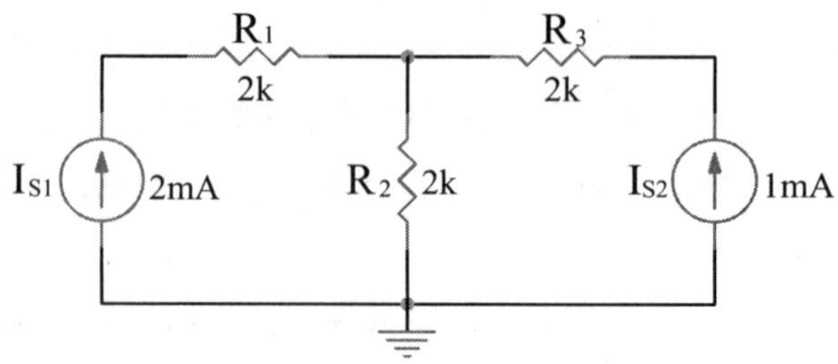

[그림 2-31] 전류원이 2개인 회로

먼저 I_{S1}을 남기고, I_{S2}를 0[A]로 놓으면, 이상적인 전류원의 저항은 ∞[Ω]이므로 I_{S2}전류원은 open 상태와 같아져 제거하고 나면, 저항 R_3는 한 쪽은 회로에 연결되어 있고 한 쪽은 연결된 곳이 없어 회로에 영향을 미치지 못하는 저항이 된다.

따라서 [그림 2-32](a)와 같은 회로가 된다. 그 다음 I_{S1}을 0[A] 놓으면 같은 원리에 의하여 [그림 2-32](b)와 같이 된다.

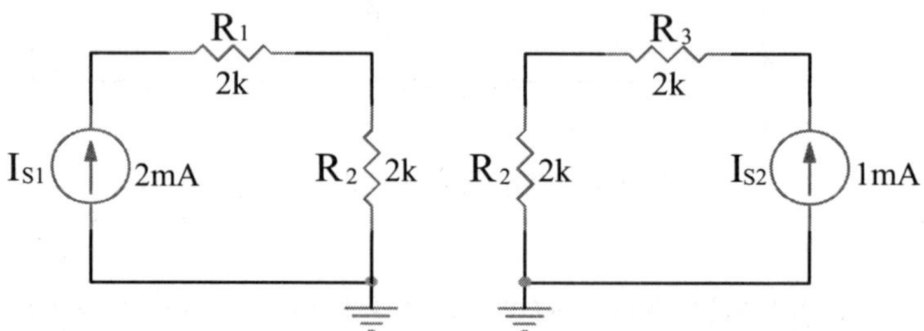

(a) I_2 전류원 개방 (b) I_1 전류원 개방

[그림 2-32] [그림 2-31]의 중첩의 원리 적용 회로

[그림 2-32](a)에서 R_2에 흐르는 전류($I_{2(a)}$)는 I_{S1}의 전류원의 값 그 자체로 2[mA]이고, (b)에서 R_2에 흐르는 전류($I_{2(b)}$)는 I_{S2}의 전류원의 값 그 자체로 1[mA]이다. [그림 2-32] (a)와 (b)에서 R_2에 걸리는 전압($V_{2(a)}$, $V_{2(b)}$)은 옴법칙에 의하여 다음과 같다.

$$V_{2(a)} = I_{S1} \times R_2 = 2[mA] \times 2[k\Omega] = 4[V]$$

$$V_{2(b)} = I_{S2} \times R_2 = 1[mA] \times 2[k\Omega] = 2[V]$$

따라서 [그림 2-32](a), (b)에서 R_2의 전압과 전류의 합은 아래와 같다.

$$V_2 = V_{2(a)} + V_{2(b)} = 4 + 2 = 6[V]$$

$$I_2 = I_{2(a)} + I_{2(b)} = 2[mA] + 1[mA] = 3[mA]$$

2) 전류원, 전류원 회로의 중첩의 원리 시뮬레이션

[그림 2-33]과 같이 회로를 구성하고, 앞서 중첩의 원리로 계산한 R2의 전압과 전류를 시뮬레이션을 통하여 확인해보자.

시뮬레이션 디바이스 목록

종 류	부품/계기명	실행 아이콘
DC 전류원	CSOURSE	: 부품(Component)
저 항	RES	
접 지	GROUND	: 터미널(Terminal)
직류 전류계	DC AMMETER	: 계측기(Instruments)

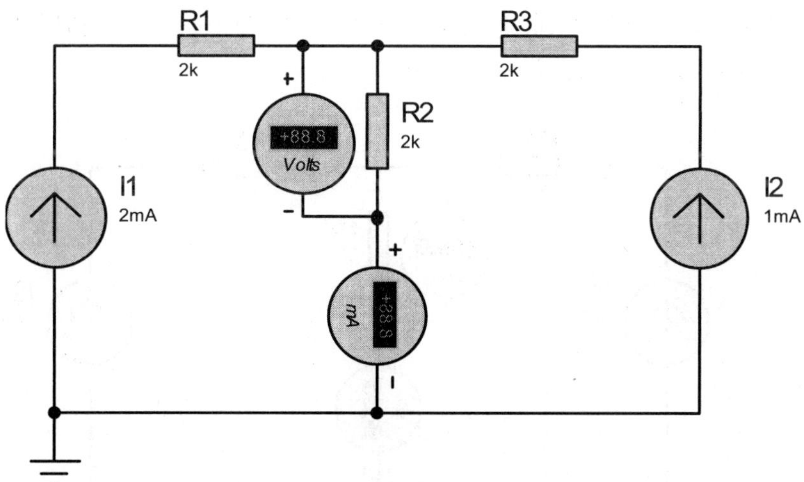

[그림 2-33] 중첩의 원리 시뮬레이션 회로2

① 부품( ) 아이콘을 클릭하고, 부품선택(P) 아이콘을 클릭한다.

② 부품선택창에서 저항('RES')과 DC 전류원('CSOURSE')을 부품목록창에 등록시킨다.("1.4.2 사용할 부품들 부품목록창에 등록하기" 참조)

③ 목록창에 저항('RES')과 DC 전류원('CSOURSE')을 선택하여 회로작성창에 [그림 2-33]과 같이 배치한다.

④ 터미널( ) 아이콘을 클릭하고, 접지('GROUND')를 선택하여 배치한다.

⑤ 가상계측기( ) 아이콘을 클릭하고, 계측기 목록에서 DC 전압계('DC VOLTMETER')와 DC 전류계('DC AMMETER')를 선택하여 배치한다.

⑥ 배치한 모든 부품들을 [그림 2-33]과 같이 신호선으로 연결한다.

⑦ DC 전류원을 선택(마우스 오른쪽 버튼 클릭) 후 편집(마우스 왼쪽 버튼 클릭)으로 I1 전류원의 설정값을 '2mA'로, I2 전류원의 설정값을 '1mA'로 변경하고 각각 OK 버튼을 누른다.

⑧ 저항 R1, R2, R3를 모두 선택(마우스 오른쪽 버튼 클릭)한 후 일괄지정( ) 아이콘을 클릭하여 String 부분을 'VALUE＝2k'[Ω]로 변경 후 OK 버튼을 누른다.

⑨ 전류계를 선택(마우스 오른쪽 버튼 클릭) 후 편집(마우스 왼쪽 버튼 클릭)으로 표시범위(Display Range)를 'Milliamps'로 선택한 후 OK 버튼을 누른다.
("[그림 2-11] 전류계 표시범위 설정값 mA로 선택" 참조)

⑩ 선택된 모든 것(I1, I2, R1, R2, R3, 전류계)을 선택 해제(빈 공간에 마우스 오른쪽 버튼 클릭)한다.

⑪ 애니메이션 실행 버튼( )을 클릭하여 애니메이션을 실행하면 [그림 2-34]와 같은 시뮬레이션 결과를 얻을 수 있다.

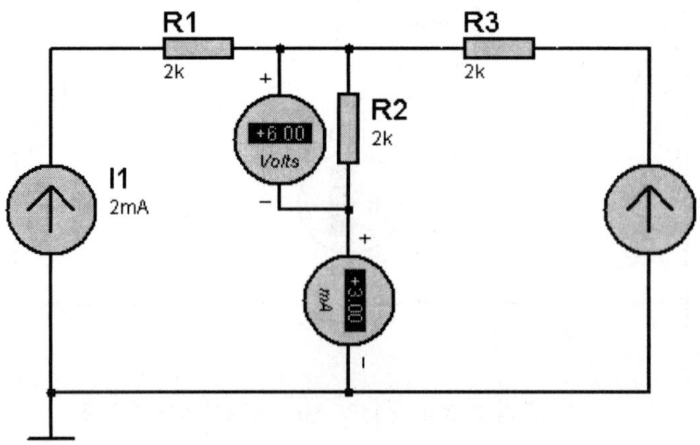

[그림 2-34] 중첩의 원리 시뮬레이션 결과 2

[그림 2-34]에서 보는 것과 같이 R2의 전압과 전류가 앞서 실습내용에서 중첩의 원리로 구한 R2의 전압과 전류가 일치함을 확인할 수 있다.

2.2.4 전압원, 전류원 회로의 중첩의 원리 실습

1) 전압원, 전류원 회로의 중첩의 원리 실습내용

[그림 2-35]와 같이 1개의 전압원과 1개의 전류원, 3개의 저항으로 구성된 회로에서 R_2에 흐르는 전류(I_2)와 R_2에 걸리는 전압(V_2)을 중첩의 원리로 구해보자.

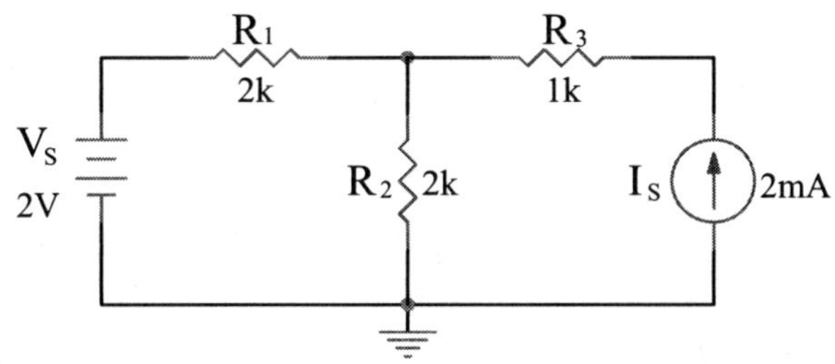

[그림 2-35] 전압원 1개, 전류원 1개인 회로

먼저 V_S을 남기고, I_S를 0[A]로 놓으면, 이상적인 전류원의 저항은 ∞[Ω]이므로 I_S 전류원은 open 상태와 같아져 제거하고 나면, 저항 R_3는 한 쪽은 회로에 연결되어 있고 한 쪽은 연결된 곳이 없어 회로에 영향을 미치지 못하는 저항이 된다. 따라서 [그림 2-36](a)와 같은 회로가 되다.

그 다음 I_S을 남기고, V_{S2}를 0[V]로 놓으면 이상적인 전압원의 저항은 0[Ω]이므로 V_S 전압원은 short 상태와 같아진다. 따라서 [그림 2-36](b)와 같은 회로가 된다.

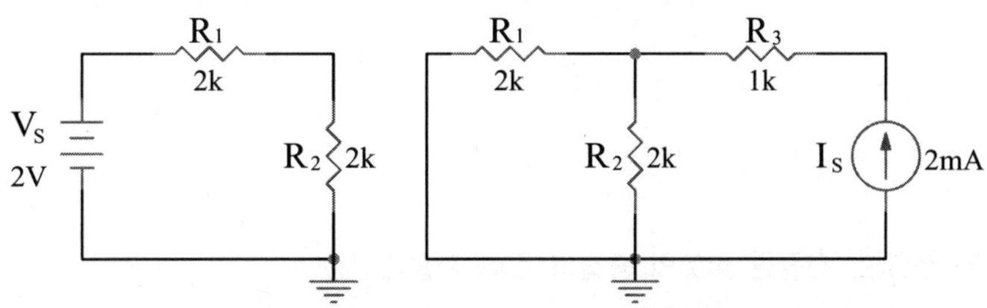

(a) I_S 개방 회로 (b) V_S 단락 회로

[그림 2-36] [그림 2-35]의 중첩의 원리 적용 회로

이제 [그림 2-36]을 이용하여 R_2에 흐르는 전류와 전압을 각각 구해보자.

[그림 2-36](a)에서 R_2에 걸리는 전압($V_{2(a)}$)은 전압분배법칙에 의하여

$$V_{2(a)} = \frac{R_2}{R_1+R_2}V_S = \frac{2[k\Omega]}{2[k\Omega]+2[k\Omega]}2 = 1[V]$$

이다. [그림 2-36](a)에서 R_2에 흐르는 전류를 알기 위해 합성저항을 구하면 $R_{(a)} = R_1 + R_2 = 2k + 2k = 4[k\Omega]$이 되고, 옴법칙에 의해 R_2에 흐르는 전류($I_{2(a)}$)는

$$I_{2(a)} = \frac{V_S}{R_{(a)}} = \frac{2[V]}{4[k\Omega]} = 0.5[mA]$$

이다. 우선 [그림 2-36](b)에서 R_1과 R_2의 병렬 합성저항을 구하면

$$(R_1//R_2) = \frac{R_1 \times R_2}{R_1+R_2} = \frac{2k \times 2k}{2k+2k} = 1[k\Omega]$$

이 되고, R_3에 흐르는 전류는 I_S 그 자체 2[mA]이다. 따라서 옴법칙에 의하여 $R_1//R_2$에 걸리는 전압, 즉 R_2에 걸리는 전압은

$$V_{2(b)} = I_S \times (R_1//R_2) = 2[mA] \times 1[k\Omega] = 2[V]$$

가 된다. R_2에 흐르는 전류($I_{2(b)}$)는 전류분배법칙에 의하여

$$I_{2(b)} = \frac{R_1}{R_1+R_2}I_S = \frac{2k}{2k+2k}2[mA] = 1[mA]$$

이다. 따라서 [그림 2-36](a)와 (b)의 R_2의 전압과 전류의 합은 아래와 같다.

$$V_2 = V_{2(a)} + V_{2(b)} = 1 + 2 = 3[V]$$

$$I_2 = I_{2(a)} + I_{2(b)} = 0.5[mA] + 1[mA] = 1.5[mA]$$

2) 전압원, 전류원 회로의 중첩의 원리 시뮬레이션

[그림 2-33]과 같이 회로를 구성하고 앞서 중첩의 원리로 계산한 R2의 전압과 전류를 시뮬레이션을 통하여 확인해보자.

시뮬레이션 디바이스 목록

종 류	부품/계기명	실행 아이콘
전 지	BATTERY	: 부품(Component)
소스(전류원)	CSOURSE	
저 항	RES	
접 지	GROUND	: 터미널(Terminal)
직류 전류계	DC AMMETER	: 계측기(Instruments)
직류 전압계	DC VOLTMETER	

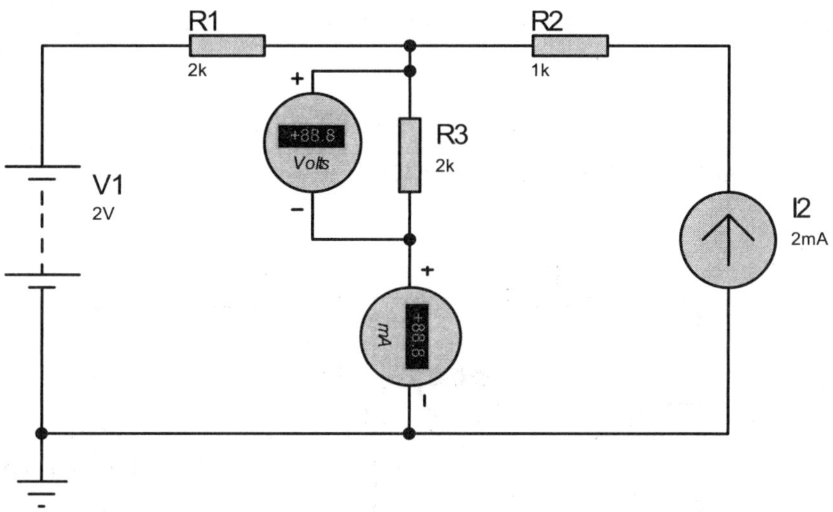

[그림 2-37] 중첩의 원리 시뮬레이션 회로 3

① 부품( ) 아이콘을 클릭하고, 부품선택(P) 아이콘을 클릭한다.

② 부품선택창에서 전지('BATTERY')와 DC 전류원('CSOURSE'), 저항('RES')을 부품 목록창에 등록시킨다.("1.4.2 사용할 부품들 부품목록창에 등록하기" 참조)

③ 부품목록창에서 전지('BATTERY')와 DC 전류원('CSOURSE'), 저항('RES')을 선택하여 회로작성창에 [그림 2-37]과 같이 배치한다.

④ 터미널( ) 아이콘을 클릭하고, 접지('GROUND')를 선택하여 배치한다.

⑤ 가상계측기( ) 아이콘을 클릭하고, 계측기 목록에서 DC 전압계('DC VOLTMETER')와 DC 전류계('DC AMMETER')를 선택하여 배치한다.

⑥ 배치한 모든 부품들을 [그림 2-37]과 같이 신호선으로 연결한다.

⑦ 전지를 선택(마우스 오른쪽 버튼 클릭) 후 편집(마우스 왼쪽 버튼 클릭)으로 B1전지의 설정값을 'V1', '2V'로 변경 후 OK 버튼을 누른다.

⑧ DC 전류원을 선택(마우스 오른쪽 버튼 클릭) 후 편집(마우스 왼쪽 버튼 클릭)으로 설정값을 'I2', '2mA'로 변경 후 OK 버튼을 누른다.

⑨ 저항을 각각 선택 후 편집하여 R1는 '2k'[Ω], R2는 '1k'[Ω], R3는 '2k'[Ω]으로 변경 후 OK 버튼을 누른다.

⑩ 전류계를 선택(마우스 오른쪽 버튼 클릭) 후 편집(마우스 왼쪽 버튼 클릭)으로 표시범위(Display Range)를 'Milliamps'로 선택한 후 OK 버튼을 누른다.
("[그림 2-11] 전류계 표시범위 설정값 mA로 선택" 참조)

⑪ 선택된 모든 것(V1, I1, R1, R2, R3, 전류계)을 선택 해제(빈 공간에 마우스 오른쪽 버튼 클릭)한다.

⑫ 애니메이션 실행 버튼(▶)을 클릭하여 애니메이션을 실행하면 [그림 2-38]과 같은 시뮬레이션 결과를 얻을 수 있다.

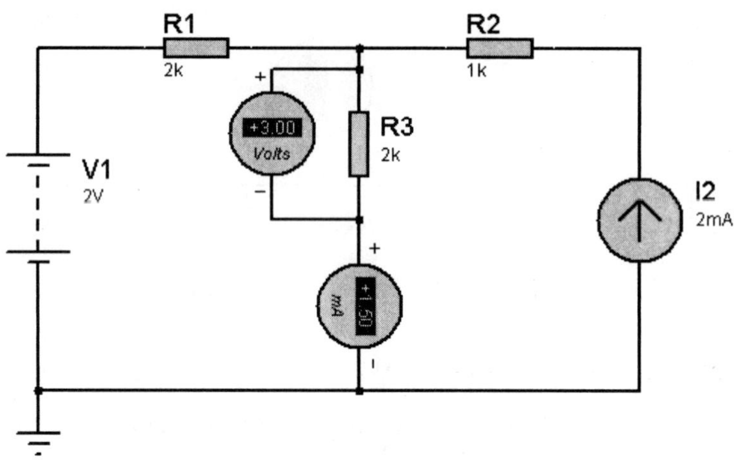

[그림 2-38] 중첩의 원리 시뮬레이션 결과3

[그림 2-38]에서 보는 것과 같이 R2의 전압과 전류가 앞서 실습내용에서 중첩의 원리로 구한 R2의 전압과 전류가 일치함을 확인할 수 있다.

실습문제 중첩의 원리

1. [그림 2-39](a), (b), (c)와 같은 회로를 구성한 후 각 저항에 흐르는 전류와 전압을 계측기로 측정하여 결과를 기록하고, 중첩의 원리를 증명하라.

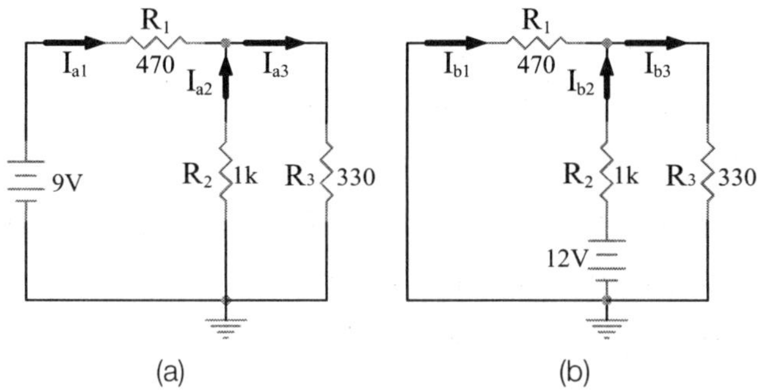

[그림 2-39] 중첩의 원리 실습을 위한 전압원, 전압원 회로

	I_{R1}	I_{R2}	I_{R3}	V_{R1}	V_{R2}	V_{R13}
(a)						
(b)						
(c)						

2. [그림 2-40](a), (b), (c)와 같은 회로를 구성한 후 각 저항에 흐르는 전류와 전압을 계측기로 측정하여 결과를 기록하고, 중첩의 원리를 증명하라.

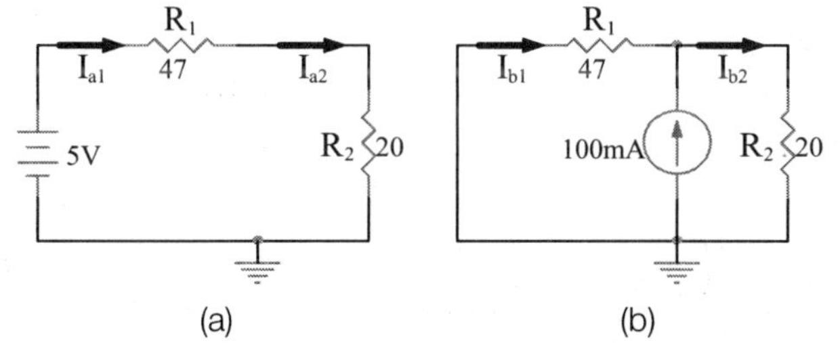

[그림 2-40] 중첩의 원리 실습을 위한 전압원, 전류원 회로

	I_{R1}	I_{R2}	V_{R1}	V_{R2}
(a)				
(b)				
(c)				

2.3 테브난과 노튼의 정리

테브난의 정리(Thevenin's theorem) 및 노튼의 정리(Norton's theorem)를 시뮬레이션을 통해 확인하고 이를 응용할 수 있는 능력을 길러보자. 테브난 및 노튼의 정리는 복잡한 선형회로에서 부하전류 및 부하전압을 구하기 위하여 복잡한 선형회로를 단순한 등가회로로 변환시키는 것이다.

테브난의 정리는 아무리 복잡한 회로도 하나의 전압원과 하나의 직렬저항으로 표현하는 것이고, 노튼의 정리는 하나의 전류원과 병렬 저항으로 표현하는 것이다. 이렇게 함으로 복잡한 회로를 보다 쉽게 회로 해석할 수 있다.

2.3.1 테브난 정리

[그림 2-41](a)와 같이 복잡한 회로망으로 이루어진 선형 2단자망 회로를 테브난 정리를 적용하여 구하면 [그림 2-41](b)와 같이 간단하게 V_{Th}(테브난 전압)과 R_{Th}(테브난 저항), R_L(부하저항)을 직렬로 연결한 회로가 된다.

만약, 부하 저항을 바꾸어 부하 전류와 전압을 알고 싶다면, 선형 2단자망 회로에서는 전체를 다시 회로 해석해야 하지만, 테브난 등가회로로 바꾸었다면 회로 해석이 아주 쉬워짐을 알 수 있다.

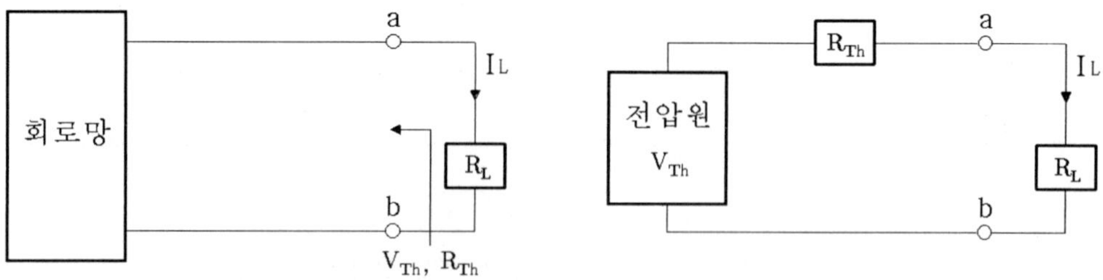

(a) 선형 2단자망 (b) 테브난 등가회로

[그림 2-41] 테브난의 정리

- V_{Th} : 부하 저항을 제거하고 측정한 전압값
- R_{Th} : 소스를 0로 만든 후 부하저항을 제거하고 측정한 저항값

2.3.2 노튼의 정리

[그림 2-42](a)와 같이 복잡한 회로망으로 이루어진 선형 2단자망 회로를 노튼의 정리를 적용하여 구하면 [그림 2-42](b)와 같이 간단히 I_N(노튼 전류)과 R_N(노튼 저항), R_L(부하저항)을 병렬로 연결한 회로가 된다.

| 참고 | 가끔은 노튼 저항을 저항의 역수인 어드미턴스로 나타내는 경우도 있다. 이는 병렬저항 계산 시에 저항보다 어드미턴스가 계산이 용의하기 때문이지만, 경우에 따라서 불편한 경우도 있어 본 내용에서는 노튼 등가회로를 어드미턴스로 표현하지는 않았다.

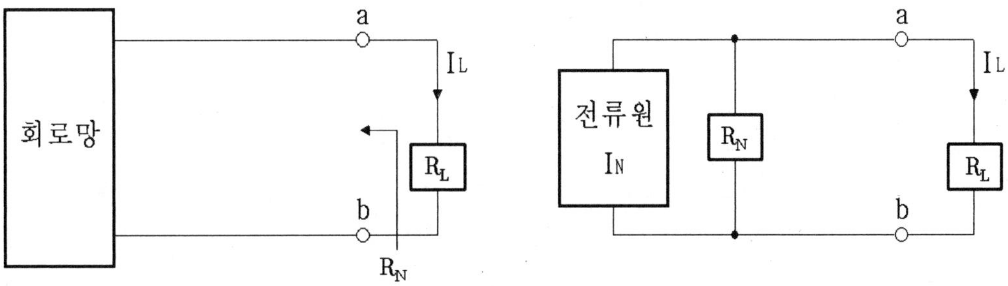

(a) 선형 2단자망 (b) 노튼 등가회로

[그림 2-42] 노튼의 정리

- $R_N = R_{Th}$: 노튼 저항은 소스와 부하저항을 제거하고 측정한 저항값으로 테브난 저항과 같다.
- $I_N = \dfrac{V_{Th}}{R_{Th}}$: 노튼 전류는 부하저항을 제거하고 측정한 전류값, 또는 앞의 수식과 같이 노튼 전류=테브난 전압(V_{Th})/테브난 저항(R_{Th})으로 구할 수 있다.
- $Y_N = \dfrac{1}{R_N}$: 노튼 어드미턴스

2.3.3 테브난의 정리 실습

1) 테브난 등가회로 실습내용

[그림 2-43] 회로의 R_L에 대한 테브난 등가회로를 구해보자.

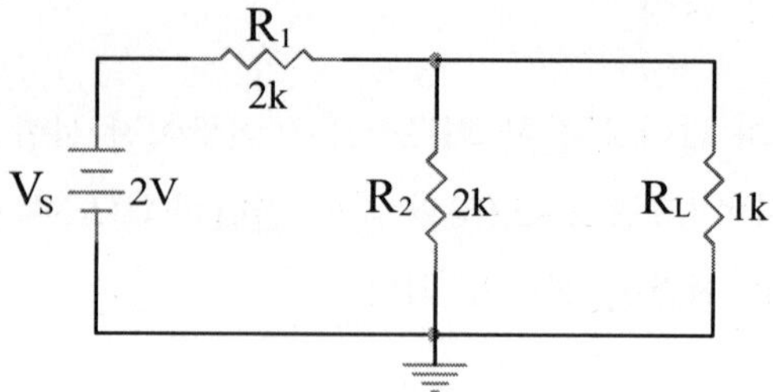

[그림 2-43] 테브난/노튼의 정리 실습회로

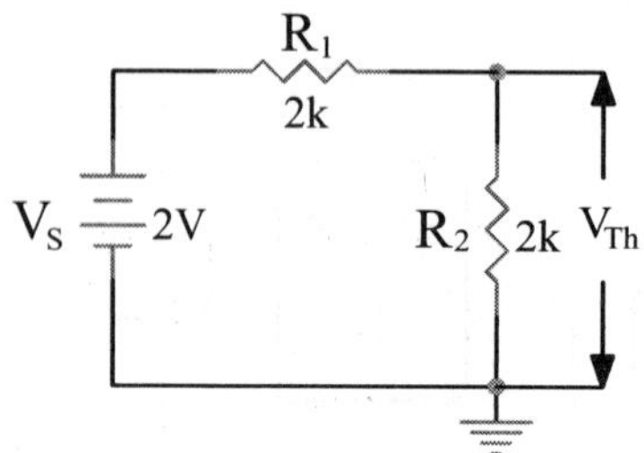

(a) 테브난 등가전압

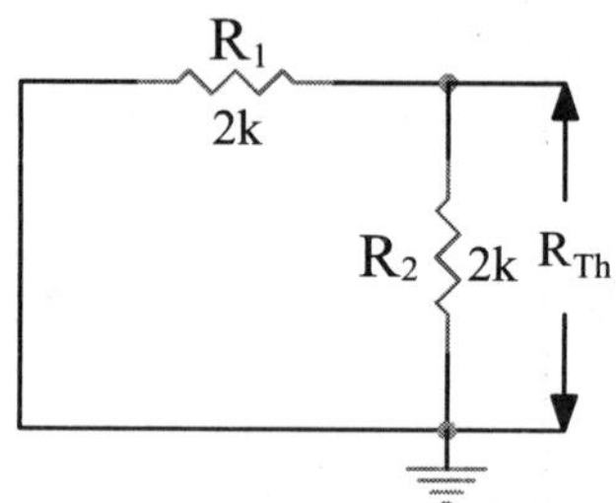

(b) 테브난 등가저항

[그림 2-44] 테브난 등가전압과 저항 구하기

[그림 2-44](a)와 같이 부하저항을 제거한 위치의 전압을 계산하여 구하면 R_2에 걸리는 전압이 테브난 전압이므로 전압분배법칙에 의하여

$$V_{Th} = \frac{2[k\Omega]}{2[k\Omega]+2[k\Omega]}2[V] = 1[V]$$

가 된다. 다음은 테브난 저항을 구하면 [그림 2-43] 회로에서 입력전원 V_S를 0[V]로 놓고(전압원은 short), 부하저항을 제거하면 [그림 2-44](b)와 같은 회로가 된다. [그림 2-44](b) 회로에서 R_1과 R_2의 병렬 합성저항을 계산하면 테브난 등가저항이 된다.

$$R_{Th} = R_1//R_2 = \frac{R_1 \times R_2}{R_1+R_2} = \frac{2[k\Omega]\times 2[k\Omega]}{2[k\Omega]+2[k\Omega]} = 1[k\Omega]$$

물론 제거된 부하저항 단에서 저항계로 측정해도 1[kΩ]을 얻을 수 있다.

따라서 [그림 2-43] 회로의 테브난 등가회로는 [그림 2-45]와 같이 $V_{TH}=1[V]$이고, $R_{TH}=1[k\Omega]$인 회로가 된다.

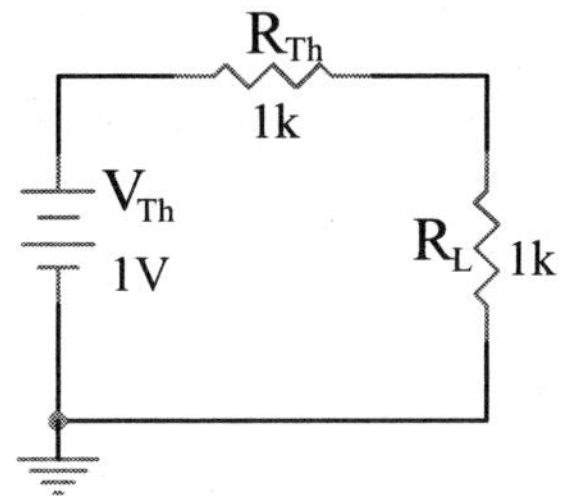

[그림 2-45] [그림 2-43] 회로의 테브난 등가회로

2) 테브난의 정리 시뮬레이션

[그림 2-46]과 같이 2개의 회로를 구성하고, [그림 2-46](a)회로와 (a)회로의 테브난 등가회로인 (b)회로가 같음을 시뮬레이션을 통하여 확인해보자.

시뮬레이션 디바이스 목록

종 류	부품/계기명	실행 아이콘
전 지	BATTERY	 : 부품(Component)
저 항	RES	
접 지	GROUND	 : 터미널(Terminal)
직류 전류계	DC AMMETER	 : 계측기(Instruments)
직류 전압계	DC VOLTMETER	

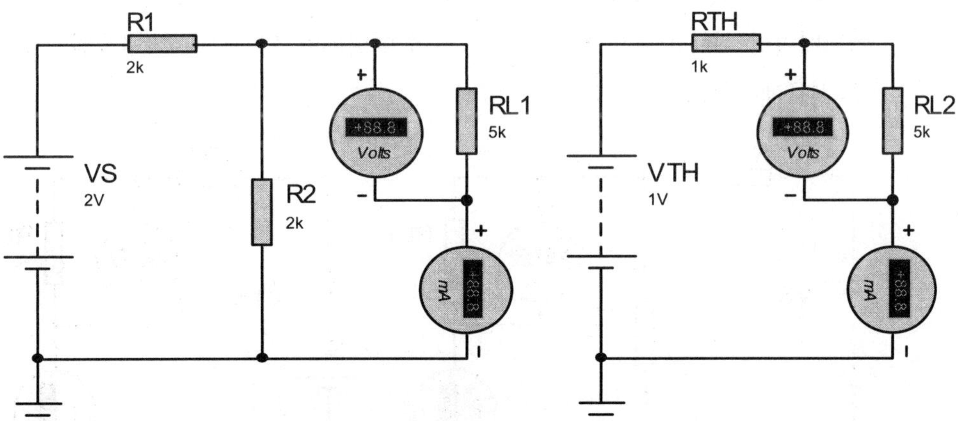

(a) 테브난 시뮬레이션 회로 (b) (a) 회로의 테브난 등가회로

[그림 2-46] 테브난 정리 시뮬레이션 회로

① 부품( ) 아이콘을 클릭하고, 부품선택(P) 아이콘을 클릭한다.
② 부품선택창에서 저항('RES')과 전지('BATTERY')를 부품목록창에 등록시킨다. ("1.4.2 사용할 부품들 부품목록창에 등록하기" 참조)
③ 부품목록창에서 저항('RES')과 전지('BATTERY')를 선택하여 회로작성창에 [그림 2-46]과 같이 배치한다.
④ 터미널( ) 아이콘을 클릭 후 접지('GROUND')를 선택하여 배치한다.
⑤ 가상계측기( ) 아이콘을 클릭 후 계측기 목록창에서 DC 전압계('DC VOLTMETER')와 DC 전류계('DC AMMETER')를 선택하여 배치한다.
⑥ 배치한 모든 부품들을 [그림 2-46]과 같이 신호선으로 연결한다.
⑦ 전지를 선택(마우스 오른쪽 버튼 클릭) 후 편집(마우스 왼쪽 버튼 클릭)으로 B1전지의 설정값을 'VS', '2V'로 변경하고, B2전지의 설정값은 'VTH', '1V'로 변경하고 OK 버튼을 클릭한다.
⑧ 저항을 각각 선택 후 편집하여 R1는 '2k'[Ω], R2는 '2k'[Ω], RTH와 RL1, RL2는 '1k'[Ω]으로 변경하고 OK 버튼을 클릭한다.
⑨ 전류계를 선택(마우스 오른쪽 버튼 클릭) 후 편집(마우스 왼쪽 버튼 클릭)으로 표시범위(Display Range)를 'Milliamps'로 각각의 변경 후 OK 버튼을 누른다. ("[그림 2-11] 전류계 표시범위 설정값 mA로 선택" 참조)
⑩ 선택된 모든 것(V1, R1, R2, RTH, RL1, RL2, 전류계)을 선택 해제(빈 공간에 마우스 오른쪽 버튼 클릭)한다.
⑪ 애니메이션 실행 버튼(▶)을 클릭하여 애니메이션을 실행하면 [그림 2-47]과 같은 시뮬레이션 결과를 얻을 수 있다.

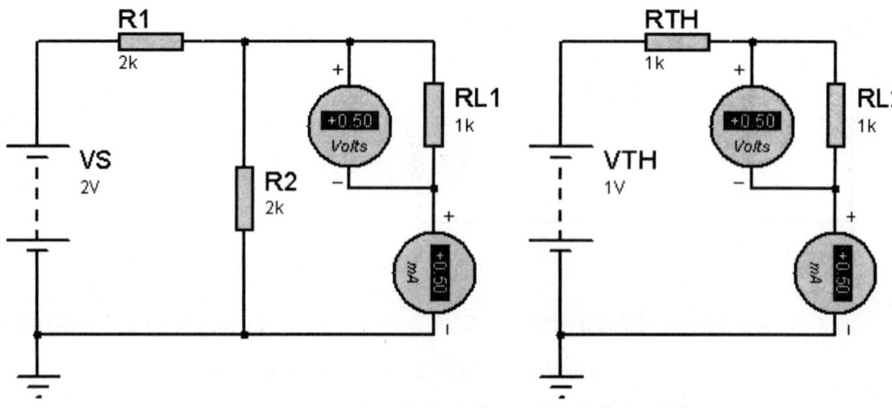

[그림 2-47] 테브난 등가회로 시뮬레이션 결과

[그림 2-47]과 같이 부하저항(RL1, RL2)의 전류는 0.5[mA], 전압은 0.5[V]로 같음을 확인할 수 있다. 따라서 두 회로는 등가회로임을 알 수 있다.

[그림 2-48]과 같이 부하저항 RL1과 RL2를 둘 다 '2k'[Ω]으로 변경 후 시뮬레이션을 해도 [그림 2-48]과 같이 좌 우 회로가 같은 결과가 나타난다.

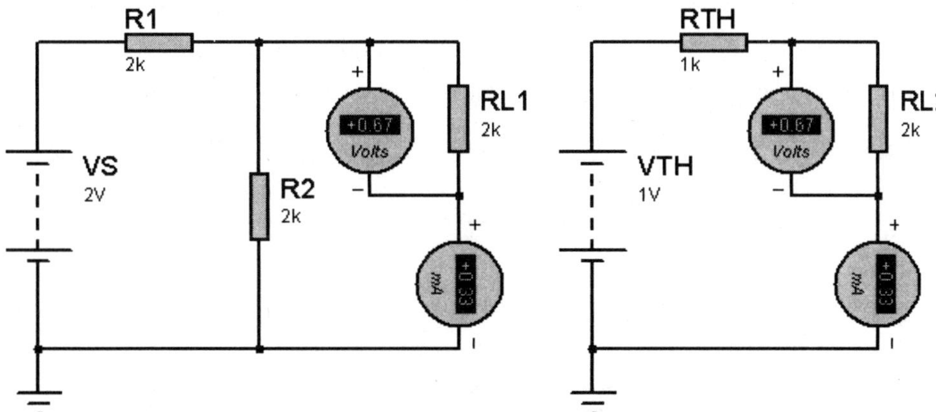

[그림 2-48] 부하저항이 2[kΩ]일 때 테브난 등가회로 시뮬레이션 결과

[그림 2-49]와 같이 부하저항 RL1과 RL2를 둘 다 '5k'[Ω]으로 변경 후 시뮬레이션을 해도 [그림 2-49]와 같이 좌 우 회로가 같은 결과가 나타난다.

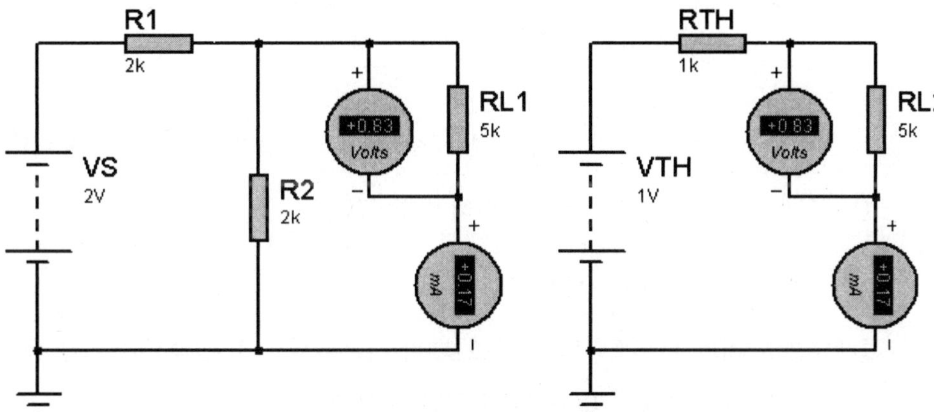

[그림 2-49] 부하저항이 5[kΩ]일 때 테브난 등가회로 시뮬레이션 결과

[그림 2-48]과 [그림 2-48]에서 알 수 있듯이 부하저항만 수정되는 회로에서 부하저항의 전압과 전류를 계산하는 방법이 테브난 등가회로를 구하여 계산하는 것이 훨씬 쉽게 구할 수 있음을 알 수 있다.

2.3.4 노튼의 정리 실습

1) 노튼 등가회로 실습내용

[그림 2-43] 회로의 R_L에 대한 노튼 등가회로를 구해보자. 우선 [그림 2-43] 회로의 노튼 등가전류를 구해보면, [그림 2-50](a)와 같이 부하저항 R_L을 제거하고 [그림 2-50](a)처럼 전류계를 연결하면 된다. 그런데 [그림 2-50](a)회로에서 전류계의 내부저항이 0[Ω]이므로 0[Ω]과 R_2저항 2[kΩ]과의 병렬회로가 되어, 전류계와 R_2의 병렬 합성 저항은 0[Ω](short)이 된다. 따라서 [그림 2-50](a)의 회로는 [그림 2-50](b)와 등가회로가 된다.

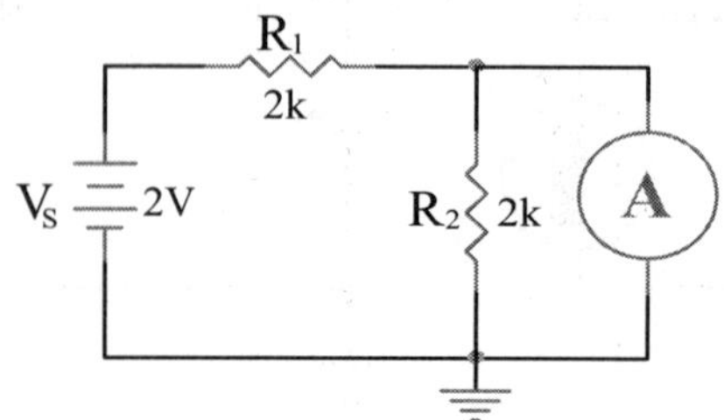

(a) 노튼 전류 측정

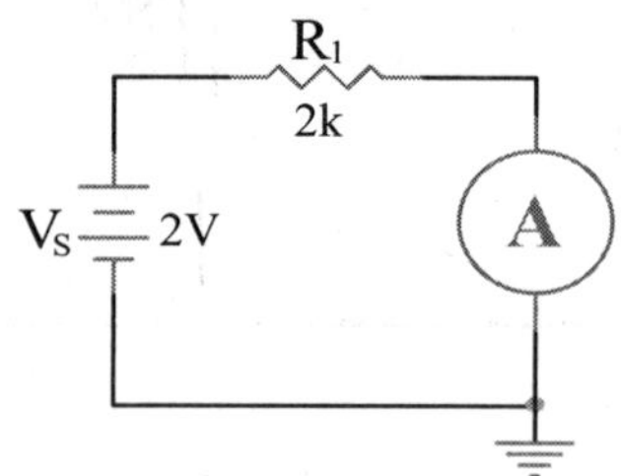

(b) (a)의 등가회로

[그림 2-50] 노튼 등가전류 구하기

주의

이상적인 전압계의 저항은 ∞[Ω]이므로 **전압계는 open**과 같다.
이상적인 전류계의 저항은 0[Ω]이므로 **전류계는 short**와 같다.
이상적인 전압원과 전류원과 혼동하지 말 것!

노튼 전류를 구하는 여러 가지 방법 중에 대표적인 3가지를 소개하면 아래와 같다.

① [그림 2-50](b)에서 옴법칙에 의해 노튼 전류는

$$I_N = \frac{V_1}{R_1} = \frac{2[V]}{2[k\Omega]} = 1[mA]$$

② [그림 2-50]의 회로를 실제 부품으로 회로를 구성한 후 실제 전류계로 측정하여 구할 수도 있다. 물론 1[mA]가 측정될 것이다.

③ 테브난 등가전압을 테브난 등가저항으로 나누어 구할 수도 있다.

$$I_N = \frac{V_{th}}{R_{th}} = \frac{1[V]}{1[k\Omega]} = 1[mA]$$

다음은 노튼 저항을 구하면 노튼 저항은 테브난 저항과 같으므로 [그림 2-44](b)와 같은 회로가 된다. 따라서 노튼 등가저항은 $R_N = 1[k\Omega]$이 된다.

$$R_N = R_1//R_2 = \frac{R_1 \times R_2}{R_1 + R_2} = \frac{2[k\Omega] \times 2[k\Omega]}{2[k\Omega] + 2[k\Omega]} = 1[k\Omega]$$

따라서 [그림 2-43] 회로의 노튼 등가회로는 [그림 2-51]과 같이 1[mA]의 노튼 전류(I_N)와 1[kΩ]의 노튼 저항(R_N)과 부하저항과의 병렬회로가 된다.

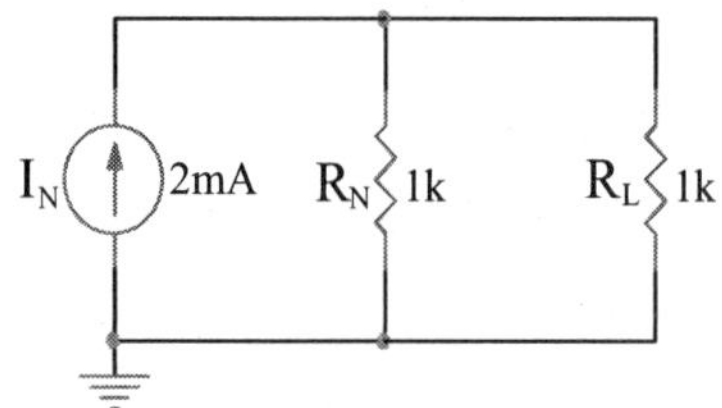

[그림 2-51] [그림 2-43]의 노튼 등가회로

2) 노튼의 정리 시뮬레이션

[그림 2-52]와 같이 2개의 회로를 구성하고, [그림 2-52](a) 회로와 (a) 회로의 노튼 등가회로인 (b) 회로가 같음을 시뮬레이션을 통하여 확인해보자.

시뮬레이션 디바이스 목록

종 류	부품/계기명	실행 아이콘
전 지	BATTERY	: 부품(Component)
DC 전류원	CSOURSE	
저 항	RES	
접 지	GROUND	: 터미널(Terminal)
직류 전류계	DC AMMETER	: 계측기(Instruments)
직류 전압계	DC VOLTMETER	

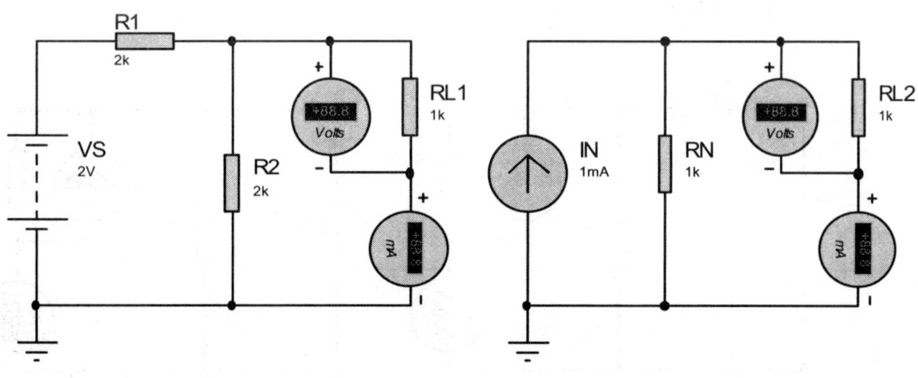

(a) 노튼 시뮬레이션 회로 (b) (a) 회로의 테브난 등가회로

[그림 2-52] 노튼 정리 시뮬레이션 회로

① 부품( ) 아이콘을 클릭하고, 부품선택(P) 아이콘을 클릭한다.

② 부품선택창에서 DC 전류원('CSOURSE')과 전지('BATTERY'), 저항('RES')을 부품목록창에 등록시킨다.("1.4.2 사용할 부품들 부품목록창에 등록하기" 참조)

③ 부품목록창에서 DC 전류원('CSOURSE')과 전지('BATTERY'), 저항('RES')을 선택하여 회로작성창에 [그림 2-52]와 같이 배치한다.

④ 터미널( ) 아이콘을 클릭 후 접지('GROUND')를 선택하여 배치한다.

⑤ 가상계측기( ) 아이콘을 클릭 후 계측기 목록창에서 DC 전압계('DC VOLTMETER')와 DC 전류계('DC AMMETER')를 선택하여 배치한다.

⑥ 배치한 모든 부품들을 [그림 2-52]와 같이 신호선으로 연결한다.

⑦ 전지를 선택(마우스 오른쪽 버튼 클릭) 후 편집(마우스 왼쪽 버튼 클릭)으로 B1전지의 설정값을 'VS', '2V'로 변경하고 OK 버튼을 누른다.

⑧ 전류원 I1을 선택(마우스 오른쪽 버튼 클릭) 후 편집(마우스 왼쪽 버튼 클릭)으로 설정값을 'IN', '1mA'로 변경하고 OK 버튼을 누른다.

⑨ 저항을 각각 선택 후 편집하여 R1는 '2k'[Ω], R2는 '2k'[Ω], RN와 RL1, RL2는 '1k'[Ω]으로 변경하고 OK 버튼을 누른다.

⑩ 전류계를 선택(마우스 오른쪽 버튼 클릭) 후 편집(마우스 왼쪽 버튼 클릭)으로 표시범위(Display Range)를 'Milliamps'로 선택한 후 OK 버튼을 누른다.
("[그림 2-11] 전류계 표시범위 설정값 mA로 선택" 참조)

⑪ 선택된 모든 것(VS, IN, R1, R2, RN, RL1, RL2, 전류계)을 선택 해제(빈 공간에 마우스 오른쪽 버튼 클릭)한다.

⑫ 애니메이션 실행 버튼(▶)을 클릭하여 애니메이션을 실행하면 [그림 2-53]과 같은 시뮬레이션 결과를 얻을 수 있다.

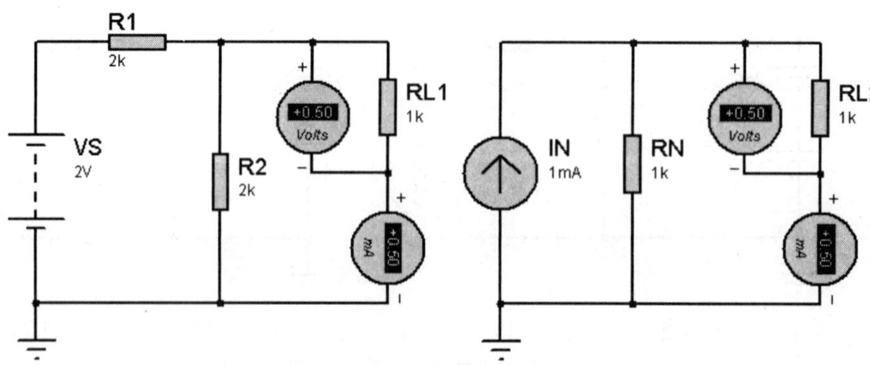

[그림 2-53] 테브난 등가회로 시뮬레이션 결과

결과에서 알 수 있듯이 [그림 2-53]과 같이 부하저항(RL1, RL2)의 전류는 0.5[mA], 전압은 0.5[V]로 같음을 확인할 수 있다. 따라서 두 회로는 등가회로임을 알 수 있다. 물론 테브난 시뮬레이션과 같이 [그림 2-53]과 같이 부하저항 RL1과 RL2를 둘 다 '2k'[Ω], '5k'[Ω]으로 변경 후 시뮬레이션을 해도 [그림 2-53]과 같이 좌 우 회로가 같은 결과가 나타난다.

이 절에서 추가로 알아야 할 것은 시뮬레이션 결과 [그림 2-47]과 [그림 2-53]에서 알 수 있듯이 테브난 등가회로와 노튼 등가회로가 같다는 것을 알 수 있다. 즉, 노튼 회로와 테브난 회로는 등가회로이다.

이것은 결과적으로 하나의 전압원과 직렬저항 회로는 하나의 전류원과 병렬저항 회로로 바꿀 수 있으며, 그 역으로 하나의 전류원과 병렬저항 회로는 하나의 전압원과 직렬저항 회로로 바꿀 수 있다는 것을 의미한다.

실습문제 테브난과 노튼의 정리

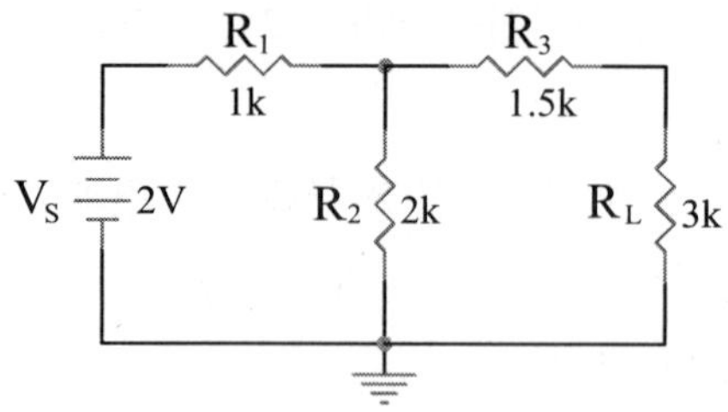

[그림 2-54] 테브난 노튼 실험회로

1. [그림 2-54]회로에서 테브난 전압(V_{Th})은 테브난 전압을 구하는 회로를 설계하여 시뮬레이션을 통하여 구하고, 테브난 저항은 계산으로 구한 후 [그림 2-55]의 테브난 등가회로를 완성하라. 완성된 회로를 시뮬레이션을 통하여 부하저항(R_L) 3[kΩ]에 흐르는 전류(I_{L1})와 전압(V_{L1})을 알아보자.

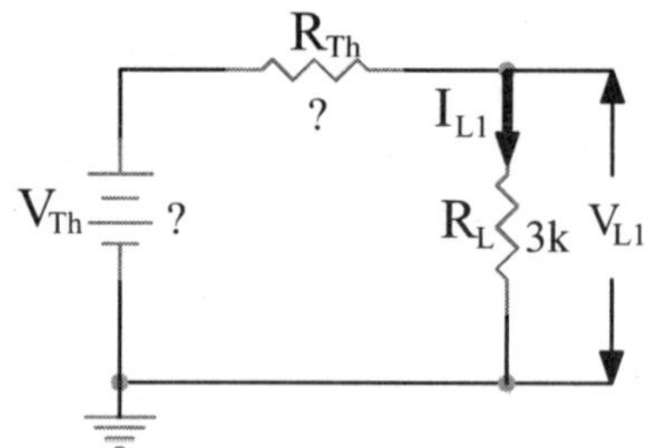

[그림 2-55] [그림 2-54]회로의 테브난 등가회로

2. [그림 2-54]회로에서 노튼 전류(I_N)는 노튼 전류를 구하는 회로를 설계하여 시뮬레이션을 통하여 구한 후 [그림 2-56]의 노튼 등가회로를 완성하라. 완성된 회로를 시뮬레이션을 통하여 부하저항(R_L) 3[kΩ]에 흐르는 전류(I_{L2})와 전압(V_{L2})을 알아보자.

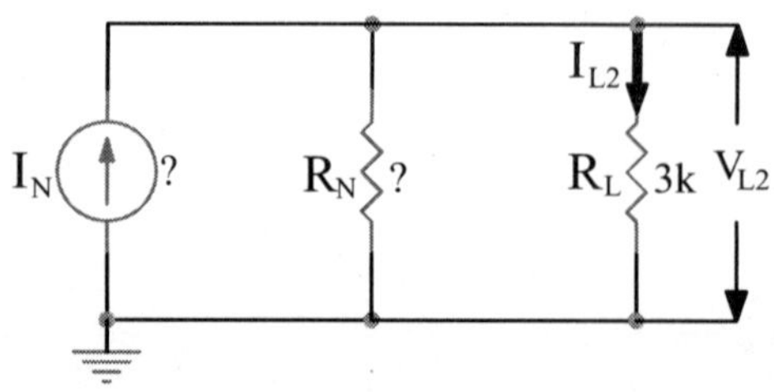

[그림 2-56] [그림 2-54]회로의 노튼 등가회로

2.4 최대전력 전달

전원으로부터 부하에 최대전력을 전달할 수 있는 조건을 모의실험을 통해서 확인해 보자.

2.4.1 최대전력 전달 조건

신호원으로부터 부하저항으로의 최대의 전력이 전달되기 위해서는 [그림 2-57]과 같이 신호원의 내부 임피던스 r_v와 부하저항 R_L이 같아야 하다. 즉 $r_v = R_L$일 때 최대의 전력이 전달된다.

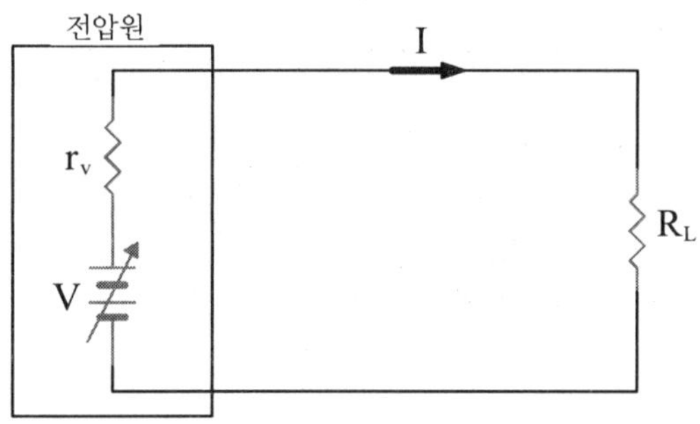

[그림 2-57] 내부저항 r_v를 갖는 전압원의 회로

$r_v = R_L$이면 이때 최대의 전력이 전달된다는 것을 증명해보자.
[그림 2-57]에서 부하저항 R_L의 전력 P_L은 식 [2-13]과 같다.

$$I = \frac{V}{r_V + R_L}[\mathrm{A}], \qquad P_L = I^2 R_L = \frac{V^2 R_L}{(r_V + R_L)^2}[\mathrm{W}] \quad [2\text{-}13]$$

위 식에서 부하에 최대의 전력 전달을 하기 위해서는 분모부분의 값이 가장 작을 때, 최대전력이 된다. 따라서 $r_v = R_L$이어야 한다. 이때의 부하의 최대전력 P_{Lmax}은 식 [2-14]와 같다.

$$P_{L(\max)} = \frac{V^2}{4R_L}[\mathrm{W}] \quad [2\text{-}14]$$

2.4.2 최대전력 전달 실습

1) 최대전력 전달 조건 실습내용

[그림 2-58]과 같이 V_S은 100[V], 내부저항 R_v는 100[Ω]인 회로의 최대전력 전달을 위한 R_L의 값과 전력을 알아보자.

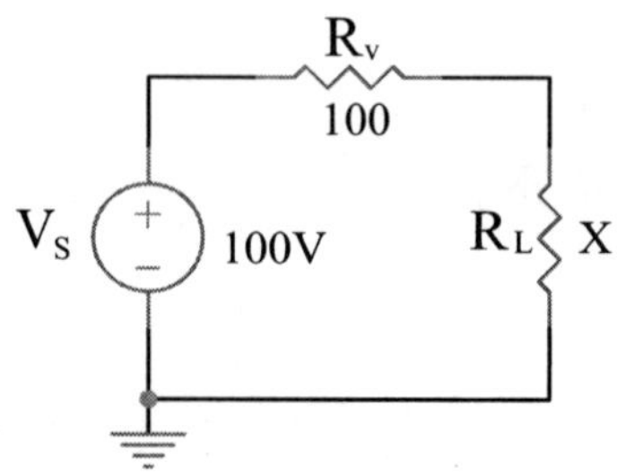

[그림 2-58] 최대전력 전달 실습회로

[그림 2-58]의 회로의 최대전력 전달을 위한 R_L의 값은 내부저항 R_v와 같아야 하므로 100[Ω]이고, 이때의 전력은 식 [2-14]에 의하여

$$P_{L(max)} = \frac{V_S^2}{4R_L} = \frac{100^2}{4 \cdot 100} = 25[W]$$

가 된다.

2) 최대전력 전달 조건 시뮬레이션

[그림 2-59]와 같이 회로를 구성하고, R2 값의 가변에 따라 전력값을 도시적으로 표현하도록 시뮬레이션을 해보자. 그래서 앞서 계산한 최대전력 전달조건의 R_L의 저항값에서 최대전력이 나타나는지 확인해보자.

특정 부품의 값을 가변하면서 시뮬레이션 결과를 보기 위해서는 시뮬레이션에서 스위프(SWEEP) 기능을 사용해야 한다. 스위프 기능은 직류 스위프(DC SWEEP)와 교류 스위프(AC SWEEP)가 있다. 최대전력 전달조건 시뮬레이션에서는 DC 전원회로에서 저항의 값을 스위프할 것이므로 DC SWEEP를 사용할 것이다.(참고 : 애니메이션이 아닌 시뮬레이션을 할 것이다.)

시뮬레이션 디바이스 목록

종 류	부품/계기명	실행 아이콘
직류 전압원	VSOURCE	: 부품(Component)
저 항	RES	
접 지	GROUND	: 터미널(Terminal)
전류 프로브	Current Probe	: 전류 프로브
전압 프로브	Voltage Probe	: 전압 프로브
시뮬레이션 방법	DC SWEEP	: 시뮬레이션

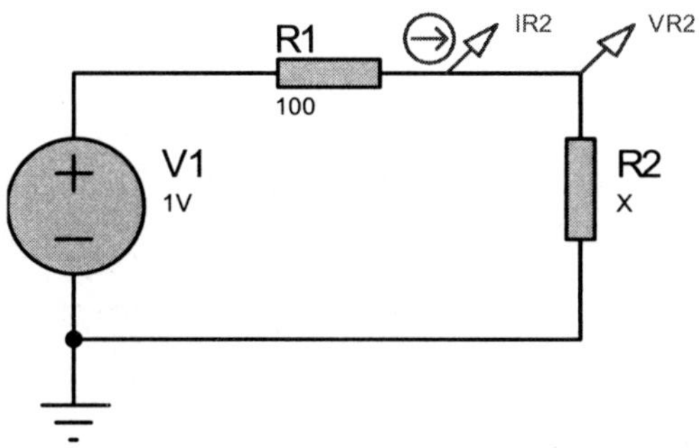

[그림 2-59] 최대전력 전달 실습회로

① 부품( ) 아이콘을 클릭하고, 부품선택(P) 아이콘을 클릭한다.

② 부품선택창에서 저항('RES')과 직류 전압원('VSOURCE')을 부품목록창에 등록시킨다.("1.4.2 사용할 부품들 부품목록창에 등록하기" 참조)

③ 부품목록창에서 직류 전압원('VSOURCE')과 저항('RES')을 선택하여 회로작성창에 [그림 2-59]와 같이 배치한다.

④ 터미널( ) 아이콘을 클릭 후 접지('GROUND')를 선택하여 배치한다.

⑤ 배치한 모든 부품들을 [그림 2-59]와 같이 신호선으로 연결한다.

⑥ 전압원 V1을 선택(마우스 오른쪽 버튼 클릭) 후 편집(마우스 왼쪽 버튼 클릭)으로 V1의 직류 전압원의 설정값을 '100V'로 변경한다.

⑦ 내부저항 R1을 선택(마우스 오른쪽 버튼 클릭) 후 편집(마우스 왼쪽 버튼 클릭)으로 설정값을 '100'[Ω]으로 변경한다.

⑧ 부하저항 R2 선택(마우스 오른쪽 버튼 클릭) 후 편집(마우스 왼쪽 버튼 클릭)으로

설정값을 'X'[Ω]으로 변경한다.(R2값을 가변할 것이기 때문에 X라는 변수로 입력)

⑨ 선택된 모든 것(V1, R1, R2)을 선택 해제(빈 공간에 마우스 오른쪽 버튼 클릭)한다.

2.4.3 직류 스위프 시뮬레이션 방법

직류 스위프 시뮬레이션(DC Sweep Simulation)은 아날로그 시뮬레이션처럼 시간변화에 따른 시뮬레이션이 아닌 특정 부품(소자)의 값의 변화에 따른 결과를 분석하는 시뮬레이션이다. 최대전력 전달 실습에서는 저항값의 변화에 따른 전력의 변화를 시뮬레이션하고자 한다.

1) 시뮬레이션 결과창 만들기

① [그림 2-60]과 같이 시뮬레이션(: Graph)아이콘을 클릭한다.

② 시뮬레이션 목록에서 시뮬레이션 방법을 'DC SWEEP'을 선택한다.

③ [그림 2-60]과 같이 도면 옆 빈 공간에 시뮬레이션 결과창을 만든다.
(상세한 사용법은 무조건 따라 하기 "1.4.21 아날로그 시뮬레이션 방법"에서 "[그림 1-69] 시뮬레이션 결과창 크기 설정" 참조)

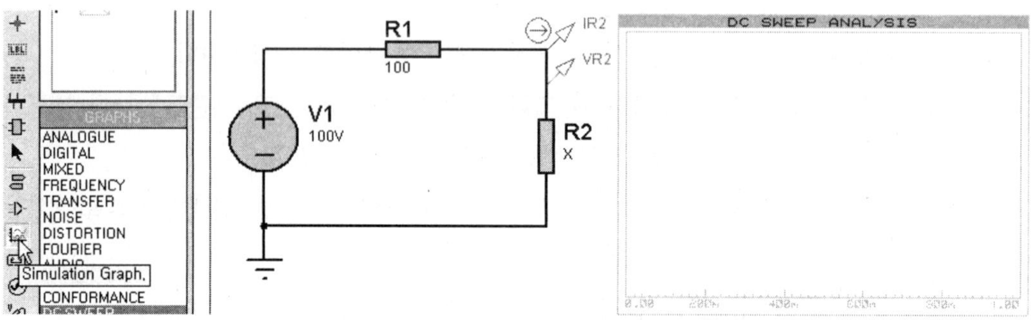

[그림 2-60] DC Sweep SPICE 결과창 만들기

2) 프로브 추가하기

① 전압 프로브(: Voltage Probe) 아이콘을 클릭한다.

② [그림 2-60]과 같이 저항 R1과 저항 R2 사이의 신호선에 마우스 왼쪽 버튼으로 클릭하여 전압 프로브를 삽입한다. 그러면 'R2(2)'라는 전압 프로브가 추가된다.(R2(2)는

저항 R2의 2번 핀의 전위라는 표시이다.)("[그림 1-72] 전압 프로브 연결" 참조)

③ 추가한 전압 프로브(R2(2))를 선택(마우스 오른쪽 버튼 클릭) 후 편집(마우스 왼쪽 버튼 클릭)으로 이름을 'VR2'로 변경 후 OK 버튼을 누른다.

④ 전류 프로브(: Current Probe) 아이콘을 클릭한다.

⑤ [그림 2-60]과 같이 저항 R1과 저항 R2 사이의 신호선에 마우스 왼쪽 버튼을 클릭한다. 그러면 'R1(2)'라는 전류 프로브가 추가된다.

⑥ 추가한 전류 프로브(R1(2))를 선택(마우스 오른쪽 버튼 클릭) 후 편집(마우스 왼쪽 버튼 클릭)으로 이름을 'IR2'로 변경 후 OK 버튼을 누른다.

⑦ 선택된 모든 것(VR2, IR2)을 선택 해제(빈 공간에 마우스 오른쪽 버튼 클릭)한다.

부하저항 R2에 전압과 전류 프로브를 추가하였다. 그러나 최대전력 전달조건 시뮬레이션에서 알고자 하는 것은 전압과 전류가 아닌 전력이다. 그런데 문제는 전력 프로브가 없다는 사실이다. 따라서 전력 프로브를 대신할 수 있는 방법을 알아보자. 위에서 전압 프로브는 VR2로, 전류 프로브는 IR2로 정하였다. 따라서 부하저항 R2 양단에 전달되는 전력은 VR2×IR2로 구할 수 있음을 생각할 수 있다. VR2×IR2 프로브를 추가한다면 전력 프로브로 사용할 수 있을 것이다.

2.4.4 사용자 프로브 추가하기(전력 프로브 추가)

전압이나 전류 프로브는 앞서 1장에 배운 바와 같이 마우스 왼쪽 버튼을 클릭하여 프로브를 선택한 상태로 시뮬레이션 결과창에 당겨 놓으면 된다. 그러나 전력 프로브는 존재하지 않으므로 만들어서 추가해야 한다. 이러한 아이콘에 없는 새로운 사용자 프로브 추가 방법을 따라 해보자.

① [그림 2-61]과 같이 풀다운 메뉴의 'Graph 〉 Add Trace'를 선택한다.

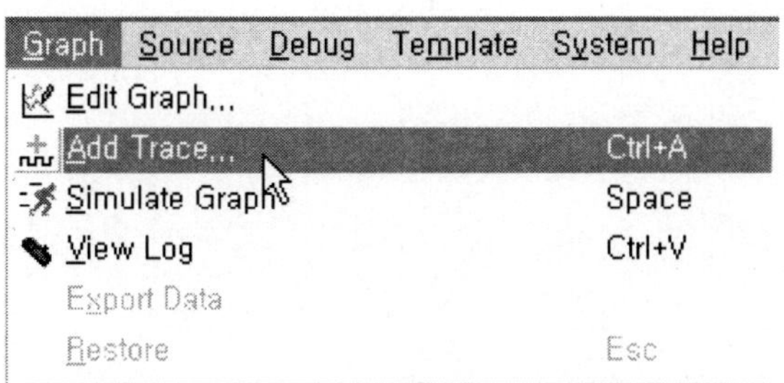

[그림 2-61] Add Trace 메뉴 선택

② Add Transient Trace 창의 내용을 [그림 2-62]와 같이 입력한다.

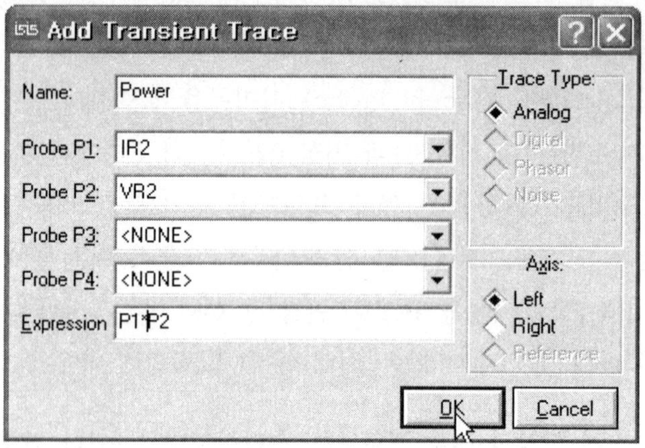

[그림 2-62] 전력 프로브 추가하기

- Name : 추가할 시뮬레이션이 R2의 전력이므로 이름을 'Power'로 입력
- Probe P1 : 프로브 1번을 IR2 프로브 선택
- Probe P2 : 프로브 2번을 VR2 프로브 선택
- Probe P3 : 프로브 3번은 사용하지 않음 '〈NONE〉'으로 둔다.
- Probe P4 : 프로브 4번은 사용하지 않음 '〈NONE〉'으로 둔다.
- Expression : 추가로 표시할 표현식(Expression)의 기본 값은 P1+P2이다. 우리가 표현하고자 하는 것은 R2의 전력 VR2 × IR2가 되어야 한다. 따라서 'P1*P2'로 변경한 다음 OK 버튼을 클릭한다.

그러면 [그림 2-63]과 같이 시뮬레이션 결과창에 Power라는 것이 추가되어 나타남을 알 수 있다.

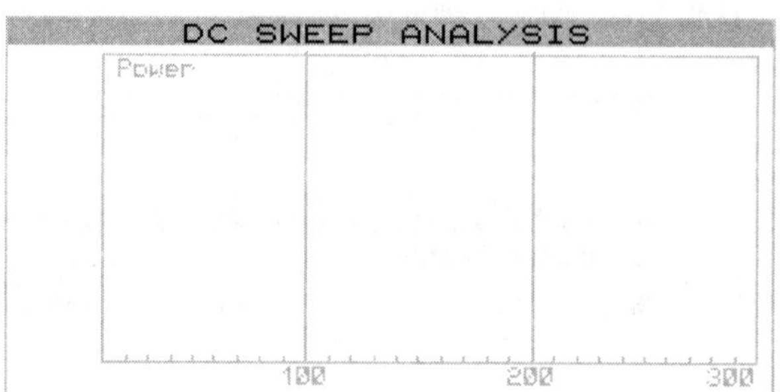

[그림 2-63] 시뮬레이션 결과창의 변화

2.4.5 SWEEP 범위 설정(저항)

이제 DC SWEEP(스위프) 시뮬레이션의 범위, 즉 R2의 가변 범위를 설정해보자. 앞서 실습내용에서 최대전력 전달을 위한 부하저항은 100[Ω]임을 구했다. 그래서 부하저항 R2의 값 X를 10[Ω]에서 10[kΩ]까지 가변하도록 설정해보자.

1) 저항의 SWEEP 범위 설정하기

① [그림 2-64]와 같이 풀다운 메뉴의 'Graph 〉 Edit Graph...'를 선택한다.

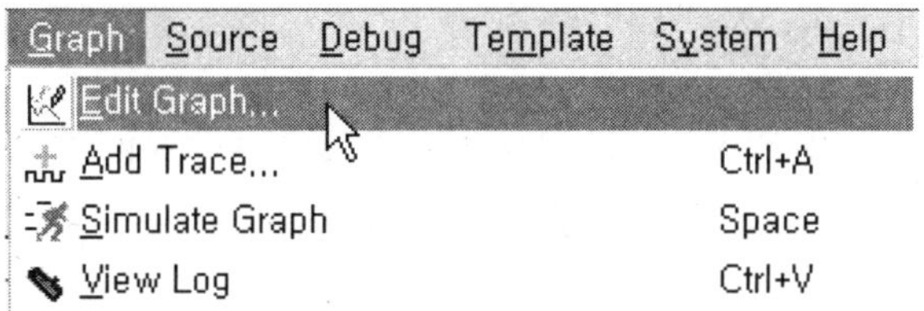

[그림 2-64] 풀다운 메뉴의 'Graph 〉 Edit Graph...' 선택

② 그러면 [그림 2-65]와 같은 'Edit DC Sweep Graph' 창이 나타난다. R2의 Sweep 범위를 [그림 2-65]와 같이 설정한다.

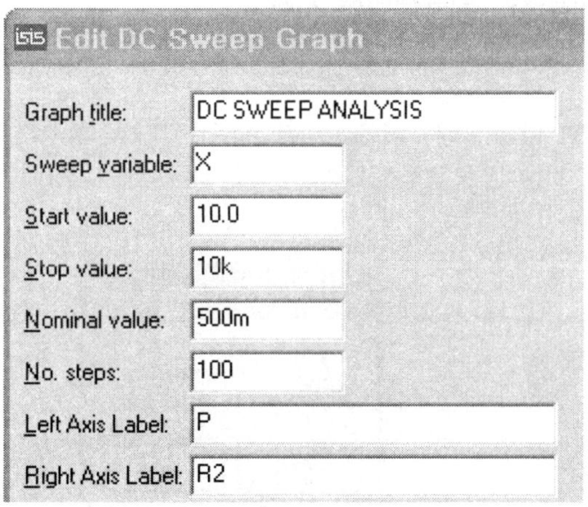

[그림 2-65] R2 Sweep 범위 설정

- Graph title : 시뮬레이션 결과창의 타이틀 바를 'Power Transfer'로 설정
- Sweep variable : 가변시킬 변수를 'X'로 입력(R2의 값을 X라고 정하였으므로)
- Start value : X의 시작값을 '10'[Ω]으로 입력(0으로 입력하지 말 것)

- Stop value : X의 시작값을 '10k'[Ω]으로 입력
- Nominal value : 외형적인 값(스위프 외에 사용될 경우의 값)
- Left Axis Label : y축 문자를 전력 'P'로 입력
- Right Axis Label : x축 문자를 저항 'R2'로 입력
- 나머지 사항은 "[그림 1-79] 아날로그 시뮬레이션 조건 변경"을 참조할 것

③ 입력이 완료되면 [그림 2-65]의 OK 버튼을 누른다.

이로써 R2의 저항값을 X로 한 것에 대한 가변 범위 설정이 끝이 났다.

2) 시뮬레이션 시작하기

앞서 언급한 바와 같이 지금 하려고 하는 DC SWEEP 시뮬레이션이다. 시뮬레이션 시작은 애니메이션 실행 버튼()을 사용하지 않고 아래의 두 가지 방법 중 하나를 사용하면 된다.

① 키보드의 스페이스바를 한 번만 눌러준다.

② [그림 1-74]처럼 풀다운 메뉴의 'Graph 〉 Simulate Graph'를 클릭한다.

3) 최대전력 전달조건 시뮬레이션 시작

[그림 2-65]에서 OK 버튼을 누르면 [그림 2-66]과 같이 다시 시뮬레이션(Resimulate?)을 수행하겠느냐고 나타난다. 이때 [그림 2-66]과 같이 Yes를 수행하면 시뮬레이션 결과가 [그림 2-67]과 같이 나타난다.

[그림 2-66] 가변값 설정 후

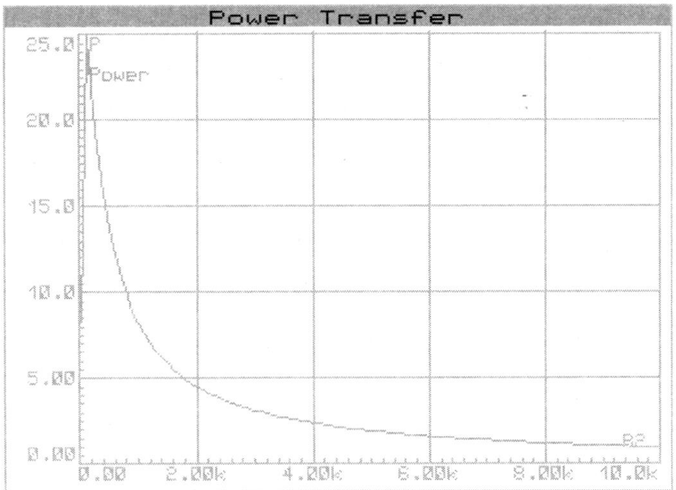

[그림 2-67] 최대전력 전달 시뮬레이션 결과

[그림 2-67]에서 보는 바와 같이 [그림 2-67]의 결과로 최대값을 확인하기 어렵다. 따라서 'Edit DC Sweep Graph'창을 실행시켜 시뮬레이션 범위를 수정해보자.

① 시뮬레이션 결과창을 선택(마우스 오른쪽 버튼 클릭) 후 편집(마우스 왼쪽 버튼 클릭)창을 실행하여 [그림 2-68]과 같이 설정한다.

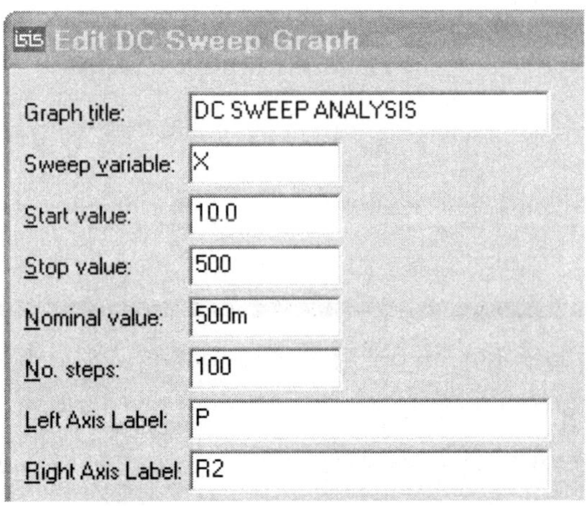

[그림 2-68] R2 Sweep 범위 재설정

- R2 Sweep 범위 설정 중에서 'Stop value'를 '500'[Ω]으로 변경한다.

② 'Edit DC Sweep Graph'창의 OK 버튼을 클릭한다.

③ 자동으로 시뮬레이션된다. 혹 자동으로 시뮬레이션되지 않으면

④ 스페이스바 키를 눌러 시뮬레이션을 실행한다.

⑤ 선택된 시뮬레이션 결과창을 선택 해제(빈 공간에 마우스 오른쪽 버튼 클릭)한다.

시뮬레이션 결과 그래프를 보다 정확히 보거나, 크기를 조정하여 보고 싶다면 타이틀 바 부분(Power Transfer)을 마우스 왼쪽 버튼을 클릭하면 [그림 2-69]와 같은 결과를 얻을 수 있다. [그림 2-69]에서 보는 바와 같이 R2 X의 값이 100[Ω] 가까이에서 최대전력 25[W]를 정도를 가짐을 알 수 있다.

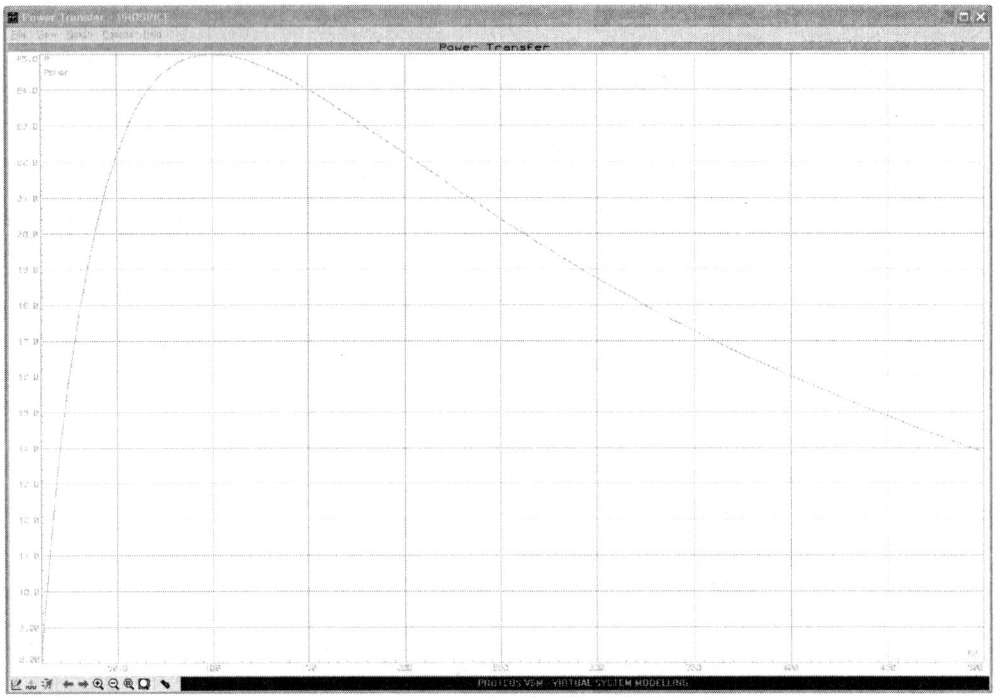

[그림 2-69] 가변 폭 조절 후의 최대전력 전달 시뮬레이션 결과

보다 더 확실한 값을 알기 위해서는 [그림 2-70]과 같이 마우스를 100[Ω]에 놓고 마우스 왼쪽 버튼을 클릭하면 100부분의 색이 보라색이 된다. 이때 [그림 2-70]의 시뮬레이션 결과 좌측 하단에 'X : 100'라는 표시가 나타난다. 이것은 X축의 저항값이 100[Ω]이 선택되었다는 것을 알려주는 것이다. 이때 우측의 'Power : 25.0'의 뜻은 Y축, 즉 전력이 25[W]라는 것을 알려준다.

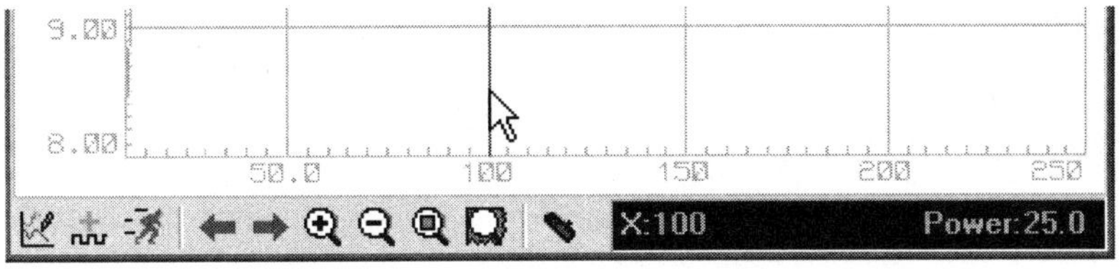

[그림 2-70] 시뮬레이션 결과의 순시값 알기

- (Edit Graph) : SPICE 회로분석에 사용된 그래픽 창 속성 지정하기
- (Add Trace) : SPICE 회로분석을 위한 프로브 추가하기
- (Simulation Graph) : 시뮬레이션(SPICE 시뮬레이션) 실행하기
- 나머지 아이콘들은 아이콘 모양만 보아도 이해하리라 여겨진다. 간단히 한 번씩만 클릭해보면 보다 쉽게 이해할 수 있을 것이다.

이로써 DC SWEEP 시뮬레이션을 이용하여 최대전력 전달조건을 찾아보았다. 이론으로 구한 최대전력 전달조건과 일치함을 [그림 2-70]에서 확인할 수 있었다.

또한 이 단원에서는 부품값의 가변에 따른 시뮬레이션은 '직류 스위프 시뮬레이션(DC SWEEP Simulation)'을 사용한다는 것을 알 수 있다.

실습문제 최대전력 전달 회로

1. [그림 2-71]의 회로를 시뮬레이션 회로로 구성하고, 시뮬레이션을 이용하여 부하 가변저항의 각 저항값에 따른 부하의 전력을 〈표 2-1〉에 기록하여라.(전력은 전압 V_O와 전류 I_O를 이용하여 구할 수 있다.)

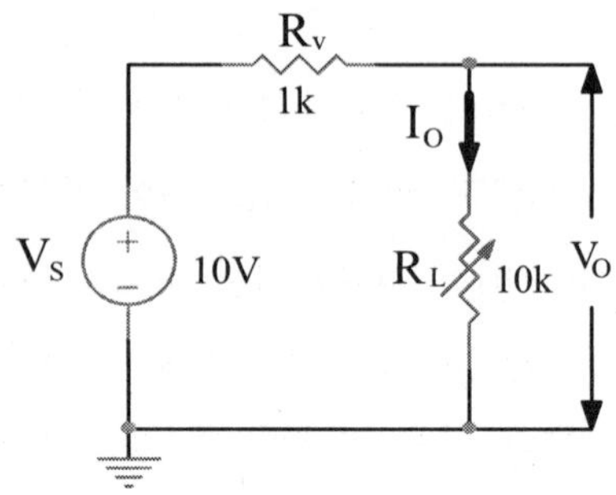

[그림 2-71] 최대전력 전달 실습회로

〈표 2-1〉 최대전력 전달 실습 결과

부하저항 R_L[Ω]	측정전압 V_O[V]	전력 P_L[mW]	
		측정 전력값	계산 전력값
200			
400			
600			
900			
1,000			
1,100			
1,200			
1,500			
2,000			
4,000			
6,000			
8,000			
10,000			

제 3 장

R, L, C 기본회로

제3장에서는 R, L, C 수동소자의 기본 속성과 교류회로를 이해하기 위하여 기본적인 R–C 회로, R–L 회로, R–L–C 공진회로, R–C 미 · 적분회로, R–C 저역통과필터(LPF : Low Pass Filter), R–C 고역통과필터(HPF : High Pass Filter), R–L–C 대역통과필터(BPF : Band Pass Filter) 들의 원리를 설명하였다. 그리고 설명한 원리를 기초로 하여 R–L–C 기본회로들을 시뮬레이션(Simulation)하고 그 결과를 통하여 수동소자의 특성과 공진회로, 미 · 적분회로, 필터회로의 원리를 이해하도록 하였다. 그리고 이를 통하여 교류회로의 기초지식을 가질 수 있도록 하였다.

제3장부터는 부품 및 계기를 선택하여 편집으로 설정값을 편집한 후 마우스 왼쪽 버튼으로 OK 버튼을 클릭하는 것과 선택 해제를 위해서 빈 공간에 마우스 오른쪽 버튼을 클릭하는 과정을 따라 하기 실습 순서에서 제외시켰다. 따라서 실습과정 설명에서 설정값 변경 후에는 반드시 마우스 왼쪽 버튼으로 OK 버튼을 클릭한 후 빈 공간을 클릭하는 것을 잊지 말아야 할 것이다.

3.1 R-L 및 R-C 회로

인덕터(Inductor, 코일) 및 커패시터(Capacitor, 콘덴서)의 특성을 이해하고, 교류신호에 대해 전압 및 전류의 위상관계를 모의실험을 통하여 확인한다.

3.1.1 R-C 회로

커패시터(Capacitor)는 절연체나 유전체를 도체 판 사이에 넣어 만든 것으로 가해진 전기 에너지를 정전 에너지로 축적하는 교류 소자이며, 일명 콘덴서(condenser)라고 한다. 참고로 교류전원을 직류소스와 구분하기 위하여 E_S로 사용하고 있다.

1) R-C 직렬회로

[그림 3-1](a)와 같은 R-C 직렬회로에서 전압과 전류 각 임피던스의 위상 관계를 도시적으로 표현하면 [그림 3-1](b)와 같다. 흐르는 전류 I는 V_R과 동상이고, V_R보다 V_C는 −90° 위상차(90°가 뒤짐)가 나고, V_R보다 인가전압 E_S는 θ만큼 뒤지게 된다. 이때 위상각(θ)는 식 [3-1]과 같다.(참고 : $I = I_R = I_C$)

$$\theta = \tan^{-1}\left(\frac{V_C}{V_R}\right) = -\tan^{-1}\left(\frac{X_C}{R}\right) \qquad [3\text{-}1]$$

$$= -\tan^{-1}\frac{1}{\left(\frac{\omega C}{R}\right)} = -\tan^{-1}\left(\frac{1}{\omega RC}\right)$$

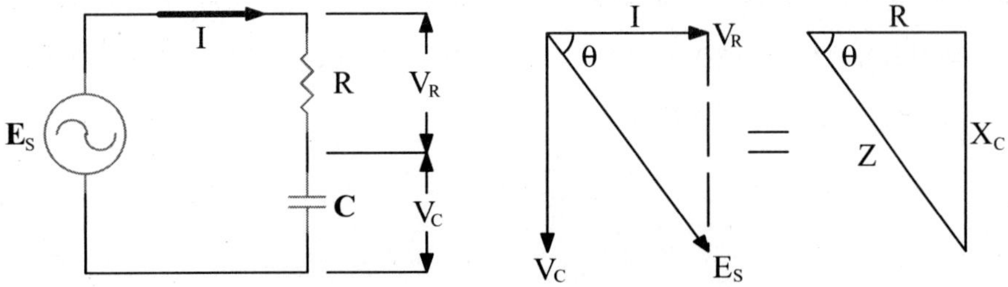

(a) (b)

[그림 3-1] R-C 직렬회로

2) R–C 병렬회로

[그림 3-2](a)와 같이 R-C 병렬회로에서 전압과 전류 그리고 각 어드미턴스의 위상 관계를 도시적으로 표현하면 [그림 3-2](b)와 같다. 인가된 전압 E_S는 I_R과 동상이고, I_R보다 I_C는 90° 위상차(90°가 앞서고)가 나고, I_R보다 입력전류 I는 θ만큼 앞선다. 이때 위상각(θ)은 식 [3-2]와 같다.(참고 : $E_S = V_R = VC$)

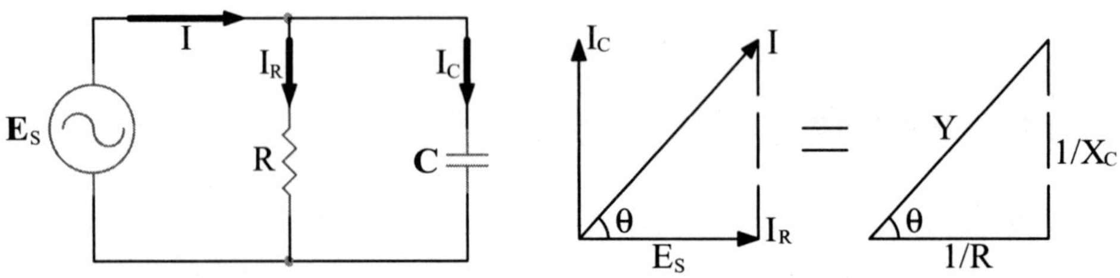

(a) (b)

[그림 3-2] R-C 병렬회로

$$\theta = \tan^{-1}\left(\frac{I_C}{I_R}\right) = \tan^{-1}(\omega RC) \qquad [3\text{-}2]$$

3.1.2 R–L 회로

인덕터(Inductor)는 절연된 도선으로 공심 또는 철심에 감아서 만든 것으로 전기 에너지를 자기 에너지로 변환시키는 교류 소자이다. 일명 코일(coil)이라고 한다.

1) R–L 직렬회로

[그림 3-3](a)와 같은 R-L 직렬회로에서 전압과 전류 각 임피던스의 위상 관계를 도시적으로 표현하면 [그림 3-3](b)와 같다. 흐르는 전류 I는 V_R과 동상이고, V_R보다 V_L은 90° 위상차(90°가 앞서고)가 나고, V_R보다 인가전압 E_S는 θ만큼 앞서게 된다. 이때 위상각 θ는 식 [3-3]과 같다.(참고 : $I = I_R = I_C$)

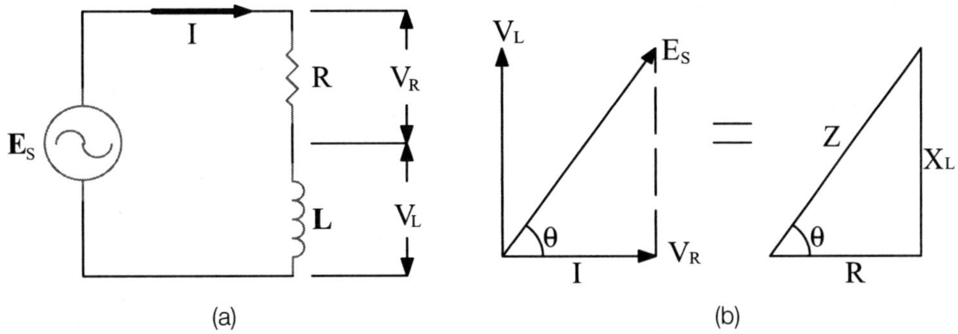

[그림 3-3] R-L 직렬회로

$$\theta = \tan^{-1}\left(\frac{V_L}{V_R}\right) = \tan^{-1}\left(\frac{\omega L}{R}\right) \qquad [3\text{-}3]$$

2) R-L 병렬회로

[그림 3-4](a)와 같은 R-L 병렬회로에서 전압과 전류 각 어드미턴스의 위상 관계를 도시적으로 표현하면 [그림 3-4](b)와 같다. 인가된 전압 E_S는 I_R과 동상이고, I_R보다 I_L는 $-90°$ 위상차(90°가 뒤짐)가 나고, I_R보다 입력전류 I는 θ만큼 늦어진다. 이때 위상각 θ는 식 [3-4]와 같다.(참고 : $E_S = V_R = VC$)

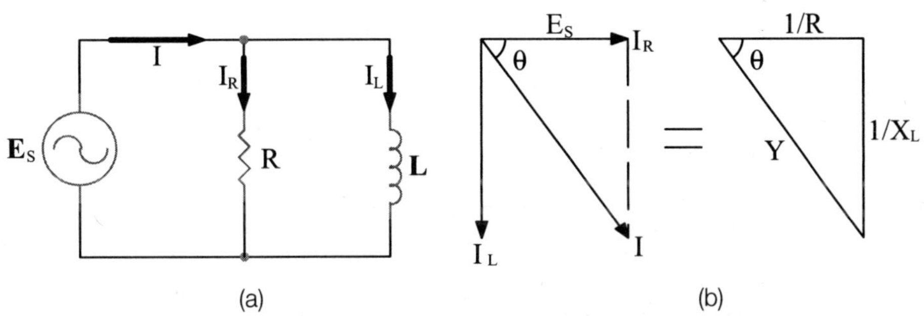

[그림 3-4] R-L 병렬회로

$$\theta = \tan^{-1}\left(\frac{I_L}{I_R}\right) = \tan^{-1}\left(\frac{R}{\omega L}\right) \qquad [3\text{-}4]$$

3.1.3 R-C 회로 실습

1) R-C 회로 실습내용

[그림 3-5] R-C 직렬회로에서 전류의 크기와 위상차 그리고, 입력전압과 각 소자별 전압의 크기와 위상차를 알아보자.

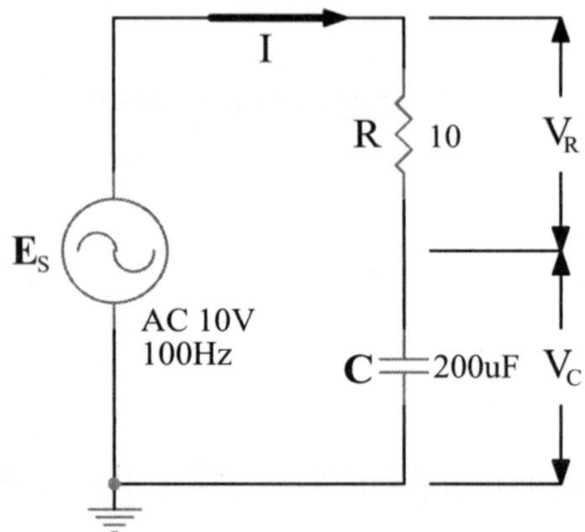

[그림 3-5] R-C 직렬 실습회로

$R=10\angle 0°[\Omega]$을 기준으로 하여, 우선 용량 리액턴스(Reactance) X_C를 구하면 식 [3-5]에 의하여 구할 수 있다.

$$X_C = \frac{1}{2\pi f C} \qquad [3\text{-}5]$$

$$X_C = \frac{1}{2\pi fC} = \frac{1}{2\times\pi\times 100[Hz]\times 200[\mu F]} = 7.9577\angle -90°[\Omega]$$

입력전압의 위상을 알기 위하여 합성 임피던스를 구하면

$$Z = R - jX_C = 10\angle 0[°] + 7.9577\angle{-90}[°]$$

$$= \sqrt{R^2+X_C^2}\angle -\tan^{-1}\left(\frac{X_C}{R}\right) = \sqrt{10^2+7.9577^2}\angle\tan^{-1}\left(\frac{-7.9577}{10}\right)$$

$$= 12.78\angle{-38.51}°[\Omega]$$

따라서 E_S는 $10\angle -38.51°$[V]가 된다. 저항과 콘덴서의 전압을 구하기 위하여 전류를

구하면

$$I = \frac{E_S}{Z} = \frac{10\angle -38.51°}{12.78\angle -38.51°} = 0.7825\angle 0°[A]$$

가 되고, 저항 양단의 전위 V_R과 콘덴서 양단의 전위를 V_C를 구하면

$$V_R = I \times R = 0.7825\angle 0° \times 10\angle 0° = 7.825\angle 0°[V]$$

$$V_C = I \times X_C = 0.7825\angle 0° \times 7.9577\angle -90° = 6.227\angle -90°[V]$$

가 된다. 앞서 구한 V_R과 V_C가 더하여 E_S가 되는지를 계산으로 확인해보면

$$E_S = V_R + V_C = 7.825\angle 0° + 6.2269\angle -90°$$

$$= \sqrt{7.825^2 + 6.2269^2}\angle \tan^{-1}\left(\frac{-6.2269}{7.825}\right) = 10\angle -38.51°[V]$$

가 된다. 물론 앞서 이론에서 설명한 것처럼, "흐르는 전류 I는 V_R과 동상이고, V_R보다 V_C는 $-90°$ 위상차(90°가 뒤지고)가 나고, V_R보다 인가전압 E_S가 θ만큼 뒤지게 된다."는 것을 알고 구하면 보다 쉽게 계산이 가능할 것이다.

만약에 입력전압(E_S)을 기준($\angle 0°$)으로 하여 다시 구하면 $E_S = 10\angle 0°[V]$이고 이와 동위상인 $Z = 12.78\angle 0°[\Omega]$된다. 전류는 $I = 0.7825\angle 38.51°[A]$이고 전류와 동위상인 $R = 10\angle 38.51°[\Omega]$이고 $V_R = 7.825\angle 38.51°[V]$가 된다. 콘덴서의 전압은 저항보다 90° 뒤지므로 $X_C = 7.9577\angle -51.49°[\Omega]$이 되고, $V_C = 6.227\angle -51.49°[V]$가 된다.

즉, E_S의 위상을 0°로 잡고 계산하면 앞서 구한 각(위상)의 값에 모두 38.51°를 더하면 된다. 여기서 알 수 있듯이 무엇을 기준으로 하느냐에 따라서 각(위상)의 값들은 달라지며 크기는 변화가 없음을 알 수 있다.

2) R-C 직렬회로 시뮬레이션

[그림 3-6]과 같이 회로를 구성하여 앞서 구한 교류전류와 각 단의 교류전압강하가 이론값과 일치하는지 시뮬레이션을 통하여 확인해보자.

시뮬레이션 디바이스 목록

종 류	부품/계기명	실행 아이콘
교류 전압원	VSINE	:부품(Component)
저항	RES	
콘덴서	CAP	
접 지	GROUND	: 터미널(Terminal)
전압 프로브	Voltage Probe	: 전압 프로브
전류 프로브	Current Probe	: 전류 프로브
시뮬레이션 방법	ANALOGUE	: 그래프(Graph)

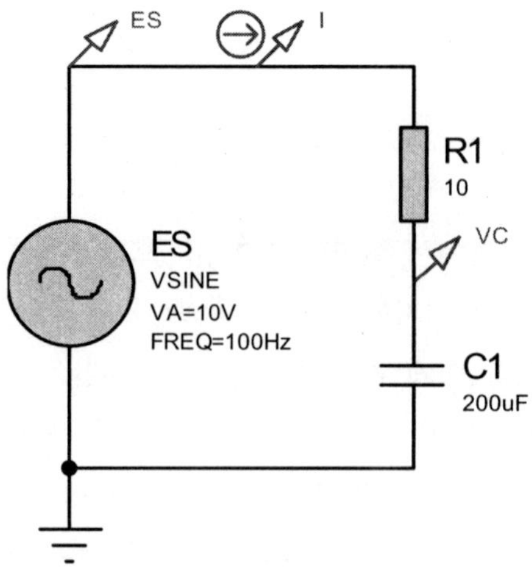

[그림 3-6] R-C 직렬 시뮬레이션 회로

① 부품( ) 아이콘을 클릭하고, 부품선택(P) 아이콘을 클릭한다.

② 부품선택창에서 교류 전압원('VSINE')과 저항('RES'), 콘덴서('CAP')를 부품목록창에 등록시킨다.

③ 부품목록창에서 교류 전압원('VSINE')과 저항('RES'), 콘덴서('CAP')를 선택하여 회로작성창에 [그림 3-6]과 같이 배치한다.

④ 터미널( ) 아이콘을 클릭 후 접지('GROUND')를 선택하여 배치한다.

⑤ 배치한 모든 부품들을 [그림 3-6]과 같이 신호선으로 연결한다.

⑥ 전압 프로브( ) 아이콘을 클릭 후 [그림 3-6]과 같이 ES과 R1 사이와 R1과 C1 사이의 신호선 위에 마우스 왼쪽 버튼을 클릭하여 전압 프로브를 추가한다.

⑦ 추가한 2개의 전압 프로브를 마우스 오른쪽 버튼을 클릭한 후 왼쪽 버튼을 클릭하

여 설정값의 이름(NAME)을 'ES', 'VC'라고 입력한다.("[그림 1-72] 전압 프로브 연결" 참조)

⑧ 전류 프로브( ) 아이콘 선택 후 [그림 3-6]과 같이 ES과 R1 사이의 신호선 위에 마우스 왼쪽 버튼을 클릭하여 추가한다.

⑨ 전류 프로브를 마우스 오른쪽 버튼을 클릭한 후 마우스 왼쪽 버튼을 클릭하여 설정값의 이름을 'I'라고 입력한다.

⑩ 시뮬레이션( ) 아이콘 클릭 후 시뮬레이션 목록창에서 'ANALOGUE' 시뮬레이션을 선택한다.("1.4.21 아날로그 시뮬레이션 방법" 참조)

⑪ 도면의 빈 공간에 시뮬레이션 결과 표시영역을 설정한다.("[그림 1-69] 시뮬레이션 결과 표시영역 설정" 참조)

⑫ 분석할 프로브 ES, VC, I를 각각 선택하여 시뮬레이션 결과창에 마우스 왼쪽 버튼으로 클릭하여 당겨 놓는다.("[그림 1-73] 시뮬레이션 결과창에 프로브 당겨 놓기"를 참조)

⑬ [그림 3-6]의 회로에서 V_R 양단 전압을 측정할 수는 없다. 그러나 입력전압에 콘덴서의 전압의 차, 즉 VR＝ES－VC로 구할 수 있다. 따라서 프로브를 추가해보자. 풀다운 메뉴의 'Graph 〉 Add Trace'를 선택하여 시뮬레이션 항목 추가를 선택한다.("2.4.4 사용자 프로브 추가하기" 참고)

⑭ V_R을 VR＝ES-VC으로 시뮬레이션하기 위하여 [그림 3-7]과 같이 입력한다. 'Name'은 'VR'로 수정하고, 'Probe P1'는 'ES', 'Probe P2'는 'VC'를 선택하고, 추가할 시뮬레이션 항목 'Expression'는 'P1-P2'로 변경한다.

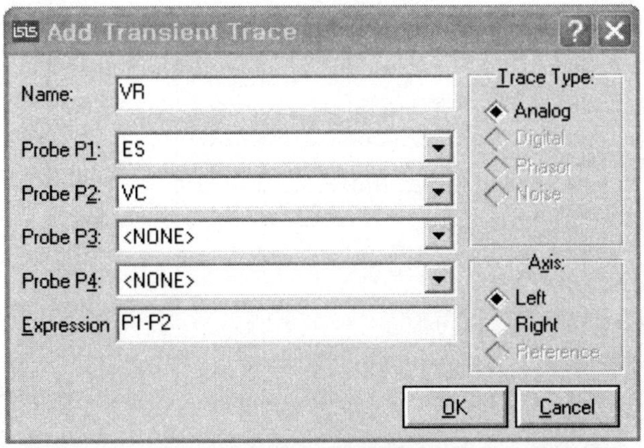

[그림 3-7] R-C 직렬회로의 V_R 시뮬레이션 항목 추가

⑮ 시뮬레이션을 실행하기 위하여 스페이스바를 누르면 [그림 3-8]과 같이 복잡한 시뮬레이션 결과가 나타난다.

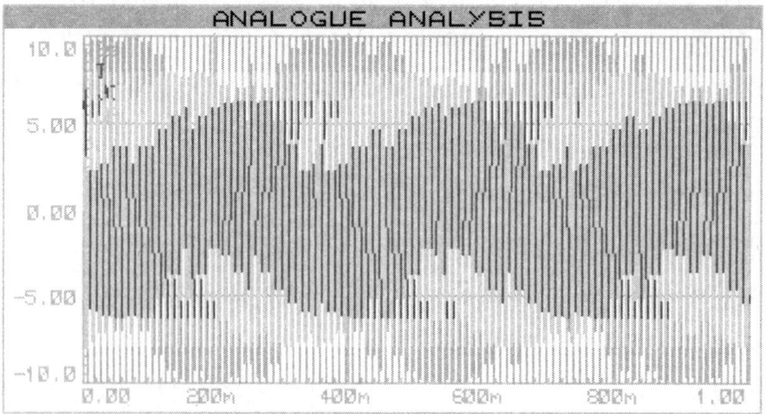

[그림 3-8] 시뮬레이션 조건 변경 전 시뮬레이션 결과

⑯ 입력전압의 주파수가 100[Hz]이므로 주기는 1/100[Hz]=10[ms]가 된다. 따라서 초기응답을 제외시키기 위해 시작 시간은 한 주기시간 10[ms]부터 2주기의 시간인 30[ms]까지의 결과를 보면 된다. 시뮬레이션 결과창을 마우스 오른쪽 버튼으로 클릭(선택 실행)한 후 왼쪽 버튼 클릭(편집 실행)으로 시뮬레이션 조건 편집창을 실행시켜 [그림 3-9]와 같이 설정을 변경하자.

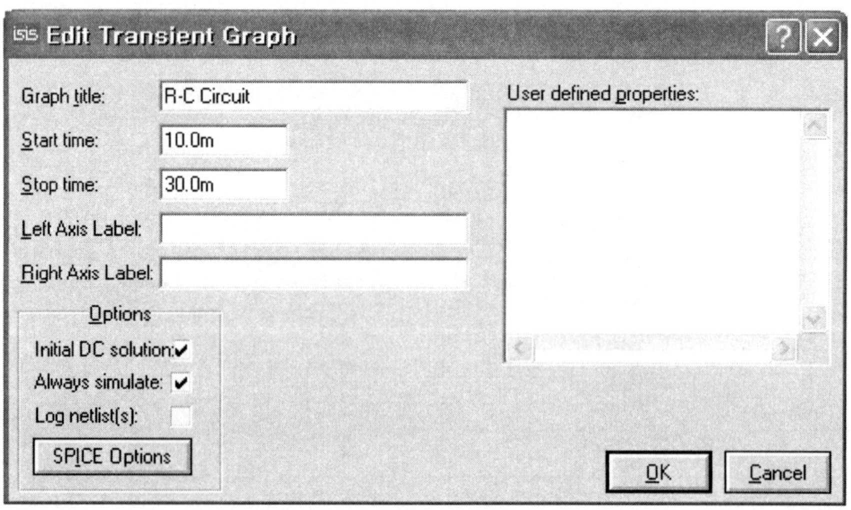

[그림 3-9] R-C 회로 시뮬레이션 조건 변경

⑰ 선택된 시뮬레이션 결과창을 선택 해제(빈 공간에 마우스 오른쪽 버튼 클릭)한다.

⑱ 다시 스페이스바를 눌러 시뮬레이션을 실행한다.

⑲ 그래프를 보다 정확히 보기 위하여 타이틀 바 부분(R-C Circuit)을 마우스 왼쪽 버튼으로 클릭하면 [그림 3-10]과 같은 R-C 직렬회로의 시뮬레이션 결과를 얻을 수 있다.

[그림 3-10]의 결과에서 각 전압과 전류의 최대값(피크치)에 마우스 왼쪽 버튼으로 클릭하여 값을 알아보면 앞서 계산한 값 $E_S = 10$[V], $I = 0.7825$[A], $V_R = 7.825$[V], $V_C = 6.227$[V]와 유사함을 알 수 있다.

이제 각각의 위상차를 알아보자. [그림 3-10]의 시뮬레이션 결과에서 입력전압(ES) 0[V]에 마우스 왼쪽 버튼을 클릭한 후 키보드 컨트롤(Ctrl)키를 누른 상태에서 저항의 양단 전압(VR)이 0[V]인 곳에 마우스 왼쪽 버튼을 클릭하면, [그림 3-10]의 좌측 하단의 'DX : +1.07m'이라는 것이 나타나다. 즉 ES와 VR 위상차가 약 1.07[ms]가 난다는 것이다. 이는 한 주기가 10[ms]이므로 10[ms] : 1.07[ms] = 360° : x°에 의하여 구하면 약 38.52°가 나온다. 앞서 구한 이론값인 38.51°와 근사함을 알 수 있다.

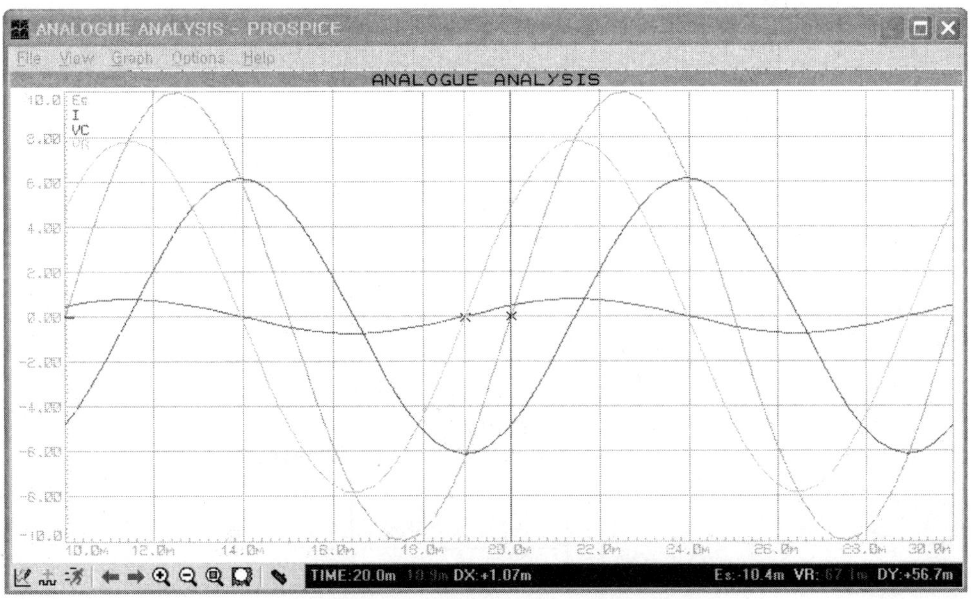

[그림 3-10] R-C 직렬회로의 시뮬레이션 결과

■ **TIP**

그래프 시뮬레이션 결과창에서 두 위치사이의 거리를 쉽게 구하기 위해서는 우선 구하고자 하는 시작점 위에 마우스 왼쪽 버튼으로 클릭한 다음, 키보드의 컨트롤 키(Ctrl)를 누른 상태로 마우스를 이동하여 종점에서 마우스 왼쪽 버튼을 한 번 더 클릭하면 [그림 3-10]의 하단과 같이 두 점의 X, Y좌표와 그 차 값 DX와 DY로 표시해주며, 시작점과 끝점의 위치에 X마크로 표시된다.

그리고 [그림 3-10]의 시뮬레이션 결과에 보는 바와 같이 ES와 VC의 위상차는 약 1.43[ms]가 난다. 10ms : 1.43ms = 360° : x°하여 구하면 약 51.48°의 위상차가 난다. 앞서 구한 이론값인 51.49°와 거의 근사함을 알 수 있다.

VR과 VC는 [그림 3-10]의 시뮬레이션 결과와 같이 10[ms]의 위상차가 남으로 90°의 위상차가 발생함을 알 수 있다. VR과 I의 위상은 [그림 3-10]의 시뮬레이션 결과에서 보는 바와 같이 일치함을 알 수 있다.

3.1.4 R-L 회로 실습

1) R-L 회로 실습내용

[그림 3-11] R-L 직렬회로에서 전류의 크기와 위상차 그리고, 입력전압과 각 소자별 전압의 크기와 위상차를 알아보자.

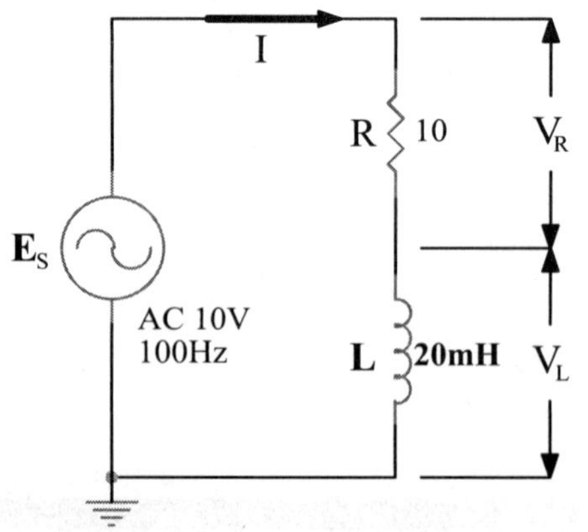

[그림 3-11] R-L 직렬 실습회로

[그림 3-11]회로에서 저항(R)을 기준으로 하여 임피던스의 위상이자, 입력전압의 위상을 알기 위하여 우선 유도 리액턴스(Reactance) X_L을 구하고, 그 다음 임피던스를 구한다. 각각의 전압을 알기 위하여 전류를 구하고, 구한 전류로 각각의 전압을 구하면 아래와 같다.

$$R = 10\angle 0°[\Omega]$$

$$X_L = 2\pi fL = 2\times\pi\times 100\times 20[mH] = 12.56\angle 90°[\Omega]$$

$$Z = R + jX_L = \sqrt{R^2 + X_L^2}\angle\tan^{-1}\left(\frac{X_L}{R}\right)$$

$$= \sqrt{10^2 + 12.56^2}\angle\tan^{-1}\left(\frac{12.56}{10}\right) = 16.055\angle 51.47°$$

$$E_S = 10\angle 51.47°$$

$$I = \frac{E_S}{Z} = \frac{10\angle 51.47°}{16.055\angle 51.47°} = 0.623\angle 0°[A]$$

$$V_R = I\times R = 0.623\angle 0°\times 10\angle 0° = 6.23\angle 0°[V]$$

$$V_L = I\times X_L = 0.623\angle 0°\times 12.56\angle 90° = 7.825\angle 90°[V]$$

2) R-L 직렬회로 시뮬레이션

[그림 3-12]와 같이 회로를 구성하여 앞서 구한 교류전류와 각 단의 교류전압과 이론값이 일치하는지 시뮬레이션을 통하여 확인해보자.

시뮬레이션 디바이스 목록

종 류	부품/계기명	실행 아이콘
교류 전압원	VSINE	: 부품(Component)
저 항	RES	
코 일	IND-AIR	
접 지	GROUND	: 터미널(Terminal)
전압 프로브	Voltage Probe	: 전압 프로브
전류 프로브	Current Probe	: 전류 프로브
시뮬레이션 방법	ANALOGUE	: 그래프(Graph)

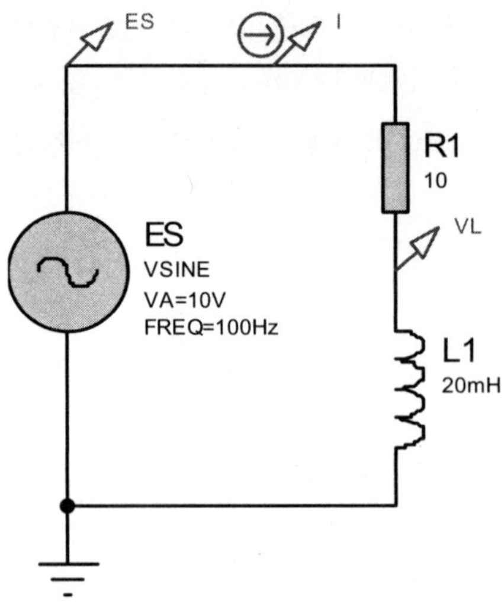

[그림 3-12] R-L 직렬 시뮬레이션 회로

① 부품아이콘( )을 클릭하고, 부품선택(P) 아이콘을 클릭한다.

② 부품목록창에 교류 전압원('VSINE')과 저항('RES'), 코일('IND-AIR')을 등록시키고, [그림 3-12]와 같이 배치한다.

③ 터미널( ) 아이콘을 클릭 후 접지('GROUND')를 선택하여 배치한다.

④ 배치한 모든 부품들을 [그림 3-12]와 같이 신호선으로 연결한다.

⑤ 전압 프로브( ) 선택 후 [그림 3-12]와 같이 신호선 위에 마우스 왼쪽 버튼으로 클릭하여 각각을 추가하고, 2개의 전압 프로브를 마우스 오른쪽 버튼 클릭 후 왼쪽 버튼 클릭으로 설정값의 이름(NAME)을 'ES', 'VL'이라고 입력한다.

⑥ 전류 프로브( ) 선택 후 [그림 3-12]와 같이 신호선 위에 마우스 왼쪽 버튼을 클릭하여 추가하고, 마우스 오른쪽 버튼 클릭 후 왼쪽 버튼 클릭으로 설정값의 이름(NAME)을 'I'라고 입력한다.

⑦ 시뮬레이션 아이콘( ) 클릭 후 시뮬레이션 목록창에서 'ANALOGUE' 시뮬레이션을 선택한다.("1.4.21 아날로그 시뮬레이션 방법" 참조)

⑧ 도면의 빈 공간에 시뮬레이션 결과 표시영역을 설정한다.

⑨ 분석할 프로브 ES, VL, I를 각각 선택하여 시뮬레이션 결과창에 마우스 왼쪽 버튼 클릭 상태로 당겨 놓는다.("[그림 1-73] 시뮬레이션 결과창에 프로브 당겨 놓기"를 참조)

⑩ [그림 3-12]의 회로에서 V_R을 측정할 수 없다. 그러나 VR＝ES－VL로 계산할 수

있으므로 풀다운 메뉴의 'Graph 〉 Add Trace'를 선택하여 시뮬레이션 항목 추가를 선택한다.("2.4.4 사용자 프로브 추가하기(전력 프로브 추가)" 참고)

⑪ V_R를 VR＝ES－VL로 시뮬레이션하기 위하여 [그림 3-13]과 같이 입력한다. 'Name'은 'VR'로 수정하고, 'Probe P1'은 'ES', 'Probe P2'는 'VL'을 선택하고, 추가할 시뮬레이션 항목 'Expression'은 'P1-P2'로 변경한 다음 OK 버튼을 클릭한다.

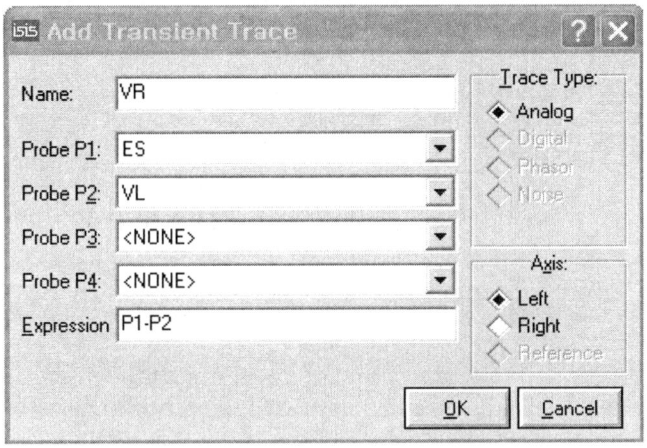

[그림 3-13] R-L 직렬회로의 V_R 시뮬레이션 항목 추가

⑫ 시뮬레이션 결과창을 마우스 오른쪽 버튼으로 클릭(선택 실행) 후 왼쪽 버튼 클릭(편집 실행)으로 시뮬레이션 조건을 [그림 3-14]와 같이 변경하자.

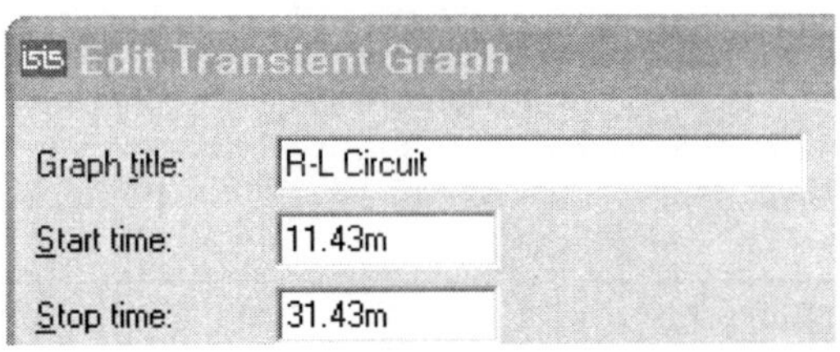

[그림 3-14] 시뮬레이션 시간범위 변경

- Graph title : R-L Circuit
- **S**tart time : 11.43ms(V_R를 기준으로 설정한 시간(10ms : x＝360° : 51.47°))
- **S**top time : 31.43ms("[그림 3-9] 시뮬레이션 조건 변경" 참조)

⑬ 선택된 시뮬레이션 결과창을 선택 해제(빈 공간에 마우스 오른쪽 버튼 클릭)한다.

⑭ 다시 스페이스바를 눌러 시뮬레이션을 실행한다.

⑮ 그래프를 보다 정확히 보기 위하여 타이틀 바 부분(R-L Circuit)을 마우스 왼쪽 버튼을 클릭한다.

[그림 3-15]와 같은 R-L 직렬회로의 시뮬레이션 결과를 얻을 수 있다. 이 결과에서 각 전압과 전류의 최대값에 마우스 왼쪽 버튼을 클릭해보고, 위상차들을 키보드 컨트롤키(Ctrl)와 마우스 왼쪽 버튼을 클릭하여 시간차를 찾고, 찾은 시간차를 각도로 계산해보면 앞서 계산한 값

$E_S = 10\angle 51.47^\circ[V]$, $I = 0.623\angle 0^\circ[A]$, $V_R = 6.23\angle 0^\circ[V]$, $V_L = 7.825\angle 90^\circ[V]$

와 유사함을 확인할 수 있다.

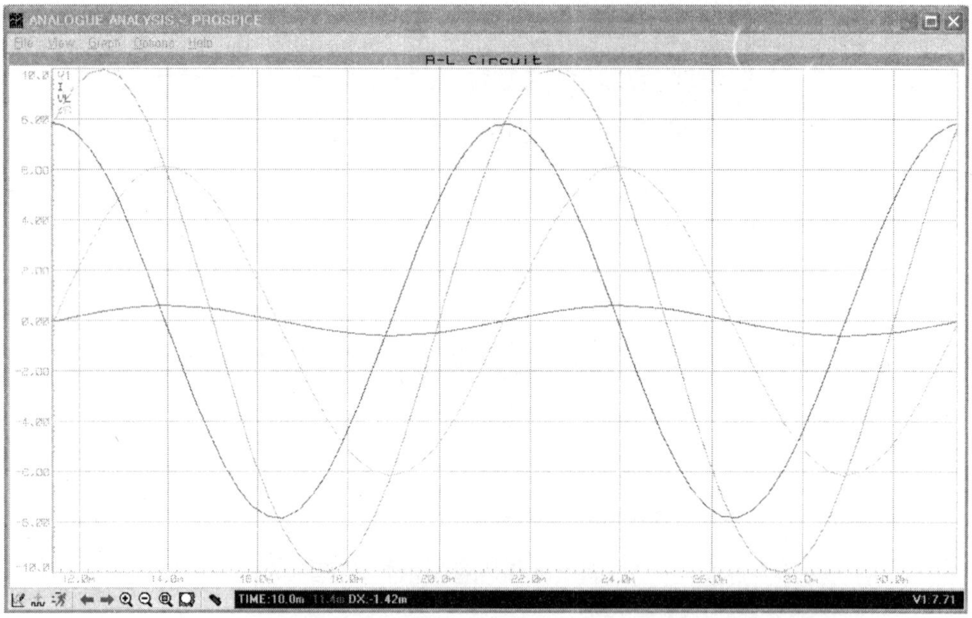

[그림 3-15] R-C 직렬회로의 시뮬레이션 결과

실습문제 R-C 및 R-L 회로

1. [그림 3-16]과 같은 회로를 구성한 후 입력전원의 주파수가 200[Hz]일 때와 1[kHz]일 때의 V_R과 V_C을 시뮬레이션을 통하여 입력전압(E_S)을 기준으로 〈표 3-1〉에 기록하여라.

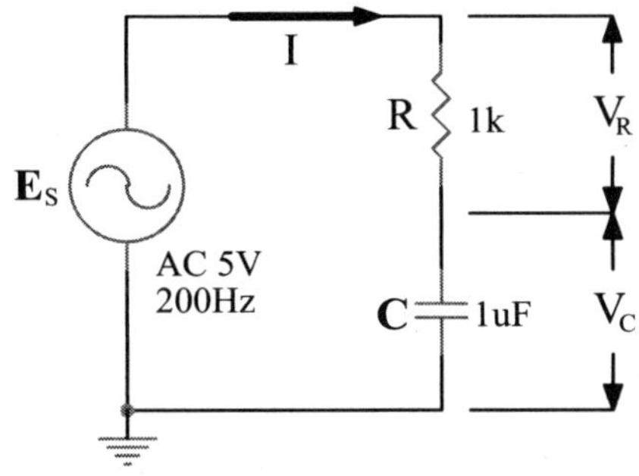

[그림 3-16] R-C 직렬 실습회로

〈표 3-1〉 R-C 직렬회로 실습 결과

값	주파수 200[Hz]			주파수 1[kHz]		
	V_S[V]	V_R[V]	V_C[V]	V_S[V]	V_R[V]	V_C[V]
시뮬레이션 값	5∠ °	∠ °	∠ °	5∠ °	∠ °	∠ °
이론값	5∠ °	∠ °	∠ °	5∠ °	∠ °	∠ °

2. [그림 3-17]과 같은 회로를 구성한 후 I_R, I_C, I 를 시뮬레이션을 이용하여 측정하고 〈표 3-2〉에 기록하여라.

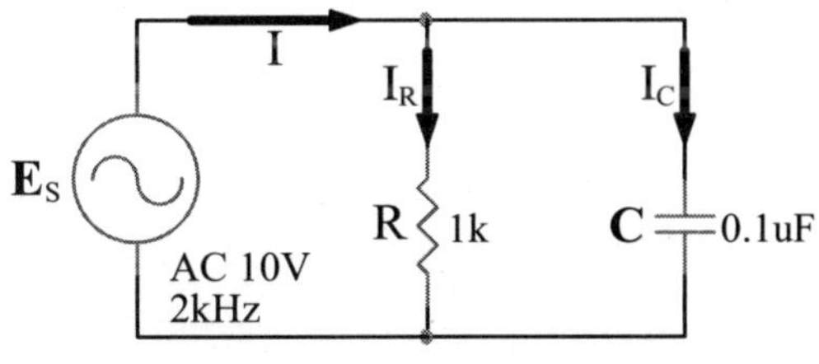

[그림 3-17] R-C 병렬 실습회로

〈표 3-2〉 R-C 병렬회로 실습 결과

값	I_R[mA]	I_C[mA]	I [mA]
시뮬레이션 값	∠ °	∠ °	∠ °
이론값	∠ °	∠ °	∠ °

3. [그림 3-18]과 같은 회로를 구성한 후 입력전압(E_S)의 주파수가 2[kHz] 및 10[kHz]일 때, V_R, V_L 및 V_S의 크기 및 위상차 θ를 시뮬레이션을 통하여 측정하고 〈표 3-3〉에 기록하여라.

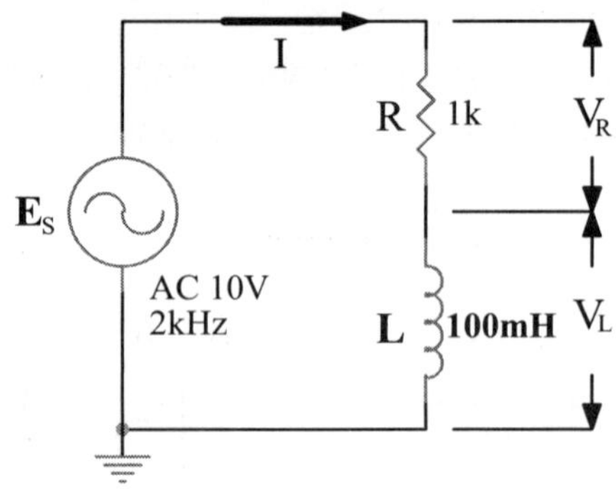

[그림 3-18] R-L 직렬회로 실습회로

〈표 3-3〉 R-L 직렬회로 실습 결과

값	주파수 2[kHz]			주파수 10[kHz]		
	V_S[V]	V_R[V]	V_C[V]	$V_S\angle°$	V_R[V]	V_C[V]
시뮬레이션 값	10∠ °	∠ °	∠ °	10∠ °	∠ °	∠ °
이론값	10∠ °	∠ °	∠ °	10∠ °	∠ °	∠ °

4. [그림 3-19]와 같은 회로를 구성한 후 I_R, I_L, I를 측정하여 아래 〈표 3-4〉에 기록하여라.

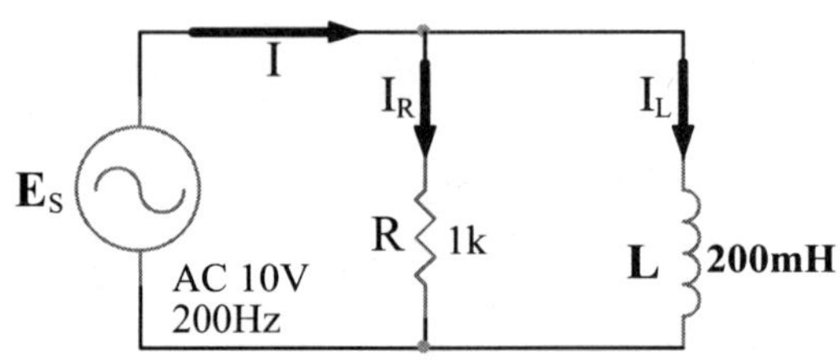

[그림 3-19] R-L 병렬회로 실습회로

〈표 3-4〉 R-L 병렬회로 실습 결과

값	I_R[mA]	I_L[mA]	I [mA]
시뮬레이션 값	∠ °	∠ °	∠ °
이론값	∠ °	∠ °	∠ °

3.2 R-L-C 공진회로

공진회로는 무선 수신기에서 안테나에 들어오는 수많은 전파 중에서 한 가지의 신호만을 선택할 때 공진회로를 많이 사용한다.

일반적으로 내부 임피던스가 낮은 전원에는 직렬공진회로를 사용하고, 내부 임피던스가 큰 전원에는 병렬공진회로를 이용하여 주파수 선택도를 향상시킨다.

3.2.1 직렬공진

직렬공진회로는 [그림 3-20](a)와 같고, 직렬공진시 임피던스가 최소가 되는 조건은 식 [3-6]과 같다. 이때 직렬공진주파수는 식 [3-7]과 같고, 전류와 위상은 식 [3-8]과 같다. 두 식으로부터 주파수 특성곡선은 [그림 3-20](b)와 같다.

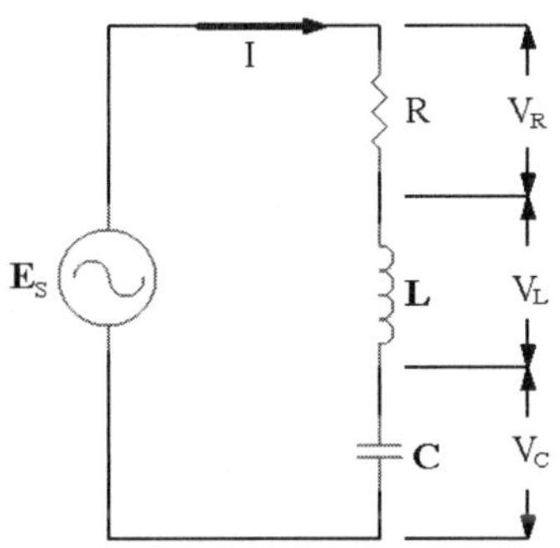

(a) 직렬공진회로

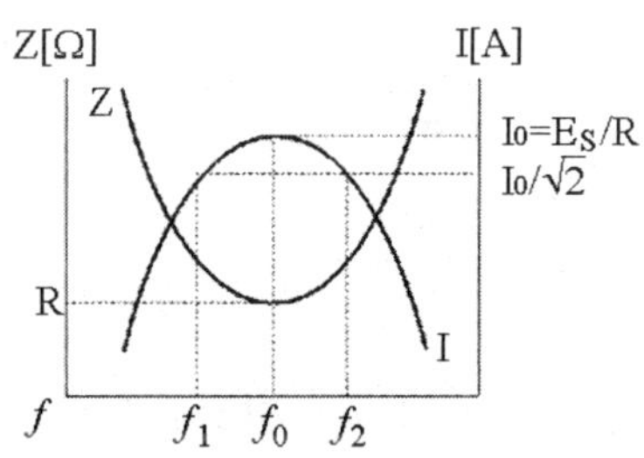

(b) 주파수 특성곡선

[그림 3-20] 직렬공진회로 및 주파수 특성곡선

$$\omega L - \frac{1}{\omega C} = 0 \text{일 때}, \ Z = R \quad [3\text{-}6]$$

$$f_0 = \frac{1}{2\pi\sqrt{LC}} \quad [3\text{-}7]$$

$$I_0 = \frac{E_S}{R}, \qquad \theta = \tan^{-1}\frac{0}{R} = 0 \quad [3\text{-}8]$$

3.2.2 병렬공진

병렬공진회로는 [그림 3-21](a)와 같고, 병렬공진시 공진 조건은 허수부가 0이 되는 조건이므로 식 [3-9]와 같다. 이때 병렬공진주파수는 식 [3-10]과 같고, 전류와 위상은 식 [3-11]과 같다. 두 식으로부터 공진시 주파수 특성곡선은 [그림 3-21](b)와 같다.

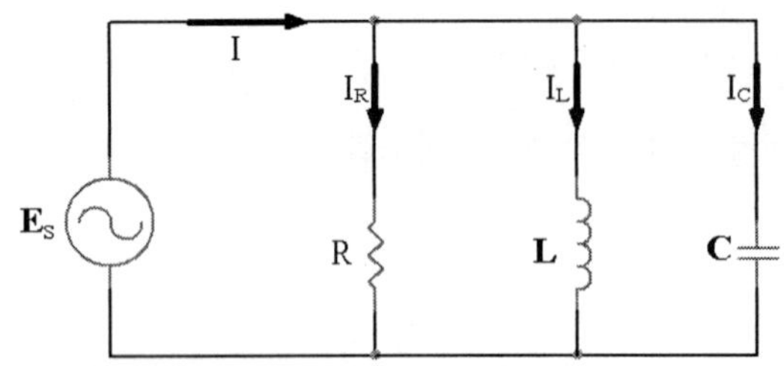

(a) 병렬공진회로

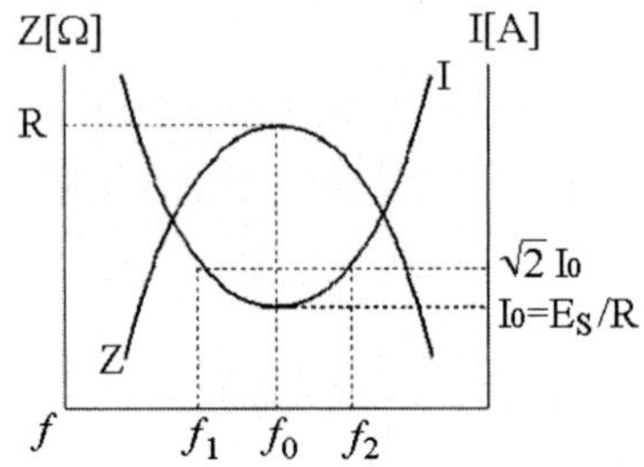

(b) 주파수 특성곡선

[그림 3-21] 실제 병렬공진

$$\omega C - \frac{1}{\omega L} = 0 \text{일 때}, \qquad Z = R \tag{3-9}$$

$$f_0 = \frac{1}{2\pi\sqrt{LC}} \tag{3-10}$$

$$I_0 = \frac{E_S}{Z} = \frac{E_S}{R}, \qquad \theta = \tan^{-1}\frac{0}{R} = 0 \tag{3-11}$$

3.2.3 R-L-C 직렬공진회로 실습

1) R-L-C 직렬공진회로 실습내용

[그림 3-22] R-L-C 직렬공진 실습회로에서 입력 전압원의 전압은 100[V], 주파수는 가변시키면서 회로에 흐르는 전류 I와 [그림 3-22]의 V_X를 관측해보자.(R-L-C 공진회로 실습에서 입력전압의 크기는 큰 의미가 없다.)

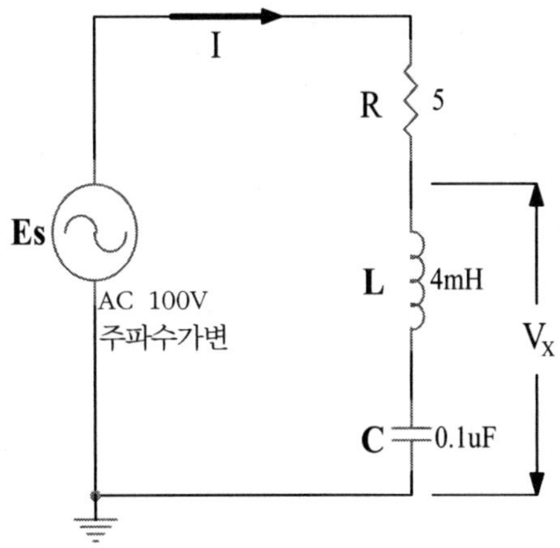

[그림 3-22] R-L-C 직렬공진 실습회로

[그림 3-22] 회로에서 직렬 공진주파수를 계산하면 식 [3-7]에 의하여

$$f_0 = \frac{1}{2\pi\sqrt{LC}} = \frac{1}{2\pi\sqrt{4[\mathrm{mH}] \cdot 0.1[\mu\mathrm{F}]}} = 7.958[\mathrm{kHz}]$$

이고, 공진시 임피던스는 리액턴스(Reactance)가 0[Ω]이 되어, 저항만 존재하므로 공진시 전류와 전압은 아래와 같이

$$\mathrm{I_O} = \frac{\mathrm{E_S}}{\mathrm{R}} = \frac{100[\mathrm{V}]}{5[\Omega]} = 20[\mathrm{A}]$$

$$\mathrm{V_X} = 0[\mathrm{V}]$$

가 된다. 따라서 직렬공진시 전류는 최대가 되고, V_X의 전위는 0[V]가 된다. 이를 시뮬레이션을 통하여 확인해보자.

2) R-L-C 직렬공진회로 시뮬레이션

[그림 3-23]과 같이 회로를 구성하고, 입력신호(E_S)의 주파수에 따라 출력전압 V_X를 시뮬레이션을 통하여 알아보자. 이번 시뮬레이션은 시간변화에 따른 Analog 시뮬레이션도 아니고, 특정 부품의 값의 가변도 아닌 입력신호의 주파수 변화에 따른 시뮬레이션이다.

시뮬레이션 디바이스 목록

종 류	부품/계기명	실행 아이콘
저 항	RES	
코 일	IND-AIR	:부품(Component)
콘덴서	CAP	
접 지	GROUND	: 터미널(Terminal)
교류전원	SINE	: 전원(Generator)
전압 프로브	Voltage Probe	: 전압 프로브
전류 프로브	Current Probe	: 전류 프로브
시뮬레이션 방법	FREQUENCY	: 그래프(Graph)

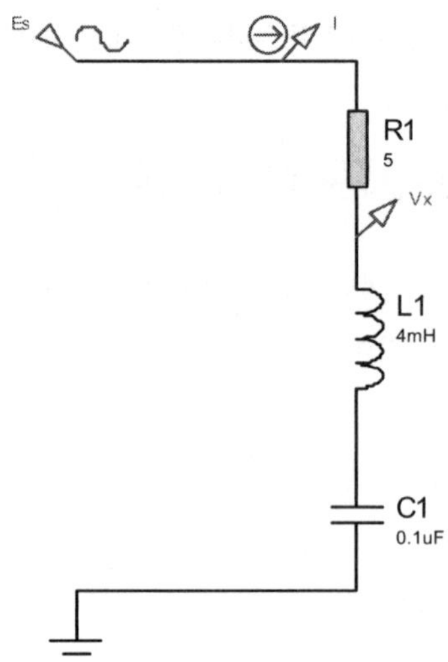

[그림 3-23] R-L-C 직렬공진 실습회로

① 부품( ) 선택(P)로 저항('RES'), 코일('IND-AIR'), 콘덴서('CAP')를 부품목록창에 등록시키고, [그림 3-23]과 같이 배치한다.("1.4.2 사용할 부품들 부품목록창에 등록하기" 참조)

② 터미널( ) 아이콘을 클릭 후 접지('GROUND')를 선택하여 배치한다.

③ 전원( ) 아이콘을 클릭 후 전원 목록에서 'SINE'를 선택하여 배치한다.

④ 배치한 모든 부품들을 [그림 3-23]과 같이 신호선으로 연결한다.

⑤ 전압 프로브( ) 아이콘 선택 후 [그림 3-23]과 같이 신호선에 배치한다.

⑥ 전류 프로브() 아이콘 선택 후 [그림 3-23]과 같이 신호선에 배치한다.

⑦ 저항을 선택(마우스 오른쪽 버튼 클릭) 후 편집(마우스 왼쪽 버튼 클릭)으로 '5'[Ω]으로 변경한다.

⑧ 코일을 선택(마우스 오른쪽 버튼 클릭) 후 편집(마우스 왼쪽 버튼 클릭)으로 '4mH'로 변경한다.

⑨ 콘덴서를 선택(마우스 오른쪽 버튼 클릭) 후 편집(마우스 왼쪽 버튼 클릭)으로 '0.1uF'으로 변경한다.

⑩ 전압 프로브 선택(마우스 오른쪽 버튼 클릭) 후 편집(마우스 왼쪽 버튼 클릭)으로 'Vx'로 수정한다.

⑪ 전류 프로브 선택(마우스 오른쪽 버튼 클릭) 후 편집(마우스 왼쪽 버튼 클릭)으로 'I'로 수정한다.

⑫ 전원을 선택(마우스 오른쪽 버튼 클릭) 후 편집(마우스 왼쪽 버튼 클릭)으로 [그림 3-24]와 같이 변경하자.("[그림 1-94] Vertical Sine 설정" 참조)

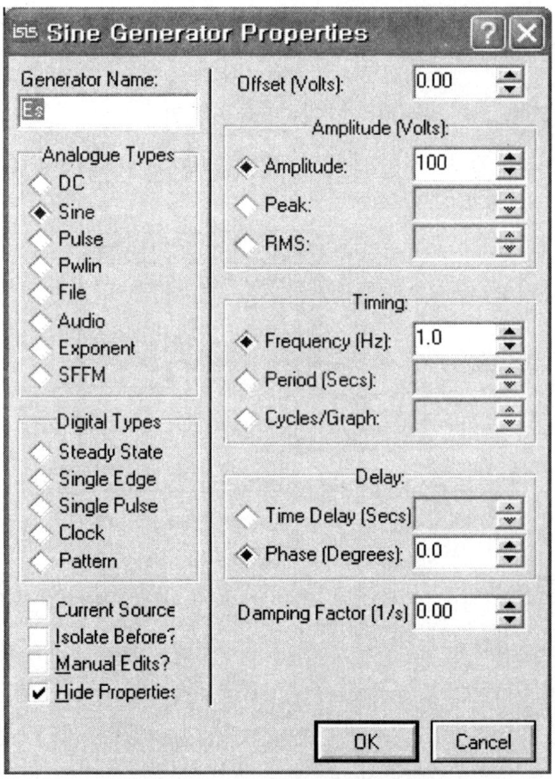

[그림 3-24] 전원 설정 편집

주의

PROVSM에서 frequency 또는 AC SWEEP 시뮬레이션시
반드시 전원으로 Generator(전원(Ⓢ) 아이콘)를 사용하여야 한다.

- Generator Name : 'Es'
- Amplitude : '100'[V]로 입력(나머지는 기본값으로 두고, 변경하지 않음)

⑬ 선택된 항목들을 모두 선택 해제(빈 공간에 마우스 오른쪽 버튼 클릭)한다.

3.2.4 주파수 시뮬레이션 방법

주파수 시뮬레이션(Frequency Simulation)은 주파수 변화에 따른 결과를 알고자 할 경우에 사용하는 시뮬레이션 방법이다. R-L-C 회로에서 공진주파수를 찾고자 할 때 주파수를 가변하면서 R-L-C 회로의 출력신호를 시뮬레이션해보자.

1) 시뮬레이션 결과창 만들기

① 시뮬레이션(: Graph) 아이콘 클릭한다.

② [그림 3-25]와 같이 시뮬레이션 방법을 'FREQUENCY'로 선택한다.

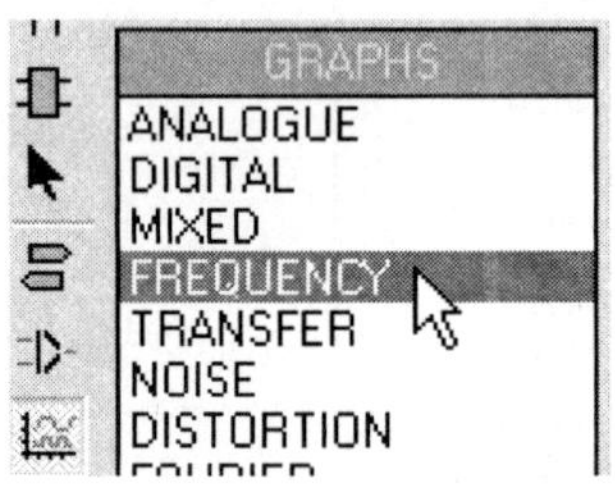

[그림 3-25] 주파수 시뮬레이션 선택

③ 회로작성창의 빈 공간에 시뮬레이션 결과 표시영역을 설정한다.("[그림 1-69] 시뮬레이션 결과창 크기 설정" 참조)

④ 분석할 프로브를 Vx와 I를 각각 선택(마우스 오른쪽 버튼 클릭)하여 시뮬레이션 결과창에 마우스 왼쪽 버튼 클릭 상태로 당겨 놓는다.("[그림 1-73] 시뮬레이션 결과창에 프로브 당겨 놓기"를 참조)

⑤ 시뮬레이션 결과창을 선택(마우스 오른쪽 버튼 클릭) 후 편집(마우스 왼쪽 버튼 클릭)으로 [그림 3-26]과 같이 변경하고, OK 버튼을 클릭한다.

- Graph title : 시뮬레이션 창 제목 'FREQUENCY RESPONSE'로 입력
- Reference : 주파수 가변할 소스 선택='Es'
- Start frequency : 시작 주파수 입력='5k'[Hz]
- Stop frequency : 종료 주파수 입력='10k'[Hz]
- Interval : 정확한 공진주파수를 보기 위하여 선형('LINEAR')으로 지정
- No. Steps/Interval : 스텝 수/인터벌 수(표시할 데이터 수)='1000'
  (스텝 수를 500, 10000 등으로 바꾸어서도 시뮬레이션 해보기를 권장한다.)
- Y Scale in dBs : 주파수 해석시 보통 Y축은 dB(데시벨)단위로 체크한다.

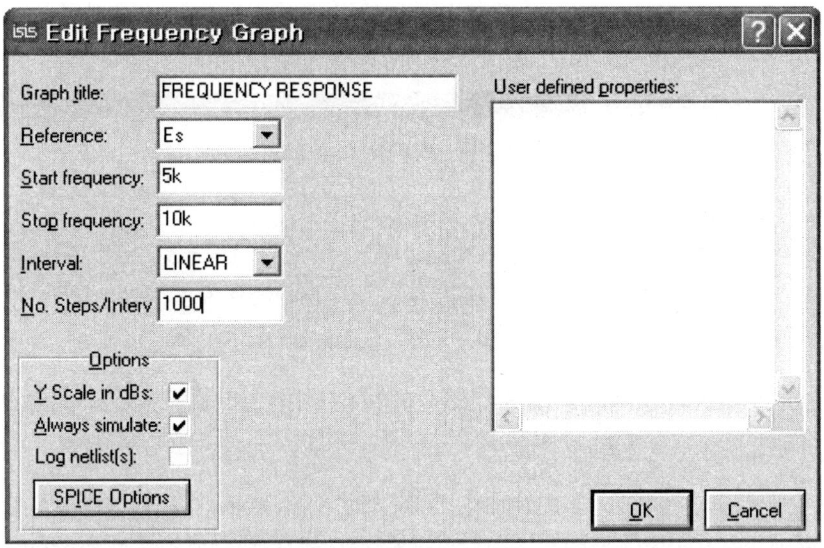

[그림 3-26] 입력 소스 주파수 설정 편집

⑥ 선택된 시뮬레이션 결과창을 선택 해제(빈 공간에 마우스 오른쪽 버튼 클릭)한다.

⑦ 스페이스바를 눌러 시뮬레이션을 실행한다.

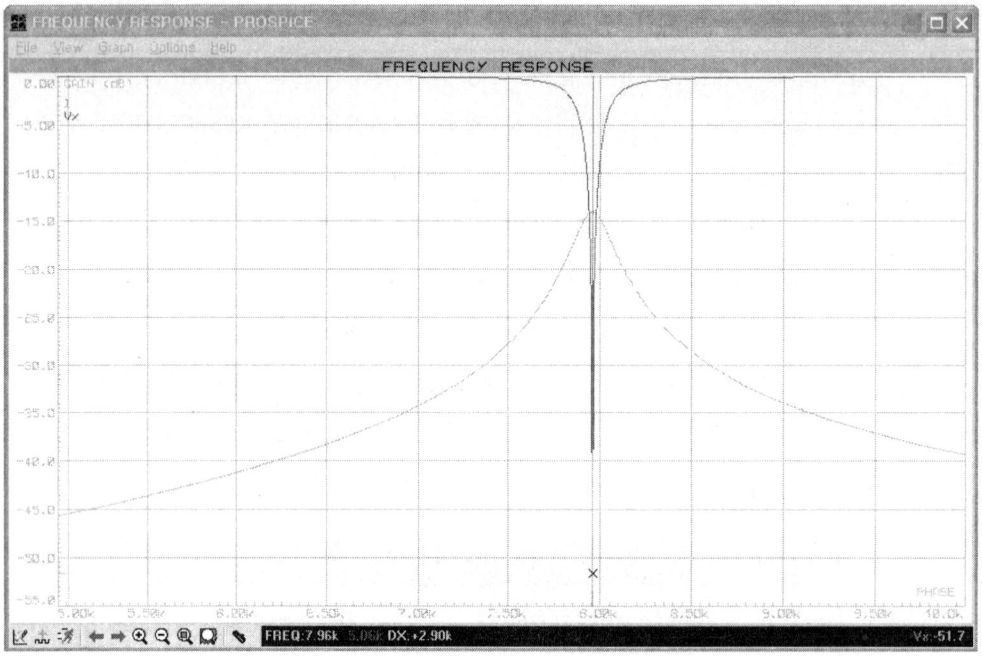

[그림 3-27] 직렬공진회로 시뮬레이션 결과

⑧ 타이틀 바를 클릭하여 확대하면 [그림 3-27]과 같은 결과를 얻을 수 있다.

⑨ [그림 3-27]과 같이 Vx가 가장 낮은 부분에 마우스를 클릭한다.

우리는 전압원의 주파수를 5[kHz]~10[kHz]까지 가변시켜 R-L-C 직렬공진회로에 흐르는 전류 I와 Vx(코일과 콘덴서의 전압)의 전압을 시뮬레이션한 결과 [그림 3-27]과 같이 직렬 공진주파수 7.96[kHz]에서 Vx전압이 가장 낮고, 전류는 가장 크게 흐른다는 것을 쉽게 알 수 있다. 그리고 앞서 이론적으로 계산한 공진주파수 7.958[kHz]에 근사함을 확인할 수 있다.

3.2.5 R-L-C 병렬공진회로 실습

1) R-L-C 병렬공진회로 실습내용

[그림 3-28] R-L-C 병렬공진 실습회로에서 입력 전압원의 전압은 100[V], 주파수는 가변시키면서 회로에 흐르는 전류 $I_X(I_X = I_L + I_C)$와 저항에 흐르는 전류(I_R)를 알아보자.

(R-L-C 공진회로 실습에서 입력전압의 크기는 큰 의미가 없다. 단지 신호를 크게 보기 위하여 100[V]로 정하였다.)

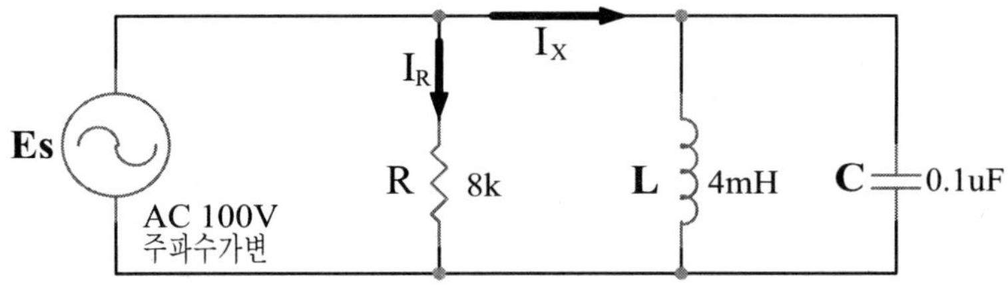

[그림 3-28] R-L-C 병렬공진 실습회로

[그림 3-28] 회로에서 공진주파수를 계산하면 식 [3-10]에 의하여

$$f_0 = \frac{1}{2\pi\sqrt{LC}} = \frac{1}{2\pi\sqrt{4[\text{mH}]\cdot 0.1[\mu\text{F}]}} = 7.958[\text{kHz}]$$

이다. 공진시 임피던스는 리액턴스(Reactance)가 ∞[Ω]이 되어 저항만 존재하게 되어 저항에 흐르는 전류 $I_R(I_0)$이 최대가 되고, Ix(코일과 콘덴서에 흐르는 전류)의 전류는 최소인 0[A]가 된다.

2) R-L-C 병렬공진회로 실습

시뮬레이션하기에 앞서 [그림 3-28]처럼 R-L-C 병렬회로에서 입력전압의 주파수와 공진이 되면 $X_L // X_C$ = ∞[Ω]이 되어 ∞[Ω]을 시뮬레이션하지 못한다. 그리고 주파수=0[Hz]일 때 회로의 코일이 short(0[Ω])되어 시뮬레이션할 수 없고, 또한 주파수가 ∞[Hz]에 가깝게 되면 콘덴서가 short(0[Ω])되어 시뮬레이션할 수 없다. 따라서 시뮬레이션을 위하여 [그림 3-28]을 [그림 3-29]와 같이 전체전류를 작게 하고, 0[Ω]과 ∞[Ω]을 만들지 않기 위하여 50[kΩ] 저항을 R-L-C 병렬회로와 직렬로 추가하여 시뮬레이션을 한다.

시뮬레이션 디바이스 목록

종 류	부품/계기명	실행 아이콘
저 항	RES	:부품(Component)
코 일	IND-AIR	
콘덴서	CAP	
접 지	GROUND	: 터미널(Terminal)
교류전원	SINE	: 전원(Generator)
전압 프로브	Voltage Probe	: 전압 프로브
전류 프로브	Current Probe	: 전류 프로브
시뮬레이션 방법	FREQUENCY	: 그래프(Graph)

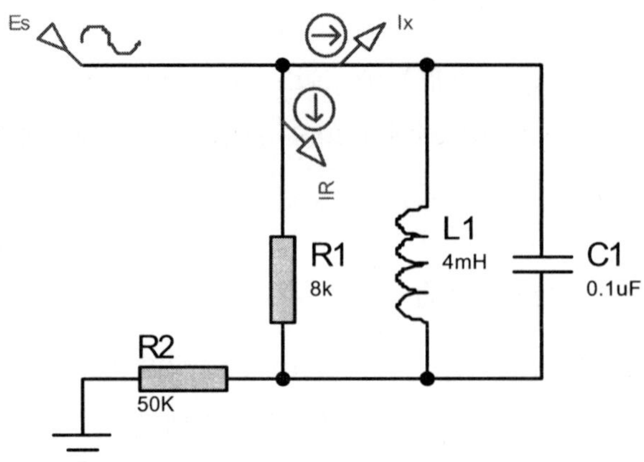

[그림 3-29] R-L-C 병렬공진 시뮬레이션 회로

① 부품( ) 선택(P)로 저항('RES'), 코일('IND-AIR'), 콘덴서('CAP')를 부품목록창에 등록시키고, [그림 3-29]와 같이 배치한다.("1.4.2 사용할 부품들 부품목록창에 등록하기" 참조)

② 터미널( ) 아이콘을 클릭 후 접지('GROUND')를 선택하여 배치한다.

③ 전원( ) 아이콘을 클릭 후 전원 목록에서 'SINE'를 선택하여 배치한다.

④ 배치한 모든 부품들을 [그림 3-29]와 같이 신호선으로 연결한다.

⑤ 전류 프로브( ) 아이콘 선택 후 [그림 3-29]와 같이 신호선에 배치한다.

⑥ 저항을 선택(마우스 오른쪽 버튼 클릭) 후 편집(마우스 왼쪽 버튼 클릭)으로 '8k',

'50k'[Ω]으로 변경한다.

⑦ 코일을 선택(마우스 오른쪽 버튼 클릭) 후 편집(마우스 왼쪽 버튼 클릭)으로 '4mH'로 변경한다.

⑧ 콘덴서를 선택(마우스 오른쪽 버튼 클릭) 후 편집(마우스 왼쪽 버튼 클릭)으로 '0.1uF'으로 변경한다.

⑨ 전류 프로브 선택(마우스 오른쪽 버튼 클릭) 후 편집(마우스 왼쪽 버튼 클릭)으로 'IR', 'Ix'로 수정한다.

⑩ 전원을 선택(마우스 오른쪽 버튼 클릭) 후 편집(마우스 왼쪽 버튼 클릭)으로 [그림 3-24]와 같이 변경하자.("[그림 1-94] Vertical Sine 설정" 참조)

⑪ 선택된 항목들을 모두 선택 해제(빈 공간에 마우스 오른쪽 버튼 클릭)한다.

⑫ 시뮬레이션(: Graph) 아이콘을 클릭 후 시뮬레이션 목록에서 시뮬레이션 방법을 "FREQUENCY"로 선택한다.

⑬ 회로작성창의 빈 공간에 시뮬레이션 결과 표시영역을 설정한다.("[그림 1-69] 시뮬레이션 결과창 크기 설정" 참조)

⑭ 분석할 프로브를 'IR'과 'Ix'를 각각 선택(마우스 오른쪽 버튼 클릭)하여 시뮬레이션 결과창에 마우스 왼쪽 버튼 클릭 상태로 당겨 놓는다.("[그림 1-73] 시뮬레이션 결과창에 프로브 당겨 놓기"를 참조)

⑮ 시뮬레이션 결과창을 선택(마우스 오른쪽 버튼 클릭) 후 편집(마우스 왼쪽 버튼 클릭)으로 [그림 3-30]과 같이 변경하고, OK 버튼을 클릭한다.

- Graph title : 시뮬레이션창 제목 "FREQUENCY RESPONSE"로 입력
- Reference : 주파수 가변할 소스 선택='Es'
- Start frequency : 시작 주파수 입력='6k'[Hz]
- Stop frequency : 종료 주파수 입력='10k'[Hz]
- Interval : 정확한 공진주파수를 보기 위하여 선형('LINEAR')으로 지정
- No. Steps/Interval : 스텝 수/인터벌 수(표시할 데이터 수)='500'
  (스텝 수를 500, 10000 등으로 바꾸어서도 시뮬레이션 해보기를 권장한다.)
- Y Scale in dBs : 주파수 해석시 보통 Y축은 dB(데시벨)단위로 체크한다.

제3장

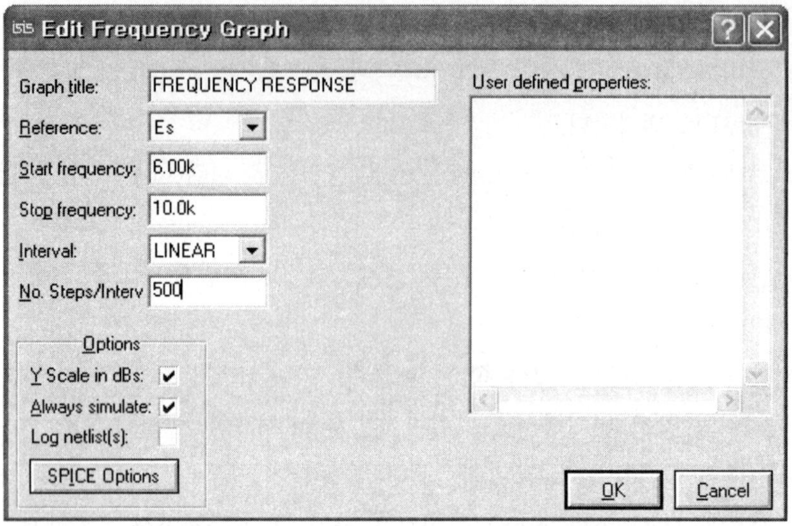

[그림 3-30] 입력 소스 주파수 설정 편집

⑯ 선택된 시뮬레이션 결과창을 선택 해제(빈 공간에 마우스 오른쪽 버튼 클릭)한다.

⑰ 스페이스바를 눌러 시뮬레이션을 실행하여 확대하면 [그림 3-31]과 같은 결과를 얻을 수 있다.

⑱ [그림 3-31]과 같이 Ix가 가장 낮은 부분에 마우스 왼쪽 버튼을 클릭한다.

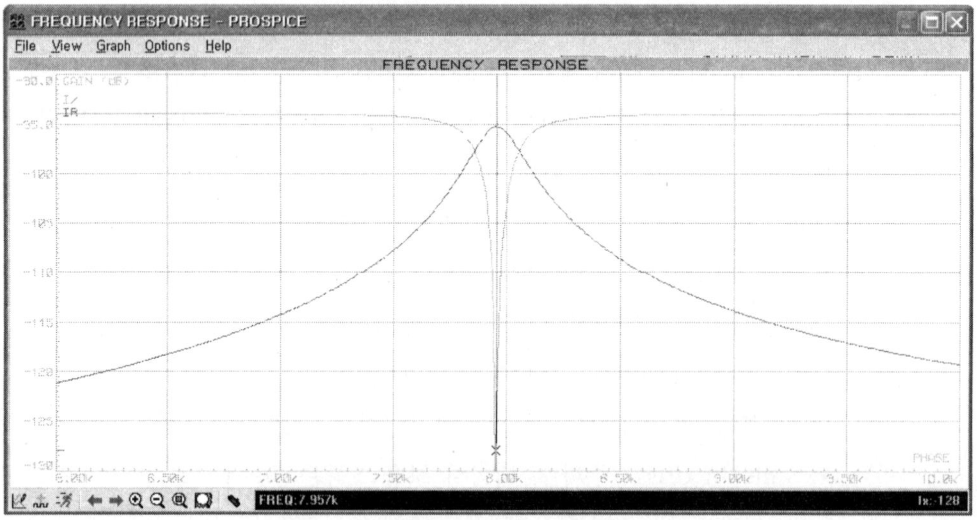

[그림 3-31] 병렬공진회로 시뮬레이션 결과

우리는 전압원의 주파수를 6[kHz]~10[kHz]까지 가변시켜 R-L-C 병렬공진회로에서 시뮬레이션한 결과 [그림 3-31]과 같이 직렬 공진주파수 7.957[kHz]에서 Ix 전류가 가장 낮고, 저항에 흐르는 전류(I_R)는 가장 크게 흐른다는 것을 쉽게 알 수 있다. 그리고 앞서 이론적으로 계산한 공진주파수 7.958[kHz]에 근사함을 확인할 수 있다. Ix가 가장 낮은 부분에 마우스 왼쪽 버튼을 클릭하면 [그림 3-31]에서 클릭한 곳의 값을 [그림 3-31]의 하단에 보여준다. [그림 3-31]의 좌측 하단은 X축 값인 주파수로 'FREQ : 7.957k', 즉 7.957[kHz]를 가리키고 있으며, Y축 값은 우측 하단에 'Ix : −128', 즉 전류 I_X는 −128[mA]를 가리키고 있다.

실습문제 R-L-C 공진회로

1. [그림 3-32] 직렬공진회로를 구성하고, 주파수(FREQUENCY) 시뮬레이션을 통해 I가 최대가 되고, V_X가 최소가 되는 공진주파수를 찾아라.

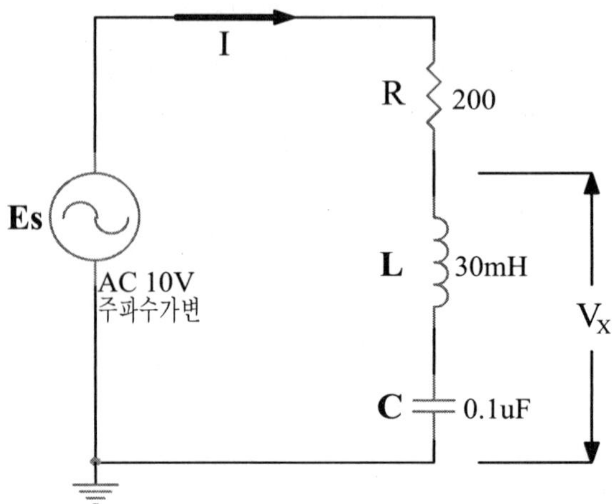

[그림 3-32] R-L-C 직렬공진 실습회로

2. [그림 3-33] 병렬공진회로를 구성하고, 주파수(FREQUENCY) 시뮬레이션을 통해 I_R이 최대가 되고, I_X가 최소가 되는 공진주파수를 찾아라.
(참고 : 시뮬레이션이 가능하도록 회로를 수정하여 시뮬레이션할 것!)

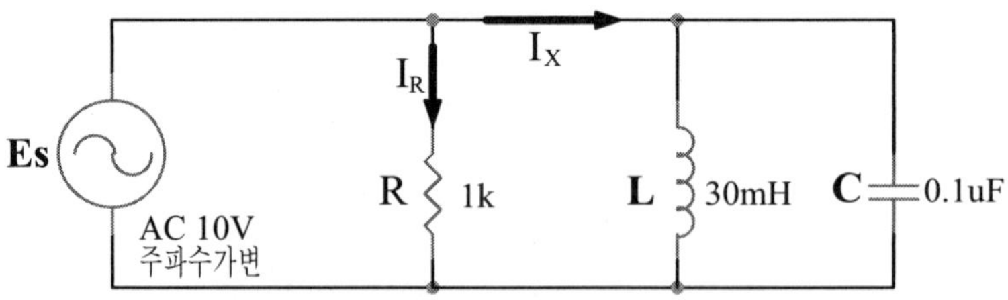

[그림 3-33] R-L-C 직렬공진 실습회로

3.3 미 · 적분회로

미분기와 적분기는 입력전압이 미분 및 적분에 비례하는 수학적 동작 출력을 발생시키는 회로이다. 미분기는 구형파 펄스의 검출이나, 램프 입력으로부터 구형파 출력을 발생시키기 위해 사용한다. 적분기는 일정한 입력전압을 사용해서 램프 출력전압을 발생시키기 위해 사용한다.

R-C 회로를 이용하여 적분과 미분의 성질을 이해하고, 적분회로와 미·적분회로에 의한 입출력 파형을 관찰하자.

3.3.1 미분회로

[그림 3-34]의 미분회로(Differentiating Circuit)는 출력파형 V_O(저항의 전압 : V_R)가 입력파형 E_S를 미분한 형태로 응답하는 회로이며, 미분회로의 조건은 V_C가 V_R보다 대단히 커야 한다. 즉, C값을 작게 하면 $X_C = 1/\omega C$에 의하여 용량 리액턴스가 커져 V_C가 커지고, 상대적으로 V_R이 작아진다. R이 작으면 당연히 V_R(출력신호 V_O)이 작아져 올바른 미분회로가 되지 못한다.

따라서 미분회로는 C를 충분히 작게 하여 설계하면 된다. 그러나 얼마나 작은 값을 사용할지는 입력신호의 변화(주파수)에 얼마나 빠른 응답속도를 가지도록 설계하느냐에 따라 적절한 값을 설정해야 한다. 물론 실제 미분 및 적분회로는 OPAMP(차동증폭기)와 함께 사용해야 보다 이상적인 미·적분 신호를 얻을 수 있다.

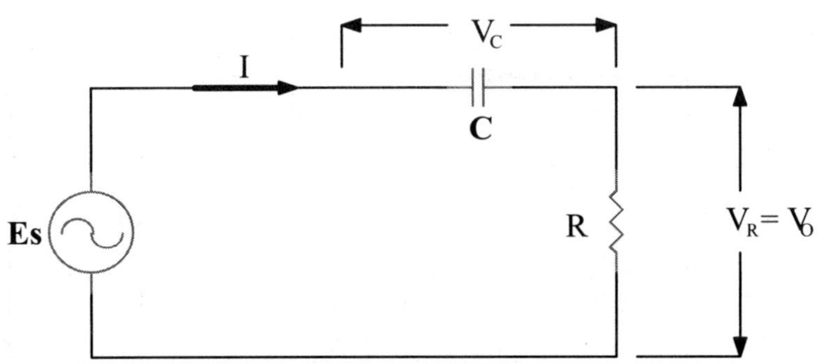

[그림 3-34] 미분회로

3.3.2 적분회로

[그림 3-35]와 같이 입력파형 E_S를 적분한 형태로 출력파형 V_O(콘덴서의 전압 : V_C)가 응답하는 회로를 적분회로(Integrating circuit)라 한다. 적분회로의 조건은 V_R이 V_C보다 대단히 커야 한다. 즉, 콘덴서의 용량이 커야 한다.

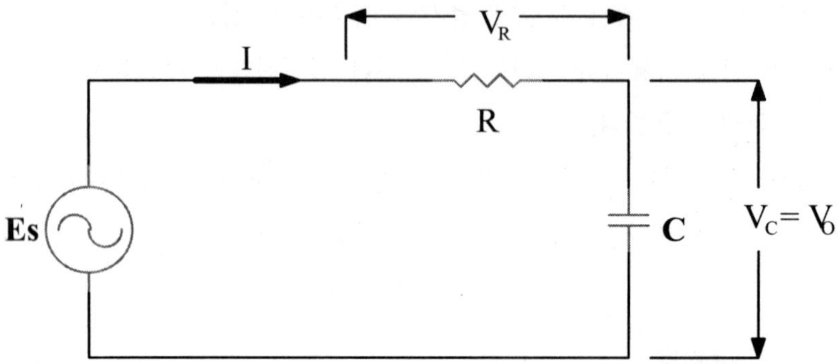

[그림 3-35] 적분회로

3.3.3 미분회로 실습

1) 미분회로 실습내용

[그림 3-36]과 같은 미분회로에서 C는 1[nF], R은 1[kΩ]로 구성하고, 입력전원(Es)에서 구형파가 출력될 때, V_O(저항의 전압 : V_R)의 출력파형은 구형파를 미분한 결과가 나타난다.

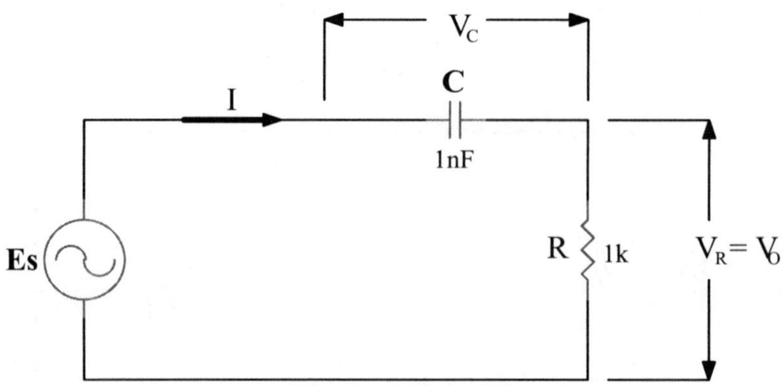

[그림 2-36] 미분 실습회로

2) 미분회로 시뮬레이션

[그림 3-37]과 같이 미분회로를 구성하고, Es에 구형파를 입력했을 경우에 저항의 전압(VR), 즉 출력파형이 구형파를 미분한 결과가 나타나는지 시뮬레이션을 통하여 알아보자.

시뮬레이션 디바이스 목록

종 류	부품/계기명	실행 아이콘
저 항	RES	: 부품(Component)
콘덴서	CAP	
접 지	GROUND	: 터미널(Terminal)
교류전원	SINE	: 전원(Generator)
전압 프로브	Voltage Probe	: 전압 프로브
시뮬레이션 방법	ANALOGUE	: 그래프(Graph)

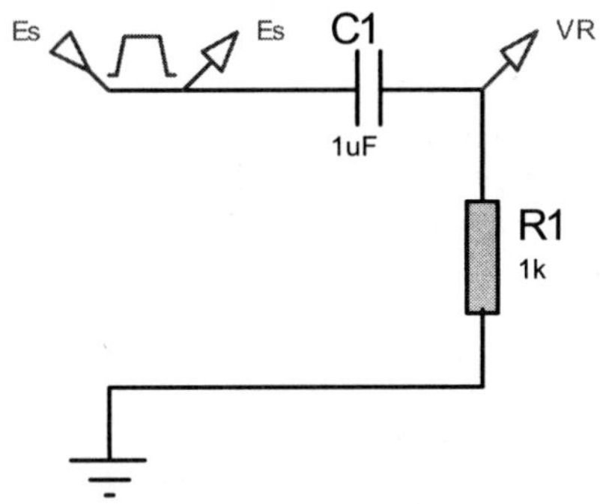

[그림 3-37] 미분 실습회로

① 부품( ) 선택(P)로 저항('RES'), 콘덴서('CAP')를 부품목록창에 등록시키고, [그림 3-37]과 같이 배치한다.("1.4.2 사용할 부품들 부품목록창에 등록하기" 참조)
② 터미널( ) 아이콘을 클릭 후 접지('GROUND')를 선택하여 배치한다.
③ 전원( ) 아이콘을 클릭 후 전원 목록에서 'SINE'를 선택하여 배치한다.
④ 배치한 모든 부품들을 [그림 3-37]과 같이 신호선으로 연결한다.
⑤ 전압 프로브( ) 아이콘 선택 후 [그림 3-37]과 같이 신호선에 배치한다.
⑥ 전압 프로브를 선택(마우스 오른쪽 버튼 클릭), 편집(마우스 왼쪽 버튼 클릭)을 이용하여 프로브 이름을 [그림 3-37]과 같이 각각을 'Es'와 'VR'로 수정한다.

⑦ 저항을 선택(마우스 오른쪽 버튼 클릭) 후 편집(마우스 왼쪽 버튼 클릭)으로 '1k' [Ω]으로 변경한다.

⑧ 콘덴서를 선택(마우스 오른쪽 버튼 클릭) 후 편집(마우스 왼쪽 버튼 클릭)으로 '1nF'으로 변경한다.

⑨ 입력 소스('?') 역시 선택(마우스 오른쪽 버튼 클릭), 편집(마우스 왼쪽 버튼 클릭)을 이용하여 [그림 3-38]과 같이 입력한다.("[그림 1-94] Vertical Sine 설정" 참조)

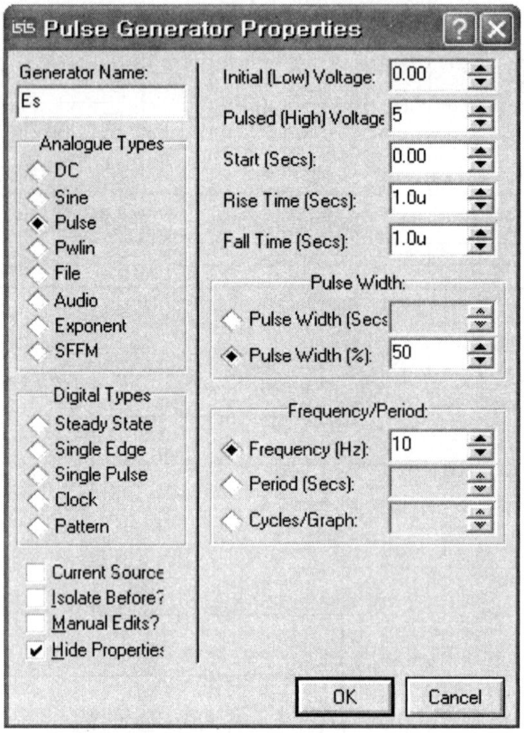

[그림 3-38] 미분회로를 위한 구형파 설정

- Generator Name : 입력 소스의 이름을 'Es'로 입력
- Analogue Types : 구형파인 'Pulse'를 선택(입력 소스 모양이 구형파로 바뀜)
- Initial(Low) Voltage : 구형파의 낮은 부분의 전압은 '0'[V](시작전압)
- Pulsed(High) Voltage : 구형파의 높은 부분의 전압은 '5'[V](구형파의 낮은 부분의 값과 높은 부분의 값은 바뀌어도 아무런 문제가 없다.)
- Start(Secs) : 구형파 시작 시간은 '0'초
- Rise Time(Secs) : 구형파의 상승 시간은 '1u'[s]

- Fall Time(Secs) : 구형파의 하강 시간은 '1u'[s]
- Pulse Width(%) : 구형파의 듀티(duty)비는 '50'%(즉, high와 low가 각각 50%이다. 그리고 듀티비란 high의 %값이다.)
- Frequency(Hz) : 구형파의 주파수는 '10'[Hz]

⑩ 시뮬레이션( ) 아이콘 선택 후 시뮬레이션 목록창에서 'ANALOGUE' 선택하자.("[그림 1-68] 시뮬레이션 방법 ANALOGUE 선택" 참조)

⑪ 시뮬레이션 결과창 표시영역을 설정한다.("[그림 1-69] 시뮬레이션 결과 표시영역 설정" 참조)

⑫ 분석할 프로브 VR을 선택(마우스 오른쪽 버튼 클릭)하여 시뮬레이션 결과창에 마우스 왼쪽 버튼 클릭 상태로 당겨 놓는다. 만약 선택된 상태이면 선택과정은 생략한다.("[그림 1-73] 시뮬레이션 결과창에 프로브 당겨 놓기"를 참조)

⑬ 시뮬레이션 결과창을 선택(마우스 오른쪽 버튼 클릭), 편집(마우스 왼쪽 버튼 클릭)을 이용하여 [그림 3-39]와 같이 설정한고, OK 버튼을 클릭한다.("[그림 1-78] 아날로그 시뮬레이션 조건 변경" 참조)

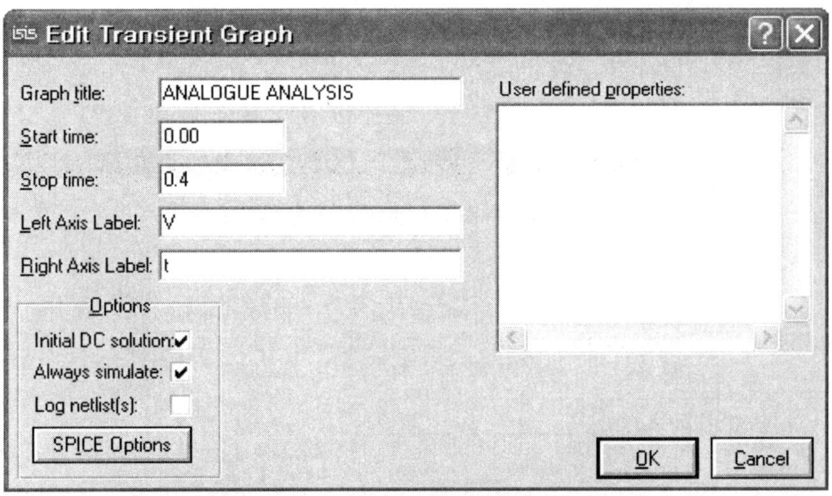

[그림 3-39] 미분회로 시뮬레이션 범위 설정

- 시작 시간 : '0'초
- 멈춤 시간 : '0.4'초
- y축 : 'V'(전압)
- x축 : 't'(시간)

⑭ 선택된 모든 것을 선택 해제(빈 공간에 마우스 오른쪽 버튼 클릭)한다.

⑮ 스페이스바를 눌러 시뮬레이션을 실행하여 확대하면 [그림 3-40]과 같은 결과를 얻을 수 있다.(콘덴서를 0.1[μF], 10[μF], 100[μF]으로 변경하여 시뮬레이션을 반복해보자.)

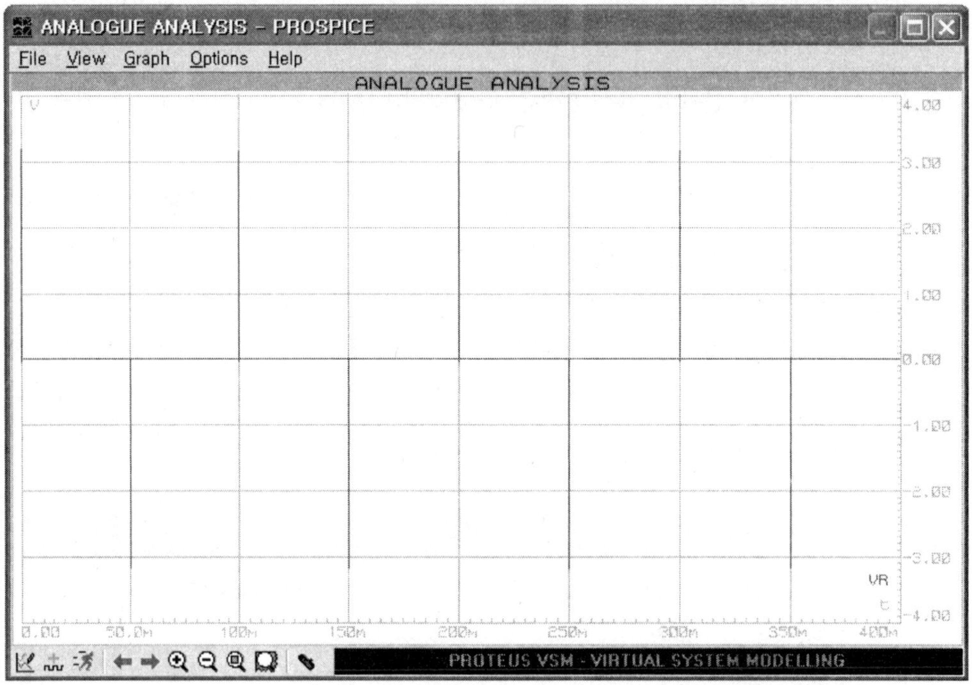

[그림 3-40] 미분회로 시뮬레이션 결과

3.3.4 적분회로 실습

1) 적분회로 실습내용

[그림 3-41]과 같은 적분회로에서 R은 12[Ω], C는 2000[μF]으로 구성하고, 입력전원(Es)에서 구형파가 출력될 때 V_O(콘덴서의 전압 : V_C)의 출력파형은 구형파를 적분한 결과가 나타난다.

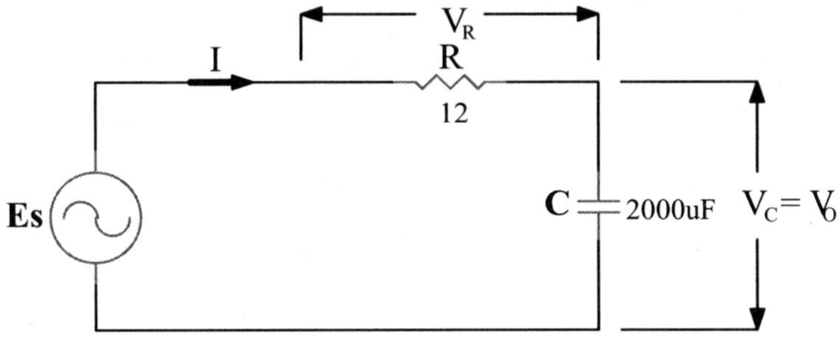

[그림 2-41] 적분 실습회로

2) 적분회로 시뮬레이션

[그림 3-42]와 같이 적분회로를 구성하고, Es에 구형파를 입력했을 경우에 저항의 전압(VR), 즉 출력파형이 구형파를 적분한 결과가 나타나는지 시뮬레이션을 통하여 알아보자.

시뮬레이션 디바이스 목록

종 류	부품/계기명	실행 아이콘
저 항	RES	:부품(Component)
콘덴서	CAP	
접 지	GROUND	: 터미널(Terminal)
교류전원	SINE	: 전원(Generator)
전압 프로브	Voltage Probe	: 전압 프로브
시뮬레이션 방법	ANALOGUE	: 그래프(Graph)

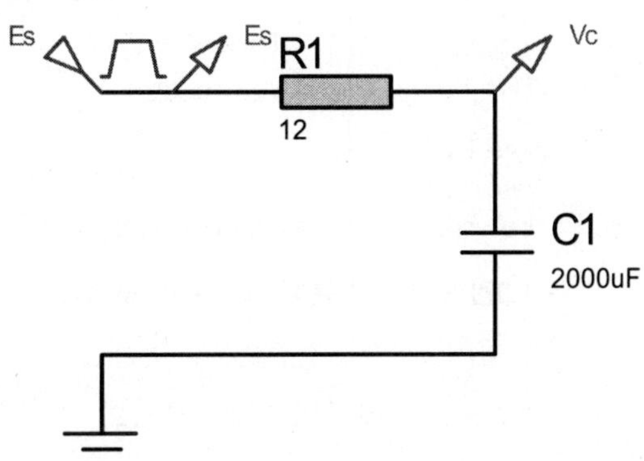

[그림 3-42] 적분 실습회로

① 부품( ) 선택(P)로 저항('RES'), 콘덴서('CAP')를 부품목록창에 등록시키고, [그림 3-42]와 같이 배치한다.("1.4.2 사용할 부품들 부품목록창에 등록하기" 참조)

② 터미널( ) 아이콘을 클릭 후 접지('GROUND')를 선택하여 배치한다.

③ 전원( ) 아이콘을 클릭 후 전원 목록에서 'SINE'를 선택하여 배치한다.

④ 배치한 모든 부품들을 [그림 3-42]와 같이 신호선으로 연결한다.

⑤ 전압 프로브( ) 아이콘 선택 후 [그림 3-42]와 같이 신호선에 배치한다.

⑥ 전압 프로브를 선택(마우스 오른쪽 버튼 클릭), 편집(마우스 왼쪽 버튼 클릭)을 이용하여 프로브 이름을 [그림 3-42]와 같이 각각을 'Es'와 'Vc'로 수정한다.

⑦ 저항을 선택(마우스 오른쪽 버튼 클릭) 후 편집(마우스 왼쪽 버튼 클릭)으로 '12' [Ω]으로 변경한다.

⑧ 콘덴서를 선택(마우스 오른쪽 버튼 클릭) 후 편집(마우스 왼쪽 버튼 클릭)으로 '2000uF'으로 변경한다.

⑨ 입력 소스('?') 역시 선택(마우스 오른쪽 버튼 클릭), 편집(마우스 왼쪽 버튼 클릭)을 이용하여 [그림 3-43]과 같이 입력한다.("[그림 3-38] 미분회로를 위한 구형파 설정" 참조)

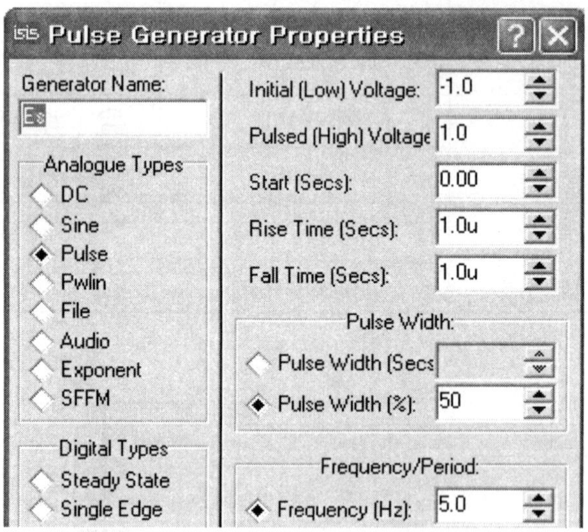

[그림 3-43] 적분회로를 위한 구형파 설정

- Initial(Low) Voltage : 구형파의 낮은 부분의 전압은 '−1'[V]
- Pulsed(High) Voltage : 구형파의 높은 부분의 전압은 '1'[V]

- Frequency(Hz) : 구형파의 주파수는 '5'[Hz]

⑩ 시뮬레이션( ) 아이콘 선택 후 시뮬레이션 목록창에서 'ANALOGUE' 선택하자.("[그림 1-68] 시뮬레이션 방법 ANALOGUE 선택" 참조)

⑪ 시뮬레이션 결과창 표시영역을 설정한다.("[그림 1-69] 시뮬레이션 결과 표시영역 설정" 참조)

⑫ 분석할 프로브 Es와 Vc를 각각 선택(마우스 오른쪽 버튼 클릭)하여 시뮬레이션 결과창에 마우스 왼쪽 버튼 클릭 상태로 당겨 놓는다. 만약 선택된 상태이면 선택과정은 생략한다.
("[그림 1-73] 시뮬레이션 결과창에 프로브 당겨 놓기"를 참조)

⑬ 스페이스바를 눌러 시뮬레이션을 실행하여 확대하면 [그림 3-44]와 같은 결과를 얻을 수 있다.

제3장

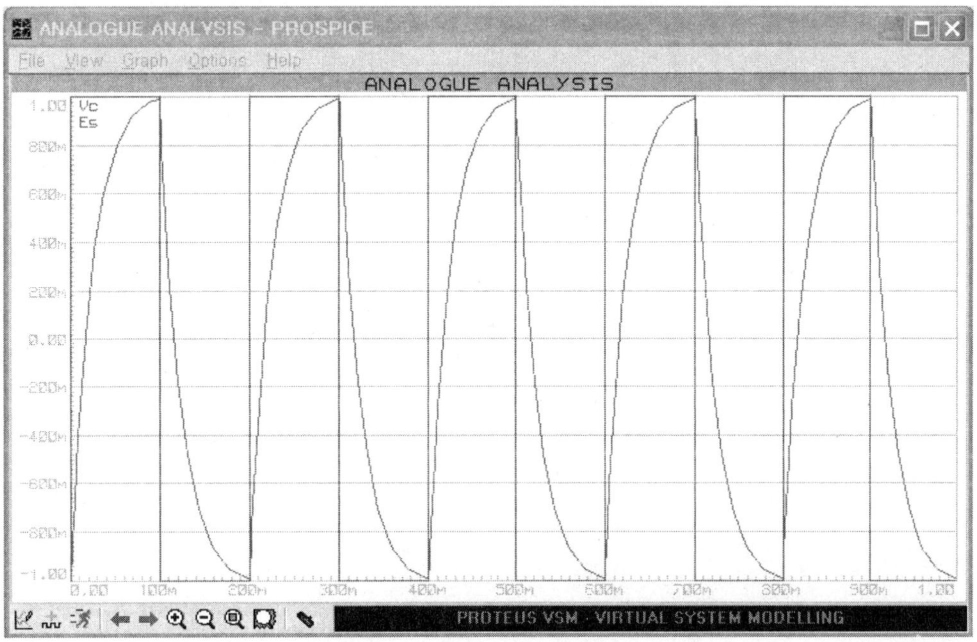

[그림 3-44] 적분회로 시뮬레이션 결과

[그림 3-44] 결과에서 보는 것과 같이 구형파를 적분하는 결과를 얻을 수 있다. 그러나 정확한 삼각파가 아닌 적분 결과가 나타남을 알 수 있다. [그림 3-44]보다 삼각파에 가까운 파형을 얻기 위해서는 차동증폭기와 함께 미·적분회로를 설계해야 한다. 이는 콘덴서의 충·방전시의 과도응답이 지수함수로 적분하기 때문이다. RC회로의 충전시의

시간에 따른 적분하는 식은 식 [3-12]와 같고, RC회로의 방전 시의 시간에 따른 적분 식은 식 [3-13]과 같다.

$$V_C = E_S\left(1 - e^{-\frac{t}{RC}}\right) \quad [3\text{-}12]$$

$$V_C = E_S \cdot e^{-\frac{t}{RC}} \quad [3\text{-}13]$$

미분회로에서 콘덴서 충전에 의한 저항의 전압 V_R은 식 [3-13]과 같고, 콘덴서 방전에 의한 미분회로의 V_R의 전압은 식 [3-12]와 같다. 즉 V_R과 V_C는 더해서 E_S가 나와야 하므로 서로 반대의 전압을 가지게 된다.

결과에서 알 수 있듯이 미 · 적분회로는 같은 회로이며, 단지 저항출력인지 콘덴서의 출력인지에 따라 미 · 적분회로가 결정된다는 것을 알 수 있다.

실습문제 미 · 적분회로

1. 정현파 미 · 적분 실습을 위하여 [그림 3-45]와 같은 회로를 구성한 후 C를 0.1[μF], 1[μF], 10[μF]로 바꾸어 가면서 출력파형 V_R, V_C를 관측하여 [그림 3-46]에 도시하라.

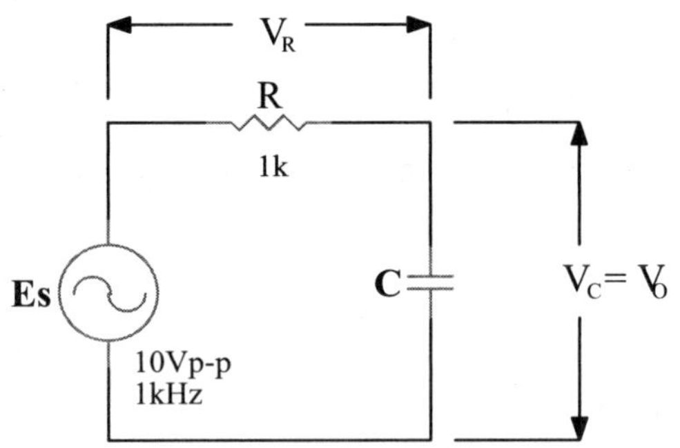

[그림 3-45] 미 · 적분 실습회로

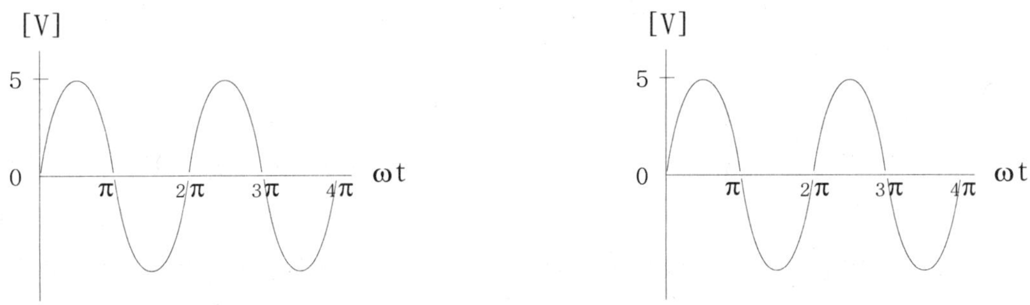

(a) V_R의 파형 도시할 곳 (b) V_C의 파형 도시할 곳

[그림 3-46] 정현파 미 · 적분 실습 결과 도시할 곳

2. 구형파 미 · 적분회로 실습을 위하여 [그림 3-45]와 같은 회로를 구성한 후 C를 0.1[μF], 1[μF], 10[μF]로 바꾸어 가면서 출력파형 V_R, V_C를 관측하여 [그림 3-47]에 도시하라.

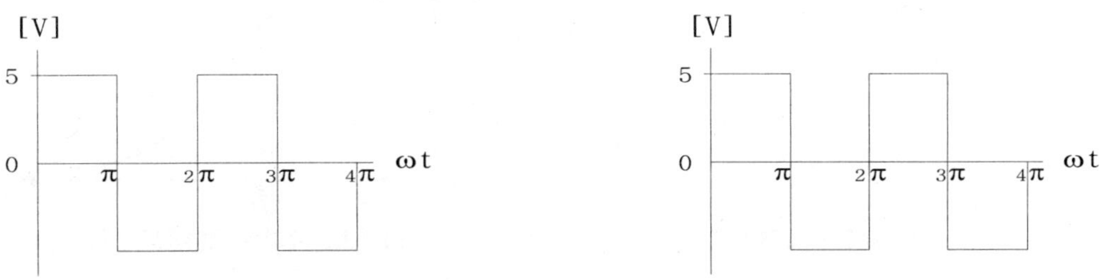

(a) V_R의 파형 도시할 곳 (b) V_C의 파형 도시할 곳

[그림 3-47] 구형파 미 · 적분 실습 결과 도시할 곳

3.4 필터 회로

회로를 통과할 수 있는 신호의 주파수가 제한되는 회로를 필터(Filter) 회로라고 한다. 이 절에서는 단지 수동소자인 R-C 회로와 R-L-C 회로를 이용하여 저역통과필터(LPF : Low Pass Filter)회로와 고역통과필터(HPF : High Pass Filter) 회로, 대역통과필터(BPF : Band Pass Filter)회로에서 입력신호의 주파수의 변화에 따른 진폭응답 특성을 살펴보기로 한다. 이를 통하여 필터 회로 성질을 이해하고자 한다.

3.4.1 저역통과필터

저역통과필터(LPF : Low Pass Filter)는 저주파만을 통과시키는 회로이며 적분회로와 회로가 같다. 단지 R, C의 값이 다를 뿐이다. LPF 회로는 R-C 직렬회로 형과 R-L 병렬회로 형이 있다.

여기서는 R-C 직렬회로 형 LPF 회로에 대한 설명한다. [그림 3-48](a)와 같은 R-C 직렬회로가 LPF 회로이다. 입력신호 E_S의 주파수를 가변하면 R-C 직렬회로에서 콘덴서에 인가되는 출력전압 V_O의 주파수에 대한 응답 특성을 살펴보면 [그림 3-48](b)와 같다. 이때 콘덴서의 전압 V_O가 입력전압(E_S)의 0.707배($1/\sqrt{2}$)가 되는 주파수를 차단주파수(f_c)라 한다. 0.707배를 dB단위로 고치면 −3[dB]가 된다. 차단주파수는 식 [3-14]와 같이 구할 수 있다.

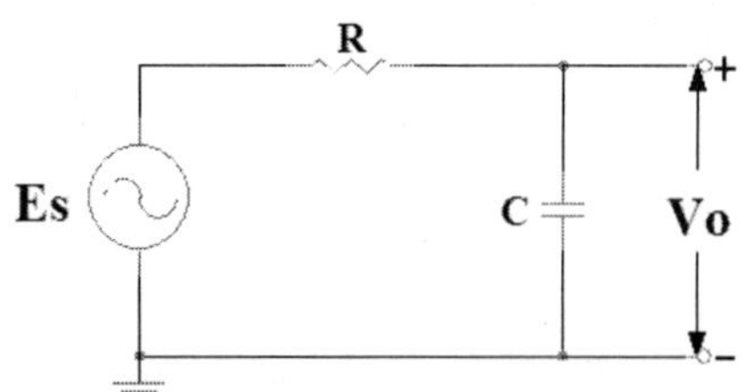

(a) R-C LPF회로

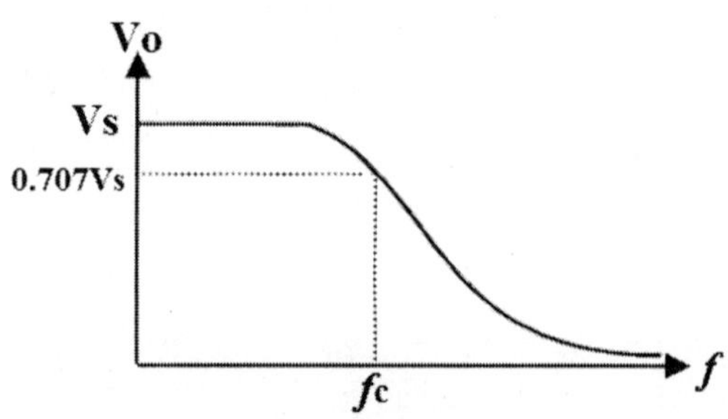

(b) LPF 주파수 응답곡선

[그림 3-48] LPF 회로와 주파수 응답곡선

$$f_c = \frac{1}{2\pi RC} \qquad [3\text{-}14]$$

3.4.2 고역통과필터

고역통과필터(HPF : High Pass Filter)는 고주파만을 통과시키는 회로이며 미분회로와 회로가 같다. 단지 R과 C의 값이 다를 뿐이다. 여기서는 R-C 직렬회로를 이용한 HPF회로에 대한 입력주파수 변화에 따른 진폭응답 특성을 살펴보기로 한다.

[그림 3-49](a)와 같은 C-R 직렬회로가 HPF회로이다. 입력신호 E_S의 주파수를 가변하면 R-C 직렬회로에서 저항에 인가되는 출력전압 V_O의 주파수에 대한 응답 특성을 살펴보면 [그림 3-49](b)와 같다. 이때 저항의 전압 V_O가 입력전압(E_S)의 0.707($1/\sqrt{2}$ 배=-3[dB])배가 되는 주파수를 LPF와 같이 차단주파수(f_c)라 한다. 차단주파수는 [식 3-14]와 같이 구할 수 있다.

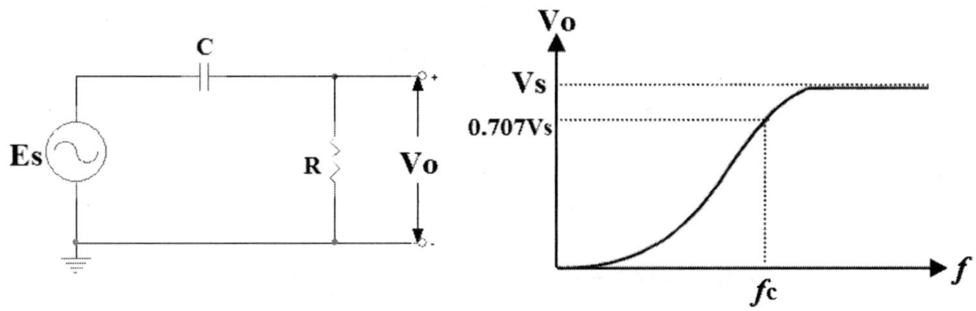

(a) R-C HPF 회로 (b) HPF 주파수 응답곡선

[그림 3-49] HPF 회로와 주파수 응답곡선

3.4.3 대역통과필터

대역통과필터(BPF : Band Pass Filter)는 특정한 주파수 대역만을 통과시키는 회로이며 R-L-C 공진회로와 회로가 같다. BPF 회로는 병렬공진회로형과 직렬공진회로형이 있으나, 여기서는 직렬공진회로를 이용한 BPF 회로에 대한 입력주파수 변화에 따른 진폭응답 특성을 살펴보기로 한다.

[그림 3-50](a)와 같은 R-L-C 직렬회로가 BPF 회로이다. 입력신호 E_S의 주파수를 가변하면서 R-L-C 직렬회로의 저항에 걸리는 전압 V_O의 주파수에 대한 응답 특성을 살펴

보면 [그림 3-50](b)와 같다.

이때 저항의 전압 V_O가 입력전압 E_S가 되는 주파수가 공진주파수 f_0이다. 즉, BPF의 중심주파수가 된다. 공진주파수(f_0)는 식 [3-15]로 구할 수 있다.

입력전압(E_S)의 0.707($1/\sqrt{2}$ 배 = −3[dB])배가 되는 주파수를 차단주파수(f_c)라 한다. 그리고 BPF는 [그림 3-50](b)와 같이 두 개의 차단주파수가 존재하며 첫 번째 차단주파수 f_{c1}는 R-C 직렬회로에 의한 HPF의 차단주파수로 식 [3-16]과 같고, 두 번째 차단주파수 f_{c2}의는 R-L 직렬회로에 의한 LPF 차단주파수로 식 [3-17]과 같다.

그리고 첫 번째 차단주파수와 두 번째 차단주파수의 간격을 대역폭(BW : Bandwidth)이라 하며 식 [3-18]과 같다.

대역폭은 선택도 인자 Q에 의하여 결정되며 그 관계식은 식 [3-19]와 같다. 그리고 Q > 0.5면 협대역 BPF라 하고, Q ≦ 0.5면 광대역 BPF라고 한다.

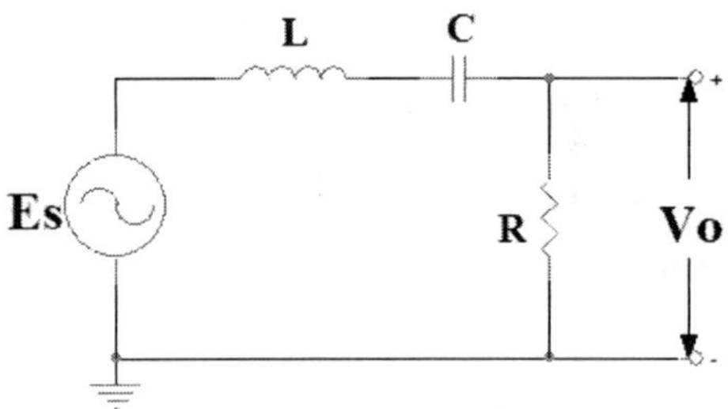

(a) R-L-C BPF 회로

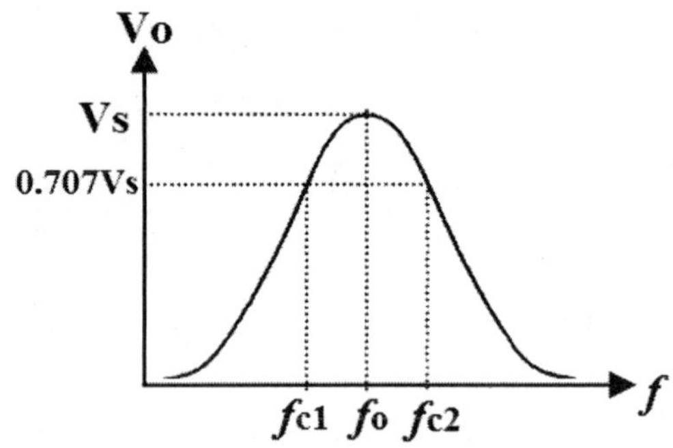

(b) BPF 주파수 응답곡선

[그림 3-50] BPF 회로와 주파수 응답곡선

$$f_0 = \frac{1}{2\pi\sqrt{LC}} \quad [3\text{-}15]$$

$$f_{c1} = \frac{1}{2\pi RC} \quad [3\text{-}16]$$

$$f_{c2} = \frac{R}{2\pi L} \quad [3\text{-}17]$$

$$BW = f_{c2} - f_{c1} \quad [3\text{-}18]$$

$$Q = \frac{f_0}{BW} \quad [3\text{-}19]$$

3.4.4 LPF 회로 실습

1) LPF(Low Pass Filter) 회로 실습내용

[그림 3-51]과 같은 수동수자를 이용한 1차 저주파 필터회로에서 정현파 입력신호 Es의 주파수를 가변했을 때 콘덴서의 전압 Vo의 주파수에 대한 응답 특성을 알기 위하여 차단주파수(f_c)를 알아보자.

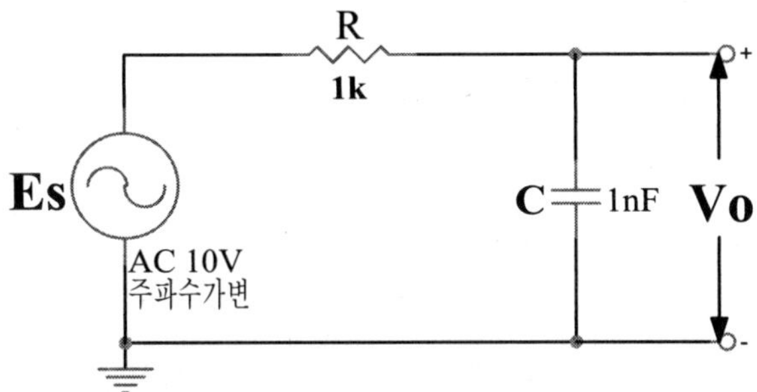

[그림 3-51] LPF 실습회로

[그림 3-51]의 LPF 회로의 차단주파수는 식 [3-14]에 의하여 아래와 같다.

$$f_c = \frac{1}{2\pi RC} = \frac{1}{2\pi \times 1[k\Omega] \times 1[mF]} = 159.154[kHz]$$

2) LPF 회로 시뮬레이션

[그림 3-52]와 같은 LPF 회로를 구성하고, 주파수 시뮬레이션 방법으로 차단주파수를 찾아보자.

시뮬레이션 디바이스 목록

종 류	부품/계기명	실행 아이콘
저 항	RES	: 부품(Component)
콘덴서	CAP	
접 지	GROUND	: 터미널(Terminal)
교류전원	SINE	: 전원(Generator)
전압 프로브	Voltage Probe	: 전압 프로브
시뮬레이션 방법	FREQUENCY	: 그래프(Graph)

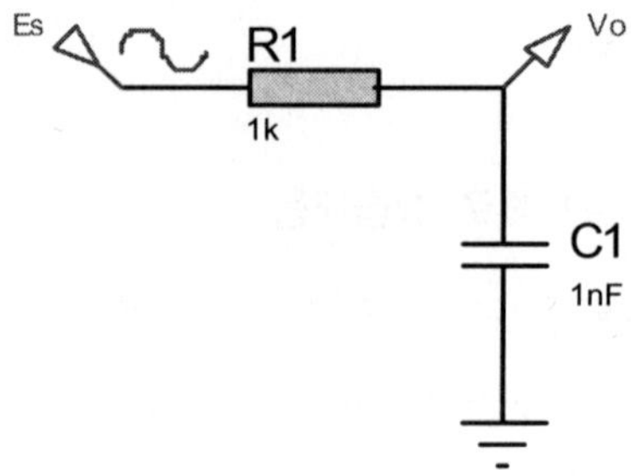

[그림 3-52] LPF 시뮬레이션 회로

① 부품( ) 선택(P)로 저항('RES'), 콘덴서('CAP')를 부품목록창에 등록시키고, [그림 3-52]와 같이 배치한다.("1.4.2 사용할 부품들 부품목록창에 등록하기" 참조)

② 터미널( ) 아이콘을 클릭 후 접지('GROUND')를 선택하여 배치한다.

③ 전원( ) 아이콘을 클릭 후 전원 목록에서 'SINE'를 선택하여 배치한다.

④ 배치한 모든 부품들을 [그림 3-52]와 같이 신호선으로 연결한다.

⑤ 전압 프로브( ) 아이콘 선택 후 [그림 3-52]와 같이 신호선에 배치한다.

⑥ 전압 프로브를 선택(마우스 오른쪽 버튼 클릭), 편집(마우스 왼쪽 버튼 클릭)을 이용하여 프로브 이름을 [그림 3-52]와 같이 'Vo'로 수정한다.

⑦ 저항을 선택(마우스 오른쪽 버튼 클릭), 편집(마우스 왼쪽 버튼 클릭)으로 '1k'[Ω]으로 변경한다.

⑧ 콘덴서를 선택(마우스 오른쪽 버튼 클릭), 편집(마우스 왼쪽 버튼 클릭)으로 '1nF'으로 변경한다.

⑨ 입력 소스('?')를 선택(마우스 오른쪽 버튼 클릭), 편집(마우스 왼쪽 버튼 클릭)하여 [그림 3-53]과 같이 전원 이름을 'Es'로, 전압크기(Amplitude)를 '10'[V]로 변경한다.(주파수는 가변할 것이므로 무의미한 값이다. 따라서 기본값을 그대로 둔다.)

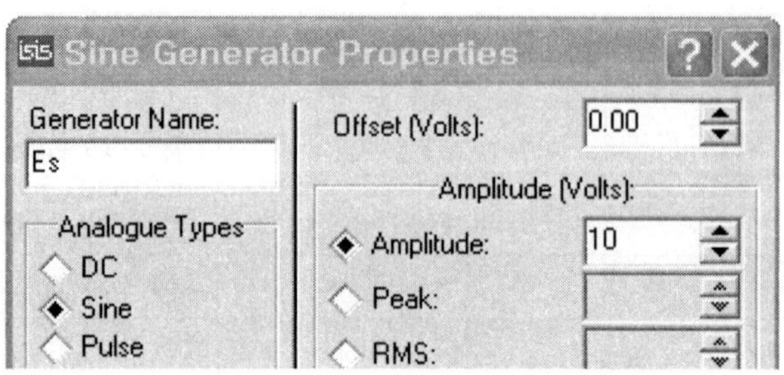

[그림 3-53] Es 설정 변경

⑩ 선택된 항목들을 모두 선택 해제(빈 공간에 마우스 오른쪽 버튼 클릭)한다.

⑪ 시뮬레이션(: Graph) 아이콘을 클릭 후 시뮬레이션 목록에서 시뮬레이션 방법을 'FREQUENCY'로 선택한다.("3.2.4 주파수 시뮬레이션 방법" 참조)

⑫ 회로작성창의 빈 공간에 마우스 왼쪽 버튼을 클릭하여 시뮬레이션 결과창을 만든다. ("[그림 1-69] 시뮬레이션 결과창 크기 설정" 참조)

⑬ 분석할 출력 전압 프로브 V_O를 선택(마우스 오른쪽 버튼 클릭)하여 시뮬레이션 결과창에 마우스 왼쪽 버튼 클릭 상태로 당겨 놓는다.("[그림 1-73] 시뮬레이션 결과창에 프로브 당겨 놓기"를 참조)

⑭ 시뮬레이션 결과창을 선택(마우스 오른쪽 버튼 클릭) 후 편집(마우스 왼쪽 버튼 클릭)으로 [그림 3-54]와 같이 'FREQUENCY RESPONSE', 'Es'를 시작 주파수 '10' ~정지 주파수를 '1M'[Hz] 설정하고, OK 버튼을 클릭한다.
("[그림 3-30] 입력 소스 주파수 설정 편집" 참조)

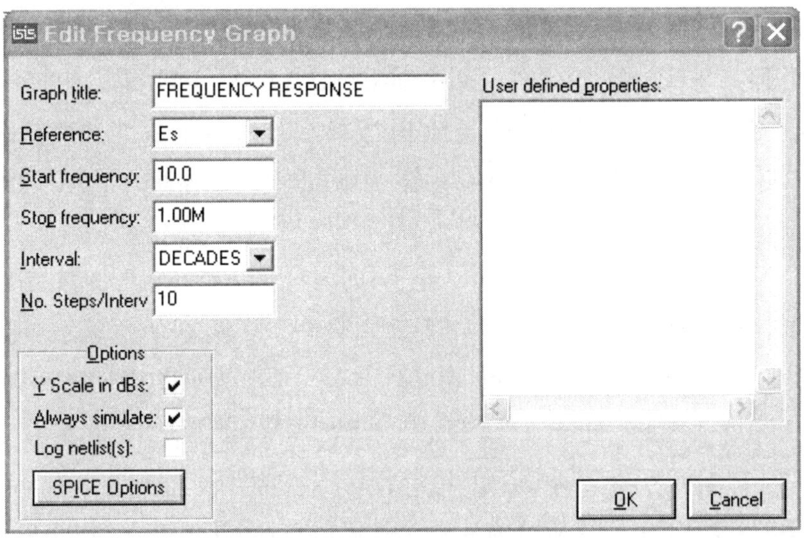

[그림 3-54] 주파수 시뮬레이션 설정

⑮ 스페이스바를 눌러 시뮬레이션 시작하면 [그림 3-55]와 같은 결과를 얻을 수 있다.

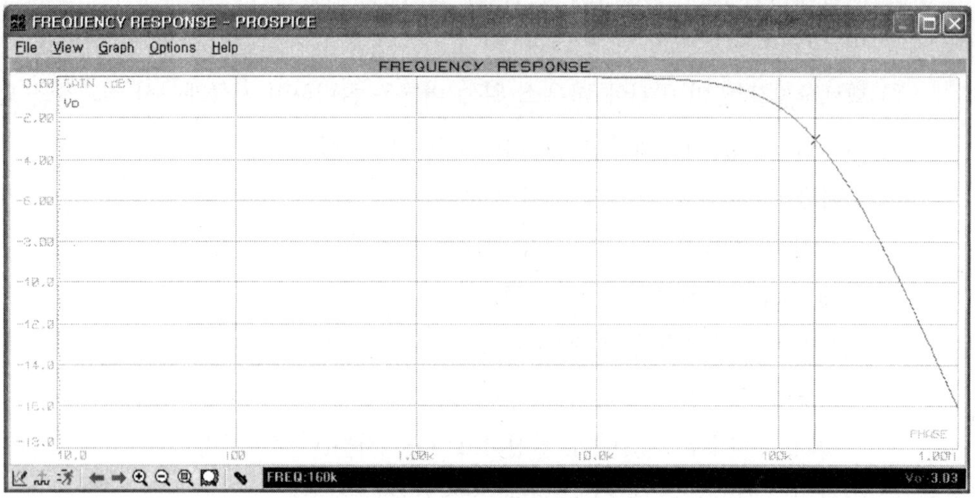

[그림 3-55] LPF 실습 결과

[그림 3-52] LPF 실습회로의 주파수 응답곡선인 [그림 3-55]의 결과에서 차단주파수를 찾아보자. 차단주파수의 이득은 −3[dB]인 곳이다. 우리는 앞서 주파수 시뮬레이션 설정([그림 3-54])에서 'Y Scale in dBs'를 선택했으므로 Y축의 스케일은 dB단위(로그 스케일)이다.

LPF 주파수 응답곡선의 결과([그림 3-55])에서 차단주파수를 찾기 위하여 응답곡선(결과파형)의 선위에 마우스 왼쪽 버튼으로 클릭한 다음, 마우스 왼쪽 버튼 클릭 상태를 유지하면서 마우스를 움직여 LPF 주파수 응답곡선의 결과([그림 3-55]) 우측 하단에 'Vo : −3.00'(Y축 값)에 가장 가까운 값이 나오면 마우스 왼쪽 버튼의 클릭 상태를 해제한다. 그러면 LPF 주파수 응답곡선의 결과의 좌측 하단에 보는 것과 같이 'FREQ : 160k'가 나타난다. 이는 −3.03[dB]에서 주파수가 160[kHz]라는 것을 의미한다. 따라서 [그림 3-52] LPF 실습회로의 차단주파수가 160[kHz]에 가깝다는 것을 알 수 있다.

LPF 주파수 응답곡선의 결과([그림 3-55]) 하단의 결과와 같이 −3[dB]에 가장 가까운 −3.03[dB]인 곳의 주파수값이 160[kHz]가 나온다. 앞서 구한 이론값 159.154[kHz]와 유사함을 알 수 있다. 따라서 159.154[kHz] 이상의 주파수의 이득은 계속 낮아짐을 알 수 있다. 이때 −20[dB]는 입력신호의 −100배가 되는 곳으로 이곳을 정지 주파수(Stop frequency)라고 하며, 일반적으로 "100배보다 작은 값은 차단되었다"라고 본다.

3.4.5 HPF 회로 실습

1) HPF 실습내용

[그림 3-56]과 같은 수동소자만을 이용한 1차 HPF(High Pass Filter) 회로를 구성하고, 입력신호 E_S의 주파수를 가변에 따른 출력전압 V_O의 주파수에 대한 응답 특성을 알기 위하여 차단주파수(f_c)를 알아보자.

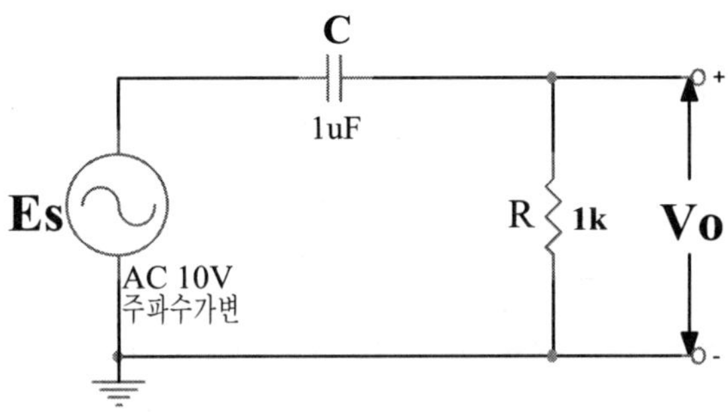

[그림 3-56] 1차 HPF 실습회로

[그림 3-56]의 HPF 회로의 차단주파수는 식 [3-14]에 의하여 아래와 같다.

$$f_c = \frac{1}{2\pi RC} = \frac{1}{2\pi \times 1[\mathrm{k}\Omega] \times 1[\mu\mathrm{F}]} = 159.154[\mathrm{Hz}]$$

2) HPF 회로 시뮬레이션

[그림 3-57]과 같은 HPF 회로를 구성하고, 주파수 시뮬레이션 방법으로 차단주파수를 찾아보자.

시뮬레이션 디바이스 목록

종 류	부품/계기명	실행 아이콘
저 항	RES	:부품(Component)
콘덴서	CAP	
접 지	GROUND	: 터미널(Terminal)
교류전원	SINE	: 전원(Generator)
전압 프로브	Voltage Probe	: 전압 프로브
시뮬레이션 방법	FREQUENCY	: 그래프(Graph)

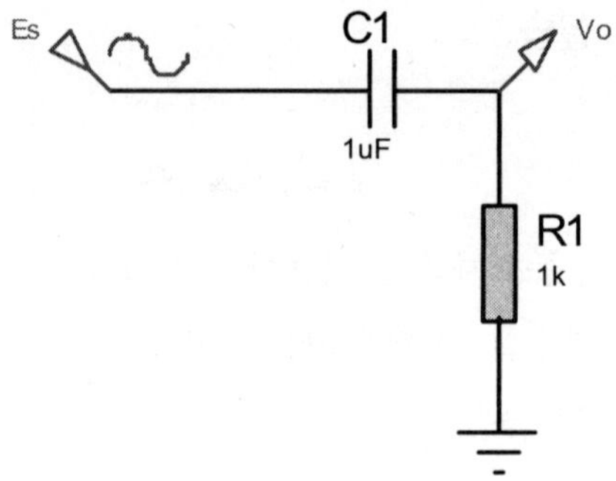

[그림 3-57] HPF 시뮬레이션 회로

① 부품( ) 선택(P)로 저항('RES'), 콘덴서('CAP')를 부품목록창에 등록시키고, [그림 3-57]과 같이 배치한다.("1.4.2 사용할 부품들 부품목록창에 등록하기" 참조)

② 터미널( ) 아이콘을 클릭 후 접지('GROUND')를 선택하여 배치한다.

③ 전원( ) 아이콘을 클릭 후 전원 목록에서 'SINE'를 선택하여 배치한다.

④ 배치한 모든 부품들을 [그림 3-57]과 같이 신호선으로 연결한다.

⑤ 전압 프로브( ) 아이콘 선택 후 [그림 3-57]과 같이 신호선에 배치한다.

⑥ 전압 프로브를 선택(마우스 오른쪽 버튼 클릭), 편집(마우스 왼쪽 버튼 클릭)을 이용하여 프로브 이름을 [그림 3-57]과 같이 'Vo'로 수정한다.

⑦ 저항(R1)을 선택(마우스 오른쪽 버튼 클릭), 편집(마우스 왼쪽 버튼 클릭)으로 '1k'[Ω]으로 변경한다.

⑧ 콘덴서(C1)를 선택(마우스 오른쪽 버튼 클릭), 편집(마우스 왼쪽 버튼 클릭)으로 '1uF'으로 변경한다.

⑨ 입력 소스('?')를 선택(마우스 오른쪽 버튼 클릭), 편집(마우스 왼쪽 버튼 클릭)하여 [그림 3-53]과 같이 전원 이름을 'Es'로, 전압(Amplitude)을 '10'[V]로 변경한다. (주파수는 가변할 것이므로 무의미한 값이다. 따라서 기본 값을 그대로 둔다.)

⑩ 선택된 항목들을 모두 선택 해제(빈 공간에 마우스 오른쪽 버튼 클릭)한다.

⑪ 시뮬레이션(: Graph) 아이콘을 클릭 후 시뮬레이션 목록에서 시뮬레이션 방법을 'FREQUENCY'로 선택한다.("3.2.4 주파수 시뮬레이션 방법" 참조)

⑫ 회로작성창의 빈 공간에 마우스 왼쪽 버튼을 이용하여 시뮬레이션 결과창을 만든다.("[그림 1-69] 시뮬레이션 결과창 크기 설정" 참조)

⑬ 분석할 출력 전압 프로브 Vo를 선택(마우스 오른쪽 버튼 클릭)하여 시뮬레이션 결

과창에 마우스 왼쪽 버튼 클릭상태로 당겨 놓는다.("[그림 1-73] 시뮬레이션 결과 창에 프로브 당겨 놓기"를 참조)

⑭ 시뮬레이션 결과창을 선택(마우스 오른쪽 버튼 클릭) 후 편집(마우스 왼쪽 버튼 클릭)으로 [그림 3-54]와 같이 'FREQUENCY RESPONSE', 'Es'를 시작 주파수 '10' ~정지 주파수를 '1M'[Hz] 설정하고, OK 버튼을 클릭한다.
("[그림 3-30] 입력 소스 주파수 설정 편집" 참조)

⑮ 스페이스바를 눌러 시뮬레이션 시작하면 [그림 3-58]과 같은 결과를 얻을 수 있다.

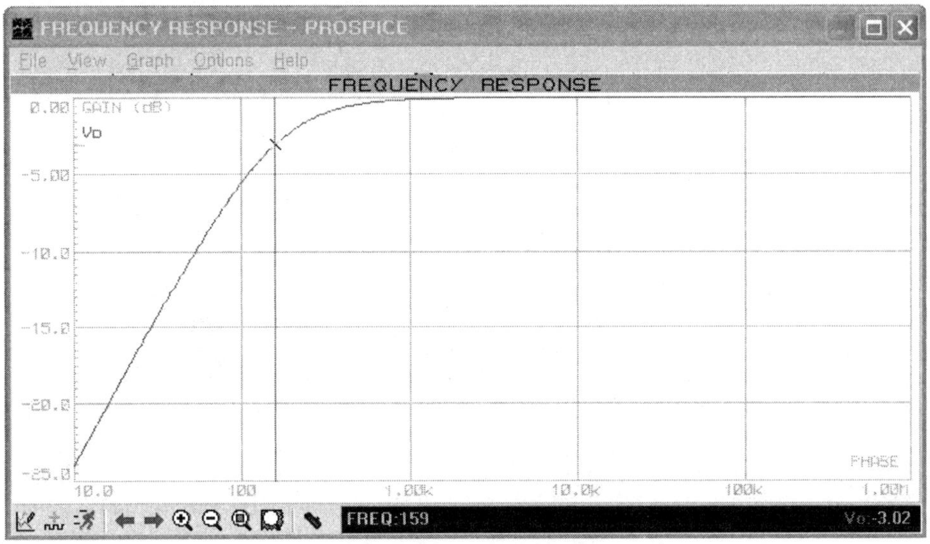

[그림 3-58] HPF 실습 결과

차단주파수는 이득이 −3[dB]인 곳이다. [그림 3-58] HPF 시뮬레이션 결과에서 차단주파수를 찾아보자. 시뮬레이션 결과창의 그래프에 마우스 왼쪽 버튼을 클릭한 상태로 이동시켜 Y축의 값이 −3[dB]에 가장 가까운 값이 나타나면 마우스 왼쪽 버튼 클릭 상태를 해제한다. 그러면 [그림 3-58]과 같이 Y축이 −3.02[dB]에서 X축의 주파수가 159[Hz]임을 보여준다.

따라서 앞서 구한 이론값 159.154[Hz]와 유사함을 알 수 있다. 참고로 −20[dB]인 곳도 확인해보면 15.9[Hz]가 나타난다. 이는 15.9[Hz]일 경우에는 입력신호 크기가 100배 감소한 신호가 출력된다는 것을 의미한다.

3.4.6 BPF 회로 실습

1) BPF(Band Pass Filter) 실습내용

[그림 3-59]와 같은 수동소자만을 이용한 1차 BPF 회로를 구성하고, 입력신호 E_S의 주파수를 가변에 따른 출력전압 V_O의 주파수에 대한 응답특성을 알기 위하여 공진주파수 f_0와 두 개의 차단주파수 f_{c1}, f_{c2} 그리고 대역폭(BW)를 알아보고, 선택도 Q를 구하여 협대역 BPF인지 광대역 BPF인지를 알아보자.

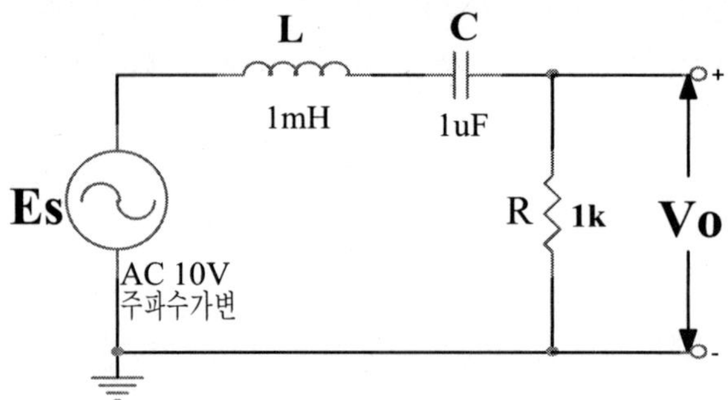

[그림 3-59] 1차 BPF 실습회로

[그림 3-59]의 BPF 회로의 공진주파수와 두 개의 차단주파수 그리고 대역폭, 선택도를 각각을 구하면 아래와 같다.

$$f_0 = \frac{1}{2\pi\sqrt{LC}} = \frac{1}{2\pi\sqrt{1[mH]\times 1[\mu F]}} = 5.033[kHz]$$

$$f_{c1} = \frac{1}{2\pi RC} = \frac{1}{2\pi \times 1[k\Omega]\times 1[\mu F]} = 159.155[Hz]$$

$$f_{c2} = \frac{R}{2\pi L} = \frac{1[k\Omega]}{2\pi 1[mH]} = 159.155[kHz]$$

$$BW = f_{c2} - f_{c1} = 159.155[kHz] - 159.155[Hz] = 158.996[kHz]$$

$$Q = \frac{f_0}{BW} = \frac{5.033[kHz]}{158.996[kHz]} = 0.032$$

위 풀이에서 알 수 있듯이 Q가 0.032이므로 Q ≦ 0.5이다. 따라서 광대역 BPF이다.

2) BPF 회로 실습

[그림 3-60]과 같은 BPF 회로를 구성하고, 주파수 시뮬레이션 방법으로 공진주파수와 두 개의 차단주파수를 찾아보자.

시뮬레이션 디바이스 목록

종 류	부품/계기명	실행 아이콘
저 항	RES	: 부품(Component)
코 일	IND-AIR	
콘덴서	CAP	
접 지	GROUND	: 터미널(Terminal)
교류전원	SINE	: 전원(Generator)
전압 프로브	Voltage Probe	: 전압 프로브
시뮬레이션 방법	FREQUENCY	: 그래프(Graph)

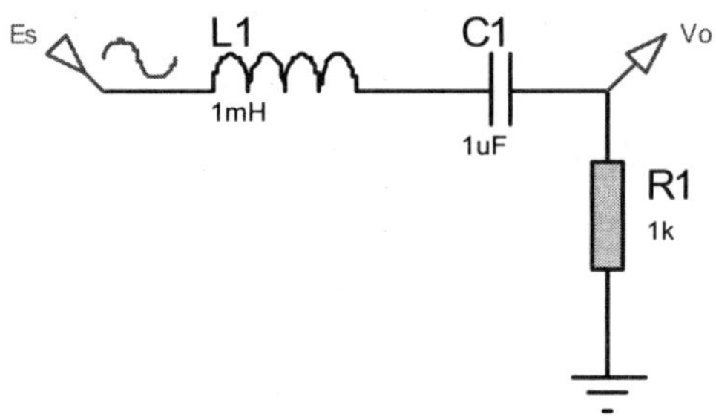

[그림 3-60] BPF 시뮬레이션 회로

① 부품() 선택(P)로 저항('RES'), 콘덴서('CAP'), 코일('IND-AIR')을 부품목록창에 등록시키고, [그림 3-52]와 같이 배치한다.("1.4.2 사용할 부품들 부품목록창에 등록하기" 참조)

② 터미널() 아이콘을 클릭 후 접지('GROUND')를 선택하여 배치한다.

③ 전원() 아이콘을 클릭 후 전원 목록에서 'SINE'를 선택하여 배치한다.

④ 배치한 모든 부품들을 [그림 3-60]과 같이 신호선으로 연결한다.

⑤ 전압 프로브() 아이콘 선택 후 [그림 3-60]과 같이 신호선에 배치한다.

⑥ 전압 프로브를 선택(마우스 오른쪽 버튼 클릭), 편집(마우스 왼쪽 버튼 클릭)을 이용하여 프로브 이름을 [그림 3-60]과 같이 'Vo'로 수정한다.

⑦ 저항(R1)을 선택(마우스 오른쪽 버튼 클릭), 편집(마우스 왼쪽 버튼 클릭)으로 '1k'[Ω]으로 변경한다.

⑧ 콘덴서(C1)를 선택(마우스 오른쪽 버튼 클릭), 편집(마우스 왼쪽 버튼 클릭)으로 '1uF'으로 변경한다.

⑨ 코일(L1)을 선택(마우스 오른쪽 버튼 클릭), 편집(마우스 왼쪽 버튼 클릭)으로 '1mH'으로 변경한다.

⑩ 입력 소스('?')를 선택(마우스 오른쪽 버튼 클릭), 편집(마우스 왼쪽 버튼 클릭)하여 [그림 3-60]과 같이 전원 이름을 'Es'로, 전압(Amplitude)을 '10'[V]로 변경한다. (주파수는 가변할 것이므로 무의미한 값이다. 따라서 기본값을 그대로 둔다.)

⑪ 선택된 항목들을 모두 선택 해제(빈 공간에 마우스 오른쪽 버튼 클릭)한다.

⑫ 시뮬레이션(: Graph) 아이콘을 클릭 후 시뮬레이션 목록에서 시뮬레이션 방법을 'FREQUENCY'로 선택한다.("3.2.4 주파수 시뮬레이션 방법" 참조)

⑬ 회로작성창의 빈 공간에 마우스 왼쪽 버튼을 이용하여 시뮬레이션 결과창을 만든다.("[그림 1-69] 시뮬레이션 결과창 크기 설정" 참조)

⑭ 분석할 출력 전압 프로브 V_O를 선택(마우스 오른쪽 버튼 클릭)하여 시뮬레이션 결과창에 마우스 왼쪽 버튼 클릭상태로 당겨 놓는다.("[그림 1-73] 시뮬레이션 결과창에 프로브 당겨 놓기"를 참조)

⑮ 시뮬레이션 결과창을 선택(마우스 오른쪽 버튼 클릭) 후 편집(마우스 왼쪽 버튼 클릭)으로 [그림 3-61]과 같이 'FREQUENCY RESPONSE', 'Es'의 시작 주파수 '25' ~정지 주파수를 '1M'[Hz], Step은 '100'으로 설정한고, OK 버튼을 클릭한다. ("[그림 3-30] 입력 소스 주파수 설정 편집" 참조)

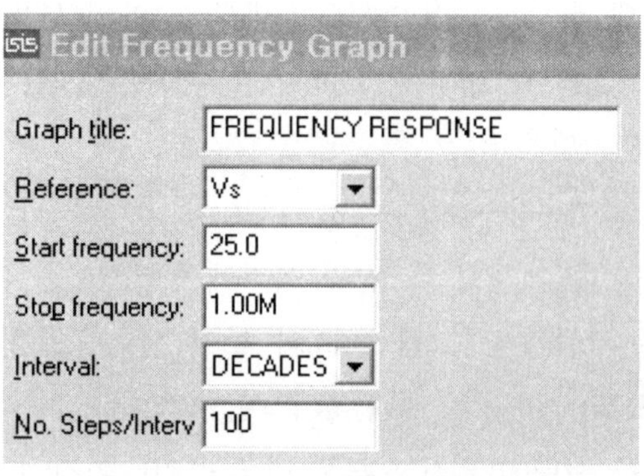

[그림 3-61] BPF 주파수 시뮬레이션 설정

⑯ 스페이스바를 눌러 시뮬레이션 시작하면 [그림 3-62]와 같은 결과를 얻을 수 있다.

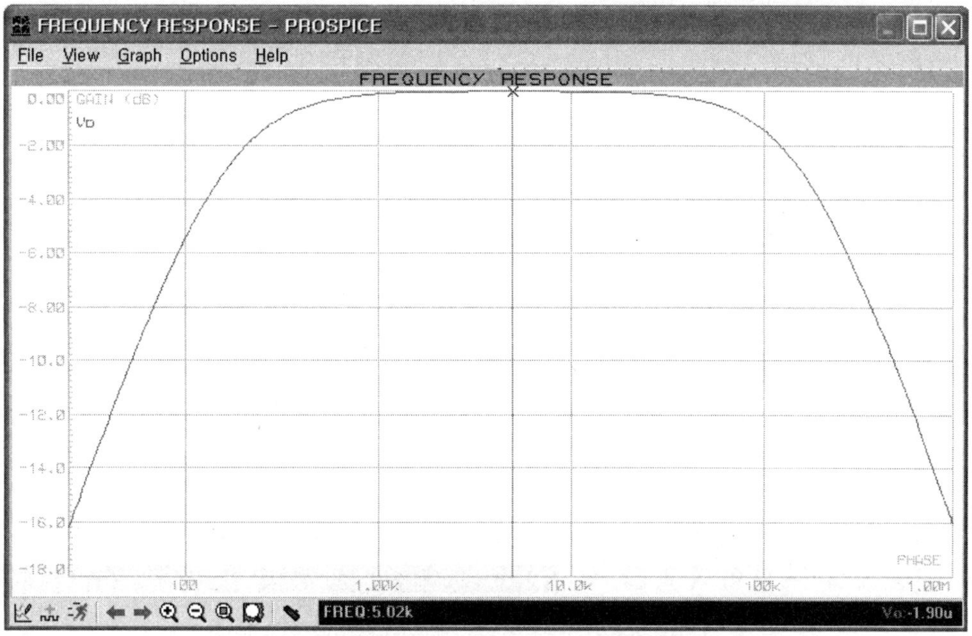

[그림 3-62] BPF 실습 결과(중심주파수 찾기)

BPF의 중심주파수(공진주파수)를 찾기 위하여 [그림 3-62]처럼 이득이 0[dB](1배)에 가장 가까운 곳에 마우스 왼쪽 버튼을 클릭하자. 그러면 [그림 3-62]의 하단에 보이는 것처럼 이득(Vo(출력전압이득) : Y축 값)이 '-1.90u'로 나타난다. 이는 -1.9×10^{-6}[dB]를 말하며, -1.9×10^{-6}[dB]는 0[dB]에 가장 가까운 값이다.

즉, 0[dB]일 때 [그림 3-62] 하단에 보인바와 같이 주파수는 5.02[kHz]이다. 앞서 이론으로 구한 중심주파수 5.033[kHz]와 시뮬레이션 결과가 유사함을 알 수 있다.

다음은 두 개의 차단주파수와 대역폭을 알아보기 위하여 우선 우측의 이득이 -3[dB]에 가까운 곳을 마우스 왼쪽 버튼으로 클릭하고, 컨트롤(Ctrl) 키를 누른 상태에서 좌측의 -3[dB]에 가까운 곳을 마우스 왼쪽 버튼으로 한 번 더 클릭하면 [그림 3-63]과 같은 결과를 얻을 수 있다. [그림 3-63]의 하단의 결과에서 보는 바와 같이 높은 쪽(LPF 동작)의 차단주파수 f_{c2}는 -2.98[dB] 지점에서 158[kHz]가 나왔고, 낮은 쪽(HPF 동작)의 차단주파수 f_{c1}는 -3.02[dB] 지점에서 158[Hz]가 나왔고, 그 대역폭([그림 3-63]의 DX : +158k)은 158[kHz]를 얻을 수 있었다. 앞서 이론으로 구한 $f_{c1}=159.155$[Hz]와 $f_{c2}=159.155$[kHz] 그리고 대역폭(BW)$=158.996$[kHz]와 유사함을 알 수 있다.

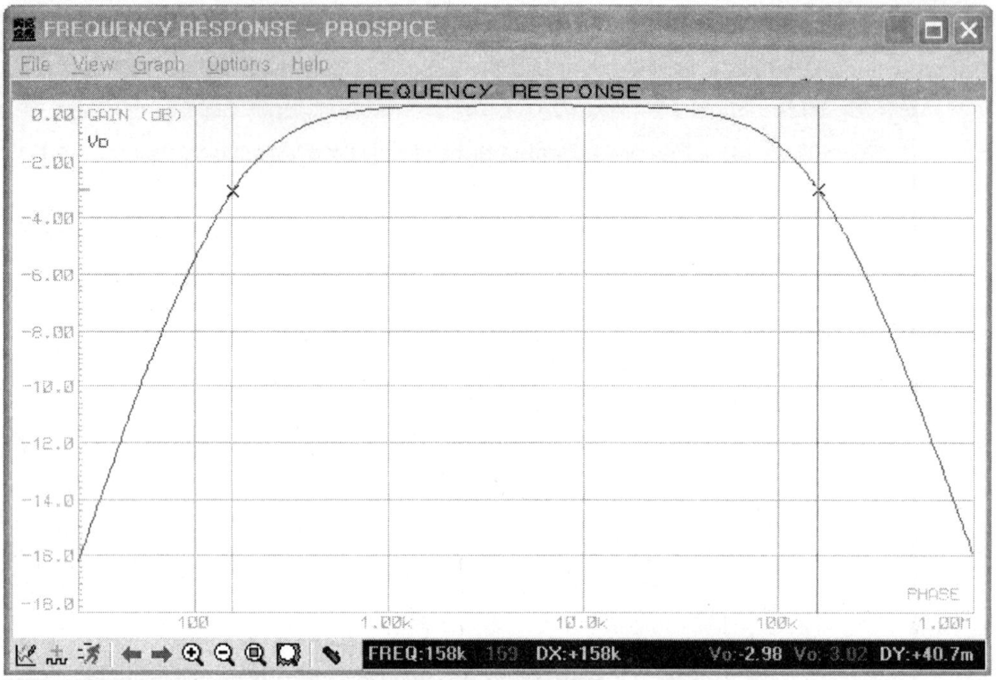

[그림 3-63] BPF 실습 결과(차단주파수와 대역폭 찾기)

실습문제 필터 회로

1. [그림 3-64] 회로구성하고, 주파수 시뮬레이션을 하여 그 결과를 도시하고, 차단주파수도 표시하라. 그리고 이론적으로 차단주파수를 계산하여 구하라.

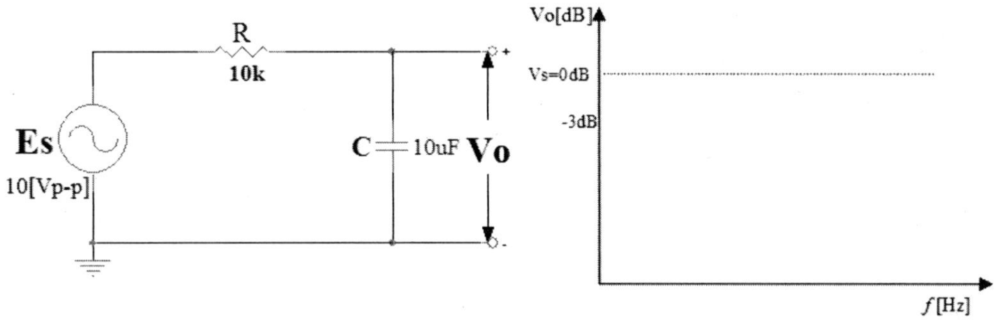

[그림 3-64] 실험문제 회로 1

f_c= ____________________.

2. [그림 3-65] 회로구성하고, 주파수 시뮬레이션을 하여 그 결과를 도시하고, 차단주파수도 표시하라. 그리고 이론적으로 차단주파수를 계산하여 구하라.

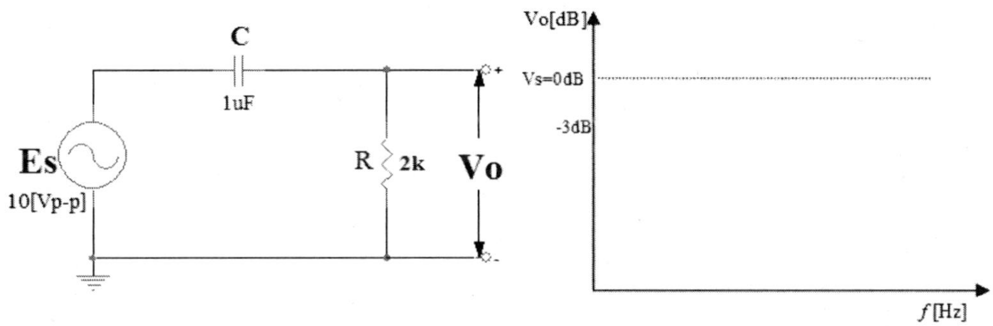

[그림 3-65] 실험문제 회로 2

f_c = ____________________.

3. [그림 3-66]과 같이 BPF 회로구성하고, 주파수 시뮬레이션을 하여 그 결과를 도시하고, 공진주파수와 두 개의 차단주파수도 표시하라. 그리고 공진주파수와 두 개의 차단주파수, 대역폭의 이론값을 계산하여 구하라. 또한, 협대역 BPF인지, 광대역 BPF인지를 판별하라.

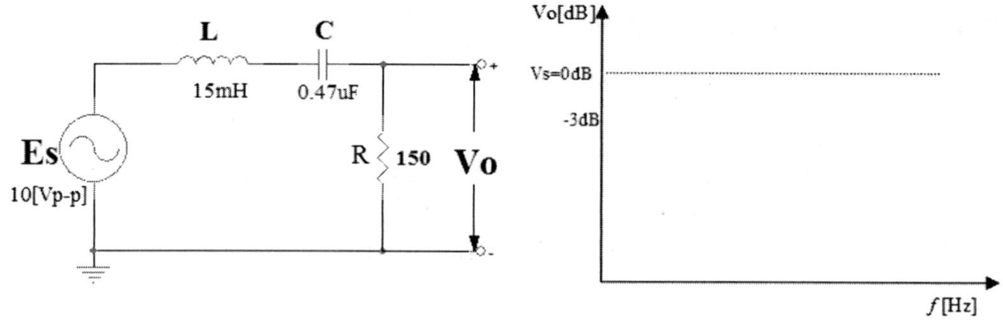

[그림 3-66] 실험문제 회로 3

f_0 = ____________________.

f_{c1} = ____________________.

f_{c2} = ____________________.

BW = ____________________.

Q = ____________________.

협대역 　　　　 광대역

제 4 장
능동소자 회로 시뮬레이션

4.1 다이오드 기본 특성
4.2 정류회로
4.3 트랜지스터 기본 특성
4.4 트랜지스터를 이용한 증폭기
4.5 트랜지스터를 이용한 전자 스위치

제4장에서는 반도체 소자의 기본인 다이오드(Diode)와 트랜지스터(TR : Transistor)의 특성과 동작원리를 시뮬레이션(Simulation)을 통하여 이해하도록 하였다. 그리고 다이오드와 트랜지스터의 기본적인 응용회로인 정류회로와 스위치회로, 증폭회로를 이론적 회로해석과 시뮬레이션을 통하여 능동소자를 응용할 수 있는 기초를 익히도록 하였다. 그리고 시뮬레이션 과정을 통하여 Proteus VSM 프로그램 사용법을 익히게 하였다.

4.1 다이오드 기본 특성

반도체 소자의 기본인 다이오드(Diode)의 특성을 모의실험을 통하여 다이오드의 특성과 동작 원리를 확인한다.

4.1.1 다이오드 이론

PN접합형 반도체를 다이오드(Diode)라고 한다. 다이오드는 한 쪽 방향으로는 전류가 흐르고, 반대방향으로는 전류가 흐르기 어려운 성질을 가진 소자이다.

1) 다이오드 기호와 구조

다이오드의 기호는 [그림 4-1](a)와 같이 표현하고, 그 구조는 [그림 4-1](b)와 같이 p형 반도체와 n형 반도체를 접합한 구조이다. [그림 4-1]에서 보는 것과 같이 p형 반도체 부분을 애노드(A : Anode(양극 : +극))이라 하고, n형 반도체 부분을 캐소드(K : Kathode(Cathode)(음극 : −극))이라고 한다.

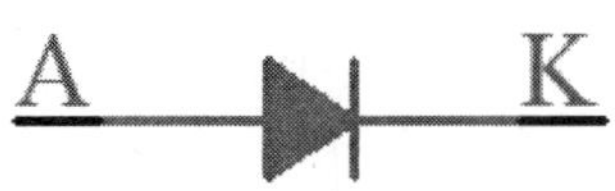

(a) 기호

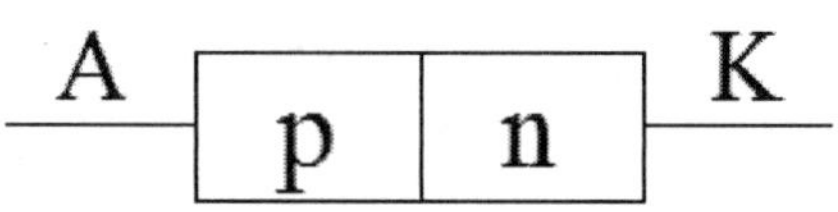

(b) 구조

[그림 4-1] 다이오드의 기호 및 구조

2) 다이오드 순방향/역방향 바이어스

다이오드는 [그림 4-2](a)와 같이 애노드 부분에 양전위가 캐소드 부분에 음전위가 걸린 상태를 순방향 바이어스(Bias)라 하고, [그림 4-2](b)와 같이 애노드 부분에 음전위가 캐소드 부분에 양전위가 걸린 상태를 역방향 바이어스(bias)라 한다. 순방향 바이어스에서는 일정전압(다이오드의 전위장벽 이상의 전압) 이상에서 전류가 잘 흐르고, 역방향 바이어스에서는 전류가 흐르기 어려운 성질을 가진 소자가 다이오드이다.

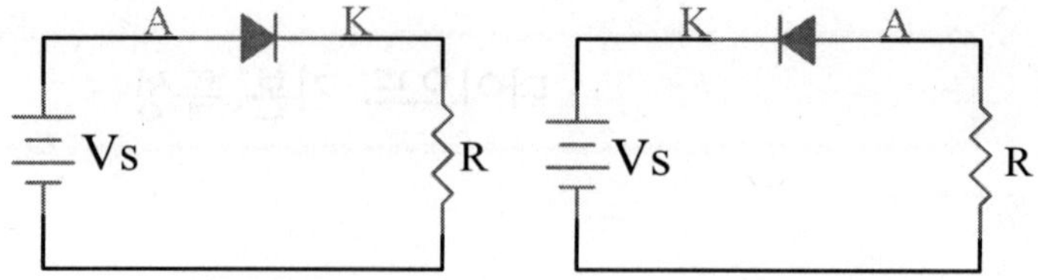

[그림 4-2] 다이오드의 바이어스

3) 다이오드 모델링

다이오드에 인가하는 전압이 순방향일 경우의 전류와 전압 특성과 역방향일 경우의 전류와 전압의 특성을 보면 순방향일 경우 다이오드에 걸리는 전압(V_F)은 약 0.7[V] 내외이며, 이때 흐르는 전류는 인가전압에 다이오드에 걸리는 전압을 뺀 상태의 전압과 페루프상의 저항에 의존한다. 이러한 다이오드 특성을 간략하게 회로로 도시하면 [그림 4-3]과 같고, [그림 4-3]에 흐르는 전류 I_F는 식 [4-1]과 같이 표현할 수 있다. 이보다 더 정확히 다이오드를 모델링하려면 다이오드의 저항성분을 첨가해야 한다. 다이오드의 교류저항 성분(r_d)은 식 [4-2]와 같다.

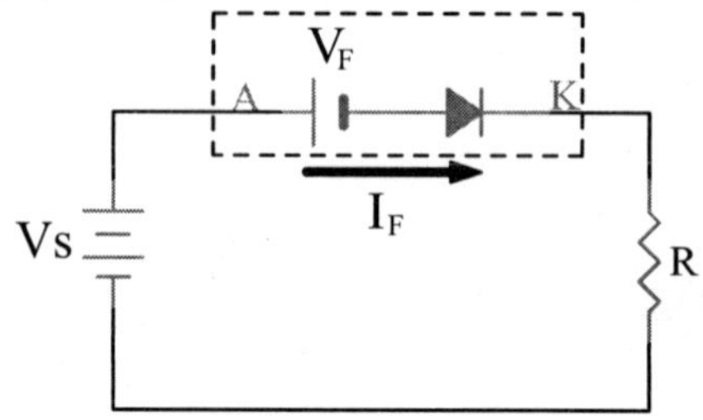

[그림 4-3] 다이오드 모델링 회로

$$I_F = \frac{V_S - V_F}{R} \qquad [4\text{-}1]$$

$$r_d = \frac{26[\mathrm{mV}]}{I_F} \qquad [4\text{-}2]$$

4) 다이오드 특성곡선

식 [4-1]은 다이오드 해석에 가장 보편적으로 사용되는 수식이나 정확한 다이오드 해석은 [그림 4-4]와 같은 다이오드 특성곡선을 가진다. [그림 4-4]에서 보면 순방향에서 순방향 전압 $V_F = 0.7$[V] 이하에서는 다이오드의 전위장벽 이하이므로 매우 작은 전류가 흐르고, 0.7[V] 이상에서는 전류가 급격히 증가하는 것을 알 수 있다. 그리고 역방향 바이어스에서는 항복전압 전까지는 매우 작은 전류가 흐르고, 항복전압 이상에서는 급격히 전류가 증가하는 것도 알 수 있다.

[그림 4-4]에서 항복전압을 낮게 제작하여 역방향으로 사용하는 제너 다이오드도 있다.

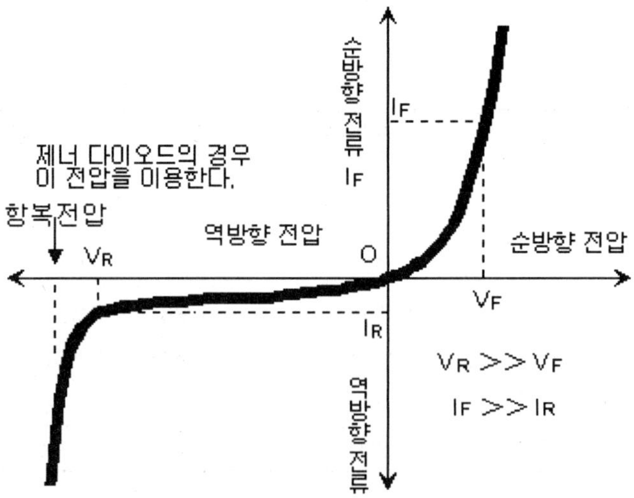

[그림 4-4] 다이오드의 I-V 특성

4.1.2 다이오드 특성 실습

1) 다이오드 특성 실습내용

[그림 4-5]와 같은 다이오드 순방향 회로에서 입력전압(V_S)을 가변하면 다이오드의 전류 I_F를 측정해보자.

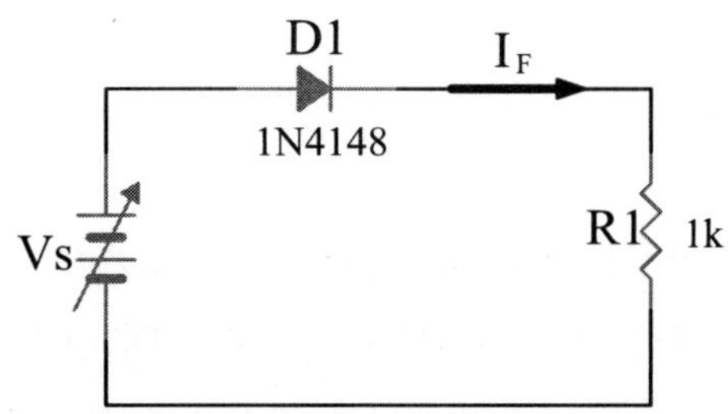

[그림 4-5] 다이오드 특성 실습회로

[그림 4-5]와 같이 다이오드와 저항을 연결하고, 입력전압 V_S를 가변하면 이때 흐르는 전류는 [그림 4-4]와 같다.

2) 다이오드 특성 시뮬레이션

[그림 4-6]과 같이 다이오드와 저항을 연결하고, 입력전압 Vs를 가변하면서 [그림 4-6] 회로에 흐르는 전류 IF가 [그림 4-4]와 같은지 시뮬레이션 해보자.

시뮬레이션 디바이스 목록

종 류	부품/계기명	실행 아이콘
저 항	RES	:부품(Component)
쇼트키 다이오드	1N4148	
LED	LED-RED	
접 지	GROUND	: 터미널(Terminal)
교류전원	SINE	: 전원(Generator)
전류 프로브	Current Probe	: 전류 프로브
시뮬레이션 방법	FREQUENCY	: 그래프(Graph)

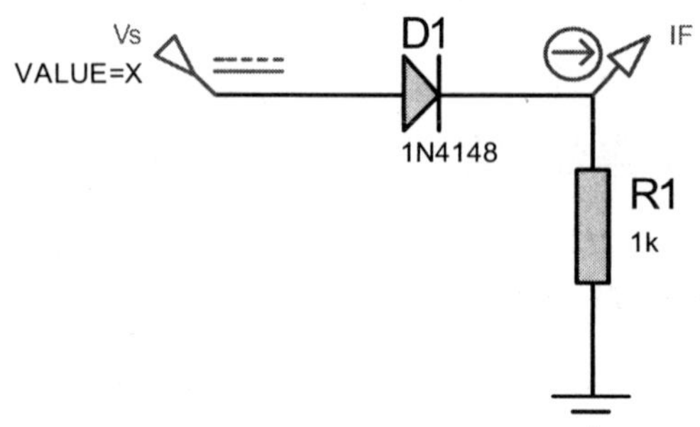

[그림 4-6] 다이오드 특성 실습회로

① 부품( ) 선택(P)로 저항('RES')과 다이오드('1N4148')를 등록하고, [그림 4-6]과 같이 배치한다.

② 터미널( ) 아이콘을 클릭 후 접지('GROUND')를 선택하여 배치한다.

③ 전원( ) 아이콘을 클릭 후 전원 목록에서 DC전원('DC')을 선택하여 배치한다.

④ 배치한 모든 부품들을 [그림 4-6]과 같이 신호선으로 연결한다.

⑤ 전류 프로브( ) 아이콘 선택 후 [그림 4-6]과 같이 신호선에 배치한다.

⑥ 전류 프로브를 선택(마우스 오른쪽 버튼 클릭), 편집(마우스 왼쪽 버튼 클릭)을 이용하여 프로브 이름을 'IF'로 수정한다.

⑦ 저항(R1)을 선택(마우스 오른쪽 버튼 클릭) 후 편집(마우스 왼쪽 버튼 클릭)으로 '1k'[Ω]으로 변경한다.

⑧ DC전원('?')을 선택(마우스 오른쪽 버튼 클릭) 후 편집(마우스 왼쪽 버튼 클릭)으로 [그림 4-7]과 같이 변경 후 OK 버튼을 클릭한다.("[그림 1-94] Vertical Sine 설정" 참조)

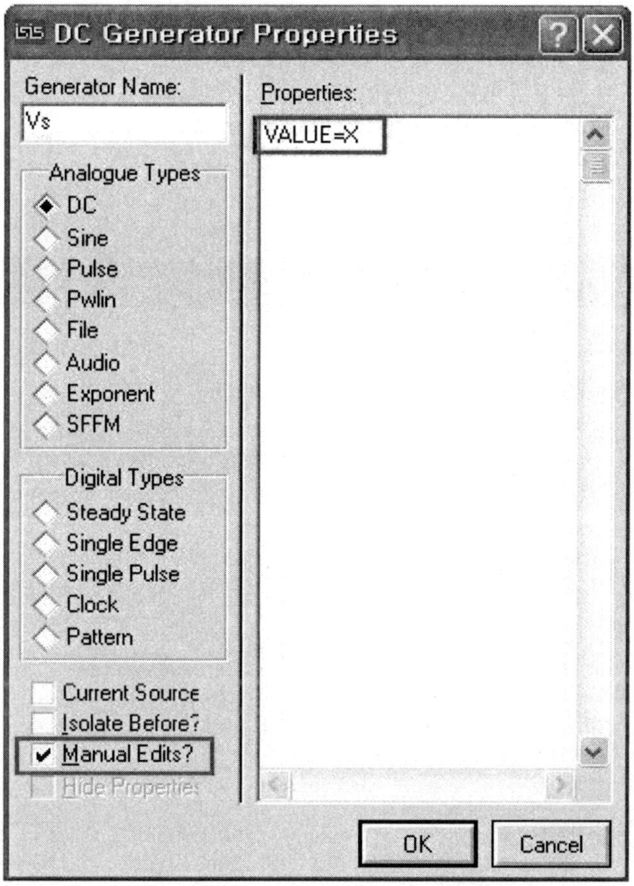

[그림 4-7] 다이오드 특성 실습회로

- Generator Name : 'Vs'라고 입력한다.
- Analogue Types : 'DC'를 선택한다.
- Manual Edits?를 선택하여 직접 입력하도록 설정한다.(이 항목을 선택하면 [그

림 4-7]과 같이 우측에 Properties(속성) 항목이 생겨난다.)

- Properties : 'VALUE=X'라고 입력한다. 즉, DC 값을 X라고 놓는다.

⑨ 시뮬레이션(: Graph)을 클릭하고 그래프 목록창에서 'DC SWEEP' 선택한다.("2.4.3 DC Sweep(스위프) 시뮬레이션 방법" 참조)

⑩ 빈 공간에 마우스 왼쪽 버튼을 이용하여 시뮬레이션 결과창을 만든다. ("[그림 1-69] 시뮬레이션 결과 표시영역 설정" 참조)

⑪ 분석할 전류 프로브를 선택(마우스 오른쪽 버튼 클릭)하여 시뮬레이션 결과창에 마우스 왼쪽 버튼 클릭 상태로 당겨 놓는다.("[그림 1-73] 시뮬레이션 결과창에 프로브 당겨 놓기"를 참조)

⑫ 시뮬레이션 결과창을 선택(마우스 오른쪽 버튼 클릭) 후 편집(마우스 왼쪽 버튼 클릭)으로 [그림 4-8]과 같이 설정하고, OK 버튼을 클릭한다.("[그림 2-68] R2 Sweep 범위 재설정" 참조)

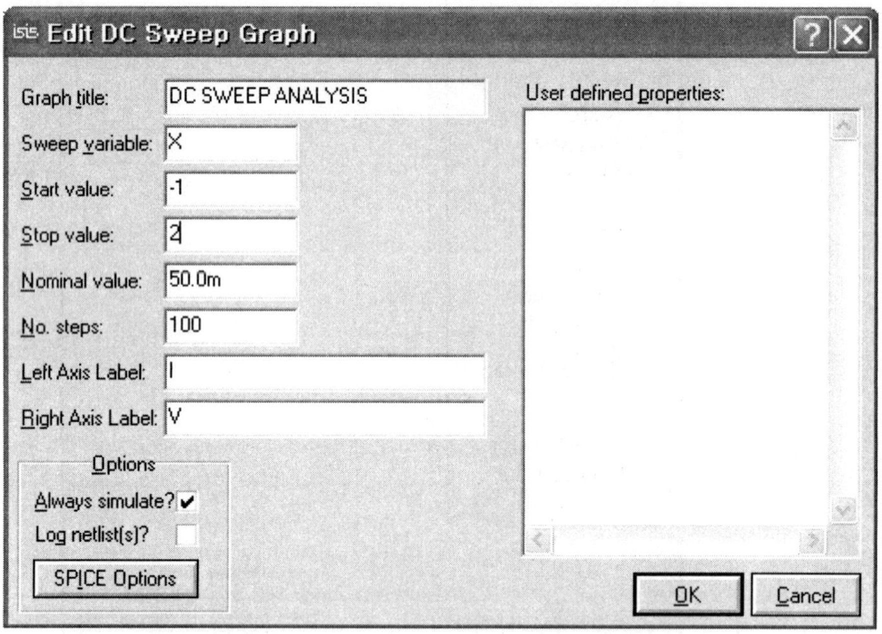

[그림 4-8] DC 전원 Sweep 범위 설정

- Sweep variable : 'X'라고 입력, 앞서 입력전원 Vs의 값을 X로 입력했기 때문이다.
- 전압의 범위는 −1[V]~2[V], y축은 'V', x축은 'I'로 입력한다.

⑬ 스페이스바를 눌러 시뮬레이션 시작하면 [그림 4-9]와 같은 결과를 얻을 수 있다.

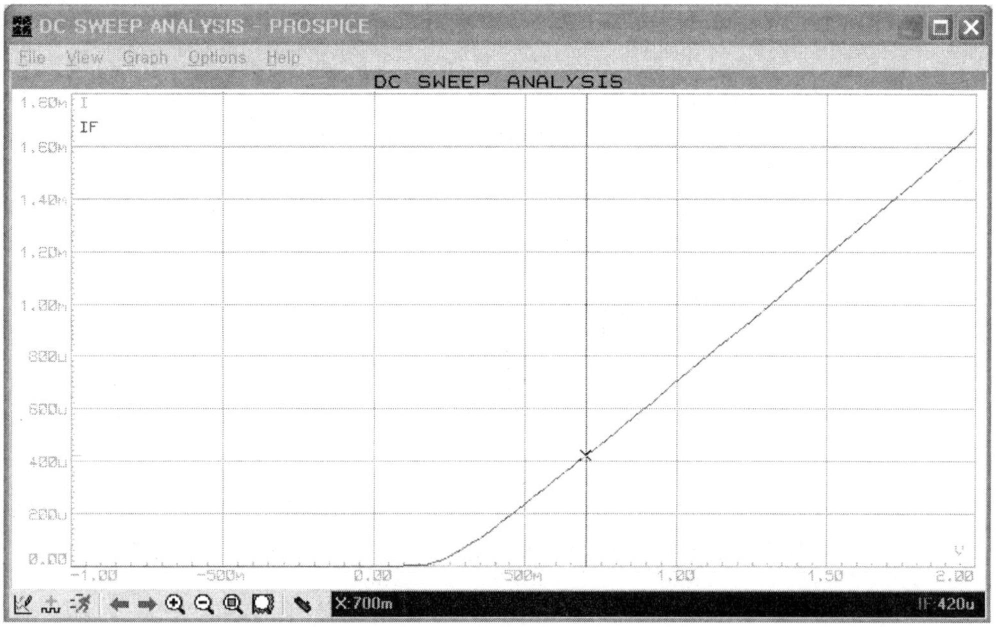

[그림 4-9] 다이오드 특성 실습 결과

실습문제 제너 다이오드와 발광 다이오드 특성

1. [그림 4-10]과 같이 6.2[V] 제너 다이오드('1N4735A')와 저항을 연결하고, 입력전원 V_S를 -10[V]~5[V]까지 가변하여 제너 다이오드 회로를 시뮬레이션하라. 그 결과를 I-V 특성에 도시하고, 제너 전압이 얼마인지 알아보자.

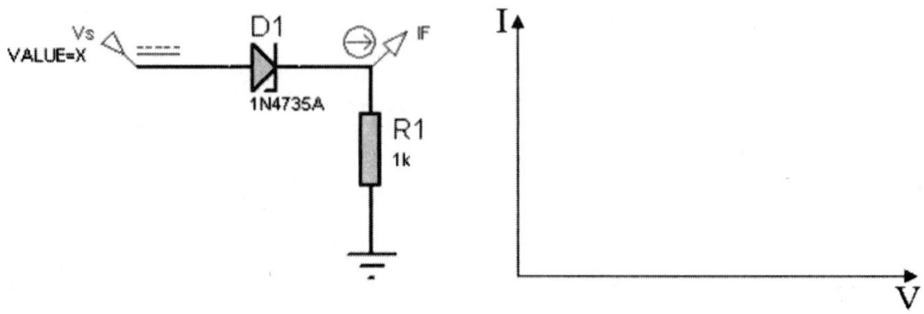

(a) 제너 다이오드 시뮬레이션 회로 (b) 제너 다이오드 I-V 특성

[그림 4-10] 제너 다이오드 특성 실습회로

V_z = ____________________[V]

2. [그림 4-11]과 같이 LED와 저항을 연결하고, 입력전압 V_S를 -10[V]~7[V]까지 가변하여 LED 회로를 시뮬레이션하라. 그 결과를 I-V 특성에 도시하고, 순방향 문턱전압(V_F)과 역방향 항복전압(V_r)이 얼마인지 알아보자.

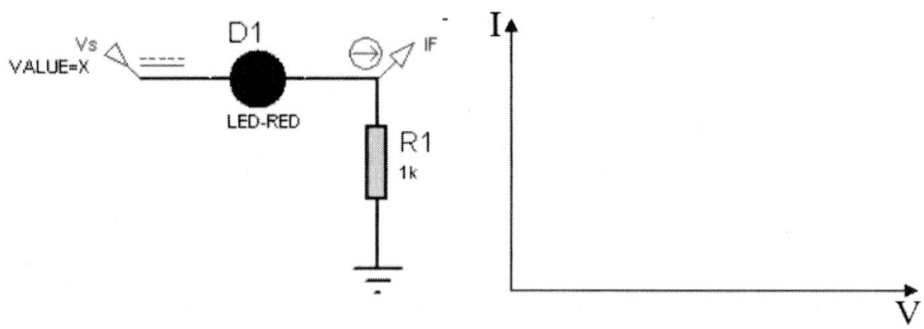

(a) LED 시뮬레이션 회로 (b) LED I-V 특성

[그림 4-11] LED 특성 실습회로

V_F = ____________________[V]

V_r = ____________________[V]

4.2 정류회로

다이오드는 순방향으로 전압이 걸리면 도통되고, 역방향으로 전압이 걸리면 차단되는 단방향성 특성을 이용하여 전원회로의 정류회로에 많이 사용된다.

4.2.1 반파정류

반파정류회로는 [그림 4-12]와 같이 [그림 4-12](b)회로에 [그림 4-12](a)와 같은 사인파를 입력하면 [그림 4-12](c)와 같은 반파가 나타난다.

[그림 4-12](b)회로에서 출력전압 V_O의 최대값 $V_{O(max)}$는 식 [4-3]과 같이 다이오드의 순방향 전압(V_F)을 뺀 전압이 된다.

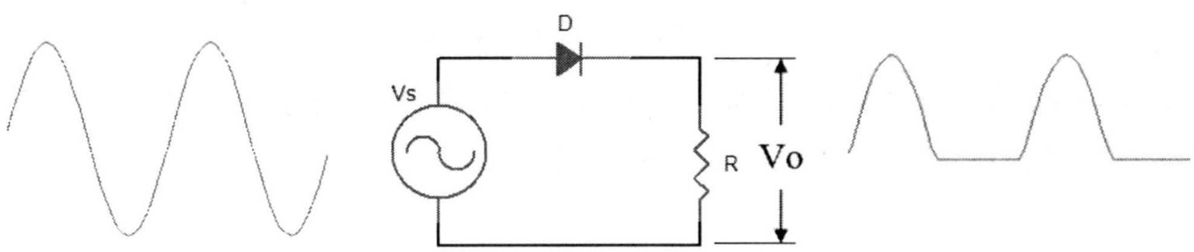

(a) 입력 파형 (b) 반파정류회로 (c) 반파정류파형

[그림 4-12] 반파정류회로

$$V_{O(MAX)} = V_{S(MAX)} - V_F = V_{S(MAX)} - 0.7[\mathrm{V}] \qquad [4\text{-}3]$$

4.2.2 전파정류

전파정류회로는 [그림 4-13]과 같이 [그림 4-13](b)회로에 [그림 4-13](a)와 같은 사인파를 입력하면 [그림 4-13](c)와 같은 반파가 나타난다. [그림 4-13](b)회로에서 보면 다이오드를 2개를 순방향으로 지나 정류되므로 출력전압 V_O의 최대값 $V_{O(max)}$는 식 [4-4]와 같이 다이오드의 순방향 전압(V_F)을 2번 뺀 전압이 된다.

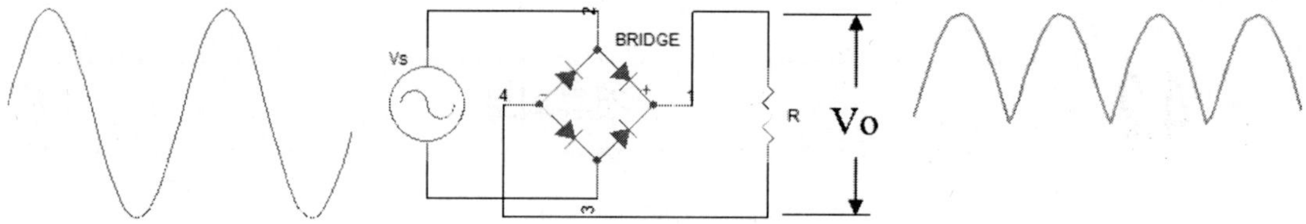

(a) 입력 파형 (b) 전파정류회로 (c) 전파정류파형

[그림 4-13] 전파정류회로

$$V_{O(\mathrm{MAX})} = V_{S(\mathrm{MAX})} - V_F - V_F = V_{S(\mathrm{MAX})} - 1.4[\mathrm{V}] \quad [4\text{-}4]$$

4.2.3 평활회로

앞서 설명한 반파정류회로와 전파정류회로가 완전한 DC전압은 아니다. 따라서 반파회로와 전파회로 후미에 평활회로(저역통과필터회로(LPF))인 콘덴서를 [그림 4-14]와 같이 추가하여 DC에 가까운 파형을 만들 수 있다.

평활회로는 [그림 4-14](b)와 같이 전파정류회로([그림 4-13]) 혹은 반파정류회로([그림 4-12)에 콘덴서를 추가하면 [그림 4-14](a)와 같은 사인파를 입력하면 [그림 4-14](c)와 같은 DC에 가까운 파를 얻을 수 있다.

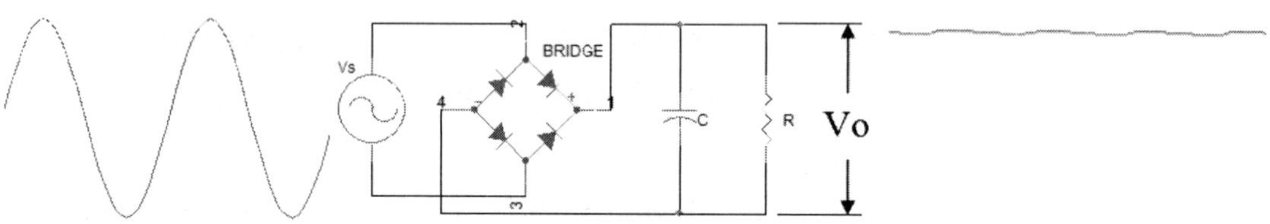

(a) 입력 파형 (b) 전파정류회로 (c) 전파정류파형

[그림 4-14] 전파정류와 평활회로

이때 콘덴서의 크기는 어떻게 결정하느냐는 식 [4-5]와 같이 구할 수 있다.

$$C \geq \frac{K}{2fR_L} \quad [4\text{-}5]$$

다시 말해 부하저항이 감소하면 평활회로의 C값은 증가해야 하고, 입력신호의 주파수가 증가할수록 C값은 감소할 수 있다. 그리고 K는 리플 전압계수로 클수록 리플이 작다. 통상 K의 값은 20~50으로 한다. 작은 C를 사용하면 [그림 4-14](c)보다 큰 리플이 발생한다. 주파수 f는 정류 후의 주파수이다. 즉 대한민국에서 반파정류시의 주파수 f는 60[Hz]가 되고, 전파정류는 120[Hz]가 된다.

4.2.4 반파정류 실습

1) 정류회로 실습내용

실생활에 많이 사용하는 5[V] DC 회로를 [그림 4-15]와 같이 설계하고, 부하저항이 100[Ω]인 회로의 콘덴서를 설계하자.(K=20)

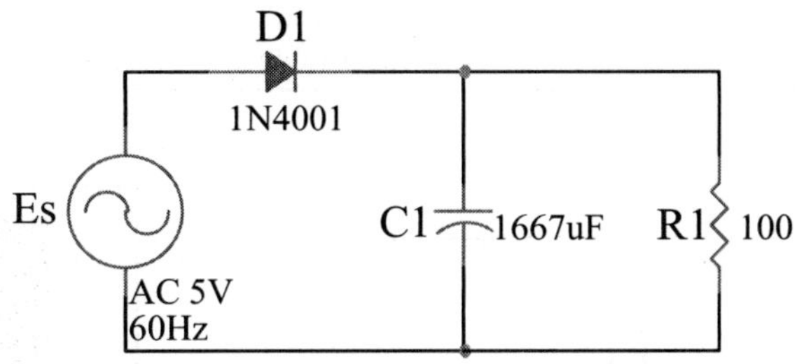

[그림 4-15] 반파정류 실습회로

[그림 4-15]에서 정류 후의 주파수는 60[Hz]이고, 부하저항 R_L(R1)는 100[Ω] 리플전압계수 K가 20일 경우는 식 [4-5]에 의하여

$$C \geq \frac{K}{2fR_L} = \frac{20}{2 \times 60 \times 100} = 1667[\mu F]$$

이 되고, [그림 4-15]에서 K를 50으로 하여 구하면

$$C \geq \frac{K}{2fR_L} = \frac{50}{2 \times 60 \times 100} = 4167[\mu F]$$

이 된다. 물론 보다 더 직류에 가까우려면 계산 값보다 더욱 큰 콘덴서를 사용해야 한다.

2) 정류회로 시뮬레이션

[그림 4-16]과 같이 반파정류회로를 구성하고 리플전압계수(K)가 20일 경우와 50일 경우를 시뮬레이션을 통하여 평활 정도를 확인하자.

시뮬레이션 디바이스 목록

종 류	부품/계기명	실행 아이콘
저 항	RES	:부품(Component)
콘덴서	CAP	
정류 다이오드	1N4001	
브리지 다이오드	BRIDGE	
변압기	TRAN-2P2S	
교류 전압원	VSINE	
접 지	GROUND	: 터미널(Terminal)
교류전원	SINE	: 전원(Generator)
오실로스코프	OSCILLOSCOPE	: 가상계측기

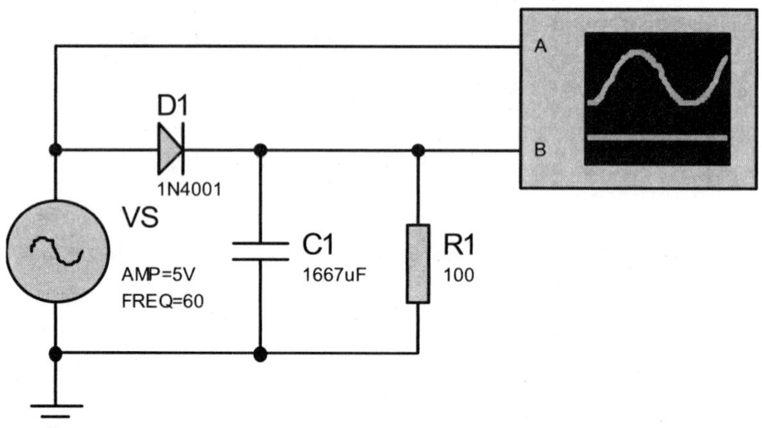

[그림 4-16] 반파정류 시뮬레이션 회로

① 부품( ) 선택(P)로 다이오드('1N4001')와 교류전원('VSINE'), 저항('RES'), 콘덴서('CAP')를 등록하고, [그림 4-16]과 같이 배치한다.

② 터미널( ) 아이콘을 클릭 후 접지('GROUND')를 선택하여 배치한다.

③ 가상계측기( ) 아이콘을 클릭 후 오실로스코프('OSCILLOSCOPE')를 선택하여 배치한다.

④ 배치한 모든 부품을 [그림 4-16]과 같이 신호선으로 연결한다.

⑤ 저항(R1)을 선택(마우스 오른쪽 버튼 클릭) 후 편집(마우스 왼쪽 버튼 클릭)으로 '100'[Ω]으로 변경한다.

⑥ 콘덴서(C1)를 선택(마우스 오른쪽 버튼 클릭) 후 편집(마우스 왼쪽 버튼 클릭)으로 '1667uF'로 변경한다.

⑦ 교류 전압원('VSINE')을 선택(마우스 오른쪽 버튼 클릭) 후 편집(마우스 왼쪽 버튼 클릭)으로 [그림 4-17]과 같이 전압은 5[V], 주파수는 60[Hz]로 입력한다.("[그림 1-91] V1 소스에 대한 설정" 참조)

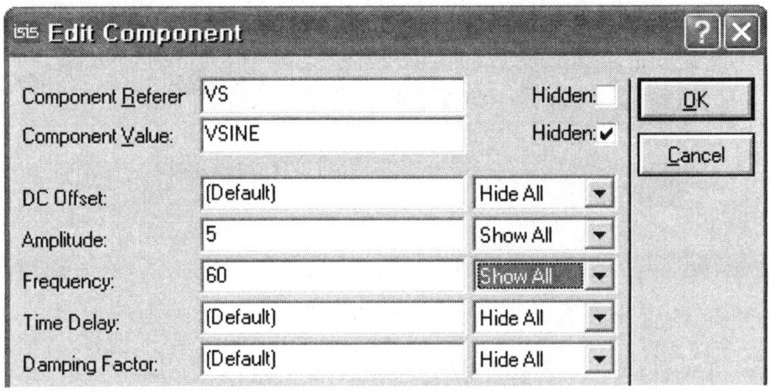

[그림 4-17] 반파정류 VSINE 설정

- Component Referer : 부품 번호를 'VS'로 입력
- Component Value : 부품명을 'VSINE'로 기존 값 사용
- DC Offset : 교류신호에 DC성분값은 입력하지 않음(0[V])
- Amplitude : 출력 전압을 '5'[V]로 입력
- Frequency : 교류신호의 주파수는 각각 '60'[Hz]로 입력
- Time Delay : 시작 시간 지연을 Default(0s)로 입력
- Damping Factor : 제동 요소는 Default로 한다.

⑧ 애니메이션 실행 버튼(▶)을 클릭하여 애니메이션을 실행한다.

⑨ [그림 4-18]과 같이 오실로스코프를 설정한다.
("[그림 1-65] 오실로스코프 레인지 다이얼 설정" 참조)

- CH1 전압을 2V로 볼륨을 조절한다.
- CH2 전압을 2V로 볼륨을 조절한다.

- Dual 버튼을 클릭하여 ON시킨다.
- Timebase를 10[ms]로 볼륨을 조절한다.

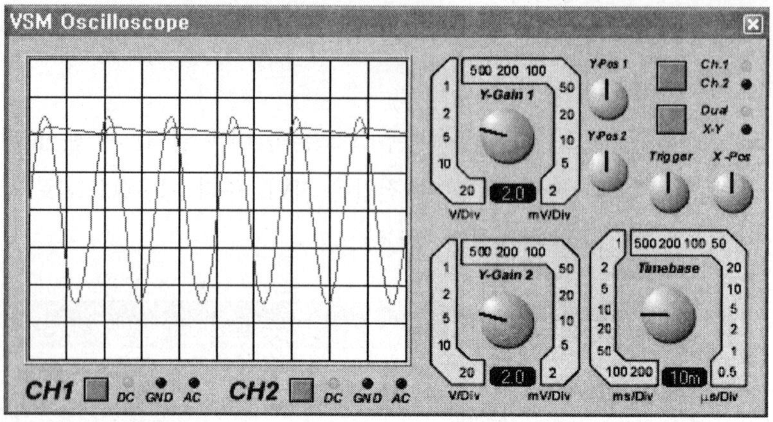

[그림 4-18] 반파정류 결과 파형

[그림 4-18]과 같은 반파정류된 결과를 얻을 수 있다. [그림 4-18]의 결과에서 알 수 있듯이 리플 전압계수 K를 20으로 설정한 경우 리플이 많이 남아 있음을 알 수 있다.

그리고 입력전압보다 출력전압이 약 0.7[V]가 낮게 출력되는 것으로 보아 다이오드의 순방향 전압만큼 다이오드에서 전압강하가 일어난다는 것을 알 수 있다.

다음은 K=50으로 했을 경우, 즉 콘덴서를 4167[μF]으로 교체 후 다시 애니메이션을 실행(▶)한 결과가 [그림 4-19]와 같다. [그림 4-19]에서 알 수 있듯이 K의 증가로 리플이 감소했음을 알 수 있다.

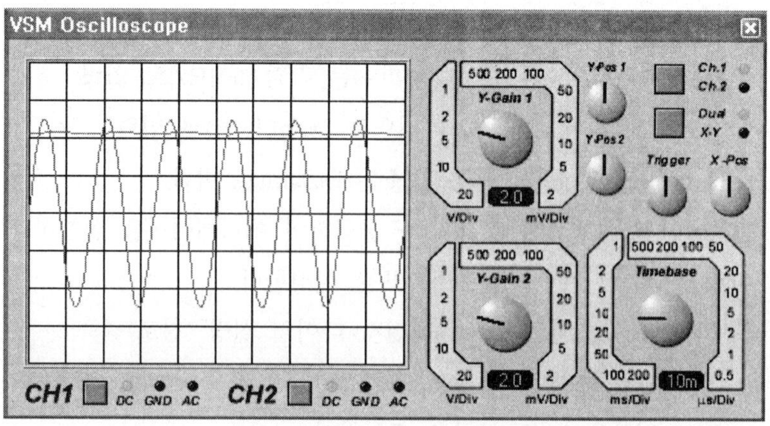

[그림 4-19] K=50일 경우의 반파정류 결과 파형

실습문제 브리지 정류 및 제너 다이오드 회로

1. [그림 4-20]과 같은 전파정류회로를 설계하고, 시뮬레이션을 실행하라. 그리고 부하저항이 100[Ω]일 경우의 K＝20과 K＝50일 경우의 콘덴서를 설계하자.

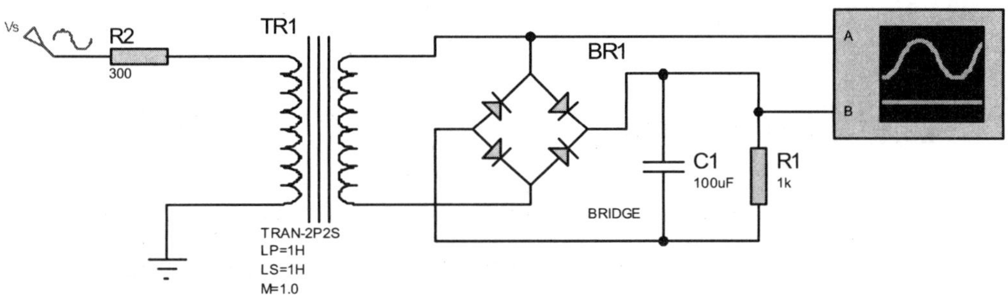

[그림 4-20] 전파정류 실습회로

K＝20일 경우 : C1 = ______________[μF]

K＝50일 경우 : C1 = ______________[μF]

2. 정류회로에 많이 사용되는 제너 다이오드를 시뮬레이션해보기 위하여 [그림 4-21]과 같은 6.2[V] 제너 다이오드 실습회로를 구성하고, 시뮬레이션을 실행하라. 그리고 R1이 200[Ω]일 경우와 10[kΩ]일 경우에 R2에 걸리는 전압의 이론값과 시뮬레이션 결과를 비교하라.

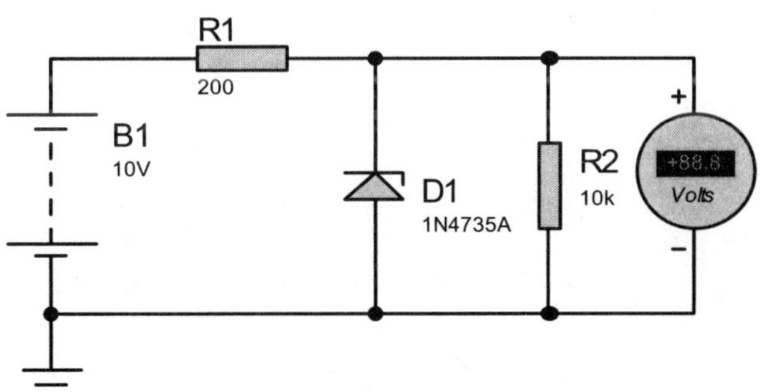

[그림 4-21] 제너 다이오드 실습회로

R1＝200[Ω]일 경우 : $V_{R2\ 이론}$ = ___________[V], $V_{R2\ 결과}$ = ___________[V]

R1＝10[kΩ]일 경우 : $V_{R2\ 이론}$ = ___________[V], $V_{R2\ 결과}$ = ___________[V]

4.3 트랜지스터 기본 특성

다이오드(Diode) 다음으로 중요한 전자 소자가 트랜지스터(TR : Transistor) 소자이다. 이절에서는 트랜지스터의 특성을 모의실험을 통하여 확인하고자 한다.

4.3.1 트랜지스터의 이론

일반적으로 트랜지스터는 쌍극성 접합 트랜지스터(BJT : Bipolar Junction Transistor)를 말하며, 쌍극성 트랜지스터에는 NPN형과 PNP형이 있고, 주로 전류제어용으로 사용한다. 그리고 또 다른 구조의 트랜지스터로는 전계효과 트랜지스터(FET : Field Effect Transistor)가 있으며 주로 전압제어용으로 사용한다.

1) BJT의 기호와 구조

PNP형 쌍극성 접합 트랜지스터(BJT)의 기호는 [그림 4-22](a)와 같이 표현하고, 그 구조는 [그림 4-22](b)와 같이 p형 반도체와 n형 반도체와 p형 반도체를 접합한 구조이다. NPN형 쌍극성 접합 트랜지스터(BJT)의 기호는 [그림 4-22](c)와 같이 표현하고, 그 구조는 [그림 4-22](d)와 같이 n형 반도체와 p형 반도체와 n형 반도체를 접합한 구조이다.

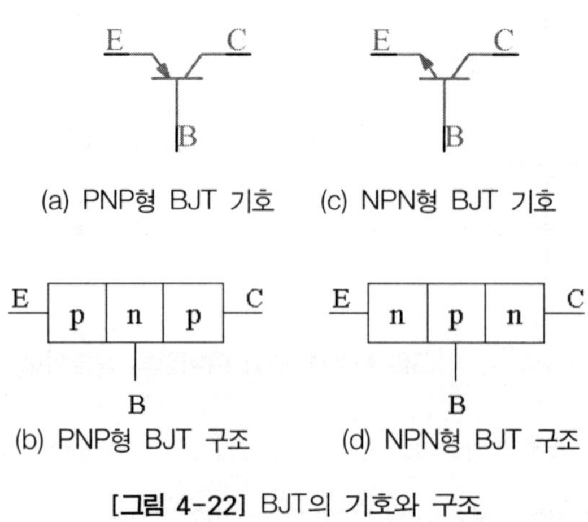

[그림 4-22] BJT의 기호와 구조

[그림 4-22](b)와 (d)의 E, B, C에 대한 설명은 아래와 같다.

- E : 이미터(Emitter)는 무엇을 내보낸다는 의미이며, PNP형에서는 정공을 NPN형에서는 전자를 내보낸다.
- B : 베이스(Base)는 기초라는 의미로 베이스를 기초로 E(이미터)와 C(컬렉터)의 전류를 제어하게 된다.
- C : 컬렉터(Collector)는 무엇을 모은다는 의미로 이미터에서 나온 전공 또는 전자를 모으는 곳이다.

[그림 4-22](b)와 (d)의 기호에서 화살표가 있는 곳이 이미터 부분이다.

BJT 트랜지스터의 동작원리를 간단히 설명하면 이미터와 베이스가 순방향 전위가 인가될 때, 이미터와 컬렉터에 인가된 전압에 의하여 이미터와 컬렉터 사이에 전류가 흐르게 되는 소자이다.

2) BJT 특성 곡선

트랜지스터 특성을 알기 위해서 [그림 4-23]과 같은 회로를 구성하고, 트랜지스터의 베이스 전류를 일정 범위에서 가변하면서 트랜지스터의 컬렉터 전류 I_C를 측정하기 베이스 전류 I_B에 따른 컬렉터 전류 I_C 특성을 관찰해보면 [그림 4-23](b)와 같이 4가지 동작영역을 가짐을 알 수 있다.

4가지 동작영역은 포화영역(Saturation region), 활성영역(Active region), 파괴영역(Breakdown region), 차단영역(Cutoff region)으로 나누어진다.

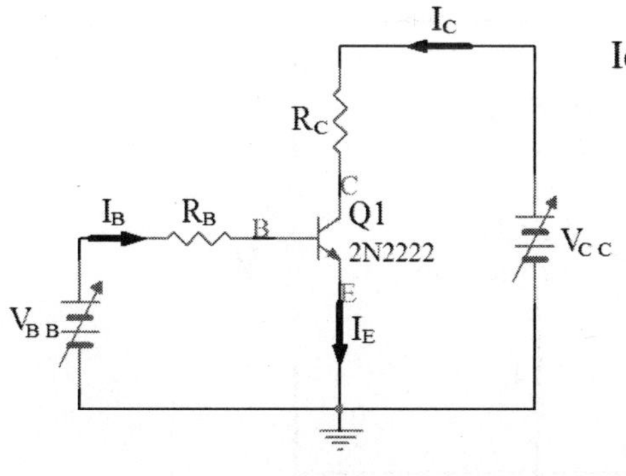

(a) BJT 특성 실습회로

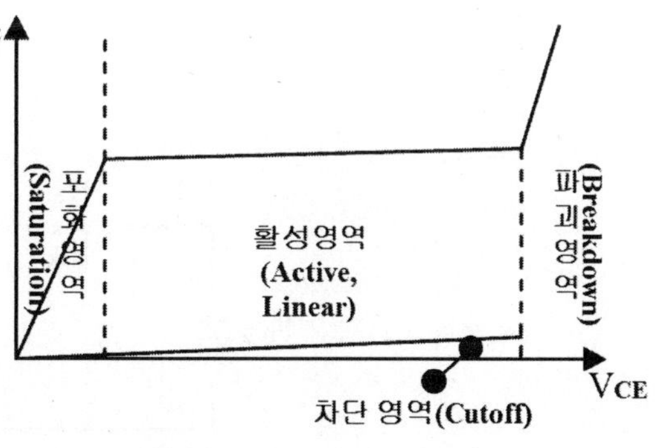

(b) 트랜지스터 I-V 특성 곡선

[그림 4-23] BJT I-V 특성

① 활성영역은 I_B에 의하여 I_C가 증가하는 영역이다. 트랜지스터를 증폭용으로 사용할 경우에는 활성영역에서 사용해야 한다.

② 포화영역은 $I_B > I_C / \beta$일 경우 V_{CE}가 약 0.2~0.4[V]가 걸리는 영역이다. 포화영역은 트랜지스터를 스위치용으로 사용하는 경우 스위치 ON 상태로 사용한다.

③ 차단영역은 $I_B = 0$일 때 I_C와 I_E가 0[A]로 트랜지스터가 동작하지 않는 영역이다. 차단영역은 스위치 OFF 상태의 동작을 한다.

④ 파괴영역은 트랜지스터가 과전류로 인하여 파괴되어 트랜지스터가 타버리는 영역이다. 파괴영역은 이용하지 않는다.

이러한 트랜지스터의 동작 특성을 이용하여 증폭용으로 사용하고자 할 경우는 트랜지스터 회로를 활성영역(Active region)에서 동작하도록 주변회로를 설계하고, 스위치용으로 사용할 경우에는 포화영역(Saturation region)과 차단영역(Cutoff region)을 오가도록 주변회로를 설계하여 사용한다.

4.3.2 BJT I-V 특성 실습

1) BJT I-V 특성 실습내용

쌍극성 접합 트랜지스터(BJT)의 동작특성을 실습하기 위하여 [그림 4-24]와 같이 회로를 구성하고, 입력전류 I_B를 가변하면서 I_C의 변화를 알아보자.

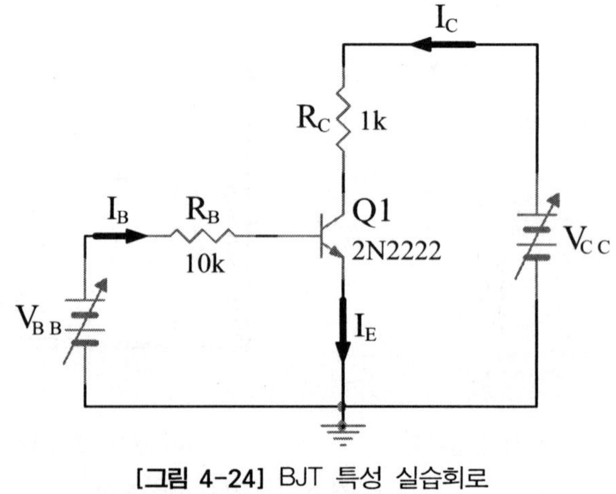

[그림 4-24] BJT 특성 실습회로

2) BJT I-V 특성 시뮬레이션

[그림 4-25]와 같이 시뮬레이션 회로를 구성하고, VBB의 변화와 VCC 변화에 따른 트랜지스터 특성을 시뮬레이션해보자.

시뮬레이션 디바이스 목록

종 류	부품/계기명	실행 아이콘
저 항	RES	: 부품(Component)
BJT	2N2222	
접 지	GROUND	: 터미널(Terminal)
DC 전원 소스	DC	: 전원(Generator)
전류 프로브	Current Probe	: 전류 프로브
시뮬레이션 방법	TRANSFER	: 그래프(Graph)

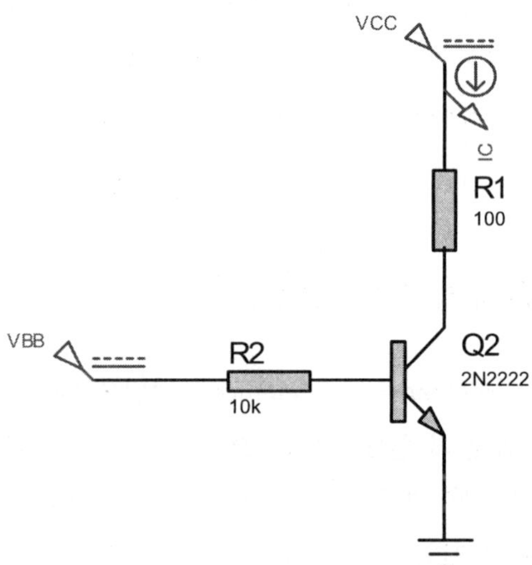

[그림 4-25] BJT I-V 특성 시뮬레이션 회로

⑤ 부품( ) 선택(P)로 저항('RES')과 쌍극성 접합 트랜지스터('2N2222')를 등록하고, [그림 4-25]와 같이 배치한다.

⑥ 터미널( ) 아이콘을 클릭 후 접지('GROUND')를 선택하여 배치한다.

⑦ 전원( ) 아이콘을 클릭 후 전원 목록에서 DC전원('DC')을 선택하여 배치한다.

⑧ 배치한 모든 부품을 [그림 4-25]와 같이 신호선으로 연결한다.

⑨ 전류 프로브(Ⅰ) 아이콘 선택 후 [그림 4-25]와 같이 신호선에 배치한다.
⑩ 전류 프로브를 선택(마우스 오른쪽 버튼 클릭), 편집(마우스 왼쪽 버튼 클릭)을 이용하여 프로브 이름을 'IC'로 수정한다.
⑪ 저항(R1)을 선택(마우스 오른쪽 버튼 클릭) 후 편집(마우스 왼쪽 버튼 클릭)으로 '10k'[Ω]으로 변경한다.
⑫ 저항(R2)을 선택(마우스 오른쪽 버튼 클릭) 후 편집(마우스 왼쪽 버튼 클릭)으로 '100'[Ω]으로 변경한다.
⑬ DC전원('?')을 선택(마우스 오른쪽 버튼 클릭) 후 편집(마우스 왼쪽 버튼 클릭)으로 TR 베이스(base)단의 전원은 'VBB', 컬렉터 단의 전원은 'VCC'로 수정한다. 이때 전압을 값은 입력하지 않는다. 왜냐하면 VBB와 VCC를 전압을 가변할 것이기 때문이다.

여기까지는 앞서 학습한 시뮬레이션 방법과 동일하다. 그러나 트랜지스터 특성 시뮬레이션은 2개를 가변해야 한다. 따라서 이번 시뮬레이션은 트랜스퍼 시뮬레이션(Transfer Simulation)방법을 사용해서 시뮬레이션해야 2개의 값을 가변하면서 시뮬레이션할 수 있다.

4.3.3 트랜스퍼 시뮬레이션 방법

트랜스퍼 시뮬레이션(Transfer simulation) 방법은 DC Sweep(스위프) 시뮬레이션처럼 특정 부품(소자)의 값의 변화에 따른 결과를 분석하는 시뮬레이션이다. 그러나 2개의 부품(소자)값을 가변하여 결과를 분석하는 시뮬레이션이라는 것이 DC 스위프(SWEEP) 시뮬레이션 방법과 다르다.

따라서 트랜지스터 특성 시뮬레이션을 위해 VBB와 VCC를 두 개의 입력전압의 값을 변화시키면서 IC의 전류를 측정해야 하므로 트랜스퍼 시뮬레이션(Transfer simulation) 방법을 사용하여 시뮬레이션해야 한다.

① 시뮬레이션( ) 아이콘을 클릭하고, 그래프 목록창에서 'TRANSFER'를 선택한다.
② 빈 공간에 마우스 왼쪽 버튼을 이용하여 시뮬레이션 결과창을 만든다.
("[그림 1-69] 시뮬레이션 결과 표시영역 설정" 참조)
③ 분석할 전류 프로브(IC)를 선택(마우스 오른쪽 버튼 클릭)하여 시뮬레이션 결과창

에 마우스 왼쪽 버튼 클릭 상태로 당겨 놓는다.("[그림 1-73] 시뮬레이션 결과창에 프로브 당겨 놓기"를 참조)

④ 시뮬레이션 결과창을 선택(마우스 오른쪽 버튼 클릭) 후 편집(마우스 왼쪽 버튼 클릭)으로 [그림 4-26]과 같이 변경 후 OK 버튼을 클릭한다. 트랜스퍼 시뮬레이션(Transfer simulation)은 가변 값이 2개인 경우의 시뮬레이션 방법이므로 2개의 가변 범위와 스탭을 입력해야 한다.

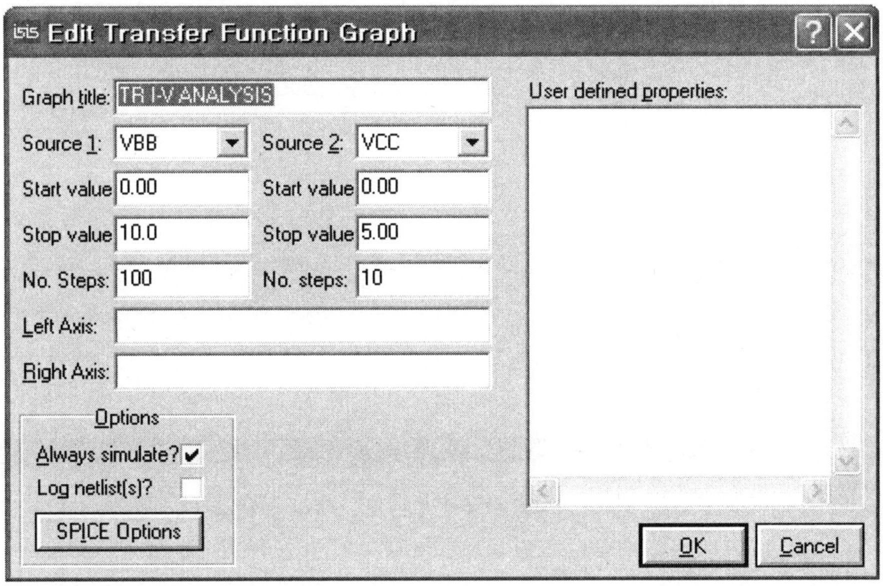

[그림 4-26] BJT I-V 특성을 위한 트랜스퍼 시뮬레이션(Transfer simulation) 설정

- Graph title : 시뮬레이션 결과창 타이틀명을 'TR I-V ANALYSIS'라고 입력한다.
- Source 1: 가변될 첫 번째 전원 소스를 'VBB'를 선택한다.
- Start value : 선택한 소스의 시작값은 '0'[V]로 입력한다.
- Stop value : 선택한 소스의 정지값은 '10'[V]로 입력한다.
- No. Steps : 0~10[V]까지 '100' 단계로 입력한다.
- Source 2: 가변될 두 번째 전원 소스를 'VCC'를 선택한다.
- Start value : 선택한 소스의 시작값은 '0'[V]로 입력한다.
- Stop value : 선택한 소스의 정지값은 '5'[V]로 입력한다.
- No. Steps : 0~5[V]까지 '10' 단계로 입력한다.

⑤ 스페이스바를 눌러 시뮬레이션 시작하면 [그림 4-27]과 같은 쌍극성 접합 트랜지스터의 I-V 특성 결과를 얻을 수 있다.

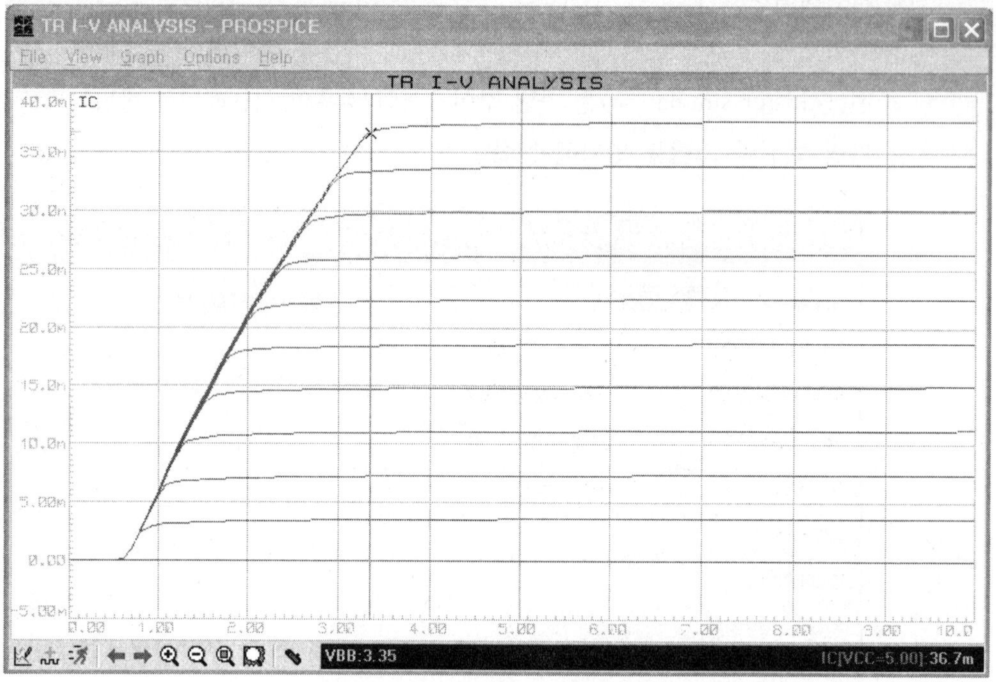

[그림 4-27] BJT I-V 특성 실습 결과

[그림 4-27] 쌍극성 접합 트랜지스터의 I-V(전류-전압) 특성 실습 결과 앞서 설명한 트랜지스터 특성곡선 [그림 4-23](b)와 유사함을 알 수 있다. 단지 4가지 트랜지스터 동작영역 중 포화영역(Saturation region)과 활성영역(Active region), 차단영역(Cutoff region)은 [그림 4-27]에서 확인할 수 있지만 파괴영역(Breakdown region)은 시뮬레이션 영역 밖이라 나타나지 않았다.

쌍극성 접합 트랜지스터의 I-V(전류-전압) 특성 실습 결과인 [그림 4-27]의 활성영역 부분을 보면 알 수 있듯이 활성영역에서 동작하도록 V_{CC}를 적당한 전압에 고정시키고, 베이스 전류가 일정한 값을 가지도록 한 후 베이스에 증폭하고자 하는 신호를 더하면 컬렉터 단에 증폭된 신호를 얻을 수 있음을 예측할 수 있다. 따라서 [그림 4-27]의 활성영역에서 동작하도록 트랜지스터 주변회로를 구성한다면 증폭용으로 사용할 수 있음을 알 수 있다.

실습문제 JFET I-V 특성

1. 접합 전계효과 트랜지스터(JFET : Junction Field Effect Transistor)의 특성을 시뮬레이션을 통하여 확인하고, 시뮬레이션 결과인 JFET의 I-V 특성 곡선을 도시하라.(시뮬레이션 회로는 [그림 4-28]과 같고, JFET 드레이의 전압 가변 범위와 게이트의 전압가변 범위는 [그림 4-29]와 같다.)

시뮬레이션 디바이스 목록

종 류	부품/계기명	실행 아이콘
JFET	2N3823	: 부품(Component)
접 지	GROUND	: 터미널(Terminal)
전류 프로브	Current Probe	: 전류 프로브
시뮬레이션 방법	TRANSFER	: 그래프(Graph)

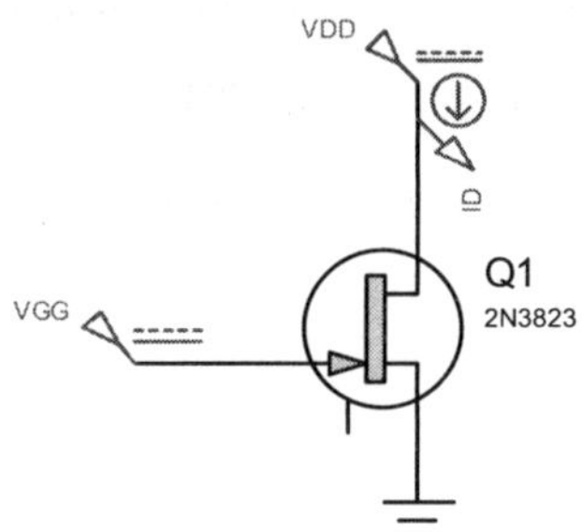

[그림 4-28] JFET I-V 특성 실습회로

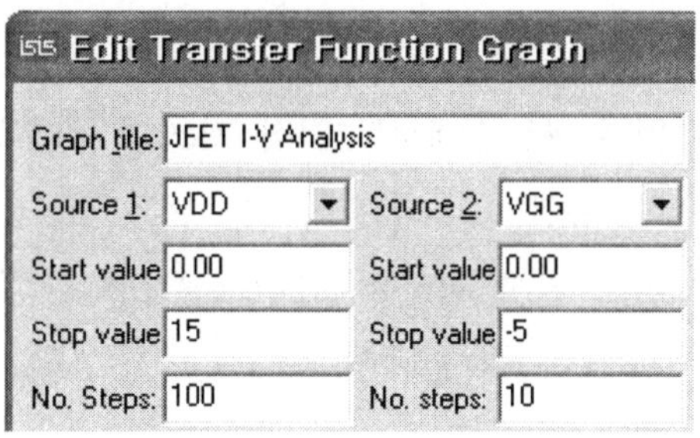

[그림 4-29] JFET의 시뮬레이션 범위 설정

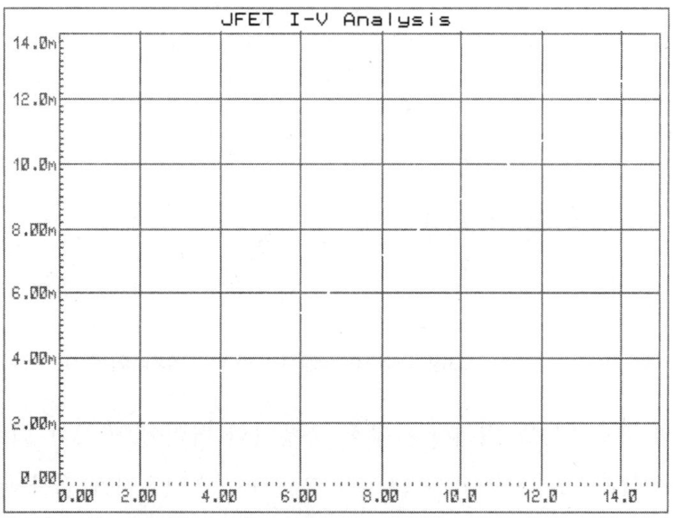

[그림 4-30] JFET I-V 특성 곡선 결과

4.4 트랜지스터를 이용한 증폭기

이 절에서는 트랜지스터의 4가지 동작영역 중 활성영역의 동작을 이용한 증폭회로를 시뮬레이션을 통하여 알아보자.

4.4.1 BJT 공통 이미터 증폭기

트랜지스터를 이용한 기초적인 증폭기로는 BJT 공통 이미터 증폭기(CE 증폭기 : Common Emitter Amplifier), BJT 공통 컬렉터 증폭기(CC 증폭기 : Common Collector Amplifier), BJT 공통 베이스 증폭기(CB 증폭기 : Common Base Amplifier), BJT 전력 증폭기, FET 공통 소스 증폭기, FET 공통 드레인 증폭기, FET 공통 게이트 증폭기가 있다. 이 중에서도 가장 기초가 되는 BJT 공통 이미터 증폭기에 대하여 알아보기로 한다. 공통 이미터 증폭기는 높은 전압과 전류이득을 갖는 증폭기이다. 공통 이미터 증폭기의 기본 회로는 [그림 4-31]과 같다.

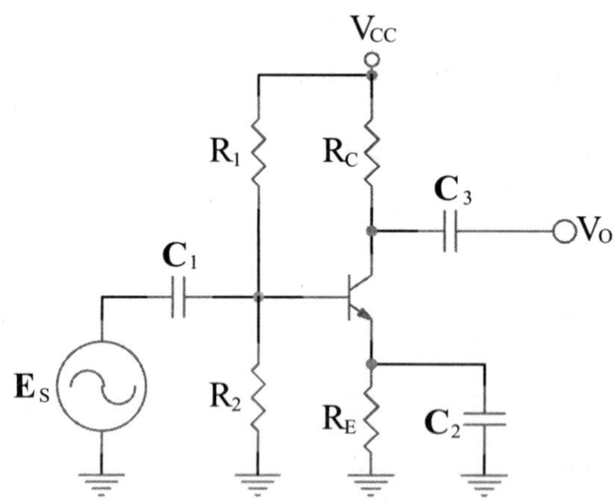

[그림 4-31] 공통 이미터 증폭기 회로

증폭기의 회로해석을 위해서는 우선 증폭기의 바이어스(bias) 회로의 동작점이 증폭용으로 사용할 수 있는 활성영역(Active Region)이 있는지를 검사해야 한다. 따라서 활성영역 검사를 위하여 DC 해석을 선행해야 한다.

1) 공통 이미터 증폭기(CE 증폭기)의 DC 해석

DC 해석은 직류(DC)전원에 대한 회로 해석으로 DC는 콘덴서를 통과하지 못한다. 따라서 AC 성분을 제거시키는 것으로 [그림 4-31] 회로에서 콘덴서를 OPEN시켜 DC 등가회로를 구하면 [그림 4-32]와 같다.

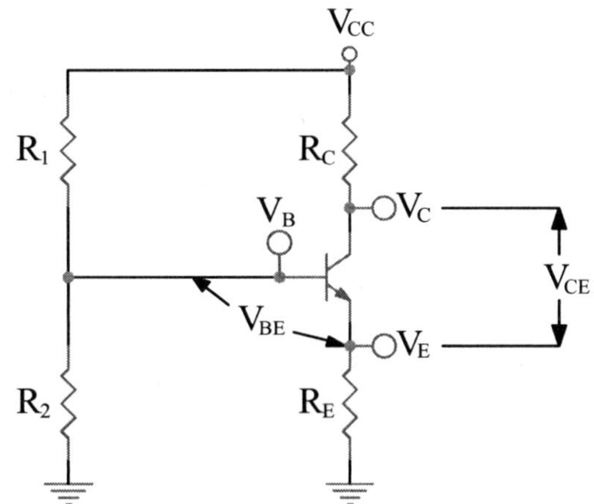

[그림 4-32] [그림 4-31] 회로의 DC 등가회로

[그림 4-32]의 DC 등가회로에서 동작점이 활성영역(Active region)에 있는지를 알기 위해서는 V_{CE}가 0.3[V]보다 큰지를 조사하면 된다. 그래서 V_{CE}를 구하면 식 [4-6]과 같다.

$$V_{CE} = V_C - V_E \qquad [4\text{-}6]$$

식 [4-6]에서 V_{CE}를 알기 위해서 V_E와 V_C를 알아야 한다. V_E는 식 [4-7]과 같이 구할 수 있다.

$$V_E = V_B - V_{BE} \qquad [4\text{-}7]$$

식 [4-7]에서 V_E를 알기 위해서는 V_B를 알아야 한다. 그래서 [그림 4-32] 회로에서 트랜지스터의 베이스 전압 V_B을 구하면 식 [4-8]과 같이 구할 수 있다.

$$V_B = \left(\frac{R_2 // \beta_{DC} R_E}{R_1 + (R_2 // \beta_{DC} R_E)} \right) V_{CC} \cong \left(\frac{R_2}{R_1 + R_2} \right) V_{CC} \qquad [4\text{-}8]$$

식 [4-8]은 앞 식이 정확한 수식이나, 통상 $\beta_{DC}R_E$가 R_2에 비하여 상당히 크게 설계하므로 R_2와 병렬로 연결된 $\beta_{DC}R_E$을 무시하면, 식 [4-8]의 근사식과 같은 근사값으로 구할 수 있다. 반드시 근사식 사용 전에 $\beta_{DC}R_E \geq 10R_2$인지를 조사 후에 적용하여야 한다.

β_{DC}는 각 트랜지스터마다 다르게 가지고 있는 고유의 DC 전류이득으로 식 [4-9]와 같이 알 수 있다.(실험으로 측정하거나 Data sheet로 알 수 있다.)

$$\beta_{DC} = \frac{I_C}{I_B} \tag{4-9}$$

[그림 4-32]의 DC 등가회로에서 V_C는 식 [4-10]과 같이 구할 수 있다.

$$V_C = V_{CC} - I_C R_C \tag{4-10}$$

따라서 V_C를 알기 위해서는 I_C를 알아야 하고, I_C는 식 [4-11]과 같이 구할 수 있다.

$$I_C = \beta I_B \tag{4-11}$$

I_C를 알기 위해서 I_B를 알아야 하고, I_B는 식 [4-12]에서 구할 수 있다.

$$I_E = I_C + I_B = (\beta + 1) I_B \tag{4-12}$$

I_B는 식 [4-12]에서 알 수 있듯이 I_E를 알아야 한다. I_E는 식 [4-13]과 같이 구할 수 있다.

$$I_E = \frac{V_E}{R_E} \tag{4-13}$$

지금까지의 역순으로 계산하면 V_{CE}를 알 수 있게 된다.

V_{CE}가 0.3[V]보다 크다면 활성영역(Active region)에 있으므로 [그림 4-31] 회로는 증폭회로라는 것을 알 수 있게 된다. 당연히 V_{CE}가 0.3[V]보다 작다면 트랜지스터 동작이 포화영역(Saturation region)에 있으므로 교류 해석(AC 해석)을 할 필요가 없다. 이는 스위치 동작의 ON 동작을 한 것이기 때문이다.

2) 공통 이미터 증폭기(CE 증폭기)의 교류 해석(AC 해석)

다음은 실제 V_S에 입력신호를 입력하여 출력에 몇 배의 증폭이 된 입력신호가 출력되는 지를 알기 위해서 교류 해석을 해야 한다. [그림 4-31] 회로에서 DC 성분을 제거하면 교류 등가회로(AC 등가회로)를 얻을 수 있다. DC 성분을 제거하기 위해서 콘덴서와 V_{CC} 전원을 short시키면 [그림 4-33]과 같은 교류 등가회로를 얻을 수 있다.

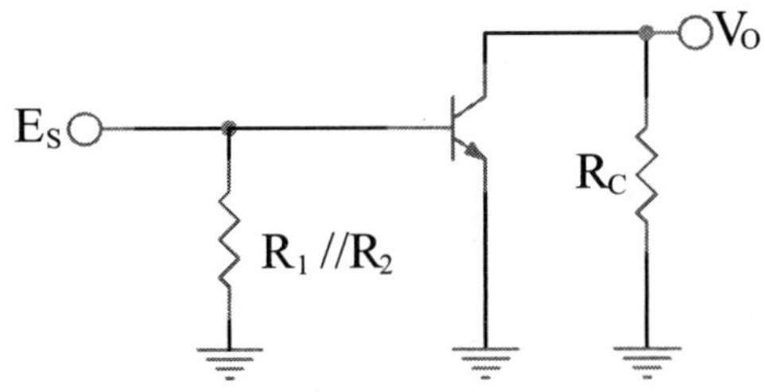

[그림 4-33] [그림 4-31] 회로의 교류 등가회로

[그림 4-33]의 교류 등가회로의 전압이득은 식 [4-14]와 같이 구할 수 있다.

$$A_v = -\frac{R_O}{R_e} = -\frac{R_C//R_L}{r_e + R_E} = -\frac{R_C}{r_e} \qquad [4\text{-}14]$$

식 [4-14]를 설명하면 전압이득(A_v)을 알기 위해서는 우선 출력저항(R_O)을 알아야 한다. 출력저항(R_O)은 부하저항이 없으므로 식 [4-14]와 같이 R_C가 된다. 그리고 식 [4-14]의 이미터 DC저항 R_e(즉, R_e+R_E)의 R_E은 이미터에 콘덴서와 병렬로 연결되지 않는 저항으로 [그림 4-31]에는 없으므로 생략한다.

그 다음은 트랜지스터의 이미터 부분의 교류저항 r_e를 알아야 한다. r_e는 식 [4-15]와 같이 구할 수 있다.

$$r_e = \frac{26[\text{mV}]}{I_E} \qquad [4\text{-}15]$$

이는 베이스와 이미터만 본다면 다이오드이므로 다이오드의 교류저항 식 [4-2]를 그대로 인용한 수식이다. 이미터 전류 I_E는 DC 해석에서 구한 값을 사용한다.

이렇게 구한 전압이득의 부호가 음수인 것은 파형이 180° 위상차가 있음을 나타낸다. 입력전압에 대한 전압이득(A'_v)은 식 [4-16]과 같이 입력전압(E_S)이 트랜지스터 베이스 전압(V_b)로 얼마만큼 걸리는지에 교류 해석에서 구한 전압이득의 곱으로 나타난다. 입력전압(E_S)이 트랜지스터 베이스 전압(V_b)로 얼마만큼 걸리는지는 입력전압이 입력 소스의 저항(R_S)과 증폭기의 입력단 저항의 합에 증폭기의 입력단 저항만큼이 증폭할 신호가 되므로 전압이득을 곱하여 구한다. 만약 입력신호의 저항이 없다면 전압이득은 교류 해석의 이득과 같아진다.

$$A'_v = \frac{V_b}{E_S} A_v = \frac{Z_i}{R_s + Z_i} A_v \qquad [4\text{-}16]$$

전압이득(A'_v)을 구하기 위해서 [그림 4-33]에서 입력 전체의 임피던스(Z_i)를 구하는 식은 식 [4-17]과 같이 R_1과 R_2와 βR_E의 병렬로 구할 수 있다.

$$Z_i = R_1 // R_2 // \beta R_E = R_1 // R_2 // \beta (r_e + R_3) \qquad [4\text{-}17]$$

그리고 전류이득(A_i)은 식 [4-18]과 같이 컬렉터 전류 나누기 입력전류(I_i)이다. 입력전류(I_i)는 트랜지스터의 베이스 전류(I_b)가 된다.

$$A_i = \frac{I_c}{I_i} = \frac{I_c}{I_b} = \beta \qquad [4\text{-}18]$$

전력이득(A_p)은 전압이득(A'_v)과 전류이득(A_i)의 곱으로 식 [4-19]와 같이 구할 수 있다.

$$A_p = A'_v \cdot A_i \qquad [4\text{-}19]$$

4.4.2 BJT 공통 이미터 증폭기 실습

1) BJT 공통 이미터 증폭기 실습내용

[그림 4-34]와 같은 쌍극성 접합 트랜지스터(BJT)를 이용하여 공통 이미터 증폭기 회로에서 구성한 회로가 증폭기인지, 즉 활성영역(Active region)에서 동작하는지를 계산하고(DC 해석을 하고), 증폭도가 얼마인 증폭기인지(교류 해석을 해서) 알아보자.(단, CE 바이어스 전압 V_{CC} = 10[V], 입력신호 E_S는 10[mV] 사인파 1[kHz], 2N3904의 β_{DC} = 150이다.)

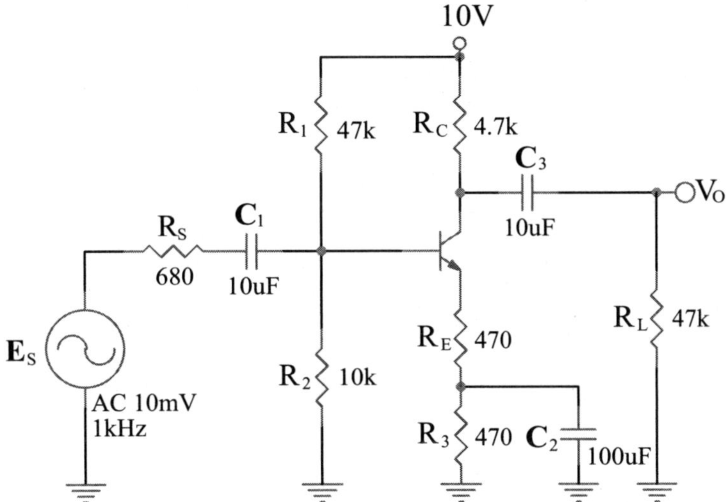

[그림 4-34] BJT 공통 이미터 증폭기 실습회로

우선 [그림 4-34]가 활성영역(Active region)에서 동작하는지를 알기 위하여 콘덴서를 OPEN시켜 DC 등가회로를 구하면 [그림 4-35]와 같이 된다.

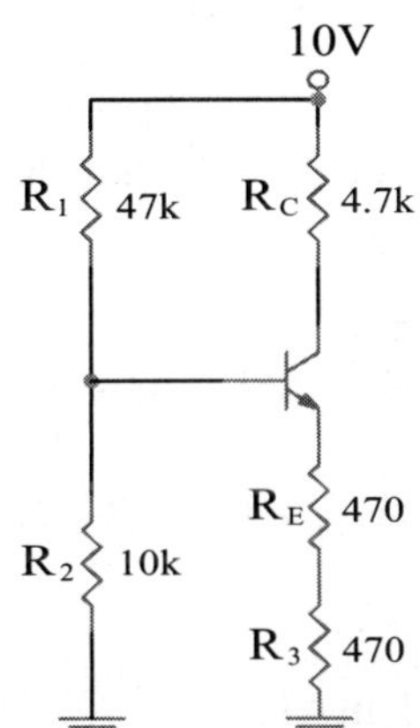

[그림 4-35] [그림 4-34]의 DC 등가회로

[그림 4-34]에서 식 [4-6]~식 [4-13]을 이용하여 [그림 4-35]회로가 활성영역(Active region)에서 동작하는 증폭기인지 알아보면

$$V_B \cong \left(\frac{R_2}{R_1+R_2}\right)V_{CC} = \left(\frac{10[k\Omega]}{47[k\Omega]+10[k\Omega]}\right)10[V] = 1.754[V]$$

$$V_E = V_B - V_{BE} = 1.754[V] - 0.7[V] = 1.054[V]$$

$$I_E = \frac{V_E}{R_E + R_3} = \frac{1.054[V]}{470[\Omega] + 470[\Omega]} = 1.121[mA]$$

$$I_B = \frac{1}{\beta + 1} I_E = \frac{1}{150 + 1} 1.121 = 7.426[\mu A]$$

$$I_C = I_E - I_B = 1.121[mA] - 7.426[\mu A] = 1.113[mA]$$

$$V_C = V_{CC} - I_C R_C = 10[V] - 1.113[mA] \times 4.7[k\Omega] = 5.231[V]$$

$$V_{CE} = V_C - V_E = 5.2311[V] - 1.054[V] = 4.177[V]$$

따라서 V_{CE}가 0.3[V]보다 크므로 활성영역(Active region)에 있으며 [그림 4-34] 회로는 증폭기로 동작함을 알 수 있다. 이제 전압이득이 얼마인지 알기 위하여 교류(AC)등가회로를 구하면 [그림 4-36]과 같다.

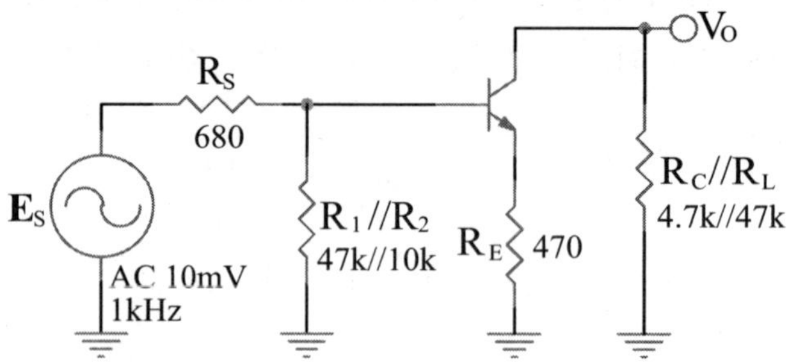

[그림 4-36] [그림 4-34]의 교류 등가회로

교류 등가회로에서 전압이득을 식 [4-14]~식 [4-17]을 이용하여 구하면

$$r_e = \frac{26[mV]}{I_E} = \frac{26[mV]}{1.121[mA]} = 23.194[\Omega]$$

$$A_v = -\frac{R_C // R_L}{r_e + R_3} = -\frac{4.7[k\Omega] // 47[k\Omega]}{23.194[\Omega] + 470[\Omega]} = 8.664\text{배}$$

$$Z_i = R_1 // R_2 // \beta(r_e + R_3) = 47[k\Omega] // 10[k\Omega] // 150(23.194[\Omega] + 470[\Omega])$$

$$= 7.418[k\Omega]$$

$$A'_v = \frac{Z_i}{R_s + Z_i} A_v = \frac{7.418[k\Omega]}{680[\Omega] + 7.418[k\Omega]} 8.664\text{배} = 7.936\text{배}$$

가 된다. 따라서 [그림 4-34]의 BJT 공통 이미터 증폭기 실습회로는 7.936배의 증폭기 회로임을 알 수 있다.

2) BJT 공통 이미터 증폭기 시뮬레이션

[그림 4-37]과 같은 쌍극성 접합 트랜지스터(BJT) 2N3904를 이용하여 공통 이미터 증폭기 회로를 구성하고, 구성한 회로에 CE 바이어스 전압 $V_{CC}=10[V]$를 인가하고, 입력신호 E_S의 전압은 10[mV]에 1[kHz] 사인파를 입력하여 출력신호가 몇 배가 증폭되는지 가상 오실로스코프와 AC 전압계를 사용하여 시뮬레이션해보자.

시뮬레이션 디바이스 목록

종 류	부품/계기명	실행 아이콘
저 항	RES	:부품(Component)
콘덴서	CAP	
BJT	2N3904	
접 지	GROUND	: 터미널(Terminal)
AC 전원 소스	SINE	: 전원(Generator)
DC 전원 소스	DC	
교류 전압계	AC VOLTMETER	: 계측기(Instruments)
오실로스코프	OSCILLOSCOPE	

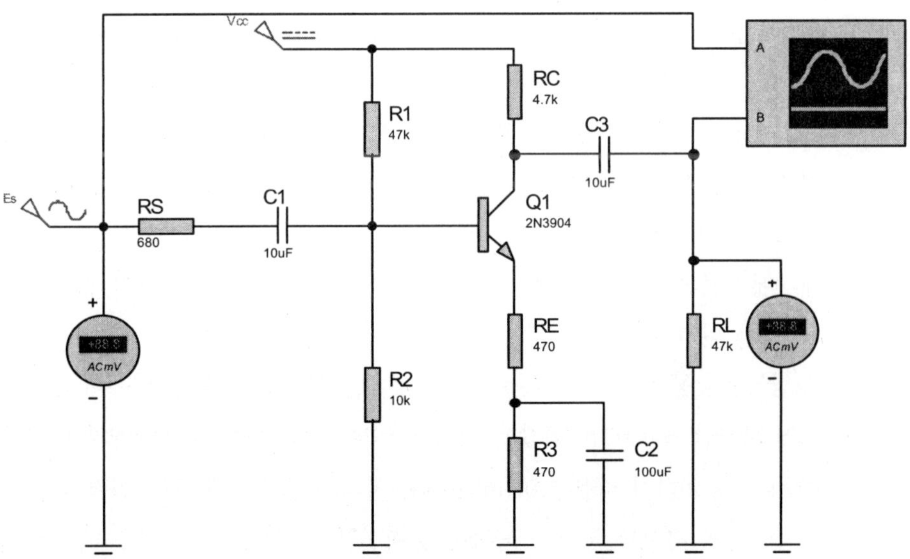

[그림 4-37] BJT 공통 이미터 증폭기 시뮬레이션 회로

① 부품( ) 선택(P)로 저항('RES')과 콘덴서('CAP'), 쌍극성 접합 트랜지스터('2N3904')를 등록하고, [그림 4-37]과 같이 배치한다.

② 터미널( ) 아이콘을 클릭 후 접지('GROUND')를 선택하여 배치한다.

③ 전원( ) 아이콘을 클릭 후 DC전원('DC')을 선택하여 [그림 4-37]과 같이 배치한다.

④ 전원( ) 아이콘을 클릭 후 AC전원('SINE')을 선택하여 [그림 4-37]과 같이 배치한다.

⑤ 계측기( ) 아이콘을 클릭 후 교류 전압계('AC VOLTMETER')를 선택하여 [그림 4-37]과 같이 입력단과 출력단에 각각 배치한다.

⑥ 계측기( ) 아이콘을 클릭 후 오실로스코프('OSCILLOSCOPE')를 선택하여 [그림 4-37]과 같이 배치한다.

⑦ 배치한 모든 부품을 [그림 4-37]과 같이 신호선으로 연결한다.

⑧ 저항들과 콘덴서들을 선택(마우스 오른쪽 버튼 클릭) 후 편집(마우스 왼쪽 버튼 클릭)으로 [그림 4-37]과 같이 'RS'='680'[Ω], 'R1'='47k'[Ω], 'R2'='10k'[Ω], 'RC'='4.7k'[Ω], 'RE'='470'[Ω], 'R3'='470'[Ω], 'RL'='47k'[Ω], 'C1'='10uF', 'C2'='100uF', 'C3'='10uF'로 이름과 값을 변경한다.

⑨ DC 전원 Vcc를 선택(마우스 오른쪽 버튼 클릭) 후 편집(마우스 왼쪽 버튼 클릭)으로 이름을 'Vcc'로 수정하고, 전압(Voltage)을 '10'[V]로 변경한다.

⑩ AC 전원 Es를 선택(마우스 오른쪽 버튼 클릭) 후 편집(마우스 왼쪽 버튼 클릭)으로 이름을 'Es'로 수정하고, 전압(Amplitude)을 '10m'[V], 주파수(Frequency)를 '1k'[Hz]로 변경한다.

⑪ 2개의 AC 전압계를 선택(마우스 오른쪽 버튼 클릭) 후 편집(마우스 왼쪽 버튼 클릭)으로 단위를 mV(Millivolts)로 수정한다.("[그림 2-11] 전류계 표시범위 설정값 mA로 선택" 참조)

⑫ 애니메이션 실행 버튼(▶)을 클릭하여 애니메이션을 실하면 결과는 [그림 4-38]과 같이 나타난다.

[그림 4-38] 공통 이미터 증폭기 시뮬레이션 결과에서 볼 수 있듯이 입력단 AC 전압계에 나타난 '+7.07'[mV]값은 입력 사인파 10[mV]의 RMS(반파의 평균값)값이므로 10[mV] / $\sqrt{2}$ 하여 나온 7.07[mV]이다. 앞서 실습내용에 구한 입력전압에 대한 전압이득(A'_v)이 7.936배였다. 따라서 출력전압은 7.07[mV] × 7.936배 = 56.107[mV]가 되고 [그림 4-38]의 출력단 AC전압계에 나타난 '+55.7'[mV]와 유사함을 알 수 있다.

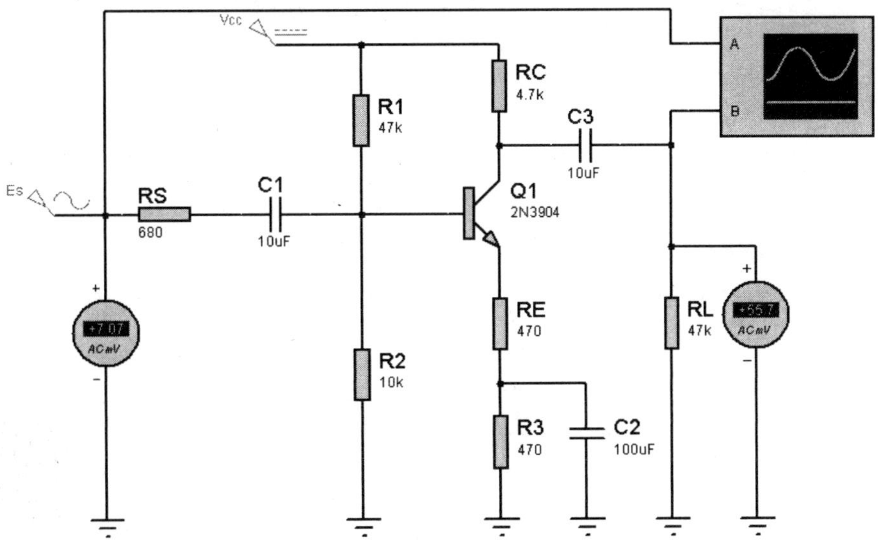

[그림 4-38] CE 증폭기 전압이득 결과

⑬ [그림 4-39]와 같이 가상 오실로스코프의 CH1과 CH2의 전압 볼륨을 조절하여 20 [mV/Div]에 놓고, 시간 축은 1[kHz]의 파형을 보기 위해 200[μs/Div]으로 볼륨을 조정한다.

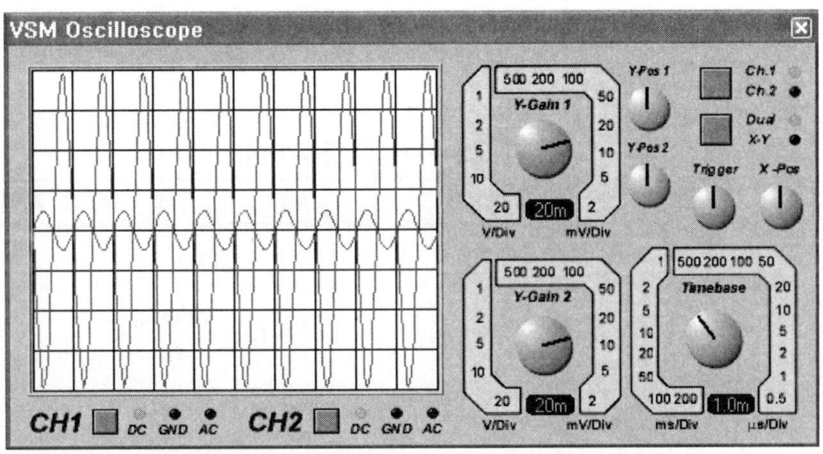

[그림 4-39] CE 증폭기 전압이득 파형 결과

[그림 4-39]의 애니메이션 실행 후의 오실로스코프에서 알 수 있듯이 입력과 출력파형의 크기 차가 8배 정도이며, 입력파형의 180° 위상차가 남을 알 수 있다.

실습문제 공통 이미터 증폭기 회로

1. [그림 4-40]과 같은 쌍극성 접합 트랜지스터(BJT) 2N3904를 이용하여 공통 컬렉터 증폭기 회로를 구성하고, 구성한 회로가 증폭기인지를 알기 위하여 활성영역에서 동작하는지를 계산하고, 입력신호에 대한 출력신호를 계산하고, 시뮬레이션을 통하여 계산값과 일치하는지를 조사하여라.
(단, CC 바이어스 전압 V_{CC}=15[V], 입력신호 Vs는 10[mV] 사인파, 2N3904의 β_{DC} =150이다.)

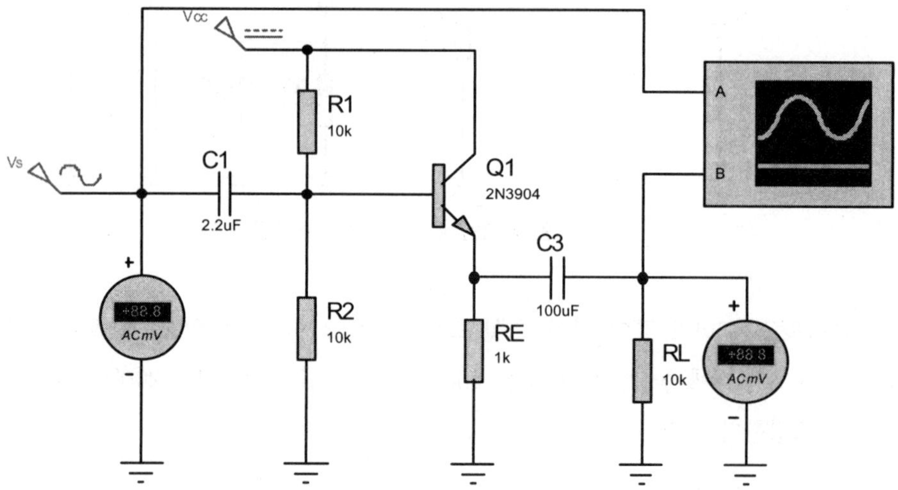

[그림 4-40] CC 증폭기 실습회로

〈표 4-1〉 CC 증폭기 이론 해석

직류 해석(DC 해석)	교류 해석(AC 해석)
$V_B \cong \left(\frac{R_2}{R_1+R_2}\right)V_{CC} =$ $V_E = V_B - V_{BE} =$ $I_E = \frac{V_E}{R_E} =$ $V_{CE} = V_{CC} - V_E =$	$r_e = \frac{26[mV]}{I_E} =$ $A_v = -\frac{R_e}{r_e+R_e} = -\frac{R_E//R_L}{r_e+R_E//R_L} =$
입력신호 Vs는 10[mV](RMS＝7.07[mV]), 사인파일 때 출력신호 ＝ ______[mV]	

4.5 트랜지스터를 이용한 전자 스위치

트랜지스터(TR)의 4가지 동작영역 중 포화영역과 차단영역을 이용한 전자 스위치 동작을 시뮬레이션을 통하여 살펴보고, 논리소자로 응용이 가능한지를 살펴보자.

4.5.1 BJT를 이용한 전자 스위치 이론

[그림 4-41]회로는 쌍극성 접합 트랜지스터(BJT)를 이용한 전자 스위치 동작을 하는 기본 회로이다.

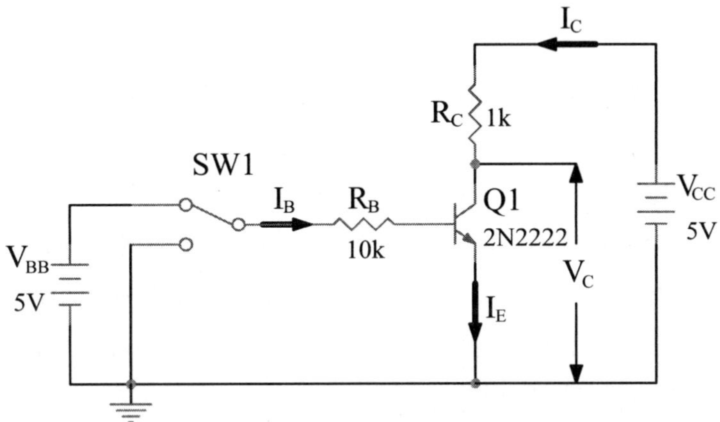

[그림 4-41] BJT 스위치 동작 회로

[그림 4-41] 회로에서 베이스(base)단에 스위치를 5[V](1(참)) 전원에 연결하였을 때 트랜지스터 Q1이 포화영역에서 동작하는지를 알아야 한다. 물론 트랜지스터 증폭회로에서 포화영역(Saturation region)에서 동작하는지 활성영역(Active region)에서 구하는 방법과 동일하게 구할 수도 있지만, 여기에서는 간단히 $I_B > I_C/\beta$지를 조사하여 I_B가 크면 포화영역(Saturation region)에서 동작하므로 트랜지스터 Q1는 스위치로 동작한다고 할 수 있다.

베이스 전류 I_B는 다음 식과 같이 구할 수 있다.

$$I_B = \frac{V_{BB} - V_{BE}}{R_B} = \frac{5[V] - 0.7[V]}{10[k\Omega]} = 0.43[mA]$$

트랜지스터 2N2222의 β는 [그림 4-41]과 같은 회로에서 약 50 정도이다.(트랜지스터 2N2222의 Data sheet 참조) 일단 포화영역에서 동작한다고 가정하면 $V_{CE}=0.2[V]$이다. 그러면 I_C는 아래와 같이 되고,

$$I_C = \frac{V_{CC} - V_{CE}}{R_C} = \frac{5[V] - 0.2[V]}{1[k\Omega]} = 4.8[mA]$$

포화영역에서 동작하기 위해서는 $I_B > I_C / \beta$이어야 한다. 아래와 같이

$$I_B > \frac{I_C}{\beta} = \frac{4.8[mA]}{50} = 0.096[mA]$$

$$0.43[mA] > 0.096[mA]$$

I_B가 커서 포화영역에 있음을 알 수 있다. 따라서 트랜지스터 Q1은 포화상태가 되어 트랜지스터 컬렉터(C)와 이미터(E)가 ON되어 컬렉터 전압 V_C는 0.2[V]가 된다.

[그림 4-41]에서 베이스(base)단에 스위치를 0[V](0(거짓), 즉 ground)에 연결하면 트랜지스터는 차단영역(Cutoff region)에 있어 OFF되어 컬렉터 전압 V_C는 5[V]가 출력될 것이다. 이처럼 베이스 단의 신호를 트랜지스터가 포화상태(5[V])가 되도록 입력하거나, 차단상태(0[V])가 되도록 입력하므로 트랜지스터의 컬렉터와 이미터는 스위치와 같이 ON 또는 OFF됨을 알 수 있다.

그리고 [그림 4-41]의 회로에서 V_C의 출력은 NOT 게이트와 같이 베이스에 1을 입력하면 0이 출력되고, 베이스에 0을 입력하면 1이 출력되는 논리 부정회로임을 알 수 있다. 이것은 트랜지스터를 이용하여 논리소자를 만들 수 있다는 것을 의미한다.

4.5.2 TR을 이용한 전자 스위치 실습

1) TR을 이용한 전자 스위치 실습내용

앞서 이론에서 설명한 회로를 구성하고, 베이스(base)단의 로직 신호로 컬렉터와 이미터 단이 ON/OFF되는지를 알아보자.

2) BJT를 이용한 전자 스위치 동작 시뮬레이션

[그림 4-42]와 같이 시뮬레이션 회로를 구성하고, 베이스(base)단 전압(V_{BB})에 5[V]와 0[V]를 입력하여 트랜지스터 컬렉터 단의 출력을 시뮬레이션을 통하여 알아보자.

시뮬레이션 디바이스 목록

종 류	부품/계기명	실행 아이콘
저 항	RES	: 부품(Component)
BJT	2N2222	
로직신호 입력기	LOGICSTATE	
전 지	BATTERY	
접 지	GROUND	: 터미널(Terminal)
직류 전압계	DC VOLTMETER	: 계측기(Instruments)

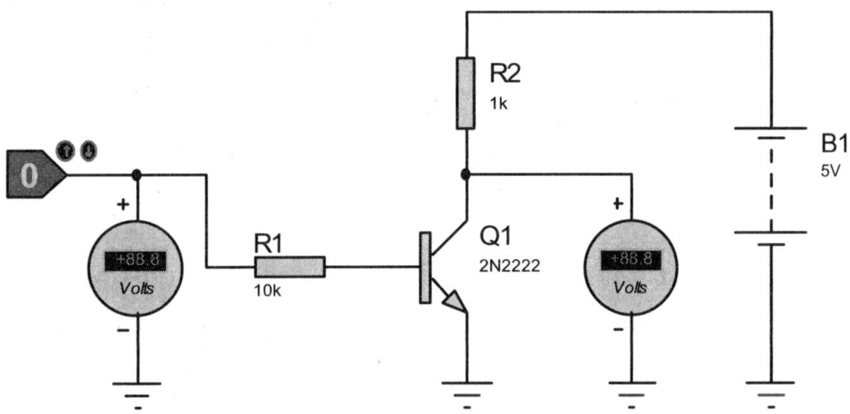

[그림 4-42] BJT 스위치 응용 실습회로

① 부품( ) 선택(P)로 저항('RES')과 쌍극성 접합 트랜지스터('2N2222'), 로직신호 입력('LOGICSTATE'), 전지('BATTERY')를 등록하고, [그림 4-42]와 같이 배치한다.

② 터미널( ) 아이콘을 클릭 후 접지('GROUND')를 선택하여 배치한다.

③ 계측기( ) 아이콘을 클릭 후 DC 전압계('DC VOLTMETER')를 선택하여 [그림 4-42]와 같이 배치한다.

④ 배치한 모든 부품을 [그림 4-42]와 같이 신호선으로 연결한다.

⑤ 저항(R1)을 선택(마우스 오른쪽 버튼 클릭) 후 편집(마우스 왼쪽 버튼 클릭)으로 '10k'[Ω]으로 변경한다.

⑥ 저항(R2)을 선택(마우스 오른쪽 버튼 클릭) 후 편집(마우스 왼쪽 버튼 클릭)으로 '1k'[Ω]으로 변경한다.

⑦ 전지(B1)를 선택(마우스 오른쪽 버튼 클릭) 후 편집(마우스 왼쪽 버튼 클릭)으로 '5'[V]로 변경한다.

⑧ 애니메이션 실행 버튼()을 클릭하여 애니메이션을 실행하다.

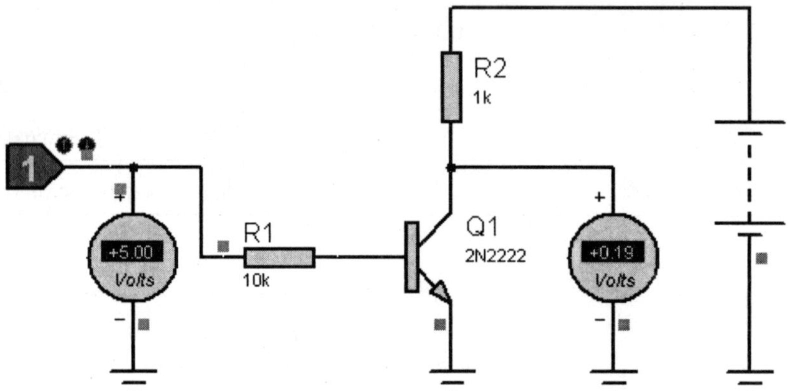

[그림 4-43] BJT를 이용한 전자 스위치 실습 결과

[그림 4-43]과 같이 로직신호 입력기 위에서 마우스 왼쪽 버튼을 클릭하면 0에서 1로 1에서 0로 바뀐다. 이때 0은 0[V], 1은 5[V]가 출력됨을 DC 전압계로 알 수 있다. 0을 입력하면 컬렉터 단의 전압은 DC 전압계에서 5[V]가 출력되고, 0을 입력하면 0.19[V]가 출력된다. 앞서 설명한 TR(트랜지스터)의 Saturation 동작 모드에서 V_{CE}가 0.2[V]에 가까움을 알 수 있다.

위 결과에서 알 수 있듯이 입력신호의 부정의 결과를 가진다. 즉 논리 게이트의 중 NOT 게이트와 같은 동작을 하는 것을 알 수 있다. 따라서 TR(트랜지스터)을 전자 스위치용으로도 사용하지만 일반적인 논리 게이트를 만들 수도 있음을 알 수 있다.

실습문제 TR을 이용한 논리소자 회로

1. [그림 4-44]와 같은 쌍극성 접합 트랜지스터(BJT) 2N2222를 이용하여 회로를 구성하여 시뮬레이션하고, 입력신호에 대한 시뮬레이션 결과 Vc의 전압을 〈표 4-2〉에 기록하자. 그리고 어떤 논리소자와 동작이 유사한가?

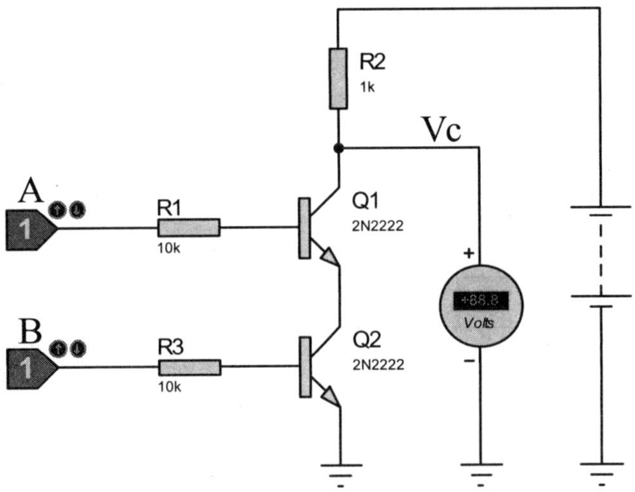

[그림 4-44] TR을 이용한 2입력 스위치

〈표 4-2〉 TR을 이용한 2입력 스위치 실험결과

A	B	Vc [V]
0	0	
0	1	
1	0	
1	1	

동작 결과가 같은 논리소자 = ______________________.

제 5 장

디지털 회로 시뮬레이션

제5장에서는 우선 기본 디지털 논리소자 AND, OR, NOT, BUFFER, NAND, NOR, XOR, XNOR 들의 기본 동작 특성을 시뮬레이션을 통하여 이해하도록 하였다. 그리고 복잡한 논리식을 논리식 간소화 방법을 이용한 결과를 시뮬레이션 통하여 확인하고, 기본 논리 게이트로 조합된 조합 논리회로인 가산기, 감산기, 디코더, 인코더(Encoder ; 엔코더), 비교기, 멀티플렉서, 디멀티플렉서, 플립플롭, 레지스터, 카운터 들의 원리와 동작 특성을 설명하고, 시뮬레이션을 통하여 이해하고자 하였다. 그리고 Proteus VSM 프로그램의 디지털 회로 시뮬레이션 사용법을 익히게 하였다.

5.1 기본 논리 게이트

디지털 논리소자 AND, OR, NOT, Buffer, NAND, NOR, XOR, NOR 들의 기본 동작 특성을 이해하고, 시뮬레이션과 응용회로를 통하여 기본 논리 게이트를 이용한 논리회로설계 능력의 기초를 갖춘다.

5.1.1 AND, OR 게이트

1) AND 게이트

여러 개의 입력을 가진 AND 게이트도 있으나, 그 중 가장 간단한 AND 게이트는 2개의 입력을 가진 AND 게이트로서 그 논리기호(Logic Symbol)는 [그림 5-1]과 같고, 논리식은 식 [5-1]과 같고, 식 [5-1]을 만족시키는 진리표는 〈표 5-1〉과 같다.

$$X = A \cdot B \qquad [5\text{-}1]$$

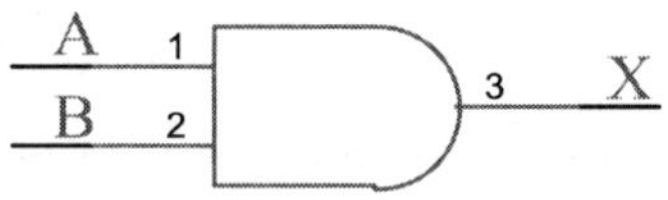

[그림 5-1] AND 게이트 논리기호

〈표 5-1〉 AND 게이트 진리표

A	B	X
0	0	0
0	1	0
1	0	0
1	1	1

〈표 5-1〉의 AND 게이트 진리표에서와 같이 A, B 입력이 모두 1일 때만 출력이 1이 된다. 즉 입력 중 어느 하나만이라도 0이 되면 그 출력은 0이 되는 동작 특성을 갖고

있다. 현재 널리 사용되고 있는 대표적인 TTL(Transistor-Transistor Logic)과 CMOS (Complementary Metal Oxide Semiconductor) AND 게이트는 7408, 7411, 7421, 7411, 4073, 74C11, 7421, 4082 등이 있다.

2) OR 게이트

여러 개의 입력을 가진 OR 게이트도 있으나, 그 중 가장 간단한 2개의 입력을 가진 OR 게이트는 [그림 5-2]와 같은 논리기호(Logic Symbol)로 표시되며, 그 논리식은 식 [5-2]와 같고, 식 [5-2]를 만족하는 진리표는 〈표 5-2〉와 같다.

$$X = A + B \qquad [5\text{-}2]$$

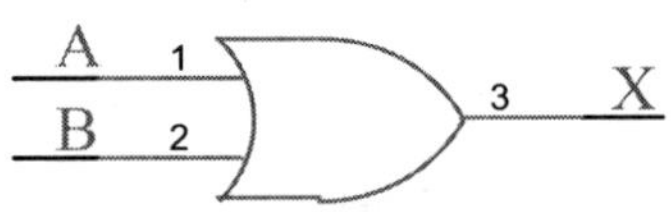

[그림 5-2] OR 게이트 논리기호

〈표 5-2〉 OR 게이트 진리표

A	B	X
0	0	0
0	1	1
1	0	1
1	1	1

〈표 5-2〉의 OR 게이트 진리표에서와 같이 A, B 입력 모두가 0일 때만 출력이 0이 된다. 즉 입력 중 어느 하나라도 1이 되면 출력이 1이 되는 동작 특성을 갖고 있다. 현재 널리 사용되고 있는 대표적인 TTL과 CMOS OR 게이트는 7432, 4071, 74C32, 74HC 4075, 4072 등이 있다.

5.1.2 NOT, BUFFER 게이트

1) NOT 게이트

NOT 게이트(Inverter : 인버터)는 인버터라고도 하며, [그림 5-3]과 같은 논리기호로 표시되고, 그 논리식은 식 [5-3]과 같다. 식 [5-3]을 만족하는 진리표는 〈표 5-3〉과 같다. 〈표 5-3〉의 NOT 게이트 진리표에서와 같이 입력상태와 반대이다. 따라서 입력이 0이면 1이고, 입력이 1이면 0으로 동작한다. 현재 널리 사용되고 있는 대표적인 TTL과 CMOS NOT 게이트는 4009, 7404, 4049, 74LS04 등이 있다.

$$X = \overline{A} \tag{5-3}$$

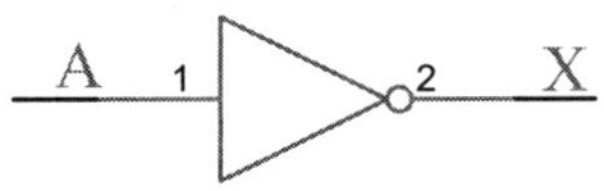

[그림 5-3] NOT 게이트 논리기호

〈표 5-3〉 NOT 게이트 진리표

A	X
0	1
1	0

2) Buffer

Buffer는 [그림 5-4]와 같은 논리기호로 표시되고, 그 논리식은 식 [5-4]와 같다. 식 [5-4]를 만족하는 진리표는 〈표 5-4〉와 같다.

〈표 5-4〉의 Buffer의 진리표에서와 같이 입력상태가 그대로 나타난다. 따라서 입력이 0이면 0이고, 입력이 1이면 1인 동작을 한다.

$$X = A \tag{5-4}$$

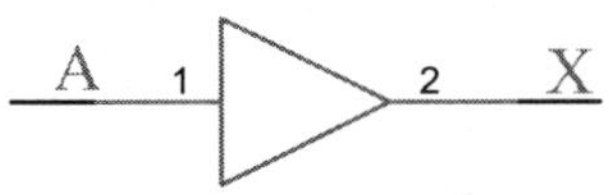

[그림 5-4] Buffer 게이트 논리기호

〈표 5-4〉 Buffer 게이트 진리표

A	X
0	0
1	1

Buffer 소자는 1일 때 1, 0일 때 0인 소자로 일반 전선과 같은 동작을 해서 일반적으로 생각하기에는 필요 없는 논리소자 같지만, 디지털 소자의 임피던스 매칭, 시간지연 등의 목적으로 많이 사용되는 소자이다. 대표적인 Buffer 게이트는 7407, 7417, 7434, 7435 등이 있다.

5.1.3 NOR, NAND 게이트

1) NAND 게이트

NAND 게이트는 NOT-AND의 준말로 AND와 반대되는 동작 특성을 갖고 있다. 한편 NAND 게이트는 기본 게이트를 구상할 수 있어 표준 게이트라고도 하며, [그림 5-5]와 같은 논리기호를 갖고 있으며, 논리식은 식 [5-5]와 같다. 식 [5-5]를 만족하는 진리표는 〈표 5-5〉와 같다.

대표적인 TTL과 NAND 게이트 IC는 7400, 4011, 7410, 4023, 7420, 7430, 74132, 74133, 4012, 74C20, 4068 등이 있다.

$$X = \overline{A \cdot B} \qquad [5\text{-}5]$$

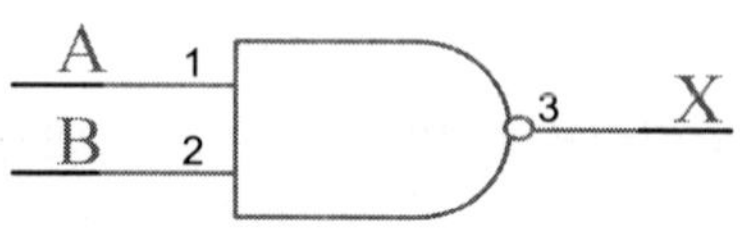

[그림 5-5] NAND 게이트 논리기호

〈표 5-5〉 NAND 게이트 진리표

A	B	X
0	0	1
0	1	1
1	0	1
1	1	0

2) NOR 게이트

NOR 게이트는 NOT-OR의 준말로 OR과 반대되는 동작 특성을 갖고 있다. [그림 5-6]

과 같은 논리기호를 갖고 있으며, 논리식은 식 [5-6]과 같다. 식 [5-6]을 만족하는 진리표는 〈표 5-6〉과 같다.

대표적인 TTL과 CMOS NOR 게이트 IC는 7402, 4001, 74C02, 7427, 4025, 74260, 4002 등이 있다.

한편 NOR와 NAND 게이트도 기본 게이트를 구상할 수 있어 표준 게이트라고 부른다.

$$X = \overline{A + B} \qquad [5\text{-}6]$$

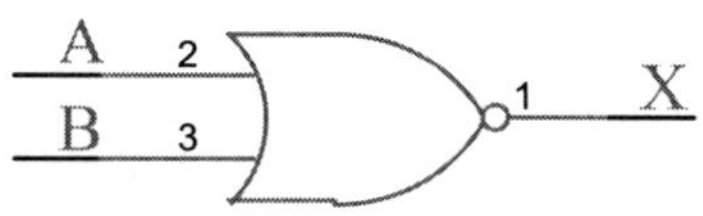

[그림 5-6] NOR 게이트 논리기호

〈표 5-6〉 NOR 게이트 진리표

A	B	X
0	0	1
0	1	0
1	0	0
1	1	0

5.1.4 XOR, XNOR

1) XOR(배타적 논리합)

Exclusive OR는 줄여서 XOR이라고 표현하며, 이 XOR 게이트는 그레이 코드, 패리티 검사기(Parity Check), 2진 비교기(Binary Comparator) 등에 이용되는 소자로서 [그림 5-7]과 같은 논리기호를 갖고 있으며, 논리식은 식 [5-7]과 같다. 식 [5-7]을 만족하는 진리표는 〈표 5-7〉과 같다. 대표적인 TTL과 CMOS XOR 게이트 IC는 7486, 4030, 747 0 등이 있다.

$$X = A \oplus B = A\overline{B} + \overline{A}B \qquad [5\text{-}7]$$

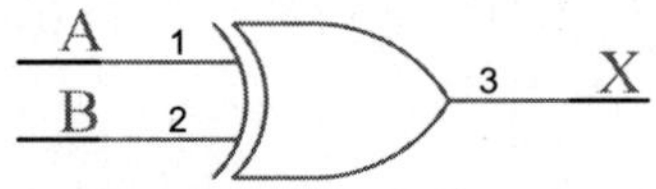

[그림 5-7] XOR 게이트 진리표

〈표 5-7〉 XOR 게이트 진리표

A	B	X
0	0	0
0	1	1
1	0	1
1	1	0

2) XNOR(배타적 논리곱)

Exclusive NOR는 줄여서 XNOR라고 표현하며, XNOR 게이트는 XOR 게이트의 반대 동작을 하는 게이트이다. [그림 5-8]과 같은 논리기호를 갖고 있으며, 논리식은 식 [5-8]과 같다. 식 [5-8]을 만족하는 진리표는 〈표 5-8〉과 같다. 대표적인 TTL과 CMOS XNOR 게이트 IC는 4077과 74HC266 등이 있다.

$$X = A \odot B = \overline{A \oplus B} = (\overline{A} + B)(A + \overline{B}) \qquad [5\text{-}8]$$

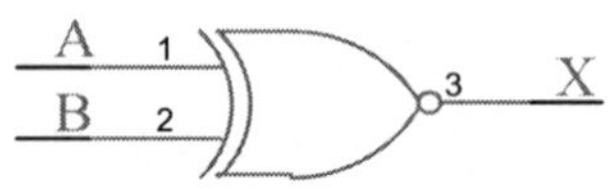

[그림 5-8] XNOR 게이트 진리표

〈표 5-8〉 XOR 게이트 진리표

A	B	X
0	0	1
0	1	0
1	0	0
1	1	1

5.1.5 기본 게이트 실습

1) 기본 게이트 실습내용

디지털의 기본 논리 게이트인 AND, OR, NOT, Buffer, NAND, NOR, XOR, XNOR 게이트들을 시뮬레이션을 통하여 이해하자.

2) 기본 게이트 시뮬레이션

시뮬레이션 디바이스 목록

종 류	부품/계기명	실행 아이콘
NAND 게이트	74LS00	
NOR 게이트	74LS02	
NOT 게이트	74LS04	
AND 게이트	74LS08	
OR 게이트	74LS32	
XOR 게이트	74LS86	:부품(Component)
XNOR 게이트	4077	
푸시버튼	BUTTON	
가변저항	POT-LIN	
로직신호 입력기	LOGICSTATE	
로직 프로브	LOGICPROBE(BIG)	
접지	GROUND	: 터미널(Terminal)
+5V(VCC)	POWER	
직류 전압계	DC VOLTMETER	: 계측기(Instruments)

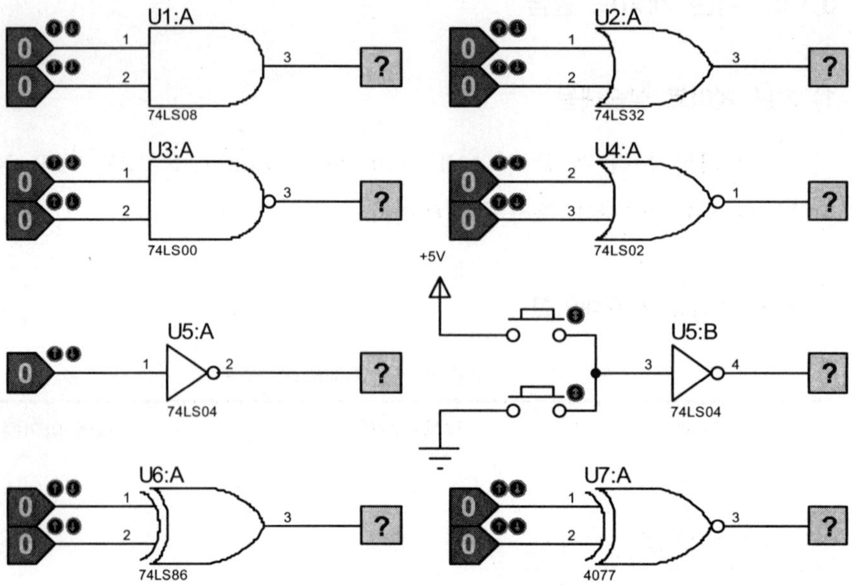

[그림 5-9] 기본 게이트 시뮬레이션 회로 결선

① 부품( ) 선택(P)으로 AND 게이트('74LS08'), OR 게이트('74LS32'), NOT 게이트('74LS04'), NAND 게이트('74LS00'), NOR('74LS02'), XOR 게이트('74LS86'), XNOR 게이트('4077') 들과 푸시버튼('BUTTON'), 로직신호 입력기('LOGICSTATE'), 로직 프로브('LOGICPROBE(BIG)')를 등록하고, [그림 5-9]와 같이 배치하고 신호선을 연결한다.("1.4.2 사용할 부품들 부품목록창에 등록하기"를 참조)

② 터미널( ) 아이콘을 클릭 후 접지('GROUND')와 전원('POWER')을 선택하여 배치하고 신호선을 연결한다.

③ 전원('POWER')을 선택(오른쪽 버튼 클릭) 후 편집(왼쪽 버튼 클릭)으로 '+5V'로 변경한다.

④ 애니메이션을 실행( )하자.("[그림 1-56] 애니메이션 실행하기" 참조)

⑤ 애니메이션 상태에서 로직신호 입력단에 마우스 왼쪽 버튼을 클릭하여 0과 1을 반복시켜 앞서 이론에서 정의한 진리표와 일치하는지를 확인하자.

⑥ NOT 게이트는 푸시버튼에 마우스 왼쪽 버튼으로 클릭하여 전원과 접지를 입력해 본다.

로직신호 입력기를 마우스 왼쪽 버튼 버튼을 클릭하여 0과 1로 변화시켜보면 앞서 설명한 진리표의 결과와 같음을 알 수 있다.

실습문제 기본 논리 게이트 응용회로

1. [그림 5-10]의 회로를 설계하여 시뮬레이션하고, X, Y, Z의 결과가 무슨 논리 게이트인지 답하라.

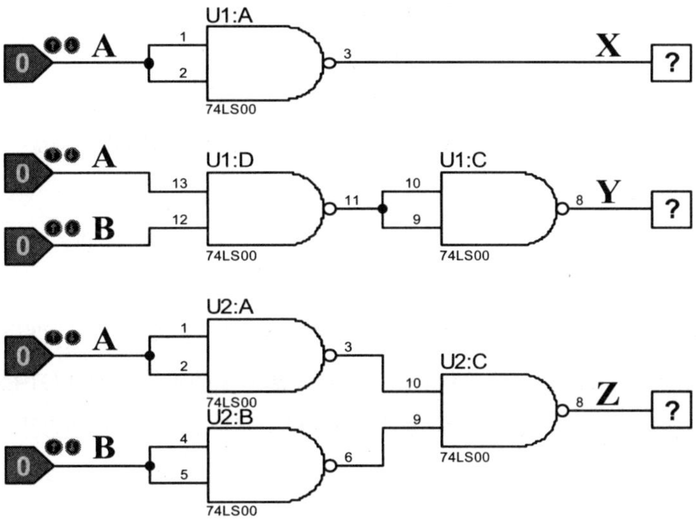

[그림 5-10] NAND 게이트 응용회로

2. [그림 5-11]의 회로를 설계하여 시뮬레이션하고, X, Y, Z의 결과가 무슨 논리 게이트인지 답하라.

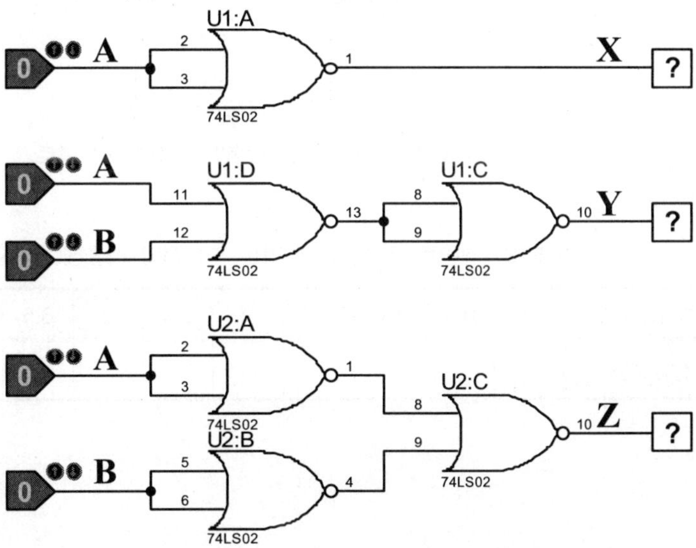

[그림 5-11] NOR 게이트 응용회로

3. [그림 5-12]와 같이 입력을 개방하고 시뮬레이션하고 그 결과를 답하라.

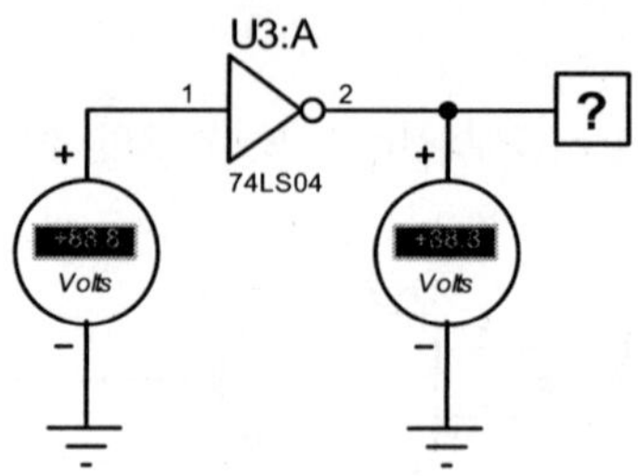

[그림 5-12] 게이트 입력 개방 시뮬레이션 회로

입력전압 : ______________[V] 출력전압 : ______________[V]

4. [그림 5-13]과 같이 회로를 구성하고 시뮬레이션 상태에서 저항을 조정하면서 입력전압에 대한 출력전압의 값을 〈표 5-9〉에 기록하라.(참조 : 가변저항(RV1)은 부품(⇻) 선택(P)에서 'POT-LIN'을 등록시키고, 저항 값은 마우스 오른쪽 버튼 클릭(선택) 후 왼쪽 버튼 클릭(편집)으로 '10k'로 변경한다.)

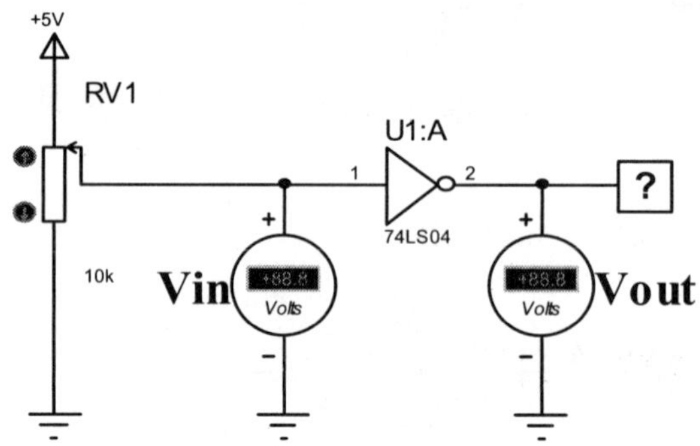

[그림 5-13] 게이트 입력전압 시뮬레이션 회로

〈표 5-9〉 게이트 입력전압에 따른 출력전압 시뮬레이션 결과

입력전압(V_{in})	0	0.5	1.0	1.5	2	2.5	3	3.5	4	4.5	5
출력전압 X(V_{out})											

5. [그림 5-14](a), (b), (c) 회로를 구성하고 입력 A, B에 따른 출력값 X, Y, Z의 변화를 관찰하여 〈표 5-10〉을 완성한다. 또한, 각 노드에 논리식을 모두 기재하라.

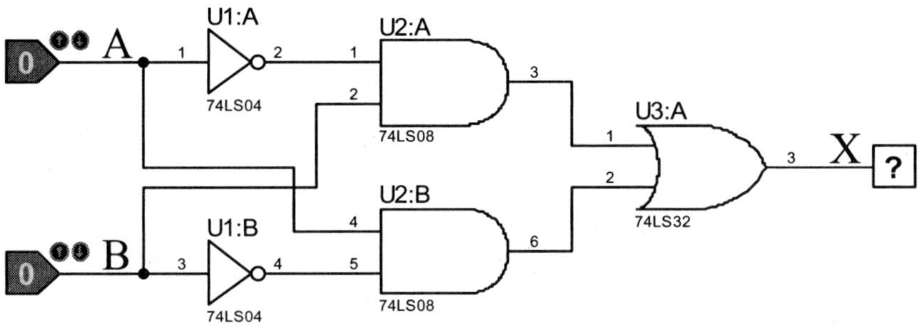

(a)

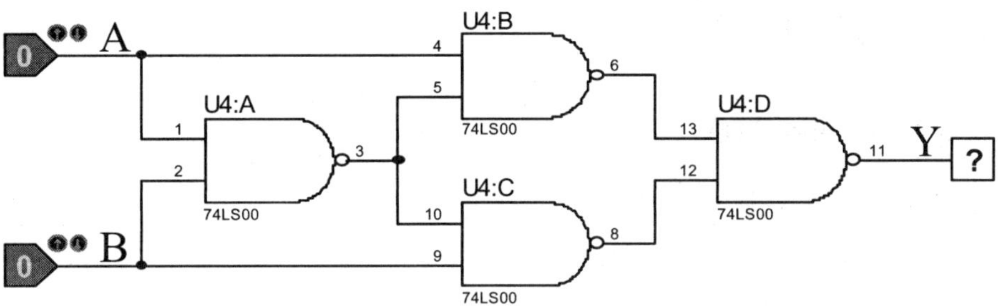

(b)

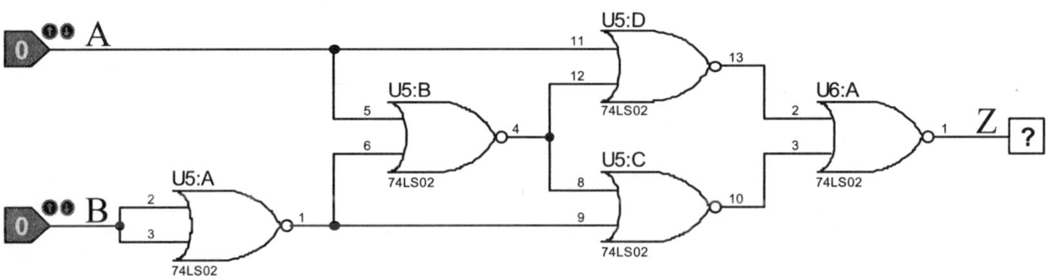

(c)

[그림 5-14] 응용 논리회로

〈표 5-10〉 [그림 5-14] 회로의 진리표

A	B	X	Y	Z
0	0			
0	1			
1	0			
1	1			

5.2 불 대수식과 논리식의 간소화

논리연산의 자명한 진리인 논리연산 공리를 이해하고, 불(Boolian) 대수의 법칙과 규칙을 이용하여 논리식을 간소화시키는 능력과 간소화된 논리식을 논리회로로 나타낼 수 있는 능력을 기른다. 그리고 드모르간(De Morgan) 정리를 이해하고, 카르노 맵을 이해하여 보다 쉽고, 간단하게 논리식을 간소화시키는 능력을 키우고자 한다.

5.2.1 불(Boolian) 대수식

1) 논리연산 공리(公理)

[공리 1] : A ≠ 1면 A＝0이고
A ≠ 0이면 A＝1이다.

[공리 2] : 논리합(OR)
0＋0＝0
0＋1＝1
1＋0＝1
1＋1＝1

[공리 3] : 논리곱(AND)
0 • 0＝0
0 • 1＝0
1 • 0＝0
1 • 1＝1

2) 불 대수의 법칙

(1) 불 대수의 교환법칙

① A＋B＝B＋A

② $A \cdot B = B \cdot A$

(2) 불 대수의 결합법칙

① $(A+B)+C = A+(B+C)$

② $(A \cdot B) \cdot C = A \cdot (B \cdot C)$

(3) 불 대수의 분배법칙

① $A \cdot (B+C) = AB + AC$

3) 불 대수의 규칙

① $A+0=A$

② $A+1=1$

③ $A \cdot 1 = A$

④ $A \cdot 0 = 0$

⑤ $A+A=A$

⑥ $A+\overline{A}=1$

⑦ $A \cdot A = A$

⑧ $A \cdot \overline{A} = 0$

⑨ $\overline{\overline{A}} = A$

⑩ $A + A \cdot B = A$

⑪ $A + \overline{A} \cdot B = A + B$

⑫ $(A+B)(A+C) = A + BC$

5.2.2 드모르간(De Morgan) 정리

$$\overline{A+B} = \overline{A} \cdot \overline{B} \quad [5\text{-}9]$$

$$\overline{A \cdot B} = \overline{A} + \overline{B} \quad [5\text{-}10]$$

$$A+B = \overline{\overline{A} \cdot \overline{B}} \quad [5\text{-}11]$$

$$A \cdot B = \overline{\overline{A} + \overline{B}} \quad [5\text{-}12]$$

$$\overline{A_1 + A_2 + A_3 + \cdots + A_n} = \overline{A_1} \cdot \overline{A_2} \cdot \overline{A_3} \cdot \cdots \cdot \overline{A_n} \quad [5\text{-}13]$$

$$\overline{A_1 \cdot A_2 \cdot A_3 \cdot \cdots \cdot A_n} = \overline{A_1} + \overline{A_2} + \overline{A_3} + \cdots + \overline{A_n} \qquad [5\text{-}14]$$

식 [5-9]~식 [5-14]에서처럼 드모르간 정리는 전체의 NOT을 각각의 NOT으로 바꾸면 AND는 OR이 되고, OR은 AND가 되는 규칙이다.

5.2.3 표준전개법

1) 곱의 합 형식(최소항 형식 : Minterm type expression)

진리표에서 1인 항만을 골라내어 입력들을 곱(AND)으로 표현하고, 곱으로 표현한 항들은 합(OR)으로 표현하는 방식이다.

2) 합의 곱 형식(최대항 형식 : Maxterm type expression)

진리표에서 0인 결과만을 골라내어 입력들을 합(OR)으로 표현하고, 합으로 표현한 항들은 곱(AND)으로 표현하는 방식이다.

진리표를 바로 논리식으로 표현하는 가장 쉬운 방법이 표준전개법이다. 〈표 5-11〉과 같은 진리표가 있다면 결과가 1의 수가 적은지, 0의 수가 적은지를 보고, 1이 적다면 곱의 합 형식인 최소항 형식으로 표현하고, 0이 적다면 합의 곱 형식인 최대항 형식으로 표현하면 된다. 〈표 5-11〉은 1의 개수가 적으므로 곱의 합 형식인 최소항 형식으로 표현하는 것이 좋다.

〈표 5-11〉 표준전개법 항 표시

10진수	A	B	C	X	m_i(최소항)	M_i(최대항)
0	0	0	0	0	$m_0 = \overline{A}\overline{B}\overline{C}$	$M_0 = \overline{A}+\overline{B}+\overline{C}$
1	0	0	1	1	$m_1 = \overline{A}\overline{B}C$	$M_1 = \overline{A}+\overline{B}+C$
2	0	1	0	0	$m_2 = \overline{A}B\overline{C}$	$M_2 = \overline{A}+B+\overline{C}$
3	0	1	1	0	$m_3 = \overline{A}BC$	$M_3 = \overline{A}+B+C$
4	1	0	0	1	$m_4 = A\overline{B}\overline{C}$	$M_4 = A+\overline{B}+\overline{C}$
5	1	0	1	0	$m_5 = A\overline{B}C$	$M_5 = A+\overline{B}+C$
6	1	1	0	1	$m_6 = AB\overline{C}$	$M_6 = A+B+\overline{C}$
7	1	1	1	0	$m_7 = ABC$	$M_7 = A+B+C$

결과 X는 1인항만을 더하면 $X = \overline{A}\,\overline{B}C + A\overline{B}\,\overline{C} + AB\overline{C}$로 표현된다. 〈표 5-11〉은 0의 개수가 많아 합의 곱 형식인 최대항 형식으로 표현하면 식이 복잡하지만 표현해보면 결과 X가 0인항만을 곱하면 $X = (\overline{A}+\overline{B}+\overline{C})(\overline{A}+B+\overline{C})(\overline{A}+B+C)(A+\overline{B}+C)(A+B+C)$로 표현된다.

5.2.4 카르노 맵(Karnaugh Map)법

카르노 맵(Karnaugh Map) 표는 진리표를 도표 형태로 나타낸 것으로 이를 이용하여 논리식을 간소화시킬 수 있다. 표준전개법은 식으로 표현하기는 쉬우나, 이를 간소화하는 것은 불 대수와 드모르간의 정리를 이용해서 풀어야만 한다. 그러나 카르노 맵 방법을 이용하여 논리식을 만들면 식이 간소화되어 표현되므로 가장 많이 사용하는 논리회로 간소화법이다.

〈표 5-12〉의 진리표를 이용하여 카르노 맵 표로 나타내어보자.

제5장

〈표 5-12〉 세 변수 진리표

10진수 i	A	B	C	X
0	0	0	0	0
1	0	0	1	0
2	0	1	0	0
3	0	1	1	1
4	1	0	0	1
5	1	0	1	1
6	1	1	0	1
7	1	1	1	1

〈표 5-13〉 카르노 맵 표

C \ AB	$\overline{A}\,\overline{B}$ 00	$\overline{A}B$ 01	AB 11	$A\overline{B}$ 10
$\overline{C}$ 0	0	0	1	1
C 1	0	1	1	1

카르노 맵 표에서 유의해야 할 점은 〈표 5-13〉과 같이 A, B 방향에 있어서 A와 B의

상태가 점진적으로 변하도록, 즉 00, 01, 11, 10과 같이 배열을 하여야 하며, 또 C 변수 쪽으로도 변수가 두 개일 경우에도 같은 방법으로 상태변화를 점진적으로 변화되게 하여야 한다.

〈표 5-12〉의 진리표의 내용을 〈표 5-13〉의 카르노 맵에 옮기면 카르노 맵이 완성된다. 그 다음 1, 2, 4, 8, 16 단위로 묶는다. 가급적 많이 묶을수록 식은 보다 간소화된다. 묶을 때 1들을 묶을 수도 있고, 0들을 묶을 수도 있다. 1묶음과 0묶음 중 가급적 묶음 개수가 적은 쪽을 선택해야 한다. 그리고 묶음은 가급적 많이, 크게 묶는 쪽을 선택한다. 주의할 점은 만약, 1로 묶는다면 모든 1을 빠짐없이 다 묶어야 한다. 0으로 묶는다면, 또한 모든 0을 빠짐없이 다 묶어야 한다.

그러면 〈표 5-13〉과 같이 4개의 1 묶음과 2개의 1묶음이 생긴다. 4개의 1묶음에서 변하지 않는 것은 A이다. 2개의 1묶음에서 변하지 않는 것은 BC이다. 1로 묶으면 곱의 합으로 식을 나타낸다. 따라서 결과는 아래 식과 같이 된다.

$$X = A + BC$$

만약 〈표 5-12〉의 진리표를 곱의 합 형식(최소항 형식)으로 구하면 아래 식과 같이 아주 복잡하게 된다.

$$X = \overline{A}BC + A\overline{B}\overline{C} + A\overline{B}C + AB\overline{C} + ABC$$

물론 위 식을 불 대수를 이용하여 간소화하면 카르노 맵으로 구한 결과와 같음을 알 수 있다.

$$\begin{aligned}
X &= \overline{A}BC + A\overline{B}\overline{C} + A\overline{B}C + AB\overline{C} + ABC \\
&= \overline{A}BC + A\overline{B}(\overline{C} + C) + AB(\overline{C} + C) && :\text{분배법칙} \\
&= \overline{A}BC + A\overline{B}(1) + AB(1) && : A + \overline{A} = 1 \\
&= \overline{A}BC + A\overline{B} + AB && : A \cdot 1 = A \\
&= \overline{A}BC + A(\overline{B} + B) && :\text{분배법칙} \\
&= \overline{A}BC + A(1) && : A + \overline{A} = 1 \\
&= A + \overline{A}BC && :\text{교환법칙} \\
&= A + BC && : A + \overline{A}B = A + B
\end{aligned}$$

5.2.5 불 대수식 실습

1) 불 대수식 실습내용

불 대수의 12가지 규칙 중에서 기본적이고 기초적인 불 대수의 규칙은 실습에서 제외하고, ⑪, ⑩, ⑦번 규칙을 실습해보자. 불 대수의 규칙은 실습하기 위하여 [그림 5-15]와 [그림 5-16] 회로를 구성하고 시뮬레이션하여 불 대수의 규칙을 이해하자. 그리고 불 대수의 법칙 중 분배법칙을 실습하기 위하여 [그림 5-17]과 [그림 5-18]의 회로를 구성하고 시뮬레이션을 통하여 불 대수의 분배법칙 이해하자.

2) 불 대수의 규칙 ⑪ 시뮬레이션

$X = A + \overline{A}B$와 $Y = A + B$ 두 논리식을 [그림 5-15]와 같이 회로로 구성하고 시뮬레이션해보자.

시뮬레이션 디바이스 목록

종 류	부품/계기명	실행 아이콘
NAND 게이트	74LS00	:부품 (Component)
NOR 게이트	74LS02	
NOT 게이트	74LS04	
AND 게이트	74LS08	
3-input AND 게이트	74LS11	
OR 게이트	74LS32	
로직신호 입력기	LOGICSTATE	
로직 프로브	LOGICPROBE(BIG)	

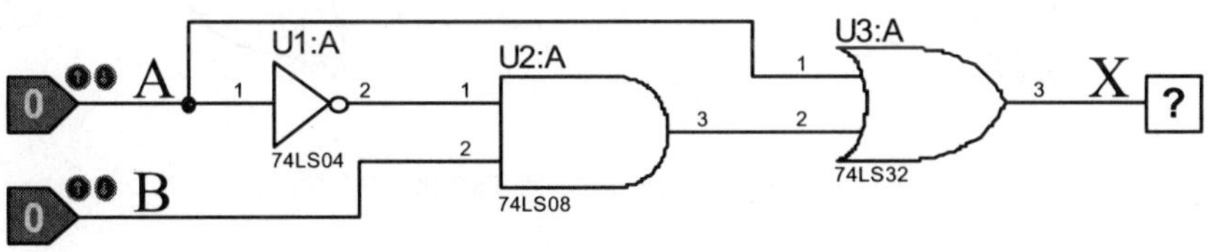

(a) $X = A + \overline{A}B$

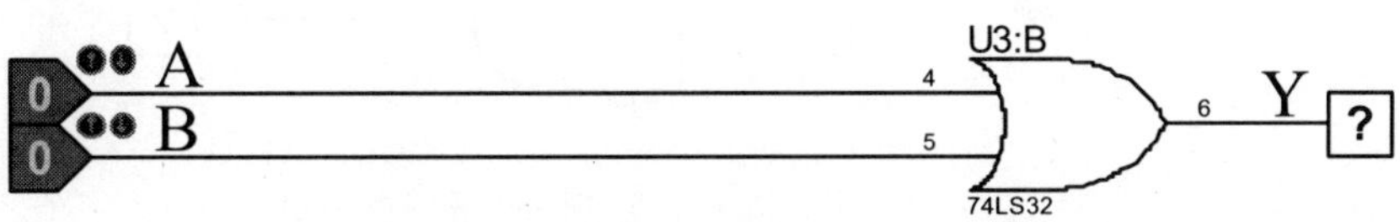

(b) $Y = A + B$

[그림 5-15] 불 대수의 규칙 ⑪ 회로

① 부품( ) 선택(P)으로 NOT('74LS04')과 AND('74LS08'), OR('74LS32'), 로직신호 입력기('LOGICSTATE'), 로직 프로브('LOGICPROBE(BIG)')를 등록하고, [그림 5-15]와 같이 배치하고 신호선을 연결한다.

② 애니메이션 실행 버튼(▶)을 클릭하여 애니메이션을 실행한다.

③ 로직신호 입력기를 클릭하여 각각의 결과를 〈표 5-14〉에 기록하자.

〈표 5-14〉 불 대수의 규칙 ⑪ 실습 진리표

A	B	X	Y
0	0		
0	1		
1	0		
1	1		

위 결과에서 X=Y임을 알 수 있다. 따라서 $A+\overline{A}B=A+B$라는 불 대수의 규칙 ⑪을 확인할 수 있었다.

3) 불 대수의 규칙 ⑩, ⑦ 시뮬레이션

$X=A+AB$와 $Y=A\cdot A$ 두 논리식을 [그림 5-16]과 같이 회로를 구성하고 시뮬레이션해보자.

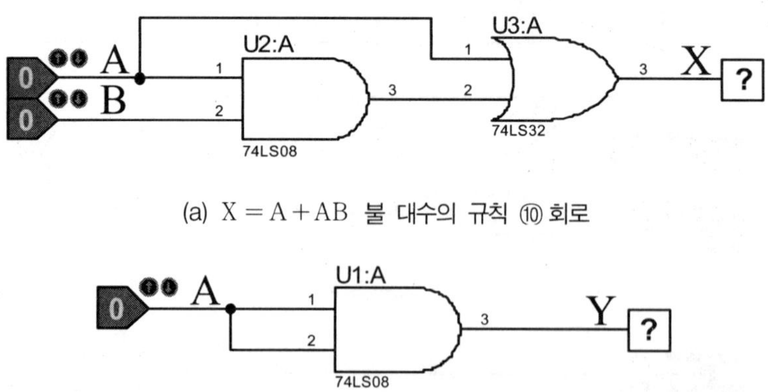

(a) $X=A+AB$ 불 대수의 규칙 ⑩ 회로

(b) $Y=A\cdot A$ 불 대수의 규칙 ⑦ 회로

[그림 5-16] 불 대수의 규칙 ⑩, ⑦ 회로

① 부품( )에서 AND('74LS08')와 OR('74LS32'), 로직신호 입력기('LOGICSTATE'), 로직 프로브('LOGICPROBE(BIG)')를 [그림 5-16]과 같이 배치하고 신호선을 연결한다.

② 애니메이션 실행 버튼( )을 클릭하여 애니메이션을 실행한다.

③ 로직신호 입력기를 클릭하여 각각의 결과를 〈표 5-15〉에 기록하자.

〈표 5-15〉 불 대수의 규칙 ⑩, ⑦ 실습 진리표

A	B	X	Y
0	0		
0	1		
1	0		
1	1		

위 결과에서 X와 Y가 A자신이라는 것을 알 수 있다. 따라서 $A + \overline{A}B = A$라는 불 대수의 규칙 ⑩을 확인할 수 있고, $A \cdot A = A$라는 결과를 얻을 수 있다. 결과적으로 [그림 5-16]은 도선과 같은 역할을 한다. 따라서 아무런 게이트도 필요하지 않는 회로임을 알 수 있다.

4) 불 대수의 분배법칙 시뮬레이션

$X = A(B + C)$와 $Y = AB + AB$ 두 논리식을 [그림 5-17]과 같이 회로로 구성하고 시뮬레이션해보자.

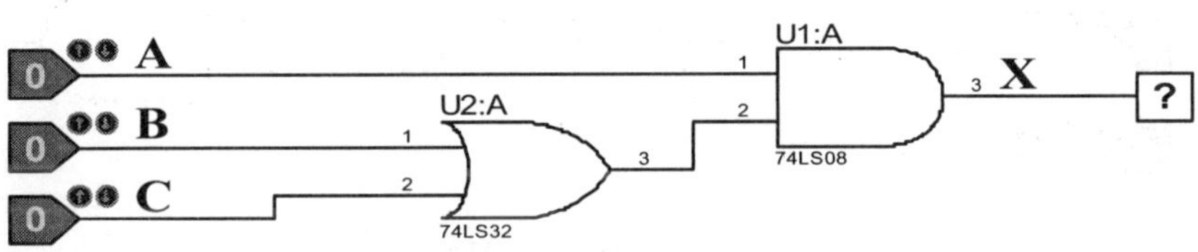

(a) $X = A(B + C)$

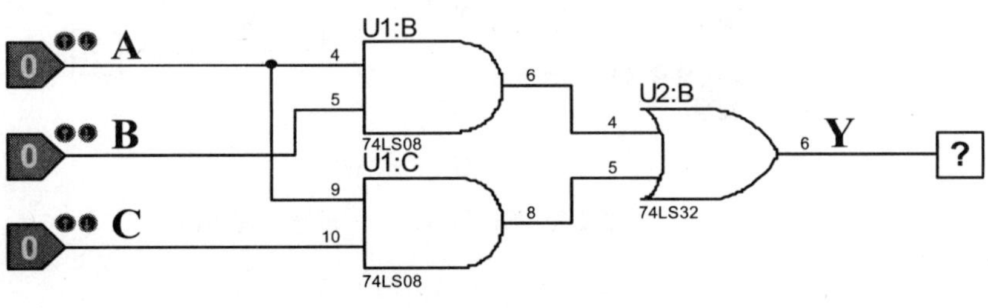

(b) $Y = AB + AB$

[그림 5-17] 불 대수의 분배법칙 실습회로

① 부품( )에서 AND('74LS08')와 OR('74LS32'), 로직신호 입력기('LOGICSTATE'), 로직 프로브('LOGICPROBE(BIG)')를 [그림 5-17]과 같이 배치하고 신호선을 연결한다.
② 애니메이션을 실행( )하자.
③ 각각의 결과를 〈표 5-16〉에 기록하자.

〈표 5-16〉 불 대수의 분배법칙 실습 진리표

A	B	X	Y
0	0		
0	1		
1	0		
1	1		

위 결과에서 X=Y임을 알 수 있다. 따라서 $A(B+C)=AB+AB$라는 불 대수의 규칙 ⑪을 확인할 수 있었다.

4) 불 대수의 응용 시뮬레이션

$X=A(\overline{A}+B)$와 $Y=AB$ 두 논리식을 [그림 5-18]과 같이 회로로 구성하고 시뮬레이션해보자.

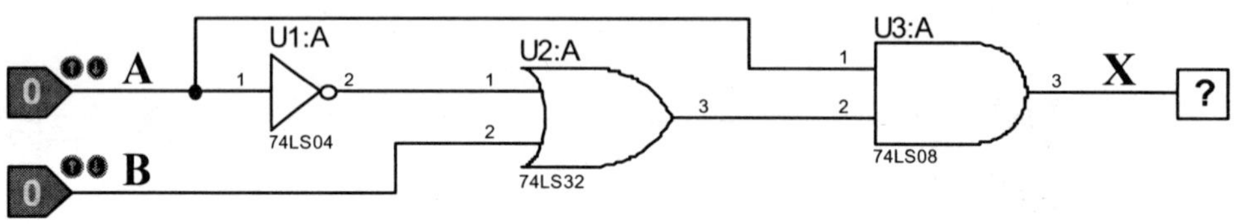

(a) $X=A(\overline{A}+B)$

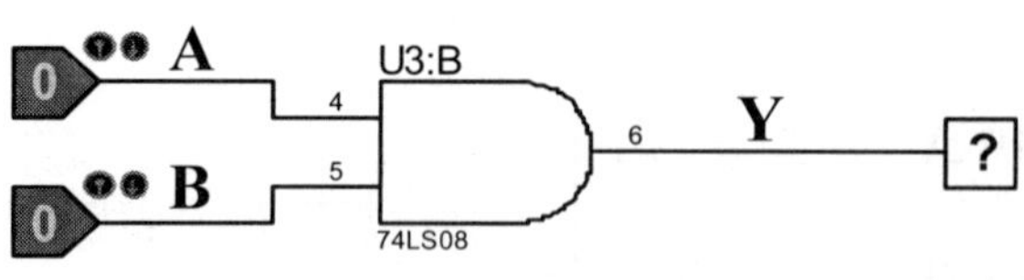

(b) $Y=AB$

[그림 5-18] 불 대수의 응용 실습회로

① 부품( )에서 NOT('74LS04'), AND('74LS08'), OR('74LS32'), 로직 프로브('LOGICPROBE(BIG)'), 로직신호 입력기('LOGICSTATE')를 [그림 5-18]과 같이 배

치하고 신호선을 연결한다.

② 애니메이션을 실행(▶)하자.

③ 로직신호 입력기를 클릭하여 각각의 결과를 〈표 5-17〉에 기록하자.

〈표 5-17〉 불 대수의 응용실습 진리표

A	B	X	Y
0	0		
0	1		
1	0		
1	1		

위 결과에서 X=Y임을 알 수 있다. 따라서 $A(\overline{A}+B)=AB$라는 것을 알 수 있다. 물론 $X=A(\overline{A}+B)$를 아래와 같이 풀어서 X=Y임을 증명할 수도 있다.

$$
\begin{aligned}
X &= A(\overline{A}+B) \\
&= A\overline{A}+AB \\
&= 0+AB \\
&= AB
\end{aligned}
$$

5.2.6 드모르간과 카르노 맵 실습

1) 드모르간 시뮬레이션 1

$X=\overline{AB}$와 $Y=\overline{A}+\overline{B}$ 두 논리식을 [그림 5-19]와 같이 회로로 구성하고 시뮬레이션 해보자.

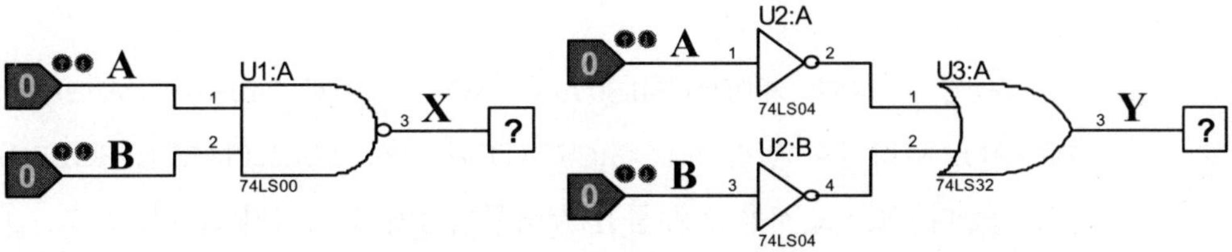

(a) $X=\overline{AB}$ (b) $Y=\overline{A}+\overline{B}$

[그림 5-19] 드모르간 실습회로 1

① 부품(▸)에서 NAND('74LS00'), NOT('74LS04'), OR('74LS32'), 로직신호 입력기('LOGICSTATE'), 로직 프로브('LOGICPROBE(BIG)')를 등록한다.("1.4.2 사용할 부품들 부품목록창에 등록하기"를 참조)

② 애니메이션을 실행(▶)하고, 그 결과를 〈표 5-18〉에 기록하자.

〈표 5-18〉 불 대수의 응용실습 진리표

A	B	X	Y
0	0		
0	1		
1	0		
1	1		

위 결과에서 X=Y임을 알 수 있다. 따라서 $\overline{A \cdot B} = \overline{A} + \overline{B}$ 라는 드모르간 정리가 성립함을 알 수 있다.

2) 드모르간 시뮬레이션 2

$X = \overline{A+B}$ 와 $Y = \overline{A} \cdot \overline{B}$ 두 논리식을 [그림 5-20]과 같이 회로로 구성하고 시뮬레이션해보자.

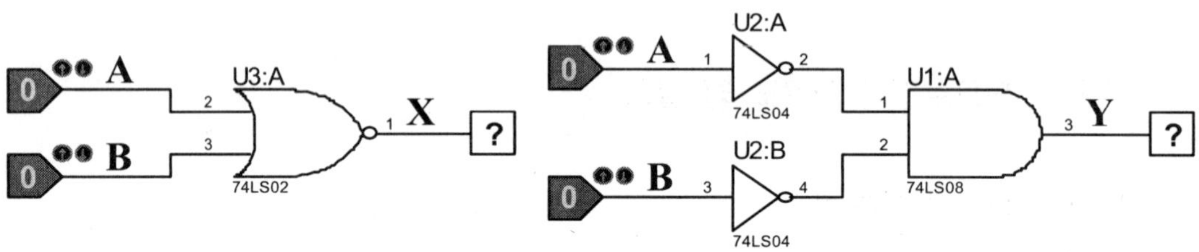

(a) $X = \overline{A+B}$ (b) $Y = \overline{A} \cdot \overline{B}$

[그림 5-20] 드모르간 실습회로 2

① 부품(▸)에서 NOR 게이트('74LS02')와 NOT 게이트('74LS04'), AND 게이트('74LS08'), 로직신호 입력기('LOGICSTATE'), 로직 프로브('LOGICPROBE(BIG)')를 등록한다.("1.4.2 사용할 부품들 부품목록창에 등록하기"를 참조)

② 애니메이션을 실행(▶)하고, 그 결과를 〈표 5-19〉에 기록하자.

〈표 5-19〉 불 대수의 응용실습 진리표

A	B	X	Y
0	0		
0	1		
1	0		
1	1		

위 결과에서 X=Y임을 알 수 있다. 따라서 $\overline{A+B}=\overline{A}\cdot\overline{B}$라는 드모르간 정리가 성립함을 알 수 있다.

3) 카르노 맵 시뮬레이션

〈표 5-20〉의 진리표를 표준전개법을 이용하여 논리식을 만들고, 논리식을 회로로 설계하라. 그리고 〈표 5-20〉의 진리표를 카르노 맵으로 표현하고 카르노 맵을 이용하여 수식을 간소화하여 간소화한 논리식을 회로로 설계하고, 표준전개법과 카르노 맵을 이용한 각 회로의 결과를 비교해보자.

〈표 5-20〉 카르노 맵을 실습을 위한 진리표

입 력				출 력
A	B	C	D	X
0	0	0	0	0
0	0	0	1	1
0	0	1	0	0
0	0	1	1	1
0	1	0	0	0
0	1	0	1	1
0	1	1	0	1
0	1	1	1	1
1	0	0	0	0
1	0	0	1	1
1	0	1	0	0
1	0	1	1	1
1	1	0	0	0
1	1	0	1	1
1	1	1	0	0
1	1	1	1	1

표준전개법을 이용하여 논리식을 전개하면 아래와 같다.

$$X = \overline{A}\,\overline{B}\,\overline{C}D + \overline{A}\,\overline{B}CD + \overline{A}B\overline{C}D + \overline{A}BC\overline{D} + \overline{A}BCD + A\overline{B}\,\overline{C}A + A\overline{B}CD$$

$$+ AB\overline{C}D + ABCD$$

위의 논리식을 회로로 구현하기 너무 복잡함을 알 수 있다. 따라서 이를 카르노 맵으로 작성하면 〈표 5-21〉과 같다.

〈표 5-21〉 진리표 〈표 5-20〉의 카르노 맵 표

CD \ AB	$\overline{A}\,\overline{B}$ 00	$\overline{A}B$ 01	AB 11	$A\overline{B}$ 10
$\overline{C}\,\overline{D}$ 00	0	0	0	0
$\overline{C}D$ 01	1	1	1	1
CD 11	1	1	1	1
$C\overline{D}$ 10	0	1	0	0

큰 묶음에서 변화하지 않는 것은 D이고, 작은 묶음에서 변화하지 않는 것은 $\overline{A}BC$ 이다. 이를 논리곱의 합으로 표현하면 아래 식과 같다.

$$X = \overline{A}BC + D$$

① $X = \overline{A}BC + D$ 식을 논리회로로 구성하려면 부품(▷)에서 NOT('74LS04')과 3-input AND('74LS11'), OR('74LS32'), 로직신호 입력기('LOGICSTATE'), 로직 프로브('LOGICPROBE(BIG)')를 [그림 5-21]과 같이 배치하고 신호선을 연결한다.

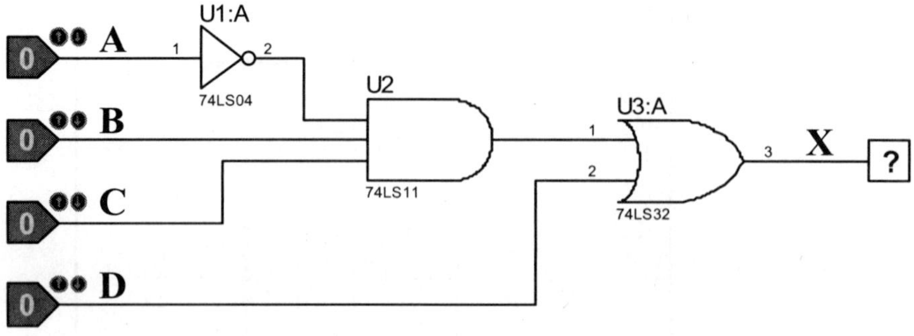

[그림 5-21] 카르노 맵의 결과 회로($X = \overline{A}BC + D$)

② 애니메이션을 실행(▶)하고, 로직신호 입력기를 클릭하여 그 결과를 〈표 5-20〉과 비교해 보자.

결국 표준전개법과 카르노 맵에 의해 구한 논리식이 같음을 알 수 있다. 따라서 진리표가 만들어지면 카르노 맵법에 의하여 구하는 것이 쉽다는 것도 느낄 것이다.

실습문제 논리식 간소화 회로

1. [그림 5-22]의 각 노드에 논리식을 기재하고, X와 Y의 논리식을 기재하라. 시뮬레이션을 통하여 A, B, C의 변화에 따라 출력 X, Y의 값을 관찰하여 〈표 5-22〉에 기록하라.

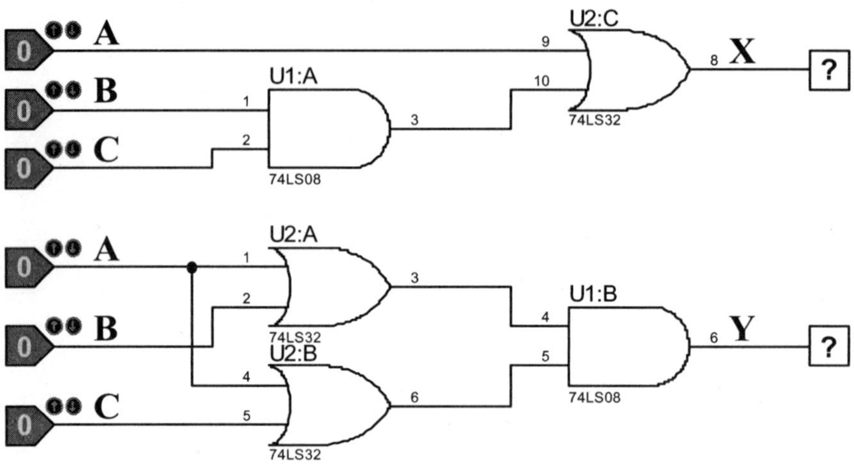

[그림 5-22] 논리식 간소화 실습회로 1

X = ____________________

Y = ____________________

〈표 5-22〉 실습 1 진리표

A	B	C	X	Y
0	0	0		
0	0	1		
0	1	0		
0	1	1		
1	0	0		
1	0	1		
1	1	0		
1	1	1		

2. [그림 5-23] 논리회로의 각 노드에 논리식을 기재하고, 시뮬레이션 결과를 〈표 5-23〉에 기록하고, X의 결과 논리식을 간소화하고, 간소화한 논리식을 회로로 구성하여 시뮬레이션을 실행하라.

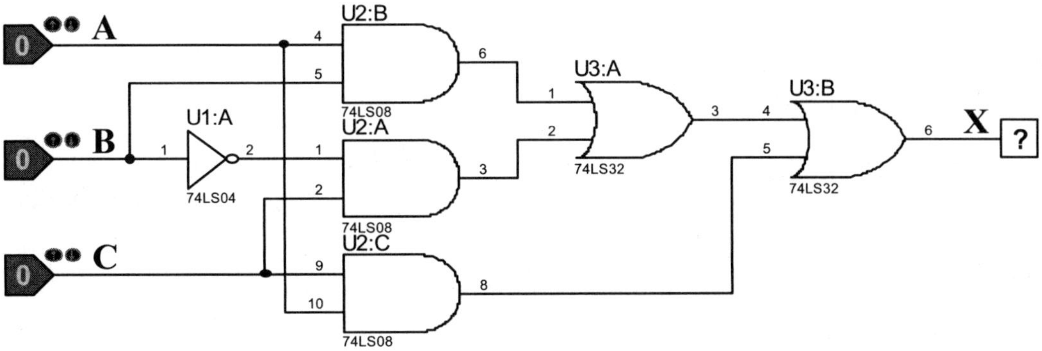

[그림 5-23] 논리식 간소화 실습회로 2

X = ____________________

〈표 5-23〉 실습2 진리표

A	B	C	X
0	0	0	
0	0	1	
0	1	0	
0	1	1	
1	0	0	
1	0	1	
1	1	0	
1	1	1	

3. [그림 5-24] 논리회로의 각 노드에 논리식을 기재하고, [그림 5-24] 회로를 구성하고 시뮬레이션 결과를 〈표 5-24〉에 기록하고, Y의 결과 논리식을 간소화하고, 간소화한 논리식을 회로로 구성하여 시뮬레이션을 실행하라.

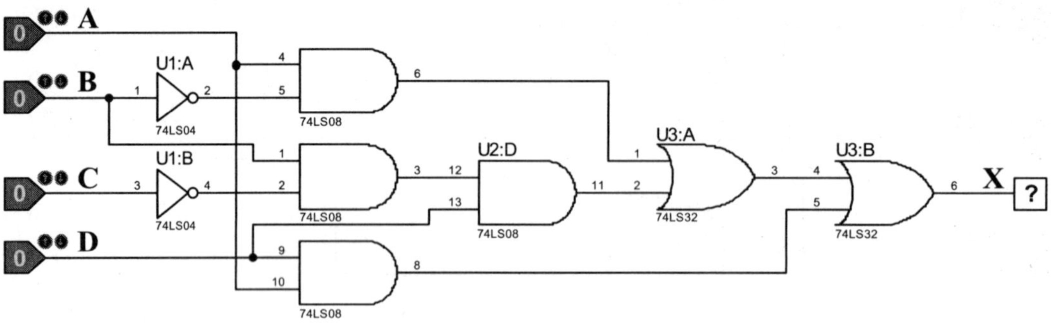

[그림 5-24] 논리식 간소화 실습회로 3

Y = ________________

〈표 5-24〉 불 대수의 응용실습 진리표

A	B	C	D	X
0	0	0	0	
0	0	0	1	
0	0	1	0	
0	0	1	1	
0	1	0	0	
0	1	0	1	
0	1	1	0	
0	1	1	1	
1	0	0	0	
1	0	0	1	
1	0	1	0	
1	0	1	1	
1	1	0	0	
1	1	0	1	
1	1	1	0	
1	1	1	1	

4. [그림 5-25] 논리회로의 각 노드에 논리식을 기재하고, [그림 5-25] 회로를 구성하고 시뮬레이션 결과를 〈표 5-25〉에 기록하고, Y의 결과 논리식을 간소화하고, 간소화한 논리식을 회로로 구성하여 시뮬레이션을 실행하라.

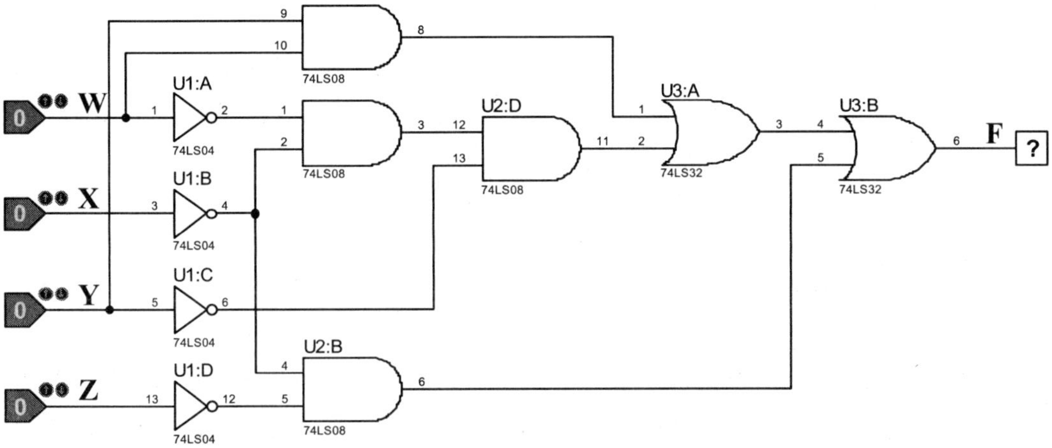

[그림 5-25] 논리식 간소화 실습회로 4

F = ____________________

〈표 5-25〉 불 대수의 응용실습 진리표

10진수	W	X	Y	Z	F
0	0	0	0	0	
1	0	0	0	1	
2	0	0	1	0	
3	0	0	1	1	
4	0	1	0	0	
5	0	1	0	1	
6	0	1	1	0	
7	0	1	1	1	
8	1	0	0	0	
9	1	0	0	1	
10	1	0	1	0	
11	1	0	1	1	
12	1	1	0	0	
13	1	1	0	1	
14	1	1	1	0	
15	1	1	1	1	

5.3 가산기와 감산기

반가산기와 전가산기의 원리를 이해하고, 반감산기와 전감산기의 원리도 이해한다. 그리고 가산기와 감산기의 동작을 시뮬레이션을 통하여 확인한다. 그래서 가산과 감산을 할 수 있는 회로를 설계하는 방법을 익힌다.

5.3.1 반가산기

2진수로 표시된 두 개의 수를 합해서 얻어진 가산기를 반가산기(Half adder)라 한다. 이때 두 개의 수 A, B를 합해서 나온 합(Sum)과 자리올림(Carry)이 발생한다. 이와 같은 진리를 만족하는 표는 〈표 5-26〉과 같다. 〈표 5-26〉 진리표를 만족시키는 논리식은 식 [5-15], 식 [5-16]과 같다. 이 논리식을 만족시키는 회로가 [그림 5-26]의 반가산기 회로이며, [그림 5-27]은 이 반가산기의 기호를 나타내고 있다.

〈표 5-26〉 반가산기 진리표

A	B	S	C
0	0	0	0
0	1	1	0
1	0	1	0
1	1	0	1

$$S = AB + AB = (A + B)(A + B) = A \oplus B \qquad [5\text{-}15]$$

$$C = A \cdot B \qquad [5\text{-}16]$$

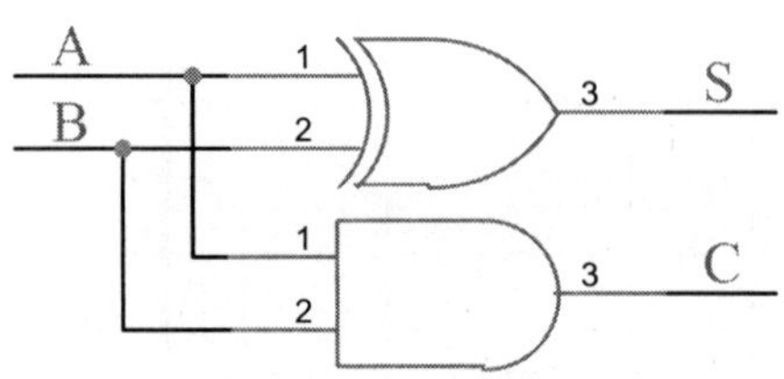

[그림 5-26] 반가산기 회로

[그림 5-27] 반가산기 기호

5.3.2 전가산기

2진수로 표시한 2개의 수 이외에 아랫자리에서 발생한 자리올림까지도 합해 주도록 하는 가산기를 전가산기(Full Adder)라 한다. 전가산기의 진리표는 〈표 5-27〉과 같다. 전가산기 합의 진리표를 이용하여 최소항 형식으로 나타내어 간소화하면 논리식은 식 [5-17]과 같고, 자리올림 진리표를 최소항 형식으로 나타내어 간소화하면 식 [5-18]과 같다. 이 논리식을 만족시키는 전가산기 회로는 [그림 5-28]과 같고, [그림 5-29]는 전가산기의 기호이다. 한편 전가산기를 반가산기 2개와 OR 게이트로 Block Diagram을 그리면 [그림 5-30]과 같다.

〈표 5-27〉 전가산기 진리표

A_n	B_n	C_{n-1}	S_n	C_n
0	0	0	0	0
0	0	1	1	0
0	1	0	1	0
0	1	1	0	1
1	0	0	1	0
1	0	1	0	1
1	1	0	0	1
1	1	1	1	1

$$\begin{aligned} S_n &= \overline{A_n}\,\overline{B_n}C_{n-1} + \overline{A_n}B_n\overline{C_{n-1}} + A_n\overline{B_n}\,\overline{C_{n-1}} + A_nB_nC_{n-1} \\ &= \overline{A_n}(\overline{B_n}C_{n-1} + B_n\overline{C_{n-1}}) + A_n(\overline{B_n}\,\overline{C_{n-1}} + B_nC_{n-1}) \\ &= \overline{A_n}(B_n \oplus C_{n-1}) + A_n(\overline{B_n \oplus C_{n-1}}) \\ &= A_n \oplus B_n \oplus C_{n-1} \end{aligned} \quad [5\text{-}17]$$

$$\begin{aligned} C_n &= \overline{A_n}B_nC_{n-1} + A_n\overline{B_n}C_{n-1} + A_nB_n\overline{C_{n-1}} + A_nB_nC_{n-1} \\ &= C_{n-1}(\overline{A_n}B_n + A_n\overline{B_n}) + A_nB_n(\overline{C_{n-1}} + C_{n-1}) \\ &= C_{n-1}(A_n \oplus B_n) + A_nB_n \end{aligned} \quad [5\text{-}18]$$

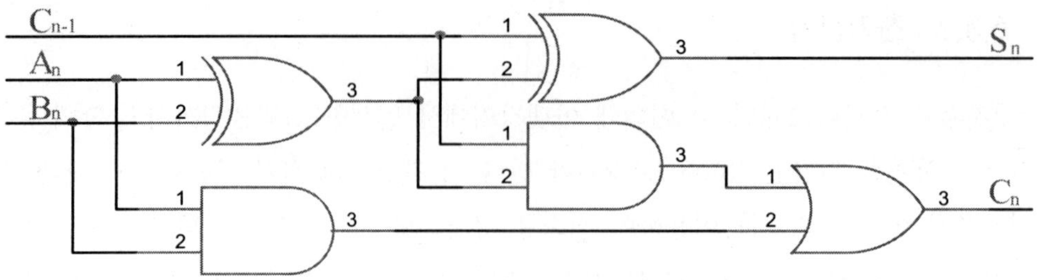

[그림 5-28] 전가산기 회로

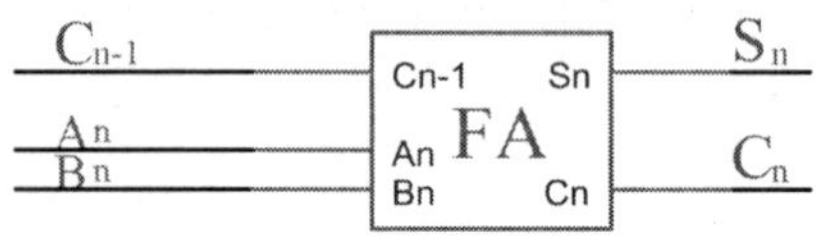

[그림 5-29] 전가산기의 기호

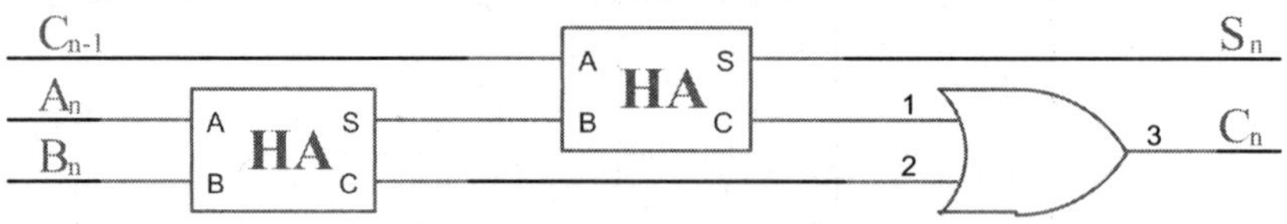

[그림 5-30] 전가산기 Block Diagram 기호

5.3.3 반감산기

2진수로 표시된 두 개의 수의 차로 얻어진 감산기를 반감산기(Half subtracter)라 한다. 이때 두 개의 수 A, B의 감산에 의하여 얻어진 차(Difference)와 자리내림(Borrow, 빌림)이 발생한다. 이와 같은 진리를 만족하는 표는 ⟨표 5-28⟩과 같다. ⟨표 5-28⟩의 반감산기의 진리표에서 차를 만족시키는 논리식은 식 [5-19], 빌림(Borrow)을 만족시키는 논리식은 식 [5-20]과 같다. 이 논리식을 만족시키는 회로가 [그림 5-31]이며, [그림 5-32]는 반감산기의 기호가 있다.

⟨표 5-28⟩ 반감산기 진리표

A	B	d	b
0	0	0	0
0	1	1	1
1	0	1	0
1	1	0	0

$$d = A \oplus B \quad [5\text{-}19]$$

$$b = \overline{A} \cdot B \quad [5\text{-}20]$$

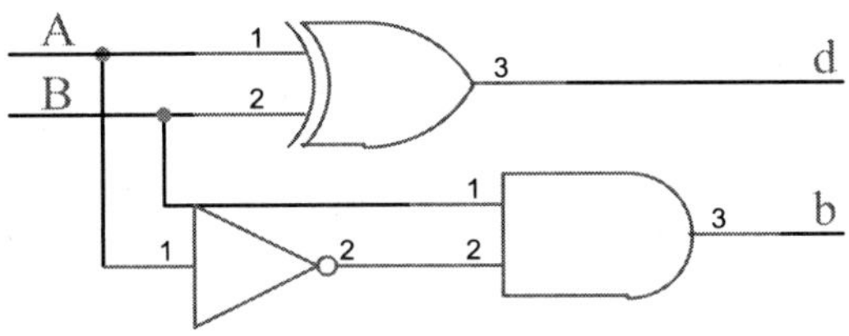

[그림 5-31] 반감산기 회로

[그림 5-32] 반감산기 기호

5.3.4 전감산기

2진수로 표시한 2개의 수 이외에 자리내림으로 발생한 수까지 합쳐 감산하는 감산기를 전감산기(Full subtracter)라 한다. 전감산기 진리표는 〈표 5-29〉와 같다. 전감산기의 진리표 〈표 5-29〉를 이용하여 최소항 형식으로 나타내어 간소화하면 논리식은 식 [5-21]과 식 [5-22]와 같다. 이 논리식을 만족시키는 회로가 [그림 5-33]이며, [그림 5-34]는 전감산기 기호이다. 한편 전감산기를 반감산기 2개와 OR 게이트로 Block diagram을 그리면 [그림 5-35]와 같다.

〈표 5-29〉 전감산기 진리표

A_n	B_n	b_{n-1}	d_n	b_n
0	0	0	0	0
0	0	1	1	1
0	1	0	1	1
0	1	1	0	1
1	0	0	1	0
1	0	1	0	0
1	1	0	0	0
1	1	1	1	1

$$d_n = \overline{A_n}\,\overline{B_n}\,b_{n-1} + \overline{A_n}\,B_n\,\overline{b_{n-1}} + A_n\,\overline{B_n}\,\overline{b_{n-1}} + A_n B_n b_{n-1} \quad [5\text{-}21]$$

$$= \overline{A_n}(\overline{B_n}\,b_{n-1} + B_n\,\overline{b_{n-1}}) + A_n(\overline{B_n}\,\overline{b_{n-1}} + B_n b_{n-1})$$

$$= \overline{A_n}(B_n \oplus b_{n-1}) + A_n(\overline{B_n \oplus b_{n-1}})$$

$$= A_n \oplus B_n \oplus b_{n-1}$$

$$b_n = \overline{A_n}\,\overline{B_n}\,b_{n-1} + \overline{A_n}\,B_n\,\overline{b_{n-1}} + \overline{A_n}\,B_n b_{n-1} + A_n B_n b_{n-1} \quad [5\text{-}22]$$

$$= \overline{A_n}\,B_n(\overline{b_{n-1}} + b_{n-1}) + b_{n-1}(\overline{A_n}\,\overline{B_n} + A_n B_n)$$

$$= \overline{A_n}\,B_n + b_{n-1}(\overline{A_n \oplus B_n})$$

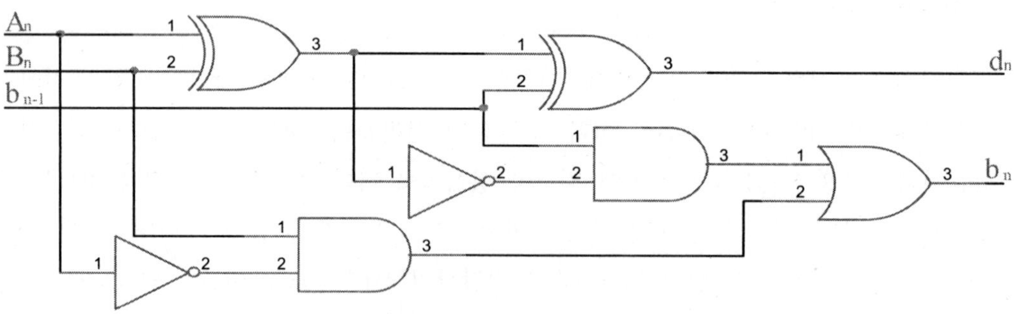

[그림 5-33] 전감산기 회로

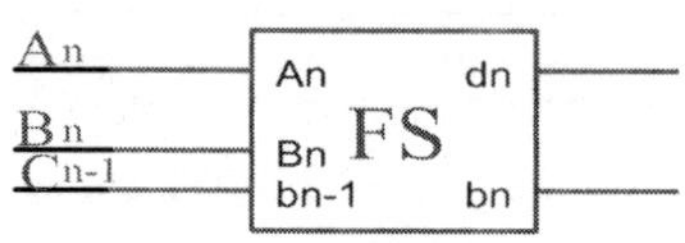

[그림 5-34] 전감산기 기호

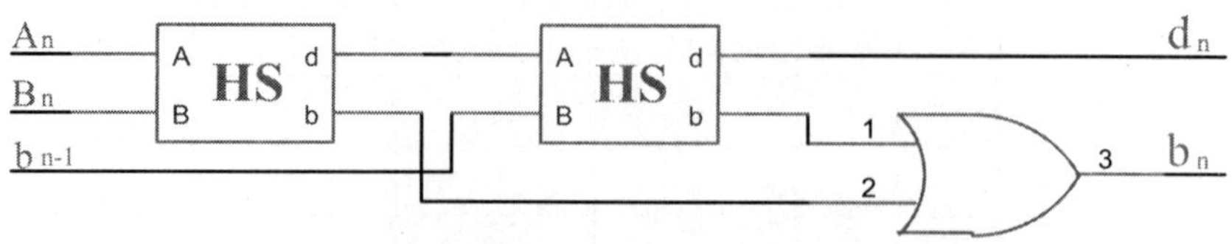

[그림 5-35] 전감산기 Block Diagram

5.3.5 가산기와 감산기 실습

시뮬레이션 디바이스 목록

종 류	부품/계기명	실행 아이콘
NOT 게이트	74LS04	
AND 게이트	74LS08	
OR 게이트	74LS32	
XOR 게이트	74LS86	: 부품(Component)
전가산기(Full Adder)	74LS83	
로직신호 입력기	LOGICSTATE	
로직 프로브	LOGICPROBE(BIG)	

1) 반가산기 시뮬레이션

[그림 5-36]과 같은 반가산기 회로를 구성하고 입력 A, B에 따른 출력 S와 C를 관찰하여 표를 완성해보자.

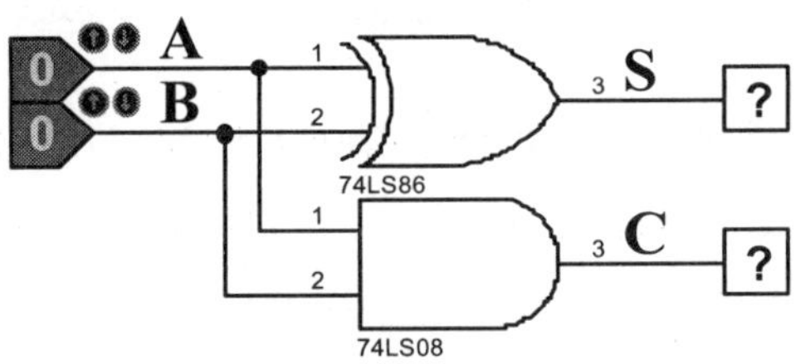

[그림 5-36] 반가산기 실습회로

① 부품( ) 선택(P)으로 AND('74LS08')과 XOR('74LS86'), 로직신호 입력기('LOGICSTATE'), 로직 프로브('LOGICPROBE(BIG)')를 등록하고, [그림 5-36]과 같이 배치하고 신호선을 연결한다.

② 애니메이션 실행 버튼(▶)을 클릭하여 애니메이션을 실행한다.

③ 로직신호 입력기를 클릭하여 각각의 결과를 〈표 5-30〉에 기록하자.

〈표 5-30〉 반가산기 실습결과 진리표

A	B	S	C
0	0		
0	1		
1	0		
1	1		

2) 전가산기 시뮬레이션

[그림 5-37]과 같은 전가산기 회로를 구성하고 입력변화에 따른 출력 Sn과 Cn을 관찰하여 표를 완성한다.

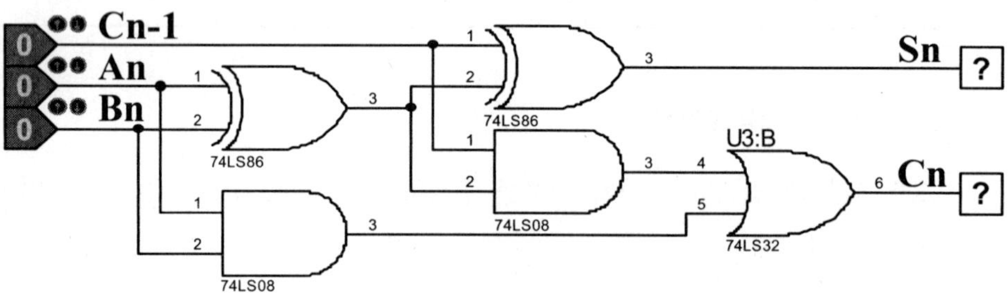

[그림 5-37] 전가산기 실습회로

① 부품( ) 선택(P)으로 AND('74LS08')과 OR('74LS32'), XOR('74LS86'), 로직신호 입력기('LOGICSTATE'), 로직 프로브('LOGICPROBE(BIG)')를 등록하고, [그림 5-37]과 같이 배치하고 신호선을 연결한다.

② 애니메이션 실행 버튼(▶)을 클릭하여 애니메이션을 실행한다.

③ 로직신호 입력기를 클릭하여 각각의 결과를 〈표 5-31〉에 기록하자.

〈표 5-31〉 전가산기 실습결과 진리표

An	Bn	Cn-1	Sn	Cn
0	0	0		
0	0	1		
0	1	0		
0	1	1		
1	0	0		
1	0	1		
1	1	0		
1	1	1		

3) 반감산기 시뮬레이션

[그림 5-38]과 같이 반감산기 회로를 구성하고 입력 A, B 에 따른 출력 d, b를 관찰하여 표를 완성한다.

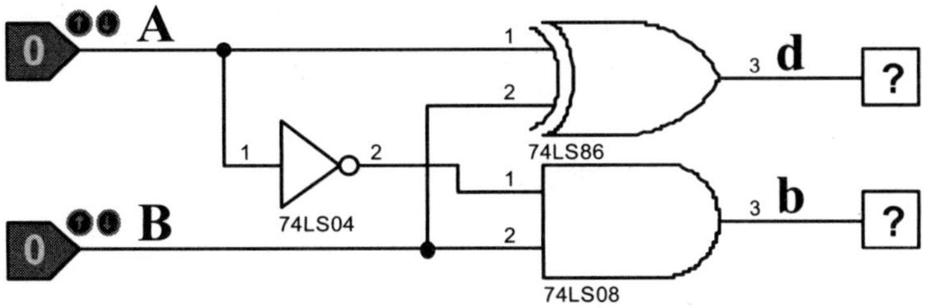

[그림 5-38] 반감산기 실습회로

① 부품( ) 선택(P)으로 NOT('74LS04')과 AND('74LS08'), XOR('74LS86'), 로직신호 입력기('LOGICSTATE'), 로직 프로브('LOGICPROBE(BIG)')를 등록하고, [그림 5-38]과 같이 배치하고 신호선을 연결한다.

② 애니메이션 실행 버튼(▶)을 클릭하여 애니메이션을 실행한다.

③ 로직신호 입력기를 클릭하여 각각의 결과를 〈표 5-32〉에 기록하자.

〈표 5-32〉 반감산기 진리표

A	B	d	b
0	0		
0	1		
1	0		
1	1		

4) 전감산기 시뮬레이션

[그림 5-39]와 같이 전감산기 회로를 구성하여 입력변화에 따른 출력 bn, dn을 관찰하여 표를 완성한다.

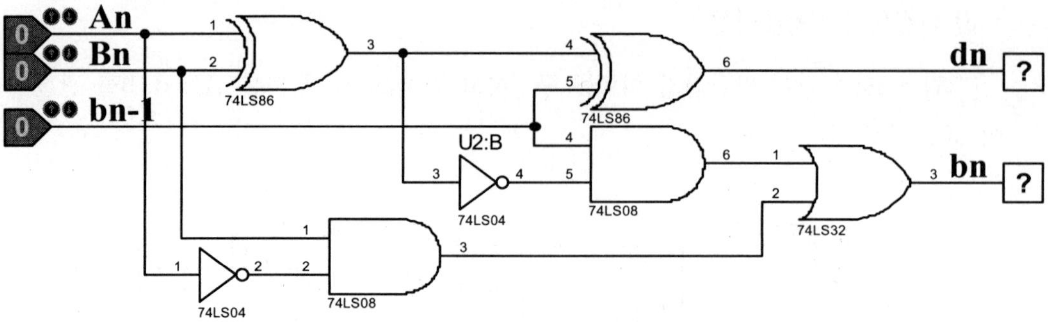

[그림 5-39] 전감산기 실습회로

① 부품( ) 선택(P)으로 NOT('74LS04')와 AND('74LS08'), OR('74LS32'), XOR('74LS86'), 로직신호 입력기('LOGICSTATE'), 로직 프로브('LOGICPROBE(BIG)')를 등록하고, [그림 5-39]와 같이 배치하고 신호선을 연결한다.

② 애니메이션 실행 버튼(▶)을 클릭하여 애니메이션을 실행한다.

③ 로직신호 입력기를 클릭하여 각각의 결과를 〈표 5-33〉에 기록하자.

〈표 5-33〉 전감산기 진리표

An	Bn	bn-1	dn	bn
0	0	0		
0	0	1		
0	1	0		
0	1	1		
1	0	0		
1	0	1		
1	1	0		
1	1	1		

실습문제 가산기 및 감산기 회로

1. [그림 5-40]과 같이 2bit 병렬 2진 가산기 회로를 구성하여 입력변화에 따른 출력 S0, S1, C1 값을 관찰하여 표를 완성한다.

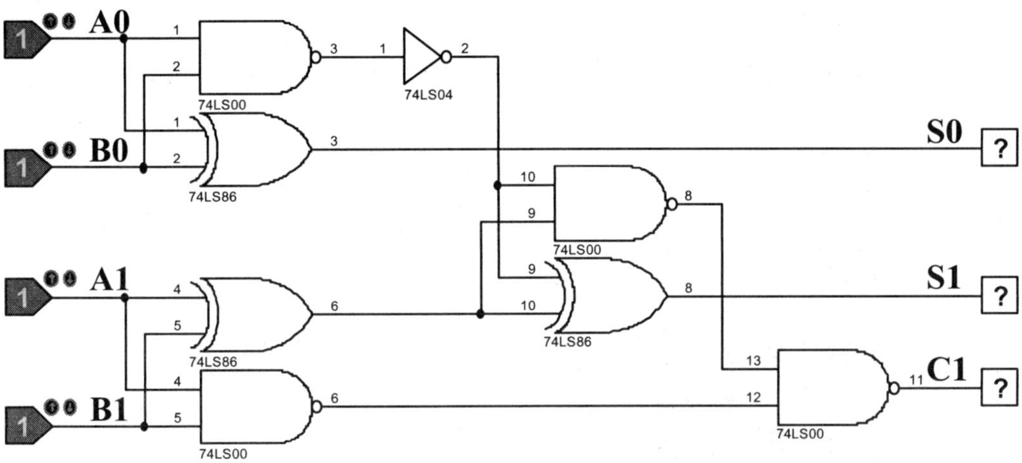

[그림 5-40] 2bit 병렬 2진 가산기 실습회로

〈표 5-34〉 2bit 병렬 2진 가산기 진리표

A1	A0	B1	B0	S0	S1	C1
0	0	0	0			
0	0	0	1			
0	0	1	0			
0	0	1	1			
0	1	0	0			
0	1	0	1			
0	1	1	0			
0	1	1	1			
1	0	0	0			
1	0	0	1			
1	0	1	0			
1	0	1	1			
1	1	0	0			
1	1	0	1			
1	1	1	0			
1	1	1	1			

2. [그림 5-41]은 2의 보수를 이용한 2진 4bit 전감산기와 전가산기 회로를 표현했다. 회로를 구성하고 다양한 입력변화에 따른 전가산기와 전감산기의 출력을 관찰하여 표를 완성한다.(전가산기 74LS83을 이용하라.)

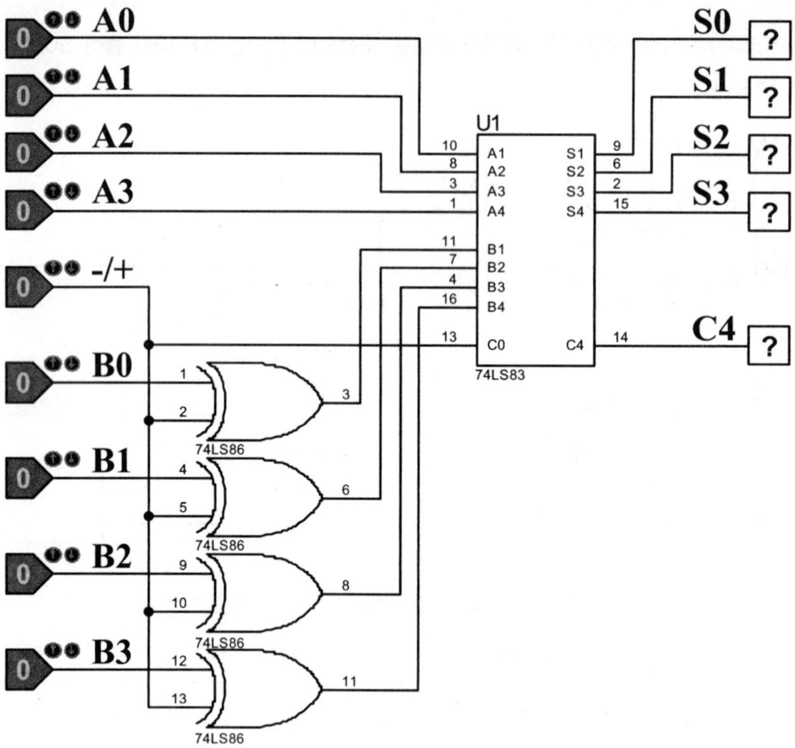

[그림 5-41] 2의 보수를 이용한 2진 4bit 전감산기와 가산기

	A3	A2	A1	A0
+	B3	B2	B1	B0
C4	S3	S2	S1	S0

	A3	A2	A1	A0
−	B3	B2	B1	B0
b4	d3	d2	d1	d0

〈표 5-35〉 4bit 전가산기 진리표

A3	A2	A1	A0	B3	B2	B1	B0	S3	S2	S1	S0	C4
1	1	1	1	0	0	0	1					
1	1	1	0	0	0	1	0					
1	1	0	1	0	1	0	1					
1	0	1	1	0	1	1	0					
1	0	1	0	0	1	1	1					
1	0	0	1	1	0	0	0					
0	1	1	1	0	1	1	1					
0	1	0	1	0	0	1	0					

〈표 5-36〉 4bit 전감산기 진리표

A3	A2	A1	A0	B3	B2	B1	B0	S3	S2	S1	S0	C4
1	0	1	0	0	1	0	1					
1	0	1	1	0	1	1	0					
1	1	0	0	0	1	1	1					
1	1	1	0	0	1	1	0					
1	1	1	1	1	1	1	1					
1	1	0	1	1	0	1	0					
0	1	1	0	1	0	1	0					
0	1	1	1	1	0	1	0					

5.4 디코더와 인코더

디코더(Decoder)와 인코더(Encoder ; 엔코더)의 동작 원리를 이해하고, 디코더와 인코더의 특성을 시뮬레이션을 통하여 확인하고 부호 가변기의 동작을 살펴본다. 나아가 디코더와 인코더의 구성방법을 익혀 각종 코드를 만들 수 있는 능력을 키운다. 그리고 7-Segment의 원리와 숫자표시기의 사용방법을 익힌다.

5.4.1 디코더

디코더란 2진 부호와 같은 BCD(Binary Coded Decimal) 코드(Code)를 부호가 없는 형태로 바꾸는 변환회로를 말한다. 2×4 디코더의 진리표는 〈표 5-57〉과 같이 입력 A, B의 결합에 의하여 나타낼 수 있는 출력의 경우의 수를 보여준다. 2×4 디코더의 진리표와 같은 결과가 나오도록 회로로 구성하면 [그림 5-42]와 같은 회로가 된다.

〈표 5-37〉 디코더의 진리표

A	B	D0	D1	D2	D3
0	0	1	0	0	0
0	1	0	1	0	0
1	0	0	0	1	0
1	1	0	0	0	1

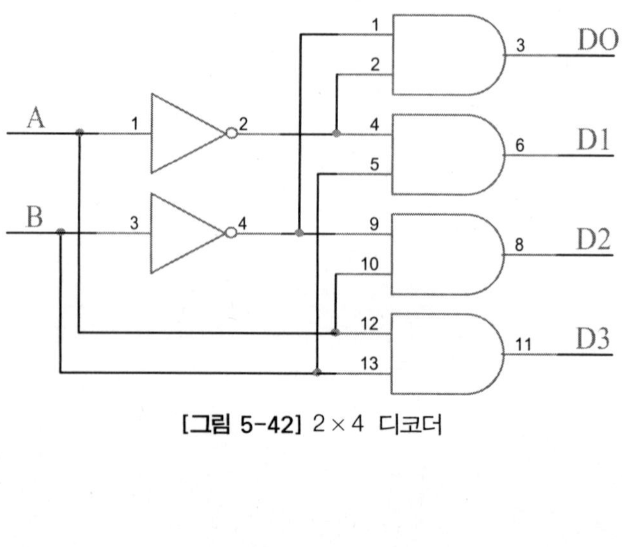

[그림 5-42] 2×4 디코더

입력 3개에서 출력 8개가 나오면 3×8 디코더라 하며, 최대 2n개의 출력항인 최소항(Minterm)을 만들 수가 있다. 그렇다면 3×8 디코더를 이용하여 2진 3bit 전가산기를 만들 수도 있다. 전가산기의 진리표인 〈표 5-38〉과 같이 A_n, B_n, C_{n-1}의 3개의 입력에서 S_n의 경우 1의 항은 4개이며 이를 최소항의 식은 식 [5-23]과 같고, C_n의 경우 1의 항도 4개이고 이를 최소항의 식으로 표현하면 식 [5-24]와 같다. 식 [5-23]을 회로로 구성하고자 할 경우 디코더는 모든 경우의 곱에 대한 결과이므로 진리표에서 1인 경우의 출력들만 합, 즉 OR하면 된다. 식 [5-24] 역시 결과가 진리표에서 1인 경우의 출력들만 OR하면 된다. 이러한 3×8 전가산기 디코더 회로는 [그림 5-43]과 같다.

〈표 5-38〉 전가산기 진리표

10진수	A_n	B_n	C_{n-1}	S_n	C_n
0	0	0	0	0	0
1	0	0	1	①	0
2	0	1	0	①	0
3	0	1	1	0	①
4	1	0	0	①	0
5	1	0	1	0	①
6	1	1	0	0	①
7	1	1	1	①	①

$$S_n(A_n, B_n, C_{n-1}) = \Sigma(1, 2, 4, 7) \quad [5\text{-}23]$$

$$C_n(A_n, B_n, C_{n-1}) = \Sigma(3, 5, 6, 7) \quad [5\text{-}24]$$

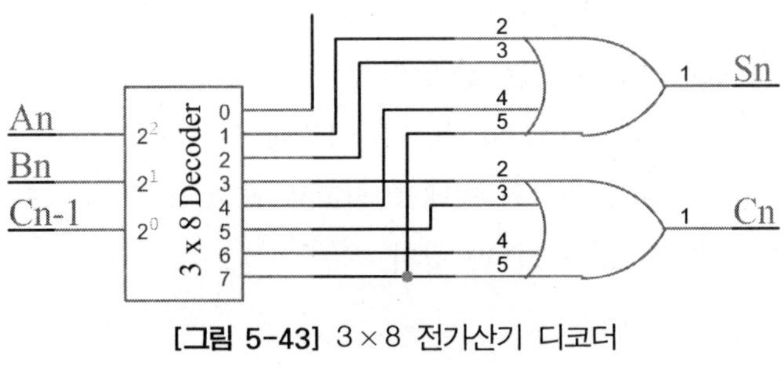

[그림 5-43] 3×8 전가산기 디코더

5.4.2 인코더

인코더(Encoder)는 부호화되지 않은 입력을 받아서 부호화된 출력으로 내보내는 디코더와 상반된 역할을 하는 변환기 회로이다.

인코더의 간단한 예로는 4×2 인코더로 [그림 5-44]와 같으며, 진리표는 〈표 5-39〉와 같다.

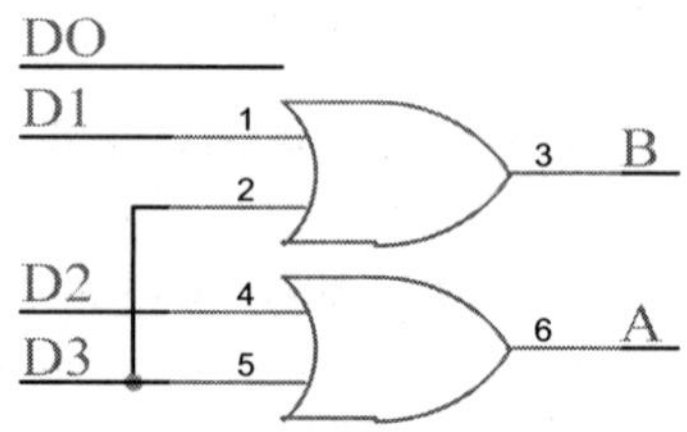

[그림 5-44] 4×2 인코더

〈표 5-39〉 디코더의 진리표

D0	D1	D2	D3	A	B
1	0	0	0	0	0
0	1	0	0	0	1
0	0	1	0	1	0
0	0	0	1	1	1

5.4.3 십진수의 표시

10진수 표시를 위한 대표적인 것이 BCD-to-7Segment 디코더이다. 이것은 BCD로 나타내는 숫자신호를 7-Segment로 디코딩시킨 후 이를 해당 발광소자(LED)에 연결하여 10진수가 표시되도록 하는 장치이다.

7-Segment의 등가회로 및 표시방법을 [그림 5-45]에 나타내고 있다.

[그림 5-45](a) 7-Segment의 형태를 참고로 하여 BCD 코드를 10진수로 변환시키는 진리표를 나타내면 〈표 5-40〉과 같다.

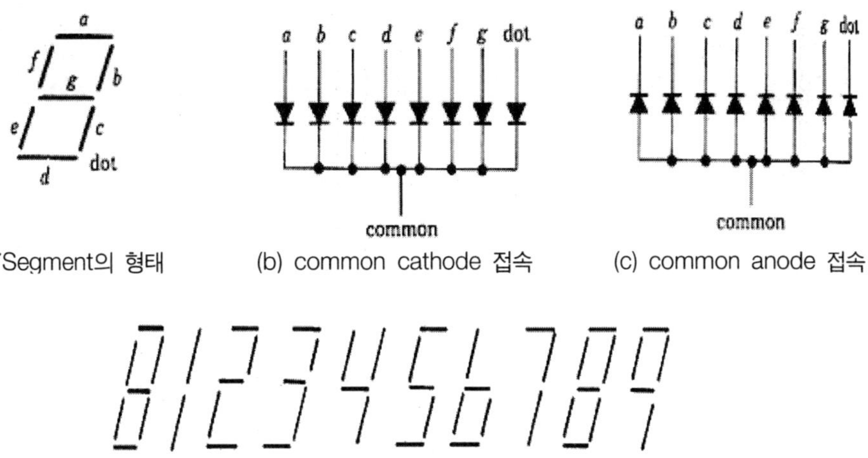

(a) 7Segment의 형태 (b) common cathode 접속 (c) common anode 접속

(d) 10진수의 표시방법

[그림 5-45] 7-Segment의 등가회로 및 표시방법

〈표 5-40〉 BCD to 7-Segment 진리표

10진수	입력(BCD 코드)				출력(7-Segment)						
	A	B	C	D	a	b	c	d	e	f	g
0	0	0	0	0	1	1	1	1	1	1	0
1	0	0	0	1	0	1	1	0	0	0	0
2	0	0	1	0	1	1	0	1	1	0	1
3	0	0	1	1	1	1	1	1	0	0	1
4	0	1	0	0	0	1	1	0	0	1	1
5	0	1	0	1	1	0	1	1	0	1	1
6	0	1	1	0	0	0	1	1	1	1	1
7	0	1	1	1	1	1	1	0	0	0	0
8	1	0	0	0	1	1	1	1	1	1	1
9	1	0	0	1	1	1	1	0	0	1	1

이와 같은 진리표를 이용하여 카르노 맵(Karnaugh Map)법에 의한 출력 a, b, c, d, e, f, g를 집적 회로를 구성하여 표시할 수도 있고, TTL 74LS47을 사용하여 BCD 입력을 출력(a, b, c, d, e, f, g)으로 뽑아 7-Segment에 연결할 수도 있는데 이와 같이 조합회로가 집적되어 하나의 소자가 감당하는 것을 MSI라고 한다.

카르노 맵 법에 의하여 BCD 입력을 7-Segment 중 a와 b만 출력으로 나타내면 다음과 같다.

$a = A + BD + \overline{B}\,\overline{D} + CD$

CD \ AB	$\overline{A}\,\overline{B}$ 00	$\overline{A}B$ 01	AB 11	$A\overline{B}$ 10
$\overline{C}\,\overline{D}$ 00	1		d	1
$\overline{C}D$ 01		1	d	1
CD 11	1	1	d	d
$C\overline{D}$ 10	1	1	d	d

$b = \overline{B} + CD + \overline{C}\,\overline{D}$

CD \ AB	$\overline{A}\,\overline{B}$ 00	$\overline{A}B$ 01	AB 11	$A\overline{B}$ 10
$\overline{C}\,\overline{D}$ 00	1	1	d	1
$\overline{C}D$ 01	1		d	1
CD 11	1	1	d	d
$C\overline{D}$ 10	1		d	d

이렇게 하여 출력 a, b, c, d, e, f, g를 A, B, C, D로 나타내면 조합회로가 된다. 7-Segment에 사용되는 LED는 저항을 직렬로 연결하여 전류를 흘려주면 발광한다. 시판되는 LED 수치표시기에는 [그림 5-45](b)와 같이 Common Kathode(Cathode, K형)를 공동으로 하여 GND에 연결하고 ON시키고자 하는 편에 '1'을, 그 외에 '0'을 걸어주고, [그림 5-45](c)와 같이 Common Anode(A형)를 공동으로 하여 Vcc에 연결하고 ON시키고자 하는 편에 '0'(즉 GND)을, 그 외에는 '1'(Vcc)을 걸어 주도록 되어 있다.

LTS 542는 A형, LTS 543은 K형이다. 또 BCD to 7-Segment 중에서 7446, 74LS47은 A형을 위한 것이고, 7448, 74LS49는 K형을 위한 것이다.

5.4.4 디코더와 인코더 실습

시뮬레이션 디바이스 목록

종 류	부품/계기명	실행 아이콘
NOR 게이트	74LS02	:부품(Component)
NOT 게이트	74LS04	
AND 게이트	74LS08	
3-input NAND 게이트	74LS10	
OR 게이트	74LS32	
4-input AND 게이트	74LS21	
4-input NOR 게이트	4002	
BCD 7-Segment decoder	74LS47	
10진 카운터(Decade counter)	74LS90	
7-Segment(FND)	7SEG-COM-CAT-GRN	
저항	REG	
로직신호 입력기	LOGICSTATE	
로직 프로브	LOGICPROBE(BIG)	

1) 디코더 시뮬레이션

[그림 5-46]과 같이 2×4 디코더 회로를 구성하고 입력에 따른 출력 D를 관찰하여 표를 완성한다.

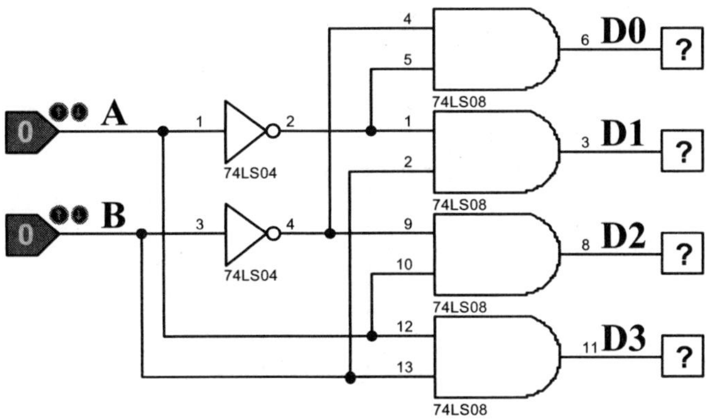

[그림 5-46] 2×4 디코더 실습회로

① 부품( ) 선택(P)으로 NOT('74LS04')과 AND('74LS08') 로직신호 입력기('LOGICSTATE'), 로직 프로브('LOGICPROBE(BIG)')를 등록하고, [그림 5-46]과 같이 배치하고 신호선을 연결한다.

② 애니메이션 실행 버튼(▶)을 클릭하여 애니메이션을 실행한다.

③ 로직신호 입력기를 클릭하여 각각의 결과를 〈표 5-41〉에 기록하자.

〈표 5-41〉 디코더의 진리표

A	B	D0	D1	D2	D3
0	0				
0	1				
1	0				
1	1				

2) BCD 10진 디코더 시뮬레이션

[그림 5-47]의 BCD to Decimal Decoder 회로를 구성하고 입력 A, B, C, D의 변화에 따른 출력 D의 변화를 관찰하여 표를 완성한다.

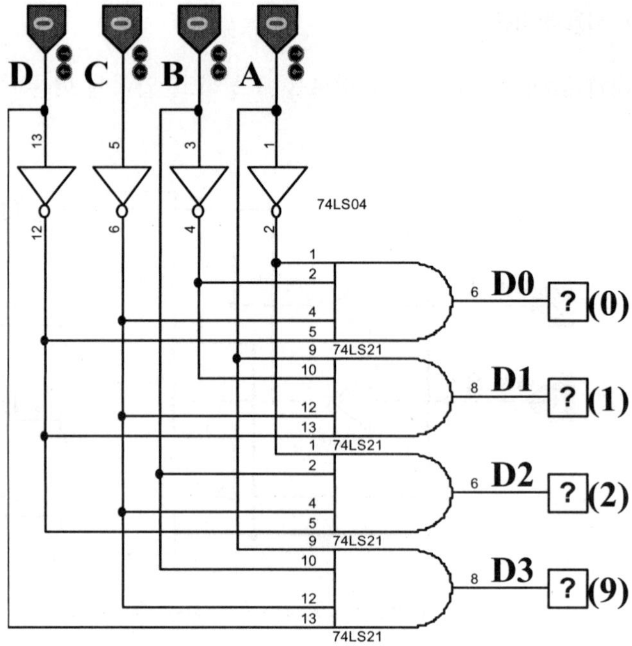

[그림 5-47] BCD to Decimal Decoder

① 부품( ) 선택(P)으로 NOT('74LS04')과 4-input AND('74LS21') 로직신호 입력기('LOGICSTATE'), 로직 프로브('LOGICPROBE(BIG)')를 등록하고, [그림 5-47]과 같이 배치하고 신호선을 연결한다.

② 애니메이션 실행 버튼(▶)을 클릭하여 애니메이션을 실행한다.

③ 로직신호 입력기를 클릭하여 각각의 결과를 〈표 5-42〉에 기록하자.

〈표 5-42〉 BCD to Decimal Decoder의 진리표

D	C	B	A	D0	D1	D2	D3	D4	D5	D6	D7	D8	D9
0	0	0	0										
0	0	0	1										
0	0	1	0										
0	0	1	1										
0	1	0	0										
0	1	0	1										
0	1	1	0										
0	1	1	1										
1	0	0	0										
1	0	0	1										

3) 인코더 회로 시뮬레이션

[그림 5-48]과 같은 회로를 구성하고 입력변화에 따른 출력 A, B를 관찰하여 표를 완성한다.

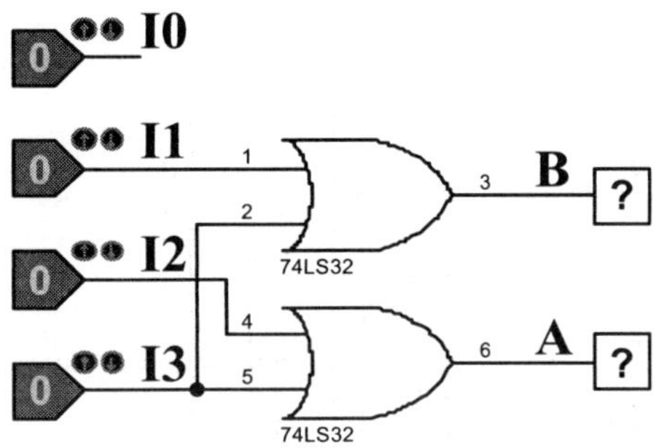

[그림 5-48] 4×2 인코더

① 부품( ) 선택(P)으로 OR('74LS32')과 로직신호 입력기('LOGICSTATE'), 로직 프로브('LOGICPROBE(BIG)')를 등록하고, [그림 5-48]과 같이 배치하고 신호선을 연결한다.

② 애니메이션 실행 버튼(▶)을 클릭하여 애니메이션을 실행한다.

③ 로직신호 입력기를 클릭하여 각각의 결과를 〈표 5-43〉에 기록하자.

〈표 5-43〉 4×2 인코더 진리표

I0	I1	I2	I3	A	B
1	0	0	0		
0	1	0	0		
0	0	1	0		
0	0	0	1		

4) 2진 변환 인코더 회로 시뮬레이션

[그림 5-49]와 같은 회로를 구성하고 표와 같은 입력변화에 따른 출력 A, B, C, D의 변화를 관찰하여 표를 완성한다.

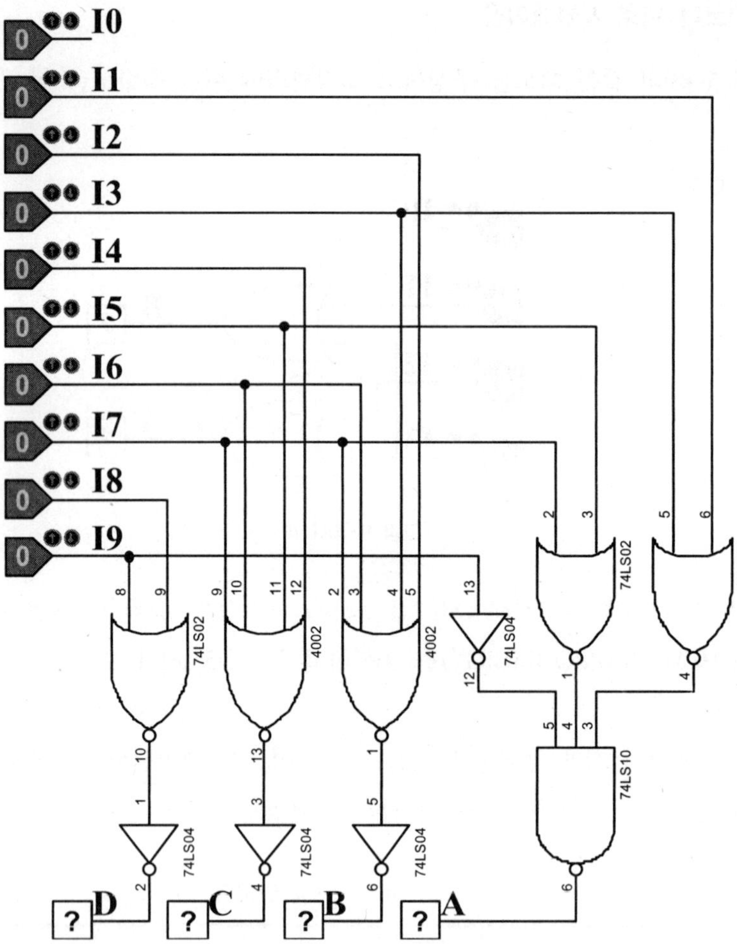

[그림 5-49] 2진 변환 인코더 회로

① 부품( ) 선택(P)으로 NOR('74LS02')과 NOT('74LS04'), 3-input NAND('74LS10'), 4-input NOR('4002'), 로직신호 입력기('LOGICSTATE'), 로직 프로브('LOGICPROBE (BIG)')를 등록하고, [그림 5-49]와 같이 배치하고 신호선을 연결한다.

② 애니메이션 실행 버튼(▶)을 클릭하여 애니메이션을 실행한다.

③ 로직신호 입력기를 클릭하여 각각의 결과를 〈표 5-44〉에 기록하자.

입력 I_0~I_9 중에 동시에 1을 입력하면 원치 안는 결과가 나타난다. 인코더 회로의 입력조건은 반드시 입력 중에 하나만 1이여야 한다.

그러나 [그림 5-49] 회로는 입력을 2개 이상 1의 입력을 허용한다. 정확한 인코더 회로가 되기 위해서는 동시에 1이 입력되어도 우선순위를 주어 이상한 결과가 나타나지 않도록 설계를 추가해야 한다는 것을 알 수 있다.

〈표 5-44〉 2진 변환 인코더 진리표

I0	I1	I2	I3	I4	I5	I6	I7	I8	I9	D	C	B	A
1	0	0	0	0	0	0	0	0	0				
0	0	0	0	0	0	0	0	0	0				
0	0	1	0	0	0	0	0	0	0				
0	0	0	1	0	0	0	0	0	0				
0	0	0	0	1	0	0	0	0	0				
0	0	0	0	0	1	0	0	0	0				
0	0	0	0	0	0	1	0	0	0				
0	0	0	0	0	0	0	1	0	0				
0	0	0	0	0	0	0	0	1	0				
0	0	0	0	0	0	0	0	0	1				

실습문제 디코더 및 인코더 회로

1. [그림 5-50]과 같은 회로를 구성하고 입력 A, B에 따른 D0~D1을 입력으로 하는 출력 X, Y를 관찰하여 표를 완성하라.

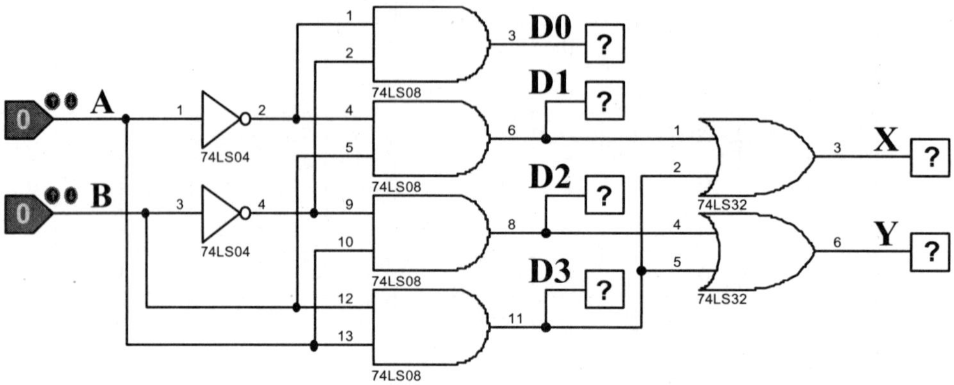

[그림 5-50] 디코더와 인코더의 결합회로

〈표 5-45〉 디코더와 인코더의 결합회로의 진리표

A	B	D0	D1	D2	D3	X	Y
0	0						
0	1						
1	0						
1	1						

2. [그림 5-51]과 같이 BCD 7-Segment Decoder(세븐-세그먼트 디코더) '74LS47'과 Decade Counter(디케이드 카운터) '74LS90'을 이용하여 7-Segment(세븐 세그먼트 : FND) '7SEG-COM-CAT-GRN'에 숫자가 나타나도록 회로를 구성하고, Clock Pulse에 의한 출력 7-Segment의 a~g까지의 상태를 표에 완성한다.

참고

1. 터미널(⊟) 아이콘을 클릭 후 접지('GROUND')와 전원('POWER')을 선택하여 [그림 5-51]과 같이 배치하고 연결하자.)
2. 저항은 "1.4.17 같은 값을 가지는 부품 한 번에 입력하기"를 참조하여 연결하자. 저항을 모두 선택 후 일괄지정(⚡) 아이콘을 통하여 String란에 'VALUE = 330'[Ω]이라고 입력하자.)

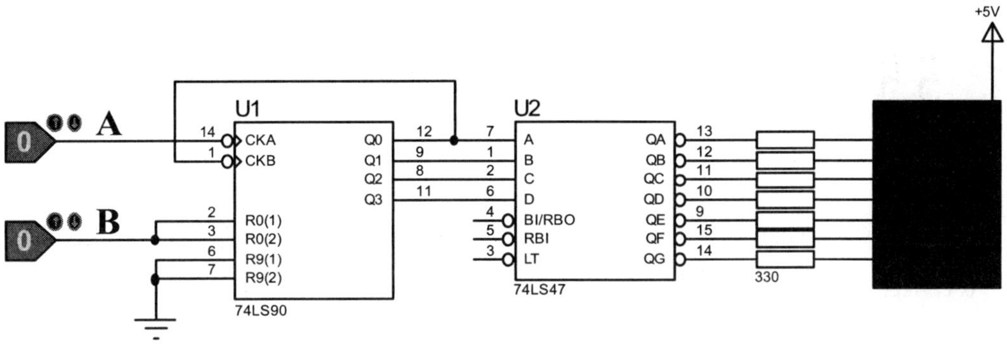

[그림 5-51] 7-Segment 실습회로

〈표 5-46〉 7-Segment 실습회로 결과

Clock Pulse	(13) a	(12) b	(11) c	(10) d	(9) e	(15) f	(14) g
0							
1							
2							
3							
4							
5							
6							
7							
8							
9							

5.5 비교기

비교기(Comparator)란 입력된 2개의 2진수를 비교하여 대소 관계, 즉 큰지, 작은지, 같은지를 출력하는 회로이다.

5.5.1 비교기

비교기는 2개의 입력 A, B에 대하여 3개의 출력 X, Y, Z로 나타나며, A가 B보다 크면(A 〉 B) X=1, A와 B가 같으면(A=B) Y=1, A가 B보다 작으면(A<B) Z=1이 되는 회로이다. 이를 진리표로 나타내면 〈표 5-47〉과 같다.

〈표 5-47〉 진리표로부터 출력 X, Y, Z의 논리식은 식 [5-25], [5-26], [5-27]과 같다. 논리식으로부터 논리회로를 그리면 [그림 5-52]와 같다.

〈표 5-47〉 비트 비교기 진리표

A	B	X (A〉B)	Y (A=B)	Z (A〈B)
0	0	0	1	0
0	1	0	0	1
1	0	1	0	0
1	1	0	1	0

$$X = A\overline{B} \qquad [5\text{-}25]$$

$$\begin{aligned} Y &= \overline{A}\,\overline{B} + AB \qquad [5\text{-}26] \\ &= \overline{A \oplus B} \\ &= A \odot B \end{aligned}$$

$$Z = \overline{A}B \qquad [5\text{-}27]$$

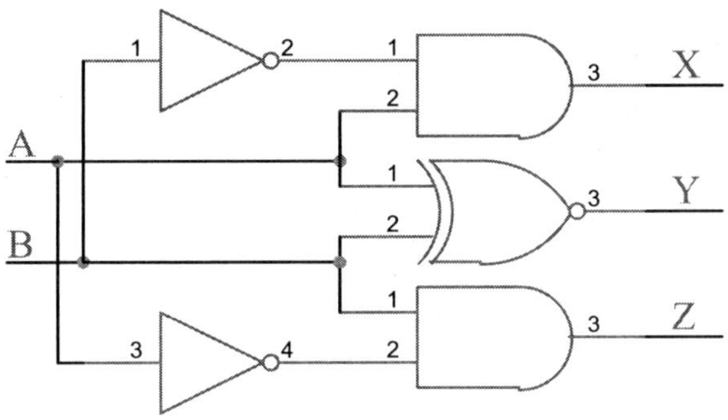

[그림 5-52] 1비트 비교기

5.5.2 비교기 실습

시뮬레이션 디바이스 목록

종 류	부품/계기명	실행 아이콘
NOT 게이트	74LS04	:부품(Component)
AND 게이트	74LS08	
OR 게이트	74LS32	
3-input AND 게이트	74LS11	
XNOR 게이트(O.C)	4077	
4bit 비교기	74LS85	
3-input OR 게이트	74HC4075	
저항	REG	
로직신호 입력기	LOGICSTATE	
로직 프로브	LOGICPROBE(BIG)	
+5V(VCC)	POWER	: 터미널(Terminal)

1) 1bit 비교기 시뮬레이션

[그림 5-53]의 1bit 비교기 회로를 이용한 1비트 비교기 회로를 구성하고 입력 A, B에 따른 출력 X, Y, Z를 관찰하여 표를 완성한다.

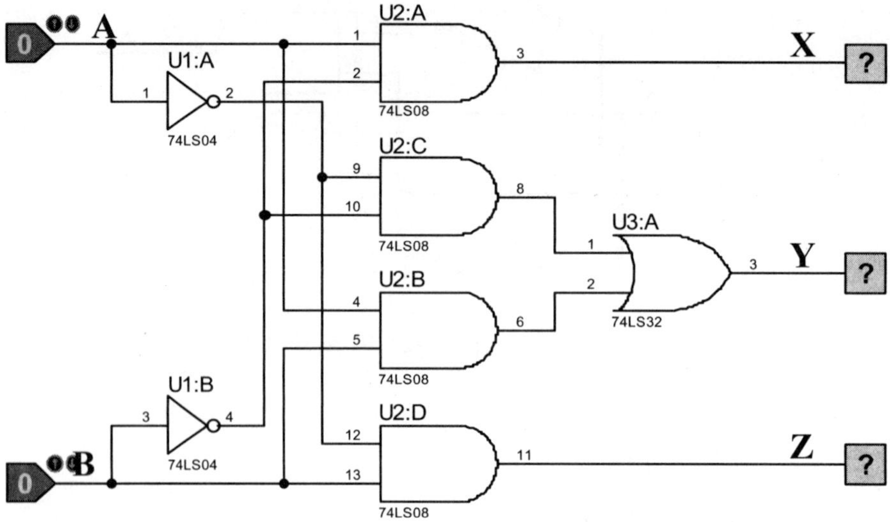

[그림 5-53] 1bit 비교기 실습회로

① 부품( ) 선택(P)으로 NOT('74LS04')과 AND('74LS08'), OR('74LS32'), 로직신호 입력기('LOGICSTATE'), 로직 프로브('LOGICPROBE(BIG)')를 등록하고, [그림 5-53]과 같이 배치하고 신호선을 연결한다.

② 애니메이션 실행 버튼(▶)을 클릭하여 애니메이션을 실행한다.

③ 로직신호 입력기를 클릭하여 각각의 결과를 〈표 5-48〉과 비교해보자.

〈표 5-48〉 1bit 비교기 실습결과 진리표

A	B	X(A 〉 B)	Y(A = B)	Z(A 〈 B)
0	0	0	1	0
0	1	0	0	1
1	0	1	0	0
1	1	0	1	0

실습과 〈표 5-48〉이 일치함을 알 수 있을 것이다. 이를 통하여 우리는 1bit가 아닌 2bit 또는 그 이상의 비교기를 설계할 수 있을 것이다.

실습문제 2비트 및 4비트 비교기 회로

1. [그림 5-54]의 2bit 비교기를 구성하여 시뮬레이션하고, 그 결과를 〈표 5-49〉 진리표에 나타내어라.

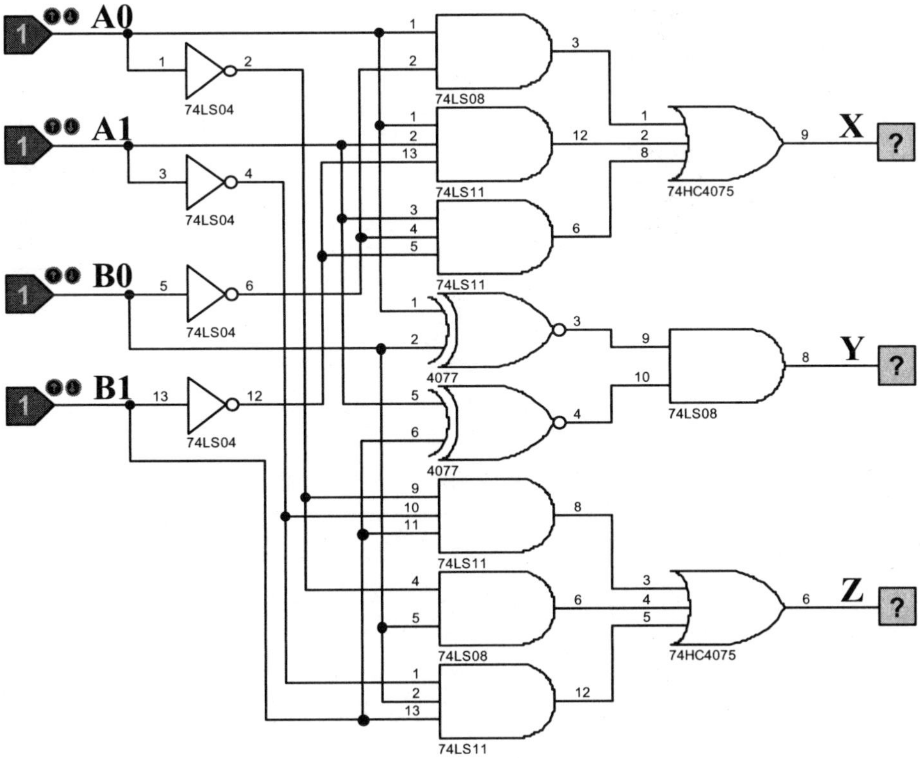

[그림 5-54] 2bit 비교기 실습회로

〈표 5-49〉 2bit 비교기 진리표

A1	A0	B1	B0	X(A 〉 B)	Y(A = B)	Z(A 〈 B)
0	0	0	0			
0	0	0	1			
0	1	0	0			
0	1	0	1			
0	1	1	1			
1	0	0	0			
1	0	1	1			
1	1	0	0			
1	1	0	1			
1	1	1	0			
1	1	1	1			

2. [그림 5-55]의 4bit 비교기를 구성하여 시뮬레이션하고, 그 결과를 〈표 5-50〉 진리표에 나타내어라. 그리고 74LS85 IC의 2, 3, 4번 핀(Cascade input pin)의 용도를 설명하라.

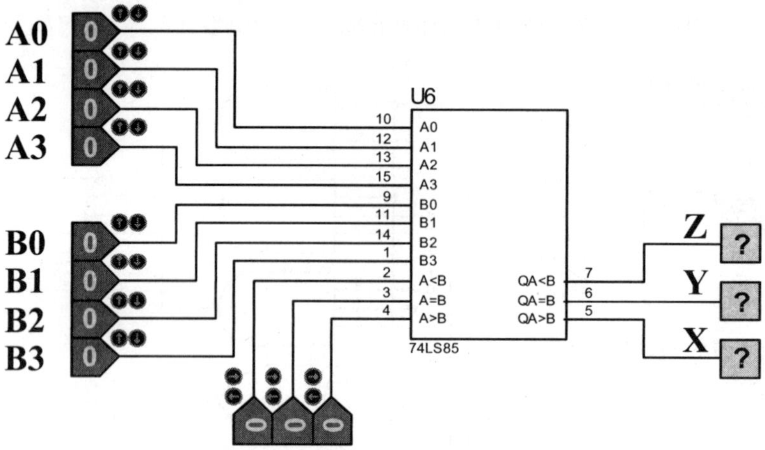

[그림 5-55] 4bit 비교기 실습회로

〈표 5-50〉 4bit 비교기 진리표

A3	A2	A1	A0	B3	B2	B1	B0	X(A 〉 B)	Y(A = B)	Z(A 〈 B)
0	0	0	0	0	0	0	0			
0	0	0	1	0	0	1	1			
0	1	0	0	1	0	0	0			
1	1	0	1	1	0	1	0			
1	0	0	1	0	1	0	0			
1	0	1	0	0	1	1	1			
1	1	1	0	1	1	0	1			
1	1	1	1	1	1	1	1			

3. Cascade pin의 용도 :

5.6 멀티플렉서와 디멀티플렉서

멀티플렉서와 디멀티플렉서의 동작 원리를 이해하고, 시뮬레이션을 통하여 멀티플렉서와 디멀티플렉서의 특성을 익힌다. 그리고 멀티플렉서와 디멀티플렉서의 구성방법을 익혀 각종 플렉스를 만들 수 있는 능력을 키운다.

5.6.1 멀티플렉서

멀티플렉서(Multiplexer)란 여러 개의 데이터 입력을 적은 수의 채널이나 선들을 통하여 전송하는 전송기이다. [그림 5-56]은 멀티플렉서의 회로도이고, [그림 5-57]은 멀티플렉서의 기호이다. 〈표 5-51〉은 멀티플렉서 함수표이다.

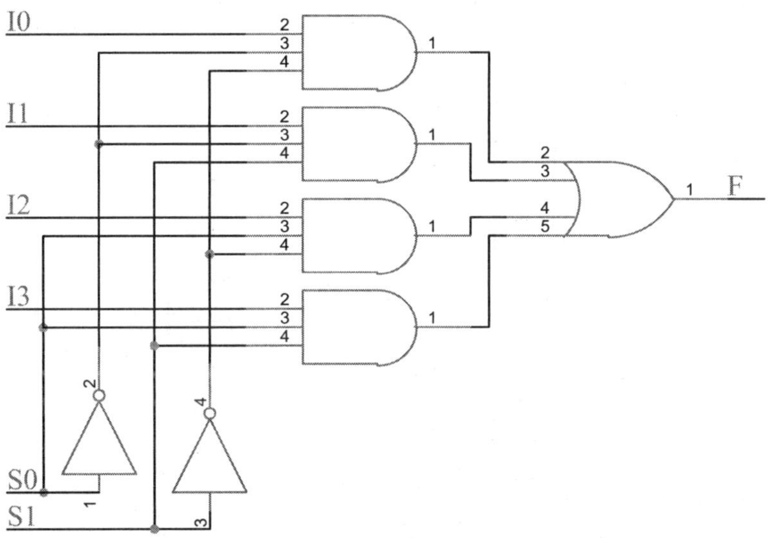

[그림 5-56] 멀티플렉서 회로도

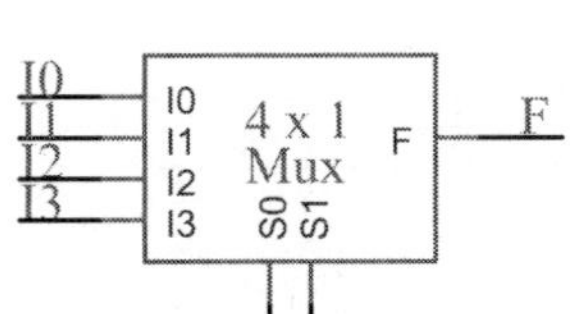

[그림 5-57] 멀티플렉서 기호

〈표 5-51〉 멀티플렉서 함수표

S1	S2	F
0	0	I0
0	1	I1
1	0	I2
1	1	I3

디지털 멀티플렉서는 많은 입력선 중에서 하나를 선택하여 출력선에 연결하는 조합 회로이다. 정상적인 경우 2^n개의 입력선과 n개의 선택 선으로 되고 n개의 선택선이 비트 조합에 따라서 입력 중 어느 하나가 선택된다. 멀티플렉서는 많은 입력 중 하나를 선택하여 선택된 입력선의 2진 정보를 출력선에 넘겨주기 때문에 데이터 선택기(Data Selector)라고도 한다.

[그림 5-58](a)는 4×1 멀티플렉서를 보인 것이다. 4×1 멀티플렉서는 입력 Data I0 ~I3 중에서 입력선택을 위한 입력신호 S0와 S1에 의해서 지정되는 입력 Data 하나만 출력신호 F로 출력된다. 이때 S0와 S1을 선택신호라 한다. E신호는 멀티플렉서의 인에이블(enable) 기능을 한다. 4×1 멀티플렉서의 동작을 보다 쉽게 이해할 수 있는 회로가 [그림 5-58](b)의 등가 스위치 회로이다.

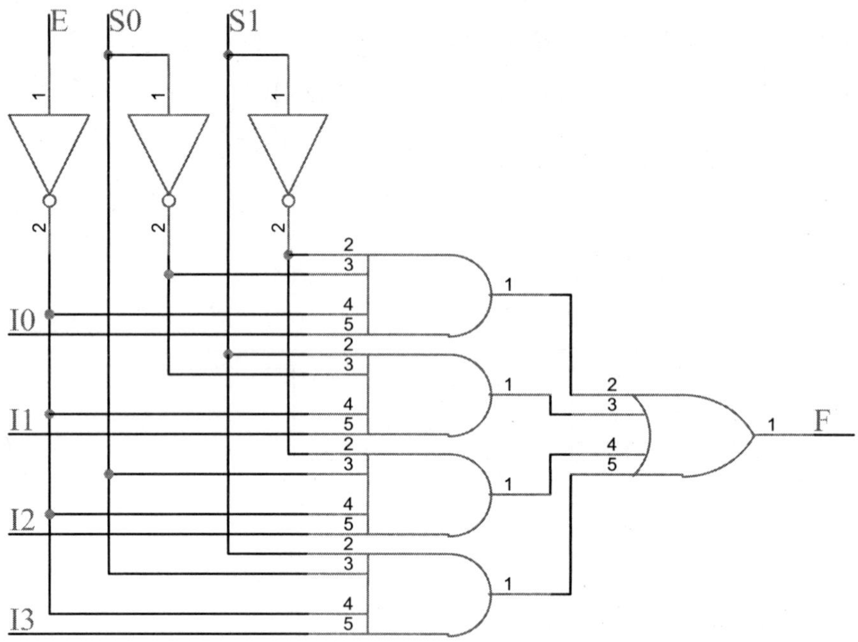

(a) 논리회로

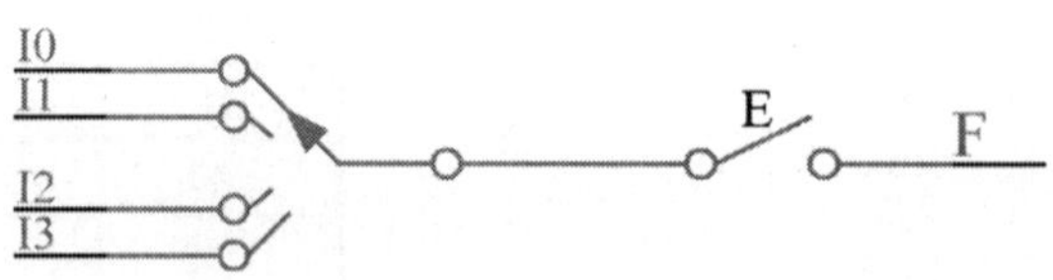

(b) 등가 스위치 회로

[그림 5-58] 멀티플렉서를 이용한 논리회로 및 등가 스위치 회로

5.6.2 디멀티플렉서

디멀티플렉서(Demultiplexer)는 멀티플렉서와는 반대의 동작을 하는 장치로서, 일명 데이터 분배기(Data Distributor)라고도 한다. 이것은 하나의 신호를 다수의 출력 중에 하나로 보내는 기능을 갖는 장치로서 [그림 5-59]와 같은 단극 다 스위치와 같은 동작을 한다. 스위치 와이퍼의 위치에 따라 4개의 가능한 채널 중에서 하나를 선택할 수 있다.

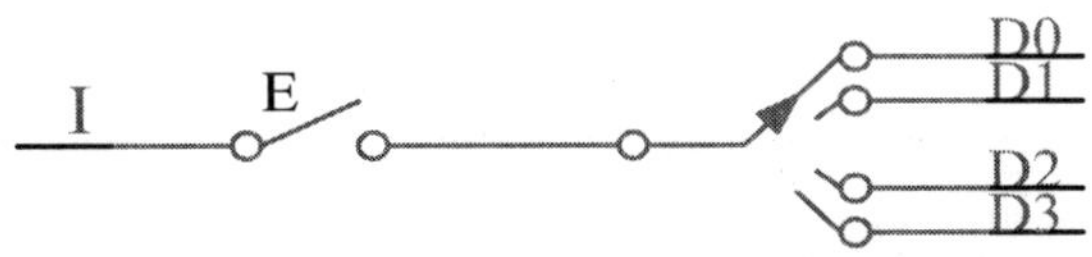

[그림 5-59] 스위치를 사용한 4채널 디멀티플렉서

제5장

[그림 5-59]는 출력이 선택되면 입력이 그대로 출력으로 전달된다. 이것은 스위치의 와이퍼를 수동적으로 움직여서 원하는 출력 채널을 선택하는 예이지만 좀 더 구체적이고 복잡한 경우를 생각해 보자. 보다 구체적으로 설명하면 하나의 입력선으로 들어오는 신호를 n개의 선택신호에 의해 지정이 되는 2^n 개의 출력선 중 하나로 입력을 내보내는 것이 디멀티플렉서이다.

디멀티플렉서는 디코더(복호기)와 밀접한 관계가 있다. [그림 5-60](a)의 2×4 디코더와 [그림 5-60](b) 회로가 같음을 알 수 있다. 단지 입력과의 단자명이 다를 뿐임을 알 수 있다.

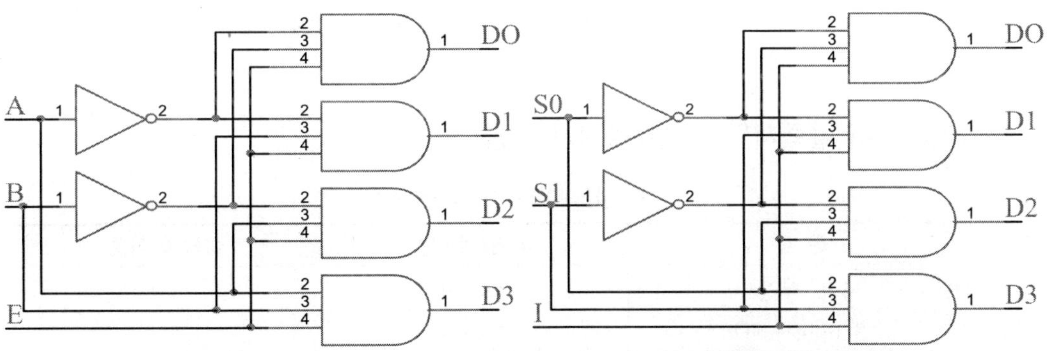

(a) 디코더 회로 (b) 디멀티플렉서 회로

[그림 5-60] 디멀티플렉서와 2×4 디코더 회로 비교

즉, 인에이블(enable) 기능이 있는 디코더에서 인에이블선 E를 디멀티플렉서의 입력선 I로 쓰고, 입력선 A, B를 디멀티플렉서의 선택신호 S_0와 S_1으로 바꾸면 디멀티플렉서가 된다. 예를 들어 〈표 5-52〉에 2×4 디코더의 진리표가 주어져 있다. 이때 E를 입력 I로 A, B를 각각 선택신호 S0, S1으로 바꾸어도 진리표는 변함없이 없음을 알 수 있다. [그림 5-61](b)는 디멀티플렉서의 기호이다. 그리고 [그림 5-61](a)에 2×4 디코더는 그대로 [그림 5-61](b)에 보인 1×4 디멀티플렉서가 된다.

〈표 5-52〉 2×4 디코더 진리표

E (I)	A (S0)	B (S1)	D0	D1	D2	D3
0	x	x	0	0	0	0
1	0	0	1	0	0	0
	0	1	0	1	0	0
	1	0	0	0	1	0
	1	1	0	0	0	1

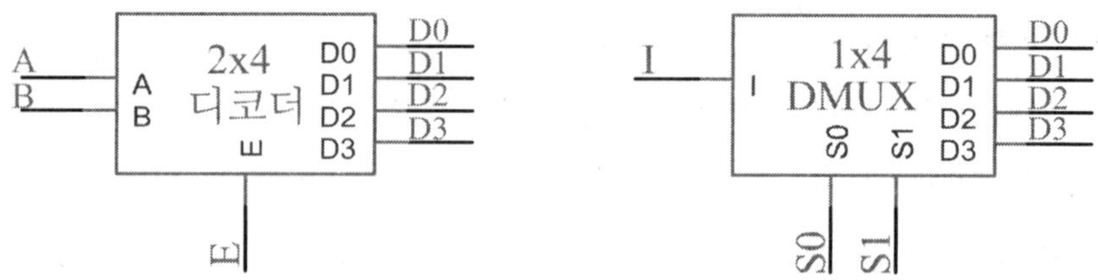

(a) 디코더 기호 (b) 디멀티플렉서 기호

[그림 5-61] 디코더와 디멀티플렉서 기호

5.6.3 멀티플렉서와 디멀티플렉서 실습

시뮬레이션 디바이스 목록

종 류	부품/계기명	실행 아이콘
NOT 게이트	74LS04	:부품(Component)
3-input AND	74LS11	
4-input NAND	74LS20	
8-input Multiplexer	74HC151	
로직신호 입력기	LOGICSTATE	
로직 프로브	LOGICPROBE(BIG)	

1) 멀티플렉서 시뮬레이션

[그림 5-62]의 4×1 멀티플렉서와 같은 회로를 구성하고 입력 E, A, B의 변화에 따른 출력값 F를 관찰하여 표를 완성해보자.

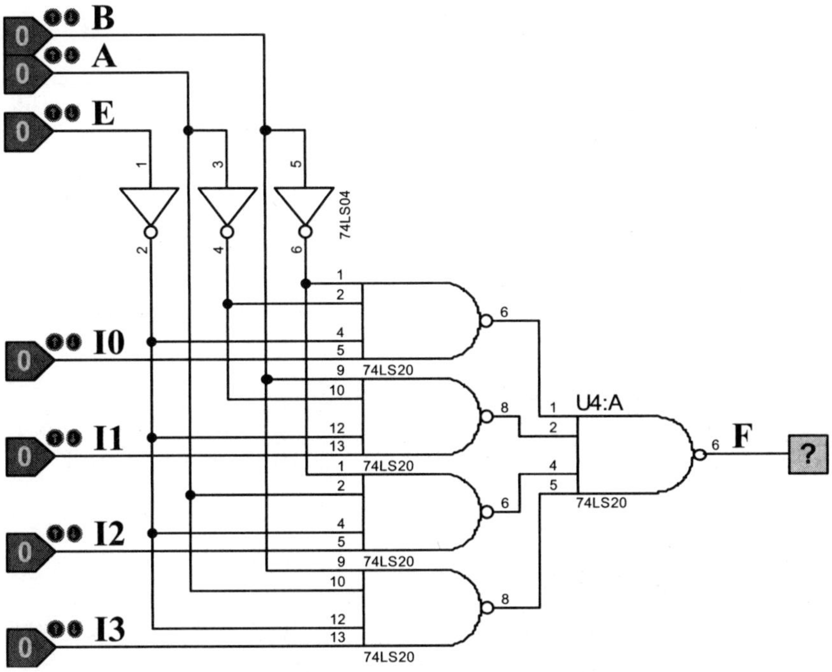

[그림 5-62] 4×1 멀티플렉서 회로

① 부품( ) 선택(P)으로 NOT('74LS04')와 4-input NAND('74LS20'), 로직신호 입력기('LOGICSTATE'), 로직 프로브('LOGICPROBE(BIG)')를 등록하고, [그림 5-62]와 같이 배치하고 신호선을 연결한다.

② 애니메이션 실행 버튼(▶)을 클릭하여 애니메이션을 실행한다.

③ 로직신호 입력기를 클릭하여 각각의 결과를 〈표 5-53〉에 기록하자.

위 실습 결과 E신호는 멀티플렉서의 동작 허용(enable) 또는 멀티플렉서의 동작 불허(disable) 기능을 함을 알 수 있고, A와 B입력신호는 입력신호 I0~I3을 선택함을 알 수 있다. 결국 A와 B에 의하여 선택된 입력신호(I0~I3)의 상태의 값이 F에 출력된다는 것을 알 수 있다.

〈표 5-53〉 4×1 멀티플렉서 회로 실습결과

입력 선택 신호			입력신호(I)				출력
E	A	B	I0	I1	I2	I3	F
0	0	0	0	1	0	0	
0	0	1	0	1	0	1	
0	1	0	0	1	1	0	
0	1	1	1	1	1	1	
1	0	0	1	0	0	0	
1	0	1	1	0	0	1	
1	1	0	1	0	1	0	
1	1	1	1	0	1	1	

2) 8 × 1 멀티플렉서 시뮬레이션

[그림 5-63]과 같이 8×1 멀티플렉서 회로를 구성하여 3개의 입력 선택신호 A, B, C 의 변화에 따른 출력 X를 관찰하여 표를 완성하자.

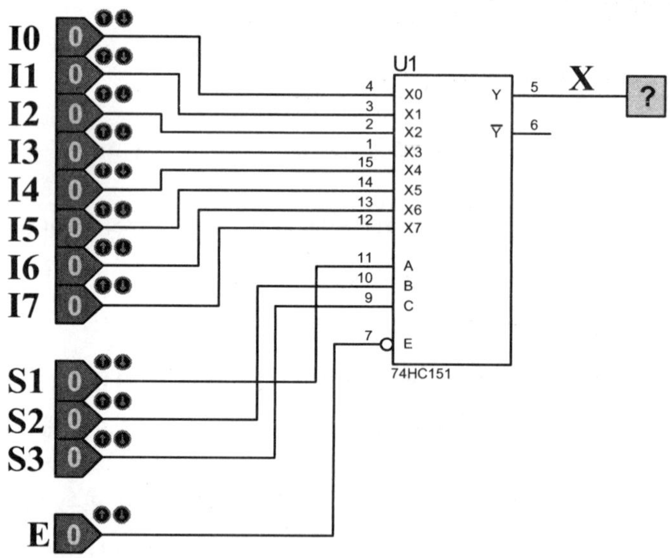

[그림 5-63] 8×1 멀티플렉서 회로

① 부품( ) 선택(P)으로 8-input Multiplexer('74HC151')와 로직신호 입력기('LOGICSTATE'), 로직 프로브('LOGICPROBE(BIG)')를 등록하고, [그림 5-63]과

같이 배치하고 신호선을 연결한다.

② 애니메이션 실행 버튼(▶)을 클릭하여 애니메이션을 실행한다.

③ 로직신호 입력기를 클릭하여 각각의 결과를 〈표 5-54〉에 기록하자.

〈표 5-54〉 8×1 멀티플렉서 회로 실습결과

입력 선택 신호				입력신호(I)				출력
E	S3	S2	S1	I0	I3	I5	I7	F
0	0	0	0	0	1	0	0	
0	0	0	1	0	1	0	1	
0	0	1	0	0	1	1	0	
0	0	1	1	1	1	1	1	
1	1	0	0	1	0	0	0	
1	0	0	1	1	0	0	1	
1	1	1	0	1	0	1	0	
1	1	1	1	1	0	1	1	

3) 디멀티플렉서 시뮬레이션

[그림 5-64]와 같은 회로를 구성하고, 입력 A, B, E 의 변화에 따른 출력 D0, D1, D2, D3을 관찰하여 표를 완성한다.

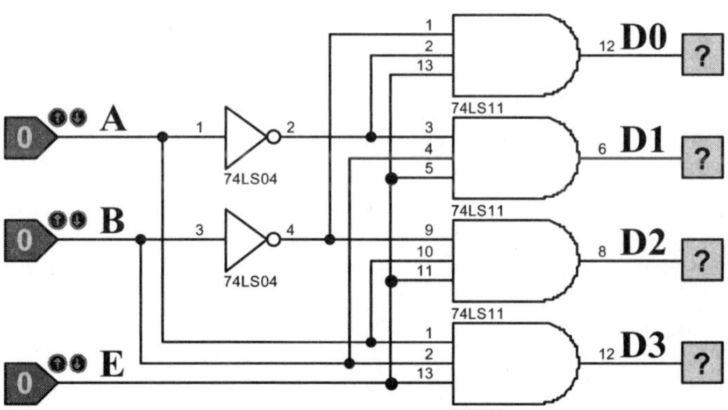

[그림 5-64] 디멀티플렉서 실습회로

① 부품( ) 선택(P)으로 NOT('74LS04')과 3-input AND('74LS11'), 로직 프로브('LOGICPROBE(BIG)'), 로직신호 입력기('LOGICSTATE')를 등록하고, [그림 5-64]와 같이 배치하고 신호선을 연결한다.

② 애니메이션 실행 버튼(▶)을 클릭하여 애니메이션을 실행한다.

③ 로직신호 입력기를 클릭하여 각각의 결과를 〈표 5-55〉에 기록하자.

〈표 5-55〉 디멀티플렉서 실습결과

입 력			출 력			
E	A	B	D0	D1	D2	D3
0	X	X				
1	0	0				
	0	1				
	1	0				
	1	1				

실습문제 멀티플렉서를 이용한 전가산기 회로

1. [그림 5-65]와 같은 멀티플렉서를 이용한 전가산기 회로를 구성하고, 입력변화에 따른 출력 Sn과 Cn을 관찰하여 〈표 5-56〉을 완성한다.

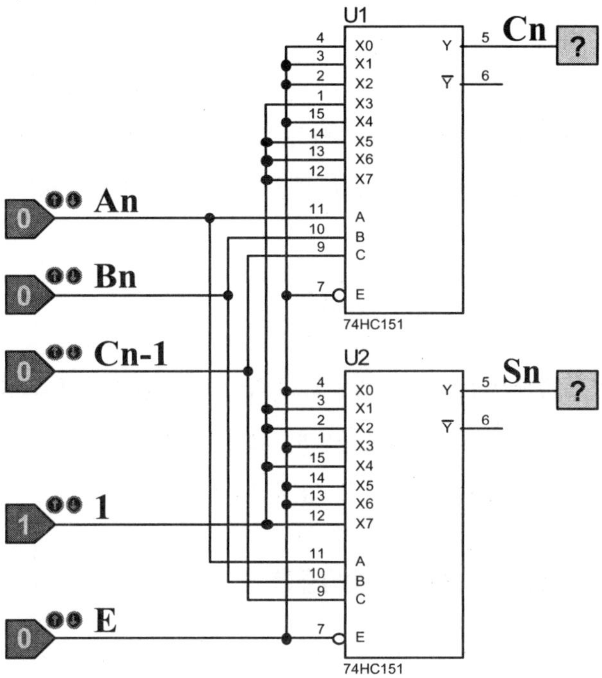

[그림 5-65] 멀티플렉서를 이용한 전가산기 회로

〈표 5-56〉 멀티플렉서를 이용한 전가산기 결과

입 력			출 력	
Cn-1	An	Bn	Sn	Cn
0	0	0		
0	0	1		
0	1	0		
0	1	1		
1	0	0		
1	0	1		
1	1	0		
1	1	1		

5.7 플립플롭(Flip-Flop)

플립플롭(Flip-Flop, F/F)은 입력의 변화가 없으면 출력이 일정한 2진 값을 유지하도록 동작되는 기억소자로서, 출력이 변화되는 시점에 따라 비동기식(Asynchronous)과 동기식(Synchronous) 플립플롭의 두 종류로 분류되나 비동기식은 시스템 설계가 어렵고 신뢰성 면에서 떨어지므로 동기식을 많이 사용한다. 플립플롭은 데이터의 저장, 카운터 또는 레지스터 회로와 데이터 전송회로 등에 주로 사용된다.

5.7.1 RS 플립플롭(Flip-Flop)

기본 RS 플립플롭은 R(reset), S(set)의 두 가지 입력을 가지며, 이것은 모든 플립플롭의 근간이 되며, 비동기식 플립플롭으로 래치(Latch)라고 한다. 래치에는 NAND 게이트나 NOR 게이트로 구성된 두 가지 형태가 있다.

1) NOR 게이트로 구성한 RS 플립플롭

[그림 5-66]은 NOR 게이트로 구성한 RS 플립플롭이다. S와 R의 두 입력과 Q와 $\overline{Q}$의 출력을 가지며, 한 게이트의 출력이 다른 게이트의 입력으로 피드백(feedback)이 된다. NOR 게이트로 구성한 RS 플립플롭의 논리기호는 [그림 5-67]과 같다.

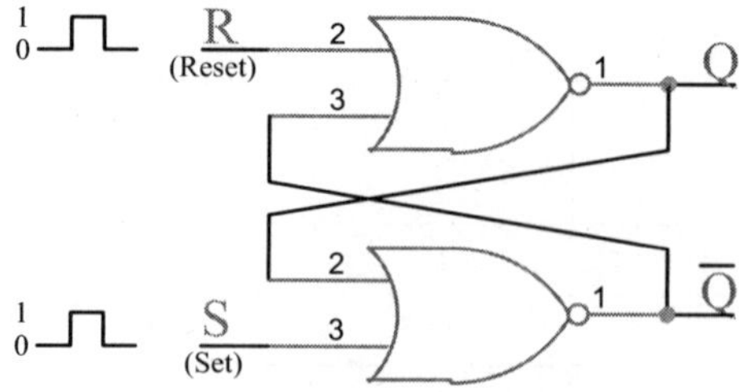

[그림 5-66] NOR 게이트로 구성한 RS 플립플롭

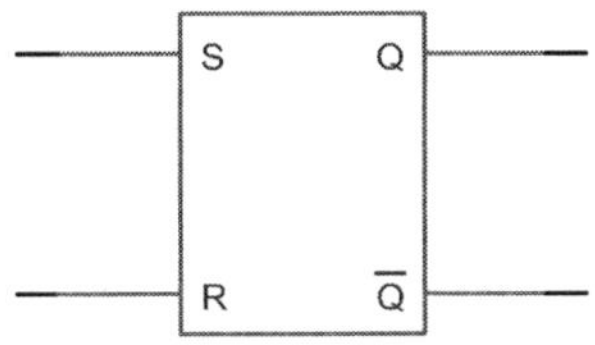

[그림 5-67] NOR 게이트로 구성된 RS 플립플롭 논리기호

〈표 5-57〉은 RS 플립플롭의 진리표를 나타낸 것으로 R과 S입력이 동시에 High(1)가 되면 출력을 예측할 수 없으므로 이 입력조건은 허용하지 않는다. 또한, 진리표에서 알 수 있듯이 R의 입력이 High(1)이면 출력 Q는 Low(0)가 되며, S의 입력이 High(1)이면 출력 Q는 High(1)가 되고, S=R=Low(0)이면 이전 출력을 유지한다. 즉 NOR 게이트로 구성한 RS 플립플롭 회로는 동작특성에서 Active-High 입력으로 동작하는 논리회로임을 알 수 있다.

〈표 5-57〉 NOR 게이트로 구성한 RS 플립플롭 진리표

입 력		출 력
S	R	Q
0	0	무변화
0	1	0
1	0	1
1	1	무효

2) NAND 게이트로 구성한 RS 플립플롭

[그림 5-68]은 NAND 게이트로 구성한 RS 플립플롭이다. NOR RS 플립플롭과 달리 동작특성에서 Active-Low 입력으로 동작하는 논리회로이며 Set 입력과 정출력 Q가 같은 게이트에 존재하다. NAND 게이트로 구성한 RS 플립플롭의 논리기호는 [그림 5-69]와 같다.

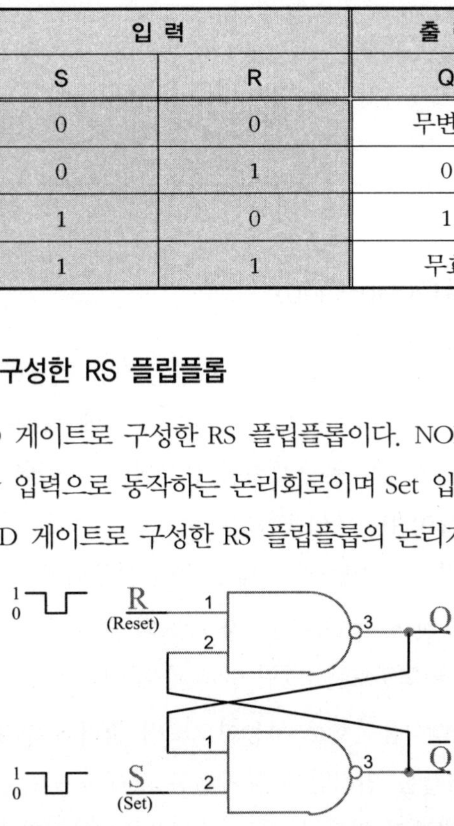

[그림 5-68] NAND 게이트로 구성한 RS 플립플롭 회로

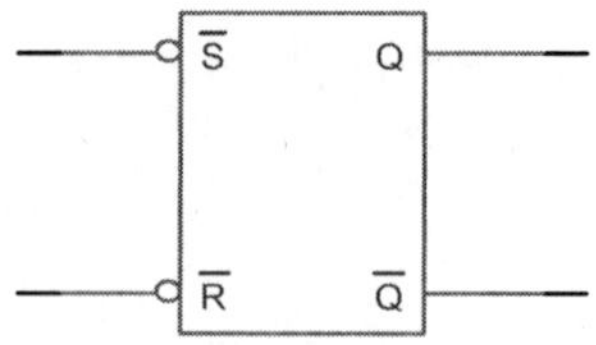

[그림 5-69] NAND 게이트로 구성한 RS 플립플롭 논리기호

〈표 5-58〉은 RS 플립플롭의 진리표를 나타낸 것으로 R과 S입력이 동시에 Low가 되면 출력을 예측할 수 없으므로 이 입력조건은 허용하지 않는다. 또한, 진리표에서 알 수 있듯이 R의 입력이 Low이면 출력 Q는 Low가 되며, S의 입력이 Low이면 출력 Q는 High가 되고, S=R=High이면 이전 출력을 유지한다. 즉 NAND 게이트로 구성한 RS 플립플롭 회로는 동작특성에서 Active-High 입력으로 동작하는 논리회로임을 알 수 있다.

〈표 5-58〉 NAND 게이트로 구성한 RS 플립플롭 진리표

입 력		출 력
$\overline{S}$	$\overline{R}$	Q
1	1	무변화
0	1	1
1	0	0
0	0	무효

5.7.2 JK 플립플롭(Flip-Flop)

RS 플립플롭에서 R, S가 00, 01, 10인 경우는 사용 가능하지만 11인 경우에는 불확실한 상태로 이러한 입력 상태를 금지하고 있어 응용에 불편이 많으므로 입력의 모든 조합에 대하여 출력이 정의되는 플립플롭이 요구된다. 이러한 이유로 불확실한 상태가 존재하지 않는 플립플롭이 JK 플립플롭이다.

JK 플립플롭은 디지털 시스템에서 가장 많이 사용되고 있는 플립플롭으로 입력 측에 2개의 입력단자 J, K 및 클록(clock)단자 CLK와 출력단자 Q와 $\overline{Q}$를 가진 플립플롭이다. 이 플립플롭의 논리회로도는 [그림 5-70]과 같이 NAND 게이트로 구성한 RS 플립플롭의 출력을 다시 입력허용신호로 사용함으로써 출력의 Q와 $\overline{Q}$에 의하여 NAND 게이트로 구성한 RS 플립플롭 입력단에 불확실한 상태를 만드는 R단과 S단에 동시에 0을 입력하는 경우를 발생하지 않도록 만든 플립플롭회로이다.

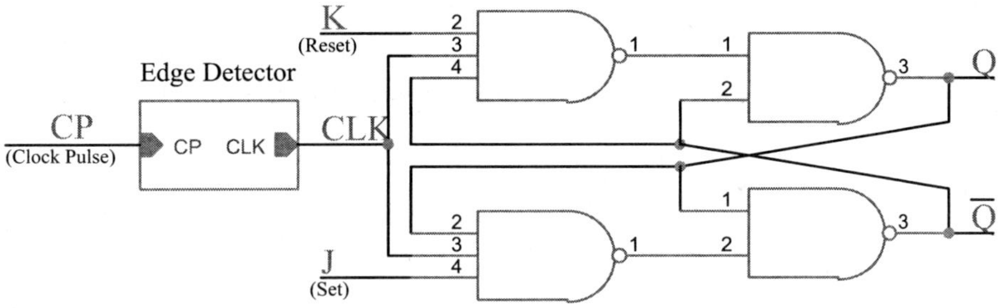

[그림 5-70] JK 플립플롭 논리회로

논리기호는 [그림 5-71](a)와 같이 에지 감지회로(Edge Detector)가 0에서 1이 될 때 동작하는 회로이면 포지티브(positive)형의 논리기호를 사용하고, 에지 감지회로(Edge Detector)가 1에서 0이 될 때 동작하는 회로이면 [그림 5-71](b)와 같이 네거티브(Negat ive) 논리기호를 사용한다.

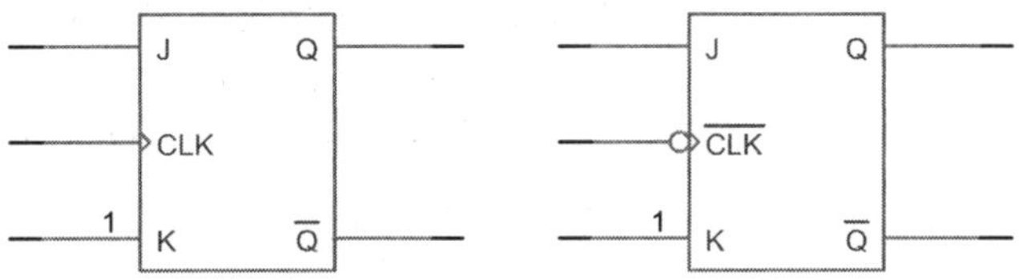

(a) 포지티브 형 논리기호 (b) 네거티브 형 논리기호

[그림 5-71] JK 플립플롭 논리기호

<표 5-59>와 같이 진리표는 RS 플립플롭의 경우와 비슷하지만 J=1, K=1일 때 출력 Q는 이전의 상태 Q_0와 반대의 상태로 변화하게 되는 토글 동작(toggle operation)을 갖는 점이 다르다. 즉, 입력의 SET, RESET 및 무변화 조건에서는 RS 플립플롭의 기능과 동일하나, 다른 점은 JK 플립플롭은 무효한 상태가 없다는 것이다.

<표 5-59> 포지티브 에지 트리거 JK 플립플롭 진리표

입 력			출 력		동작상태
J	K	CLK	Q	$\overline{Q}$	
0	0	↑	Q_0	$\overline{Q_0}$	무변화
0	1	↑	0	1	RESET
1	0	↑	1	0	SET
1	1	↑	$\overline{Q_0}$	Q_0	Toggle

5.7.3 D 플립플롭(Flip-Flop)

D 플립플롭(Delay Flip-Flop)은 RS 플립플롭을 변형시켜 만든 것이다. 이것은 D입력과 클록 입력을 가진 플립플롭으로 입력신호 D가 기억되고 입력신호를 출력에 전달해주는 역할을 하는 일시 기억회로이다. 즉, D 플립플롭은 1bit RAM(Random-Access Memory)이다. D 플립플롭을 8개가 1byte 메모리이며, D 플립플롭 8개짜리가 1024개가 있으면 1kbyte RAM이 된다.

[그림 5-72]는 RS 플립플롭을 이용한 D 플립플롭을 구현한 것이다.

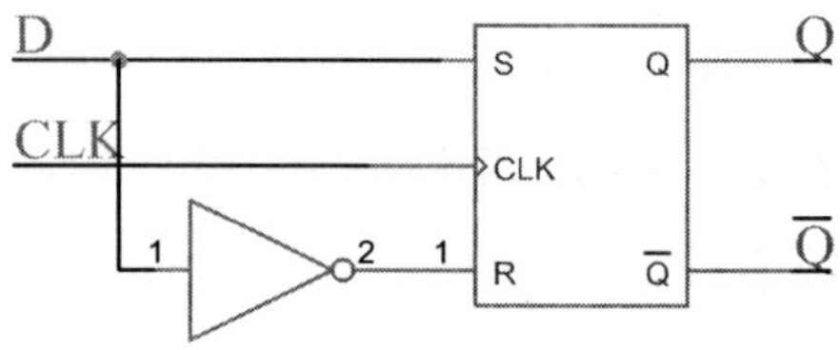

[그림 5-72] D 플립플롭 회로

[그림 5-73]과 같이 D 플립플롭은 에지 감지회로(Edge Detector)에 따라 포지티브(positive)형과 네거티브(Negative)형 논리기호가 있다.

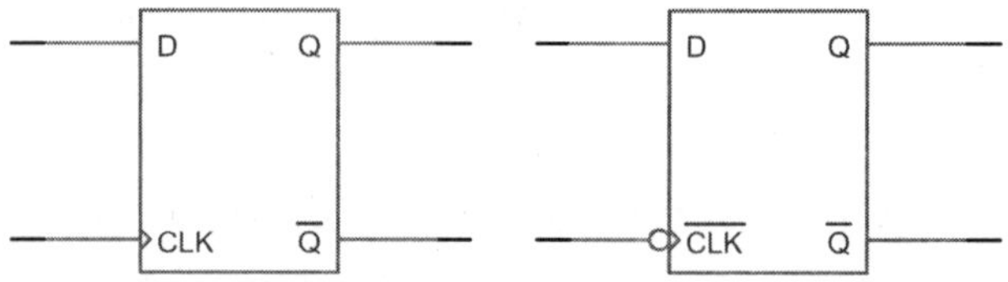

(a) 포지티브형 (b) 네거티브형

[그림 5-73] D 플립플롭 논리기호

〈표 5-60〉과 〈표 5-61〉은 그 진리표를 나타낸다. 〈표 5-60〉과 〈표 5-61〉에서 ↑는 클록이 Low에서 High로 변환하는 것, ↓는 클록이 High에서 Low로 변환하는 것을 나타낸다.

〈표 5-60〉 포지티브 에지 트리거 D 플립플롭 진리표

입 력		출 력	동작상태
D	CLK	Q	
0	↑	0	RESET
1	↑	1	SET

〈표 5-61〉 네거티브 에지 트리거 D 플립플롭 진리표

입 력		출 력	동작상태
D	CLK	Q	
0	↓	0	SET
1	↓	1	RESET

5.7.4 T 플립플롭(Flip-Flop)

T(toggle) 플립플롭은 토글 신호에 따라 과거의 반대의 값을 출력하는 플립플롭이다. T 플립플롭은 JK 플립플롭을 이용하여 구현한 것과 D 플립플롭을 이용하여 구현한 것 두 가지가 있다.

1) JK 플립플롭을 이용한 T 플립플롭

JK 플립플롭을 이용한 T 플립플롭은 [그림 5-74]와 같이 JK 플립플롭에서 입력단자 J, K에 동일한 신호가 인가될 때 출력신호는 이전 상태를 유지하거나 반전하는 특성만을 이용한 것이다.

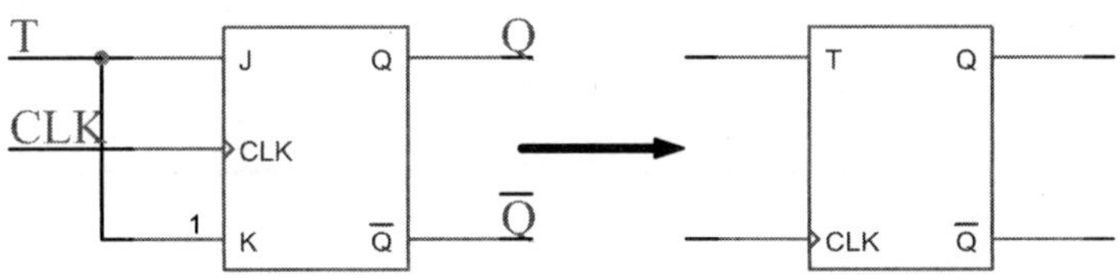

(a) T 플립플롭 회로도 (b) T 플립플롭의 논리기호

[그림 5-74] JK 플립플롭을 이용한 T 플립플롭 및 논리기호

T 플립플롭의 진리표 〈표 5-62〉와 같이 T 입력이 1일 때만 클록 입력에 대하여 Q의 결과 값이 반전되는 토글 형식의 특성을 갖는 플립플롭이다.

〈표 5-62〉 포지티브 에지 트리거 T 플립플롭 진리표

입 력		출 력
T	CLK	Q
0	↑	무변화
1	↑	토글

2) D 플립플롭을 이용한 T 플립플롭

D 플립플롭을 이용한 T 플립플롭은 [그림 5-75](a)와 같이 D 플립플롭의 출력중 $\overline{Q}$를 D 플립플롭의 입력으로 사용함으로써 항상 D의 반대 값이 입력되어 클록 입력시 결과 Q는 항상 반전되어 나타난다.

이 플립플롭은 클록 펄스(Clock Pulse)에 의하여 상태가 변하는 것으로 클록 이외의

제어입력은 없다. D 플립플롭을 이용한 T 플립플롭의 논리기호는 [그림 5-75](b)와 같고, T 플립플롭의 진리표는 〈표 5-63〉과 같다.

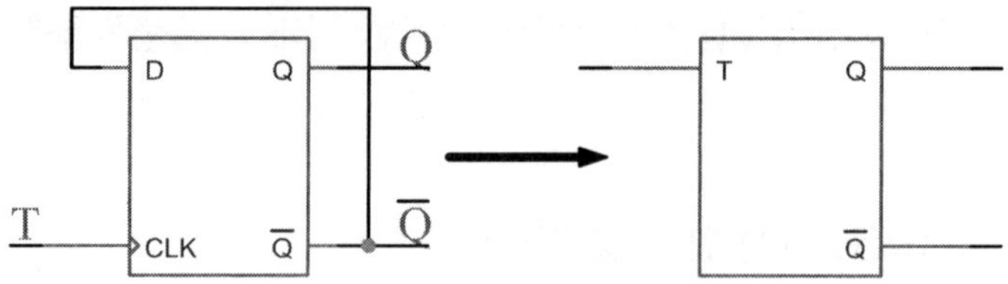

(a) T 플립플롭 회로도 (b) T 플립플롭의 논리기호

[그림 5-75] D 플립플롭을 이용한 T 플립플롭 및 논리기호

〈표 5-63〉 포지티브 에지 트리거 T 플립플롭 진리표

T	Q
↑	토글

5.7.5 플립플롭 실습

시뮬레이션 디바이스 목록

종 류	부품/계기명	실행 아이콘
NAND 게이트	74LS00	:부품 (Component)
NOR 게이트	74LS02	
NOT 게이트	74LS04	
3-input AND 게이트	74LS10	
D 플립플롭(Flip-Flop)	74LS74	
JK-플립플롭(Flip-Flop)	74LS76	
로직신호 입력기	LOGICSTATE	
로직 프로브	LOGICPROBE(BIG)	

1) NOR 게이트로 RS 플립플롭 시뮬레이션

[그림 5-76]과 같이 NOR 게이트를 이용하여 RS 플립플롭 회로를 구성하고, 입력 R, S의 변화에 따른 출력값을 관찰하여 표를 완성하자.

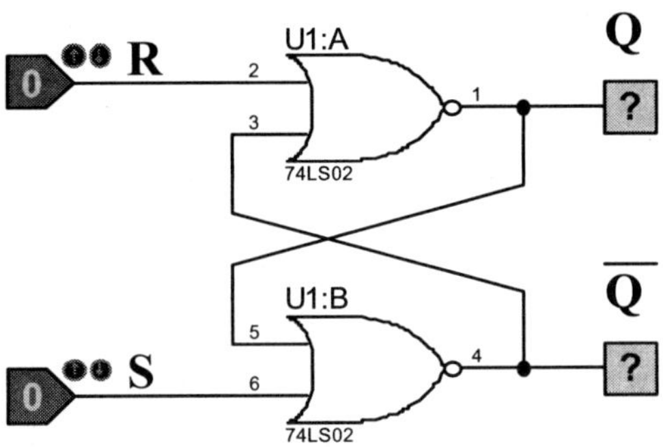

[그림 5-76] NOR 게이트를 이용한 RS 플립플롭 실습회로

제5장

① 부품(⊅) 선택(P)으로 NOR('74LS02')과 로직신호 입력기('LOGICSTATE'), 로직 프로브('LOGICPROBE(BIG)')를 등록하고, [그림 5-76]과 같이 배치하고 신호선을 연결한다.

② 애니메이션 실행 버튼(▶)을 클릭하여 애니메이션을 실행한다.

③ 로직신호 입력기를 클릭하여 각각의 결과를 〈표 5-64〉에 기록하자.

〈표 5-64〉 NOR 게이트를 이용한 RS 플립플롭 실습결과

입 력		출 력	
R	S	Q	$\overline{Q}$
0	0		
0	1		
1	0		
1	1		

2) NOR 게이트로 RS 플립플롭 시뮬레이션

[그림 5-77]과 같이 NAND 게이트를 이용하여 RS 플립플롭 회로를 구성하고, 입력 R, S의 변화에 따른 출력값을 관찰하여 표를 완성하자.

① 부품(⊅) 선택(P)으로 NAND('74LS00'), 로직신호 입력기('LOGICSTATE'), 로직 프로브('LOGICPROBE(BIG)')를 등록하고, [그림 5-77]과 같이 배치하고 신호선을 연결한다.

② 애니메이션 실행 버튼(▶)을 클릭하여 애니메이션을 실행한다.

③ 로직신호 입력기를 클릭하여 각각의 결과를 〈표 5-65〉에 기록하자.

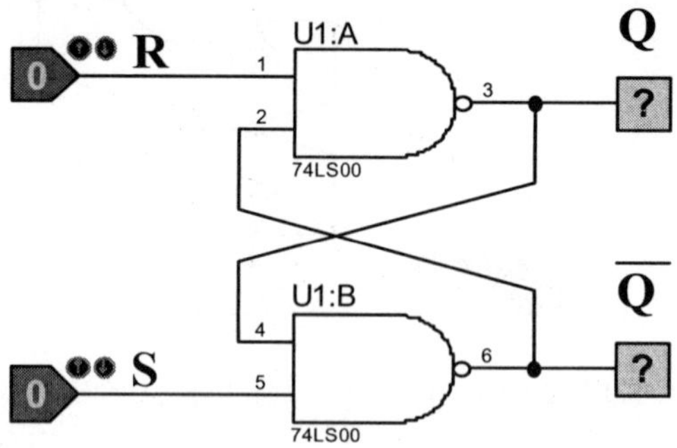

[그림 5-77] NAND 게이트를 이용한 RS 플립플롭 실습회로

〈표 5-65〉 NAND 게이트를 이용한 RS 플립플롭 실습결과

입 력		출 력	
R	S	Q	$\overline{Q}$
0	0		
0	1		
1	0		
1	1		

3) JK 플립플롭 시뮬레이션

[그림 5-78]과 같이 JK 플립플롭 회로를 구성하고, 입력 J, K, CLK의 변화에 따른 출력값을 관찰하여 표를 완성하자.

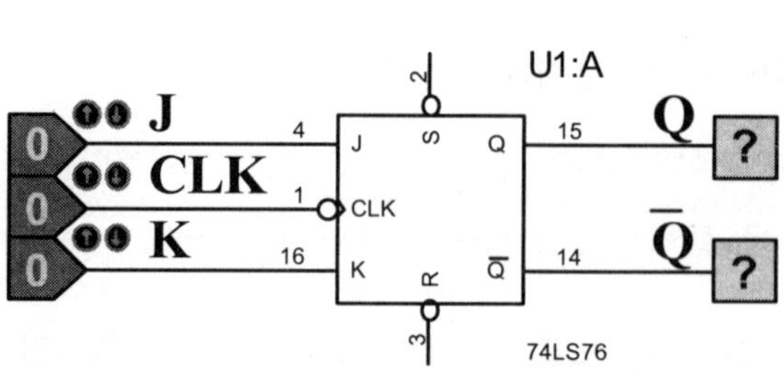

[그림 5-78] JK 플립플롭 실습회로

① 부품( ) 선택(P)로 JK-플립플롭('74LS76')을 등록하고, [그림 5-78]과 같이 배치하고 신호선을 연결한다.

② 애니메이션 실행 버튼(▶)을 클릭하여 애니메이션을 실행한다.

③ 로직신호 입력기를 클릭하여 각각의 결과를 〈표 5-66〉에 기록하자.

〈표 5-66〉 JK 플립플롭 실습 결과

입 력			출 력	
J	K	CLK	Q	$\overline{Q}$
0	0	↑		
0	1	↑		
1	0	↑		
1	1	↑		

4) D 플립플롭(Flip-Flop) 시뮬레이션

[그림 5-79]와 같이 D 플립플롭 회로를 구성하고, 입력 D, CLK의 변화에 따른 출력값을 관찰하여 표를 완성하자.

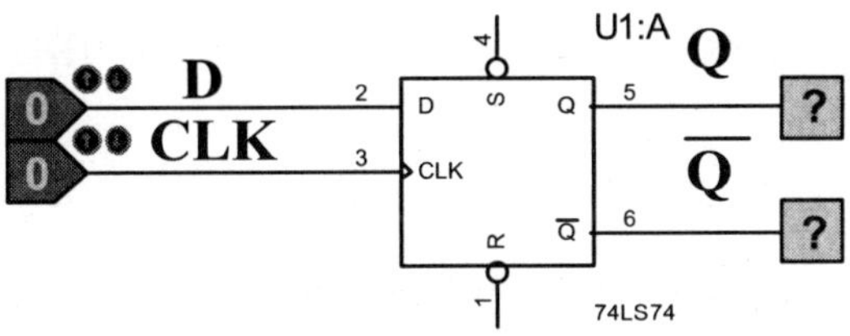

[그림 5-79] D 플립플롭 실습회로

① 부품(⇶) 선택(P)로 D 플립플롭('74LS74')를 등록하고, [그림 5-79]와 같이 배치하고 신호선을 연결한다.

② 애니메이션 실행 버튼(▶)을 클릭하여 애니메이션을 실행한다.

③ 로직신호 입력기를 클릭하여 각각의 결과를 〈표 5-67〉에 기록하자.

〈표 5-67〉 D 플립플롭 실습결과

입 력		출 력	
D	CLK	Q	$\overline{Q}$
0	↑		
1	↑		

5) T 플립플롭 시뮬레이션

[그림 5-80]과 [그림 5-81]과 같이 T 플립플롭 회로를 구성하고, 입력 T와 CLK의 변화에 따른 출력값을 관찰하여 표를 완성하자.

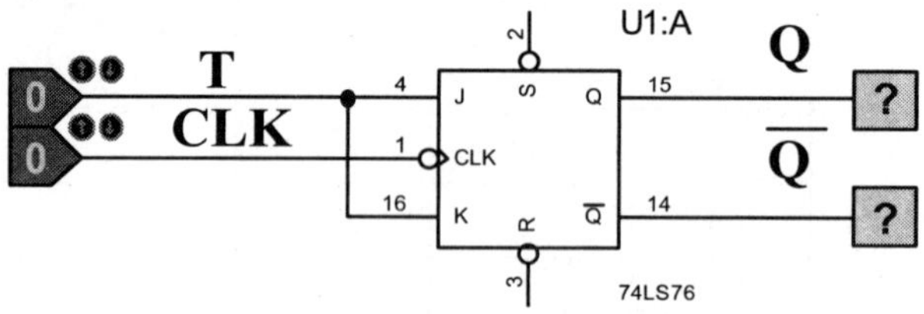

[그림 5-80] JK 플립플롭을 이용한 T 플립플롭 실습회로

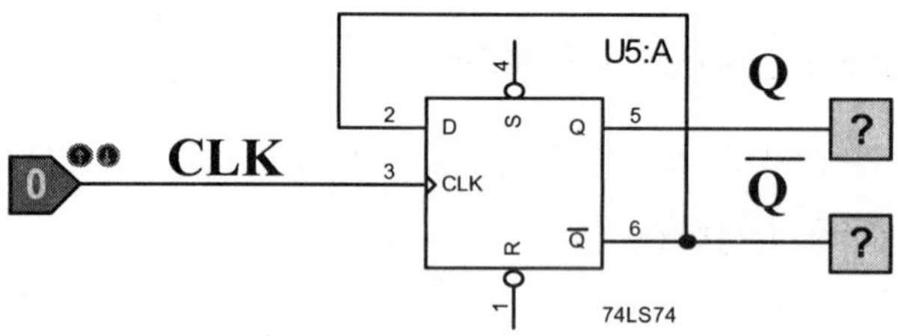

[그림 5-81] D 플립플롭을 이용한 T 플립플롭 실습회로

① 부품( ) 선택(P)로 D 플립플롭('74LS74')과 JK-플립플롭('74LS76')을 등록하고, [그림 5-80]과 [그림 5-81] 같이 배치하고 신호선을 연결한다.

② 애니메이션 실행 버튼(▶)을 클릭하여 애니메이션을 실행한다.

③ 각각의 결과를 〈표 5-68〉과 〈표 5-69〉에 기록하자.

〈표 5-68〉 T 플립플롭 실습결과 1

입 력		출 력	
T	CLK	Q	$\overline{Q}$
0	↑		
1	↑		

〈표 5-69〉 T 플립플롭 실습결과 2

입 력	출 력	
CLK	Q	$\overline{Q}$
↑		
↓		
↑		

그 결과 〈표 5-68〉과 〈표 5-69〉에서 알 수 있듯이 JK 플립플롭과 D 플립플롭으로 T 플립플롭을 만들 수 있다는 것을 알 수 있다.

실습문제 마스터 – 슬레이브형 JK 플립플롭 회로

1. [그림 5-82]와 같은 JK 플립플롭 회로를 구성하고, 시뮬레이션을 통하여 입력 S와 R의 역할을 기술하라.

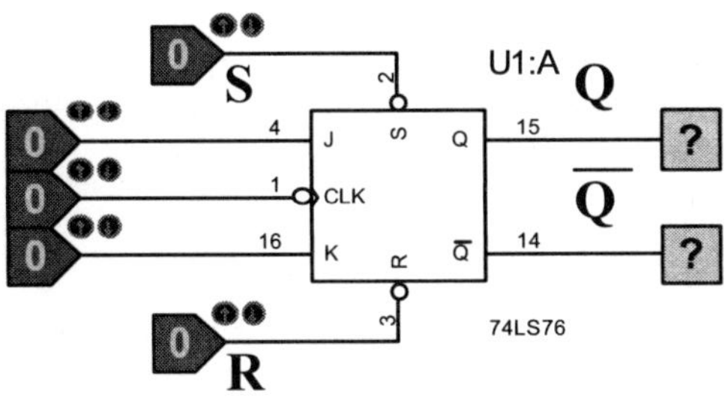

[그림 5-82] JK 플립플롭의 R, S단자 실습회로

R :
S :

2. [그림 5-83]과 같은 마스터(Master)–슬레이브(Slave)형 JK 플립플롭 회로를 구성하고, 입력 J, K, CLK의 변화에 따른 출력값을 관찰하여 표를 완성하라.

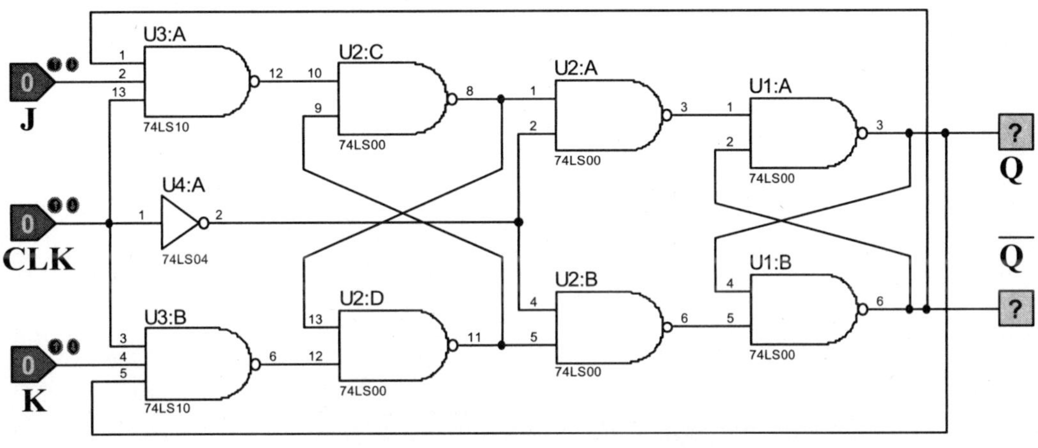

[그림 5-83] 마스터–슬레이브형 JK 플립플롭 실습회로

〈표 5-70〉 JK 플립플롭 실습결과

입 력			출 력	
J	K	CLK	Q	$\overline{Q}$
0	0	↑		
0	1	↑		
1	0	↑		
1	1	↑		

5.8 레지스터

레지스터(Register)는 2진 정보를 저장하는 기억소자, 즉 플립플롭의 집합이다. 레지스터는 정보를 인가하고 출력하는 방법에 따라 직렬 레지스터와 병렬 레지스터로 분류된다. 레지스터에서 데이터가 한 번에 한 비트씩 인가되고 한 비트씩 자리 이동하면서 출력되는 것을 직렬 레지스터 또는 시프트 레지스터(Shift Register)라 한다. 시프트 레지스터는 주로 입력된 데이터를 저장하고 자리 이동을 하는데 사용되며 입출력 방식에 따라 직렬－직렬, 직렬－병렬, 병렬－직렬, 병렬－병렬의 4가지로 분류된다.

5.8.1 시프트 레지스터

1) 직렬-입력 직렬-출력 레지스터(SISO Register)

직렬－입력(Serial-Input) 직렬－출력(Serial-Output) 레지스터란 데이터를 입력 측에서 직렬로 받아들여 출력 측에서 직렬로 시프트시키는 데이터의 입출력 방식이다. [그림 5-84]에 D 플립플롭을 이용한 4비트 레지스터 구성의 예를 나타내고 있다. 이 시프트 레지스터는 4개의 플립플롭으로 구성되어 있으므로 4비트의 데이터를 저장할 수 있으며 하나의 데이터 입력, 클록 입력, 클리어 입력 및 1개의 출력을 가지고 있다.

데이터 입력은 클록 입력에 동기하여 출력으로 전달되며, 전단의 플립플롭의 출력은 다음 단의 입력이 된다. 따라서 클록 입력의 에지 트리거에 동기하여 데이터는 오른쪽으로 1비트씩 이동함을 알 수 있다.

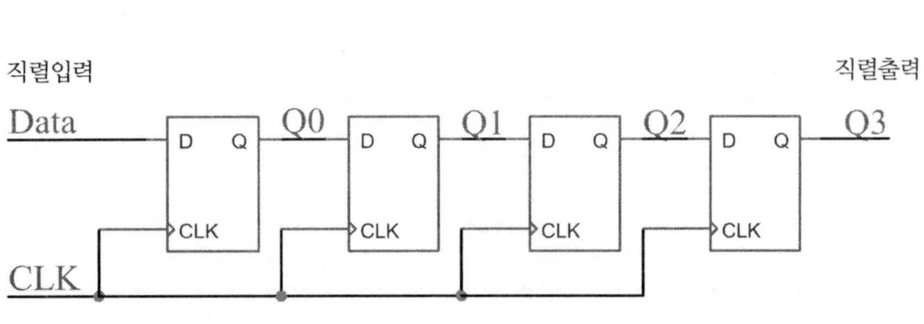

[그림 5-84] 직렬－입력 직렬－출력 시프트 레지스터

2) 직렬-입력 병렬-출력 레지스터(SIPO Resister)

[그림 5-85]에 보인 4비트 직렬-입력(Serial-Input) 병렬-출력(Parallel-Output) 레지스터는 각단 플립플롭의 출력이 외부에 연결된 것을 제외하고는 직렬-입력 병렬-출력 레지스터와 같은 구조를 가지며 직렬 데이터를 병렬 데이터로 변환하고자 할 때 주로 이용된다. 데이터가 저장되어 있을 때 동시에 모든 비트의 각각을 출력선에 나타나게 할 수 있다.

이 방식은 디지털 컴퓨터에서 직렬-병렬 출력이 된다. 이 방식은 디지털 컴퓨터에서 직렬-병렬 변환기 등으로 널리 사용되고 있다.

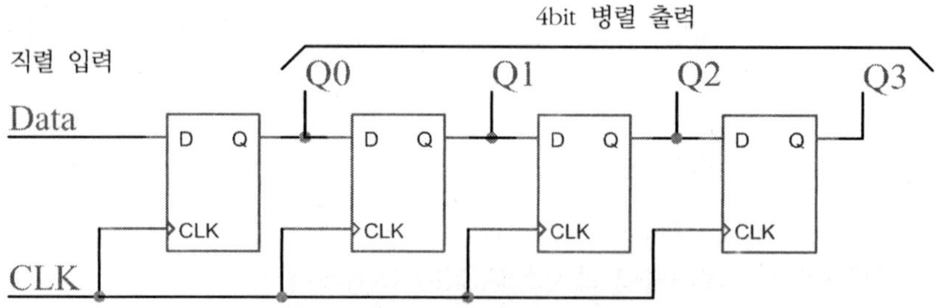

[그림 5-85] 직렬입력-병렬출력 시프트 레지스터

3) 병렬-입력 직렬-출력 레지스터(PISO Resister)

병렬 데이터를 직렬 데이터로 변환하고자 할 때 주로 사용되는 전형적인 4비트 병렬-입력(Parallel-Input) 직렬-출력(Serial-Output) 레지스터를 [그림 5-86]에 나타내었다.

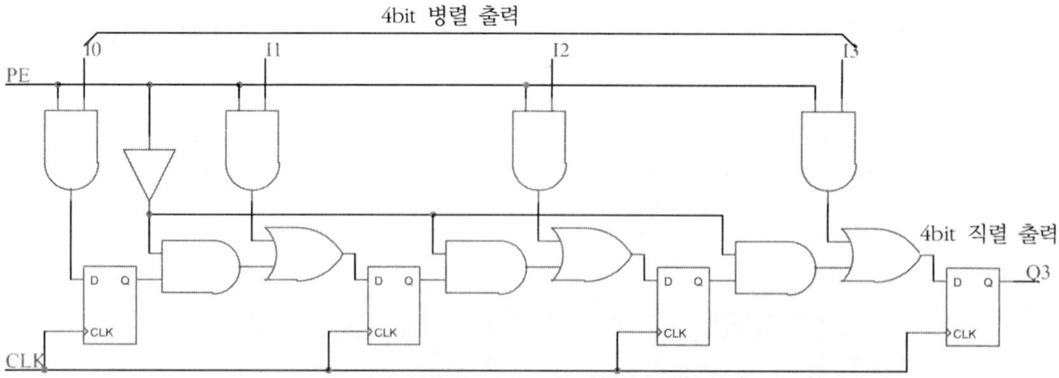

[그림 5-86] 4비트 병렬 입력-직렬 출력 시프트 레지스터

병렬–입력 직렬–출력 레지스터 방식은 모든 입력 데이터 비트를 병렬 형식으로 동시에 입력한다. 일단 여러 개의 비트 데이터가 복수로 저장되면 그것을 직렬로 출력하게 된다. 따라서 이 시프트 레지스터는 디지털 컴퓨터에서 병렬–직렬 변환기 등으로 널리 이용되고 있다.

이 시프트 레지스터에 병렬 저장방법은 4개의 입력신호 I0, I1, I2, I3에 신호를 입력하고, 4개의 입력신호와 AND 게이트로 연결된 병렬 인에이블(PE) 입력이 로직 1이 될 때 클록을 입력하면 각 해당 플립플롭에 4개의 입력신호가 저장된다.

직렬출력방법은 병렬 인에이블(PE) 입력을 우선 0으로 하고(병렬입력 AND 게이트를 Disable함), 클록을 입력할 때마다 저장된 값이 직렬출력 Q3로 한 bit씩 출력된다.

병렬 방식은 많은 신호선과 논리 게이트가 필요하게 되므로 그 구성회로가 복잡해지는 단점이 있지만 병렬 레지스터는 1개의 클록으로 동시에 데이터가 전송되므로 매우 빠른 속도로 전송이 가능하므로 고속을 요하는 컴퓨터에서는 필요하다.

4) 병렬–입력 병렬–출력 레지스터

병렬–입력(Parallel-Input) 병렬–출력(Parallel-Output) 레지스터(PIPO 레지스터)는 [그림 5-87]과 같이 4개의 D플립플롭에 클록만 공통으로 입력되는 형태이다. 4bit 입력신호(I0~I3)를 주고, 클록을 입력하면 4bit가 동시에 출력신호 D0~D3로 출력되는 레지스터이다. 일반적인 RAM을 구조이다.

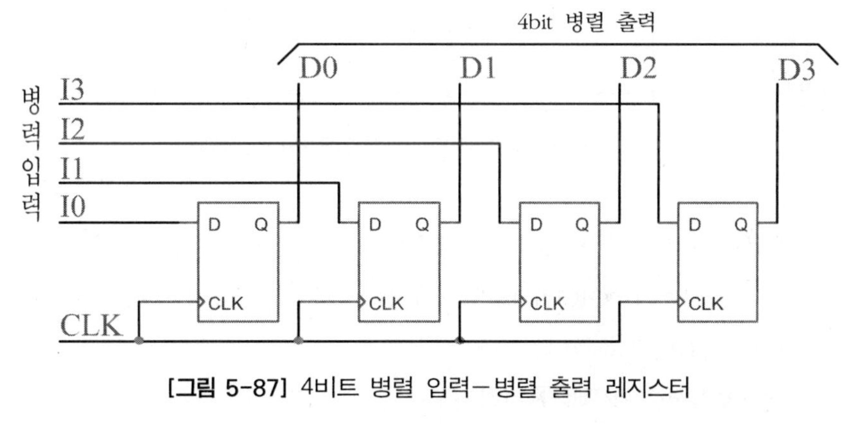

[그림 5-87] 4비트 병렬 입력–병렬 출력 레지스터

5.8.2 레지스터 실습

시뮬레이션 디바이스 목록

종 류	부품/계기명	실행 아이콘
NOT 게이트	74LS04	
AND 게이트	74LS08	
OR 게이트	74LS32	
D 플립플롭	74LS74	: 부품(Component)
4bit 만능 Register	74LS194	
로직신호 입력기	LOGICSTATE	
로직 프로브	LOGICPROBE(BIG)	

1) SISO 레지스터 시뮬레이션

[그림 5-88]과 같이 SISO 레지스터 회로를 구성하고, 직렬로 $0101_{(2)}$값을 입력하고, 출력에 $0101_{(2)}$값이 직렬로 출력되는지를 확인하자.

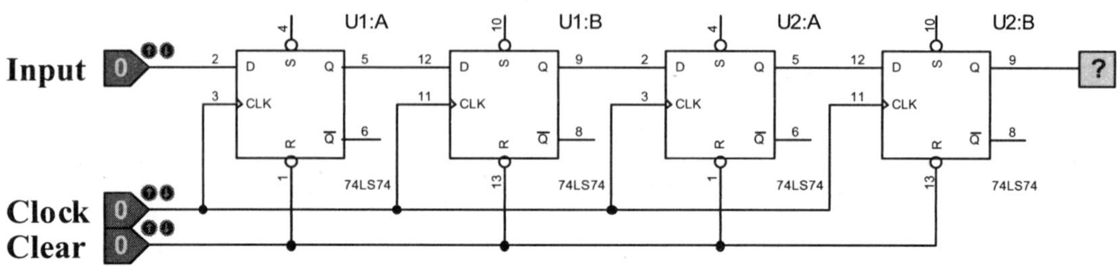

[그림 5-88] 4비트 SISO 레지스터 실습회로

① 부품( ) 선택(P)으로 D 플립플롭('74LS74')과 로직신호 입력기('LOGICSTATE'), 로직 프로브('LOGICPROBE(BIG)')를 등록하고, [그림 5-88]과 같이 배치하고 신호선을 연결한다.

② 애니메이션을 실행( )하자.

③ 애니메이션 상태에서 Clear 로직신호 입력단에 마우스 왼쪽 버튼을 클릭하여 1을 입력한다.(SISO 레지스터가 reset되지 않도록 한다.)

④ Input 로직신호 입력단을 1로 하고, 클록 신호를 인가한다.

('클록 신호 인가(클록 입력)'란 클록 로직신호 입력단에 마우스 왼쪽 버튼을 클릭하여 1로 만든 후 다시 마우스 왼쪽 버튼을 클릭하여 0으로 만들면 클록 신호를 인가한 것이다.)

⑤ 위와 같은 방법으로 Input 로직신호 입력단을 0으로 하고, 클록 신호를 입력한다.

⑥ Input 로직신호 입력단을 1로 하고, 클록을 입력한다.

⑦ Input 로직신호 입력단을 0으로 하고, 클록을 입력한다.
이때 출력단에 1이 출력된다.(첫 번째 직렬 출력값)

⑧ 이제 계속하여 클록을 3번 입력하면 0, 1, 0순으로 직렬로 입력한 값이 직렬로 출력됨을 알 수 있다.

2) SIPO 레지스터 시뮬레이션

[그림 5-89]와 같이 SIPO 레지스터 회로를 구성하고, SIPO 레지스터에 직렬로 1010(2)값을 입력하고, 출력에 1010(2)값이 병렬로 출력되는지를 확인하자.

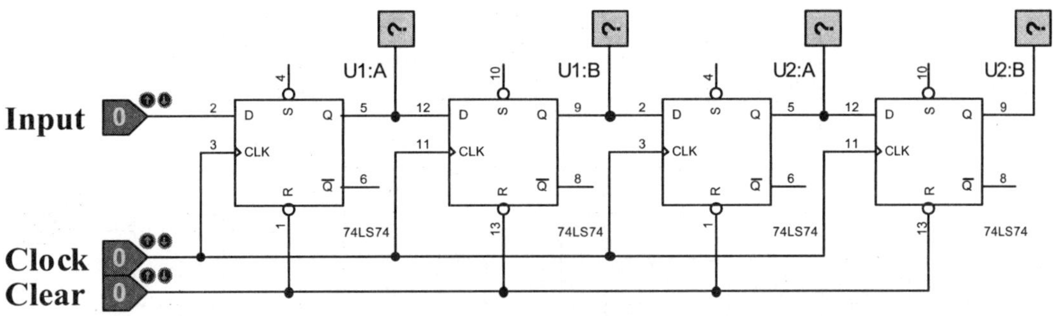

[그림 5-89] 4비트 SIPO 레지스터 실습회로

① 부품( ) 선택(P)으로 D 플립플롭('74LS74')과 로직신호 입력기('LOGICSTATE'), 로직 프로브('LOGICPROBE(BIG)')를 등록하고, [그림 5-89]와 같이 배치하고 신호선을 연결한다.

② 애니메이션을 실행( )하자.

③ 애니메이션 상태에서 Clear 로직신호 입력단을 마우스 왼쪽 버튼으로 클릭하여 1로 해야 SIPO 레지스터가 reset되지 않는다.

④ Input 로직신호 입력단을 0으로 하고, 클록을 입력한다.

⑤ Input 로직신호 입력단을 1로 하고, 클록을 입력한다.

⑥ Input 로직신호 입력단을 0으로 하고, 클록을 입력한다.

⑦ Input 로직신호 입력단을 1로 하고, 클록을 입력한다.

⑧ 그 결과 직렬로 입력한 값이 병렬로 1010이 나타남을 알 수 있다.

3) PISO 레지스터 시뮬레이션

[그림 5-90]과 같이 PISO 레지스터 회로를 구성하고, PISO 레지스터에 병렬로 $1110_{(2)}$ 값을 입력하고, 출력에 $1110_{(2)}$값이 직렬로 출력되는지를 확인하자.

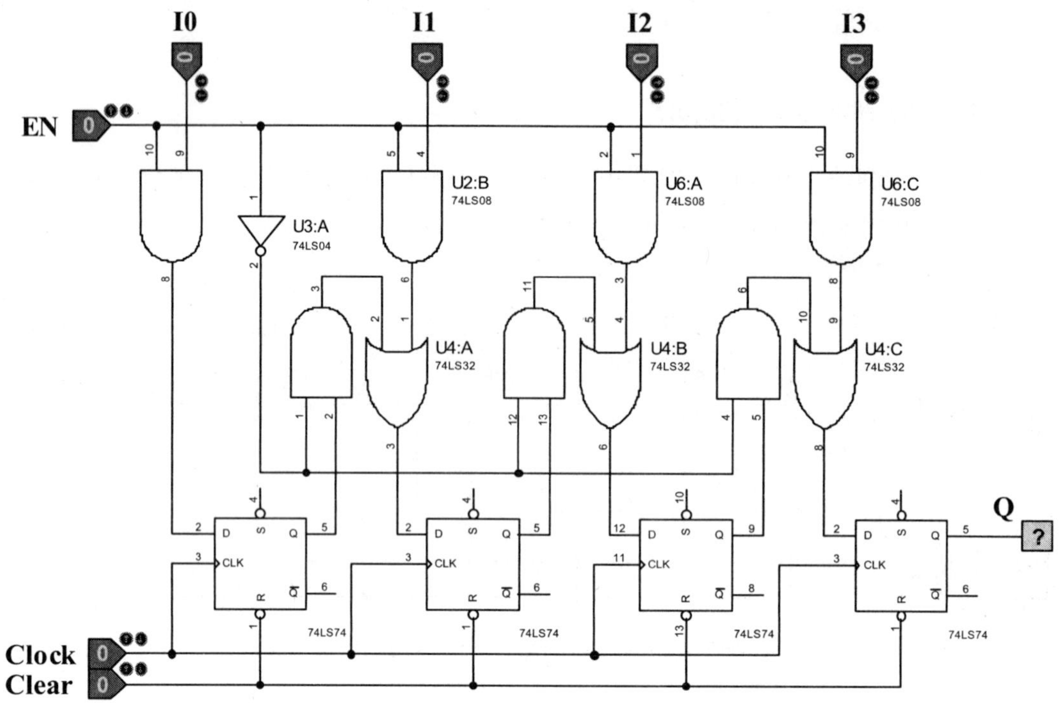

[그림 5-90] 4비트 PISO 레지스터 실습회로

① 부품( ) 선택(P)으로 NOT('74LS04')과 AND('74LS08'), OR('74LS32'), D 플립플롭('74LS74')과 로직신호 입력기('LOGICSTATE'), 로직 프로브('LOGICPROBE(BIG)')를 등록하고, [그림 5-90]과 같이 배치하고 신호선을 연결한다.

② 애니메이션을 실행(▶)하자.

③ 애니메이션 상태에서 Clear 로직신호 입력단을 마우스 왼쪽 버튼으로 클릭하여 1로 해야 PISO 레지스터가 reset되지 않는다.

④ Input 로직신호 입력단 I3~I0에 $1101_{(2)}$을 입력하자.

⑤ EN 로직신호 입력단을 1로 하고, 클록을 입력하여 병렬 데이터를 입력한다. 이때 첫 번째 직렬 데이터 I0가 출력된다.

⑥ EN 로직신호 입력단을 0으로 입력하여 병렬입력을 막는다.

⑦ 클록 신호를 입력 3번 연속 입력하면, 병렬로 입력한 데이터가 직렬로 출력되어 나타남을 볼 수 있다.

4) PIPO 레지스터 시뮬레이션

[그림 5-91]과 같이 PIPO 레지스터 회로를 구성하고, PIPO 레지스터에 병렬로 $1001_{(2)}$ 값을 입력하고, 출력에 $1001_{(2)}$값이 병렬로 출력되는지를 확인하자.

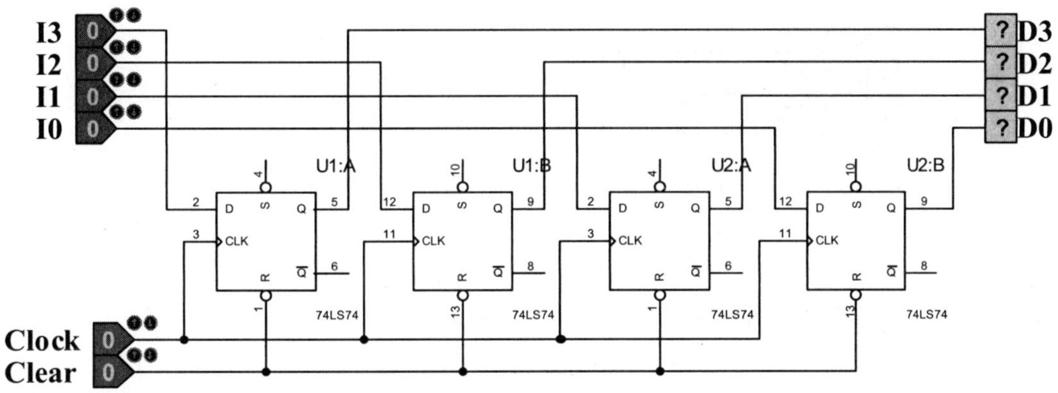

[그림 5-91] 4비트 PIPO 레지스터 실습회로

① 부품( ) 선택(P)으로 D 플립플롭('74LS74')과 로직신호 입력기('LOGICSTATE'), 로직 프로브('LOGICPROBE(BIG)')를 등록하고, [그림 5-91]과 같이 배치하고 신호선을 연결한다.

② 애니메이션을 실행( )하자.

③ 애니메이션 상태에서 Clear 로직신호 입력단을 마우스 왼쪽 버튼으로 클릭하여 1로 해야 PIPO 레지스터가 reset되지 않는다.

④ Input 로직신호 입력단 I3~I0에 $1001_{(2)}$을 입력하자.

⑤ 클록 신호를 입력한다.

⑥ 그 결과 병렬로 입력한 값이 병렬로 $1001_{(2)}$이 나타남을 알 수 있다.

실습문제 4비트 만능 레지스터 회로

1. 4bit 만능 레지스터 74LS194를 [그림 5-92]와 같이 구성하고, 시뮬레이션 과정의 결과를 답하라.

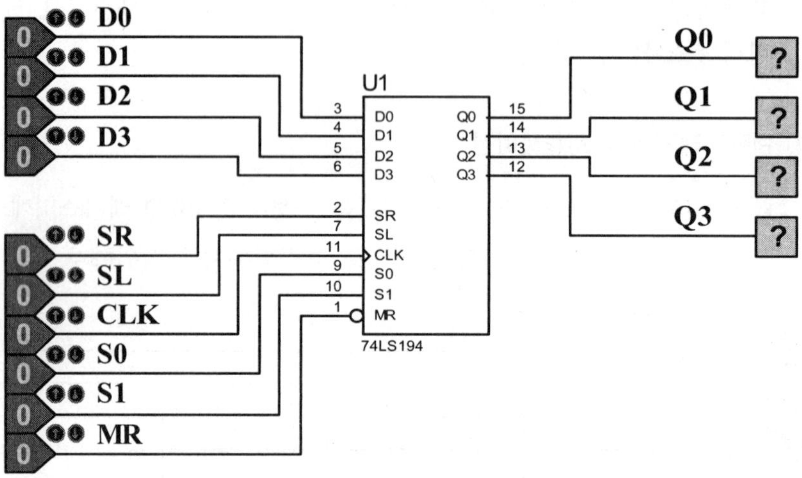

[그림 5-92] 4비트 만능 레지스터 실습회로

① CLK 단자에 1후 0을 주어 74LS194를 클리어한다.(출력 클리어)

② D3, D2, D1, D0에 1010을 입력하고, SR과 SL은 0으로 입력한다.

③ S1 = 0, S0 = 0으로 입력한 후 클록 신호를 2번 입력 후의 Q의 결과는

Q3, Q2, Q1, Q0 = (__________) Q3, Q2, Q1, Q0 = (__________)

④ 출력을 클리어한다.(CLK단자에 1입력 후 0입력)

⑤ S1 = 0, S0 = 1로 입력한 후 클록 신호를 2번 입력 후의 Q의 결과는

Q3, Q2, Q1, Q0 = (__________) Q3, Q2, Q1, Q0 = (__________)

⑥ S1 = 1, S0 = 0로 입력한 후 클록 신호를 2번 입력 후의 Q의 결과는

Q3, Q2, Q1, Q0 = (__________) Q3, Q2, Q1, Q0 = (__________)

⑦ S1 = 1, S0 = 1로 입력한 후 클록 신호를 2번 입력 후의 Q의 결과는

Q3, Q2, Q1, Q0 = (__________) Q3, Q2, Q1, Q0 = (__________)

2. 위 과정을 다양한 값과 다양한 방법으로 S1과 S0의 설정에 따라 만능 레지스터는 어떤 레지스터 동작을 하는지 답하라.

S1 = 0, S0 = 0인 경우 : _______레지스터, S1 = 0, S0 = 1인 경우 : _______레지스터

S1 = 1, S0 = 0인 경우 : _______레지스터, S1 = 1, S0 = 1인 경우 : _______레지스터

5.9 카운터

카운터(Counter)는 입력 펄스의 수를 세고 기억하는 순서논리 회로이다. 카운터는 디지털 시스템과 디지털 계측기 및 수치제어 등에 널리 이용되고 있으며, 카운터를 분류하면 동작 클록 펄스의 입력방식에 따라 비동기식 카운터(Asynchronous counter)와 동기식 카운터(Synchronous counter)로 분류할 수 있다.

5.9.1 비동기식 카운터

비동기식 카운터는 동기식 카운터에 비하여 회로가 간단한 것이 장점이고, 지연은 큰 단점이다. 비동기식 카운터는 첫 번째 플립플롭을 제외하고 모든 플립플롭의 클록 입력단자에 전단의 플립플롭 출력이 클록 펄스로 입력되는 방식이다.

1) 비동기식 2진 4비트 업 카운터

[그림 5-93]은 4비트 2진 비동기식 업 카운터로 입력 펄스의 수를 세어 증가한다. [그림 5-93]에서 보는 것과 같이 J, K 입력을 같이 한 T 플립플롭의 동작을 함으로 클록 펄스가 가해질 때마다 보수 상태로 바뀐다. [그림 5-93]의 비동기식 2진 비동기식 업 카운터의 타이밍 그림은 [그림 5-94]와 같다.

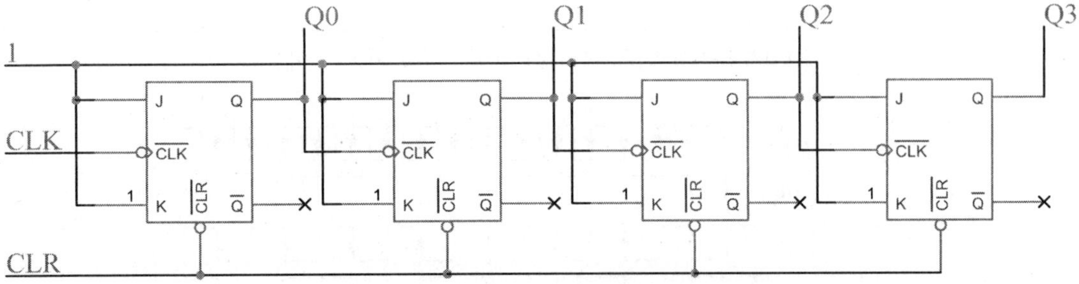

[그림 5-93] 비동기식 2진 4비트 업 카운터

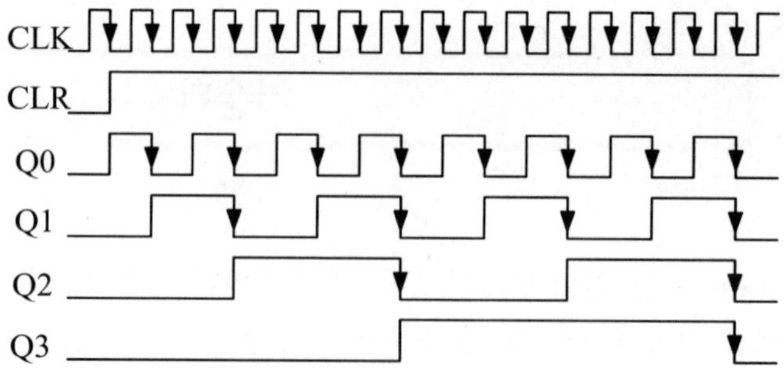

[그림 5-94] 비동기식 2진 비동기식 업 카운터의 타이밍도

2) 비동기식 2진 4비트 다운 카운터

15에서 0으로 역순으로 계수하는 2진 카운터를 비동기식 2진 다운 카운터라고 한다. 비동기식 2진 4비트 다운 카운터는 [그림 5-95]와 같이 비동기식 업 카운터와 달리 각 플립플롭의 Q의 출력이 아닌 $\overline{Q}$의 출력을 다음 플립플롭의 클록으로 사용한 회로이다. [그림 5-95]의 비동기식 2진 4비트 다운 카운터의 타이밍 그림은 [그림 5-96]과 같다. 주의할 점은 [그림 5-96]과 같이 클록 펄스가 들어오기 전에 플립플롭들은 1로 프리셋 (Preset)시켜야 한다.

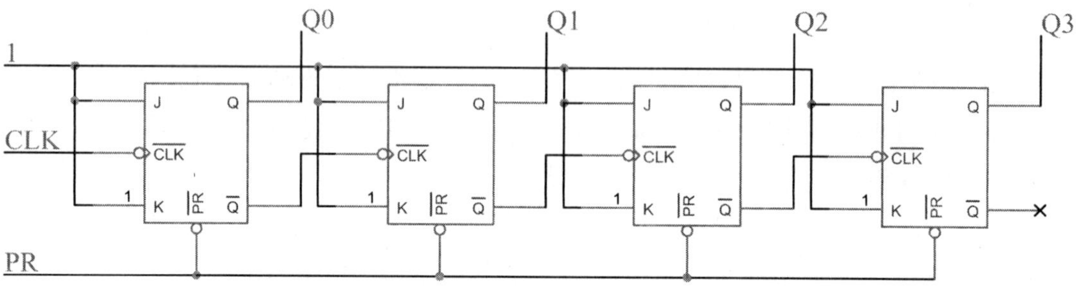

[그림 5-95] 비동기식 2진 4비트 다운 카운터 회로

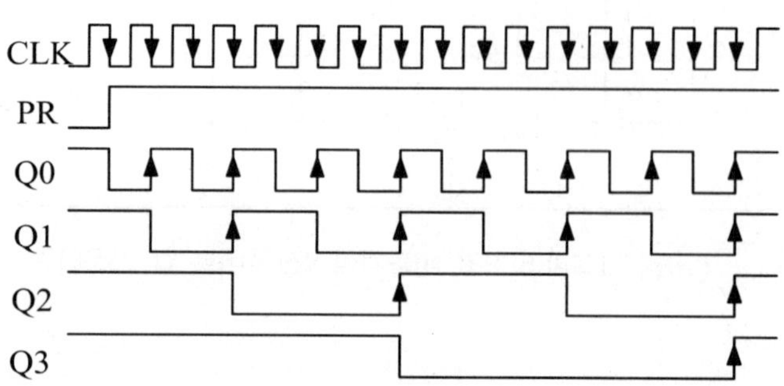

[그림 5-96] 비동기식 2진 4비트 다운 카운터의 타이밍도

3) 비동기식 BCD 카운터

BCD 카운터는 우리들의 생활에서 익숙한 10진수를 기반으로 한 10진 카운터(Decimal Counter)로서 0에서 9까지 10개의 상태를 순차적으로 계수한 후 다시 0으로 돌아가는 카운터이다. 4개의 플립플롭을 직렬로 연결하면 일반적으로 16가지의 출력상태가 생성되는데, 10진 카운터는 여기에 [그림 5-97]과 같이 귀환을 가함으로써 10가지의 출력 상태만이 반복되도록 한 것이다.

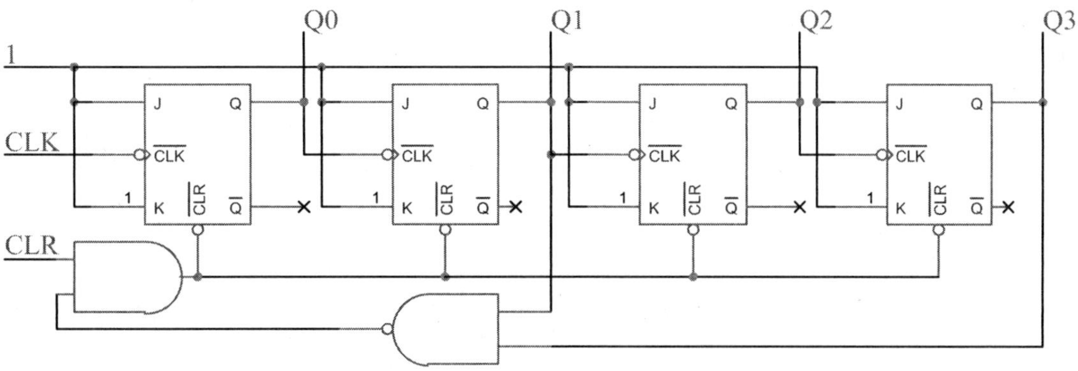

[그림 5-97] 비동기식 BCD 카운터 회로

[그림 5-98] 비동기식 BCD 카운터의 타이밍도이다. [그림 5-98]에서 볼 수 있듯이 10번째 클록의 네거티브 에지에서 계수값이 짧은 순간에 1010에서 0000으로 변하는 것을 볼 수 있다.

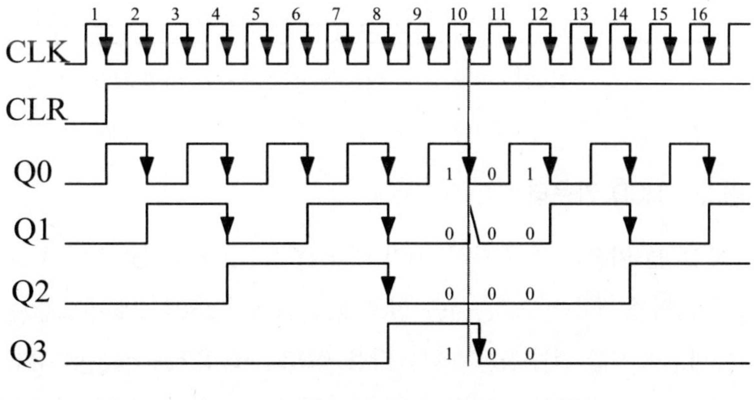

[그림 5-98] 비동기식 BCD 카운터의 타이밍도

5.9.2 동기식 카운터

비동기식 카운터는 전단의 출력에 의하여 트리거되는데 반해 동기식 카운터(Synchronous counter)는 하나의 공통 클록 펄스에 의해 동시에 모든 플립플롭에 트리거 인가하는 카운터이다.

따라서 동기식 카운터는 비동기식 카운터에 비해 입력신호의 전달지연시간이 훨씬 짧아진다. 그러나 동기식 카운터는 구조상으로 비동기식 카운터보다 회로가 복잡하다는 점이 단점이다.

1) 동기식 6진 카운터

6진 카운터는 시계의 십 자리수의 카운터가 가장 대표적인 용도이다. 즉 카운터가 000$_{(2)}$에서 101$_{(2)}$까지 2진 순서를 계수하고, 순서를 반복하기 위해서 101$_{(2)}$에서 000$_{(2)}$으로 되돌아가는 카운터이다.

동기식 6진 카운터의 논리회로도는 [그림 5-99]와 같이 세 개의 JK 플립플롭을 합쳐서 설계된다.

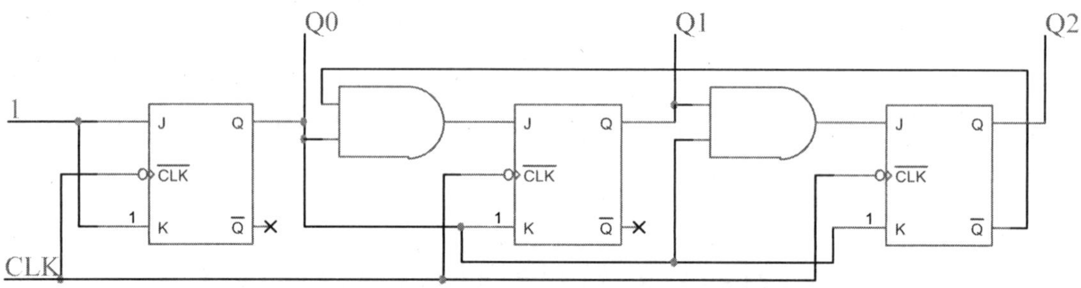

[그림 5-99] 동기식 6진 카운터의 논리회로도

2) 동기식 BCD 카운터

동기식 BCD 카운터는 동기식 10진 카운터라고도 하며, 카운터가 0000$_{(2)}$에서 1001$_{(2)}$까지 2진 순서를 계수하고, 순서를 반복하기 위해서 1001$_{(2)}$에서 0000$_{(2)}$으로 되돌아가는 카운터이다. 즉 9를 계수하고 나서 다음 0으로 돌아가는 카운터이다.

동기식 BCD 카운터의 논리회로도는 [그림 5-100]과 같이 네 개의 JK 플립플롭과 계수가 10일 경우 다시 0으로 돌아가기 위한 논리회로를 합쳐서 설계된다.

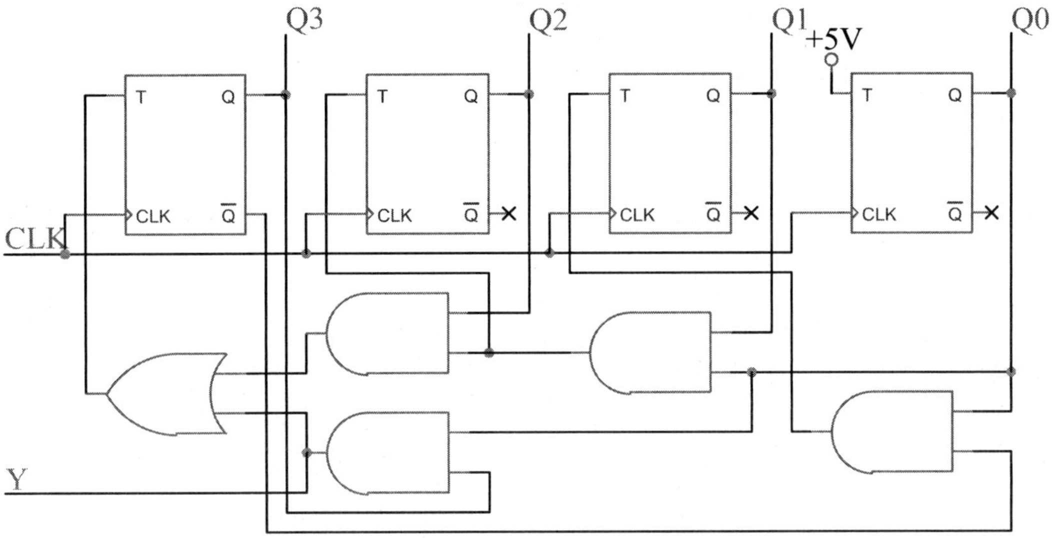

[그림 5-100] 동기식 BCD 카운터의 논리회로도

5.9.3 카운터 실습

시뮬레이션 디바이스 목록

종 류	부품/계기명	실행 아이콘
NAND 게이트	74LS00	: 부품(Component)
AND 게이트	74LS08	
OR 게이트	74LS32	
JK-플립플롭(Flip-Flop)	74LS76	
4bit 비동기 카운터	74LS196	
10진 카운터	74LS390	
BCD 7-Segment O.C Decoder	74LS49	
7-Segment(FND)	7SEG-COM-CAT-GRN	
로직신호 입력기	LOGICSTATE	
로직 프로브	LOGICPROBE(BIG)	
교류전원	SINE	: 전원(Generator)
+5V(VCC)	POWER	: 터미널(Terminal)
접지	GROUND	

1) 비동기식 4비트 업 카운터 시뮬레이션

[그림 5-101]과 같이 비동기식 4비트 업 카운터회로를 구성하고, Clear 단자에 1을 입력하고, 클록단에 클록을 입력하여 업 카운터가 되는지 확인해보자.

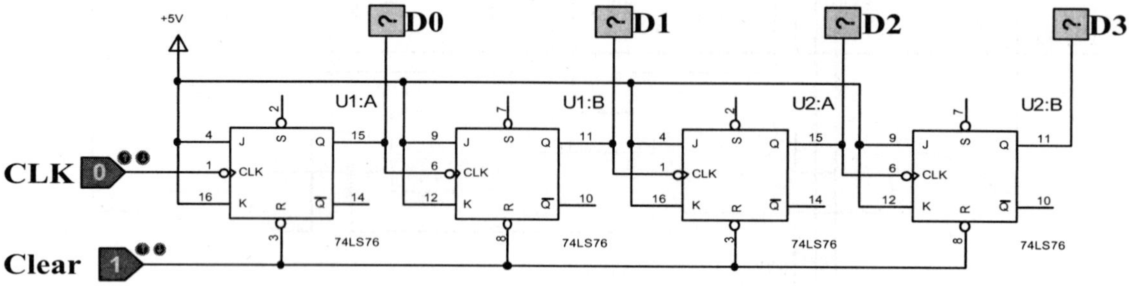

[그림 5-101] 비동기식 4비트 업 카운터 실습회로

① 부품( ) 선택(P)으로 JK-플립플롭('74LS76')과 로직신호 입력기('LOGICSTATE'), 로직 프로브('LOGICPROBE(BIG)')를 등록하고, [그림 5-101]과 같이 배치하고 신호선을 연결한다.

② 터미널( ) 아이콘을 클릭 후 전원('POWER')을 선택하여 [그림 5-101]과 같이 배치하고 신호선을 연결한다.

③ 애니메이션을 실행( )하자.

④ 애니메이션 상태에서 Clear 로직신호 입력단을 1로 입력한다.

⑤ CLK 로직신호 입력단에 클록 신호를 계속 입력한다.

⑥ D0~D3의 변화를 살펴보면 업 카운터 함을 알 수 있다.

2) 비동기식 4비트 다운 카운터 시뮬레이션

[그림 5-102]와 같이 비동기식 2진 4비트 다운 카운터회로를 구성하고, Clear단자에 1을 입력하고 클록단에 클록을 입력하여 다운 카운터가 되는지 확인해보자.

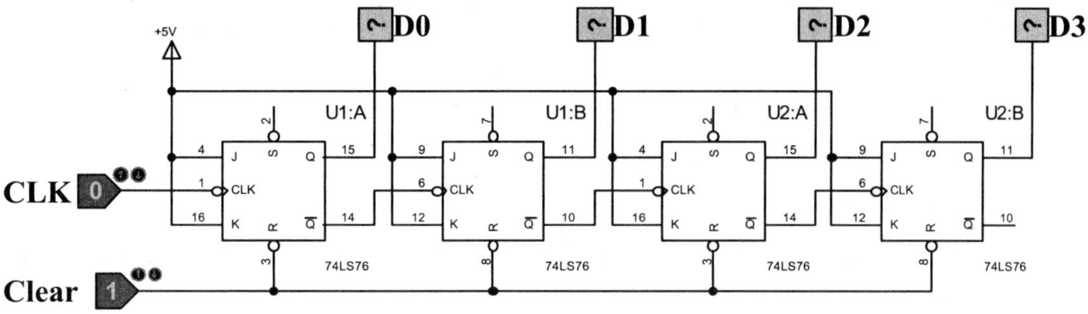

[그림 5-102] 비동기식 2진 4비트 다운 카운터 실습회로

① 부품( ) 선택(P)으로 JK-플립플롭('74LS76')과 로직신호 입력기('LOGICSTATE'), 로직 프로브('LOGICPROBE(BIG)')를 등록하고, [그림 5-102]와 같이 배치하고 신호선을 연결한다.

② 터미널( ) 아이콘을 클릭 후 전원('POWER')을 선택하여 [그림 5-102]와 같이 배치하고 신호선을 연결한다.

③ 애니메이션을 실행( )하자.

④ 애니메이션 상태에서 Clear 로직신호 입력단을 1로 입력한다.

⑤ CLK 로직신호 입력단에 클록 신호를 계속 입력한다.

⑥ D0~D3의 변화를 살펴보면 다운 카운터함을 알 수 있다.

3) 비동기식 BCD 업 카운터 시뮬레이션

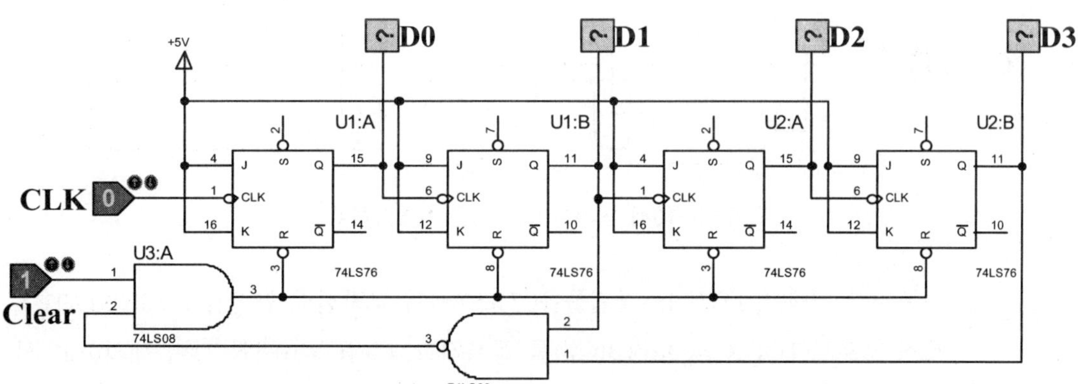

[그림 5-103] 비동기식 BCD 업 카운터 실습회로

[그림 5-103]과 같이 비동기식 BCD 업 카운터회로를 구성하고, Clear 단자에 1을 입력하고, 클록단에 클록을 입력하여 9까지만 카운터가 되는지 확인해보자.

① 부품( ) 선택(P)으로 JK-플립플롭('74LS76')과 로직신호 입력기('LOGICSTATE'), 로직 프로브('LOGICPROBE(BIG)')를 등록하고, [그림 5-103]과 같이 배치하고 신호선을 연결한다.
② 터미널( ) 아이콘을 클릭 후 전원('POWER')을 선택하여 [그림 5-103]과 같이 배치하고 신호선을 연결한다.
③ 애니메이션을 실행( )하자.
④ 애니메이션 상태에서 CLR 로직신호 입력단을 1로 입력한다.
⑤ CLK 로직신호 입력단에 클록 신호를 계속 입력한다.
⑥ D0~D3의 변화를 살펴보면 9까지 카운터 후 0이 됨을 알 수 있다.

4) 동기식 6진 카운터 시뮬레이션

[그림 5-104]와 같이 동기식 6진 카운터 회로를 구성하고, 클록단에 클록을 입력하여 5까지만 카운터가 되는지 확인해보자.

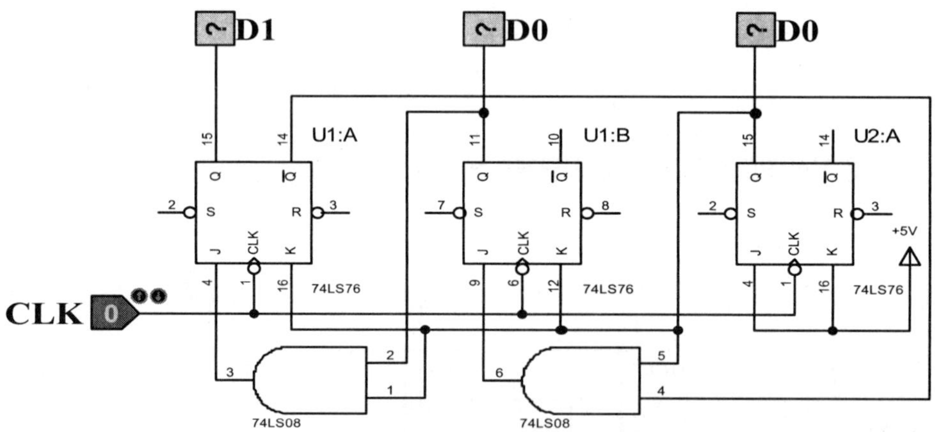

[그림 5-104] 동기식 6진 카운터 실습회로

① 부품( ) 선택(P)으로 JK-플립플롭('74LS76')과 로직신호 입력기('LOGICSTATE'), 로직 프로브('LOGICPROBE(BIG)')를 등록하고, [그림 5-104]와 같이 배치하고 신호선을 연결한다.
② 애니메이션을 실행( )하자.

③ CLK 로직신호 입력단에 클록 신호를 계속 입력한다.

④ D0~D2의 변화를 살펴보면 5까지 카운터 후 0이 됨을 알 수 있다.

5) 동기식 BCD 카운터 시뮬레이션

[그림 5-105]와 같이 동기식 BCD 카운터 회로를 구성하고, 클록단에 클록을 입력하여 9까지만 카운터가 되는지 확인하고 출력 Y도 확인해보자.

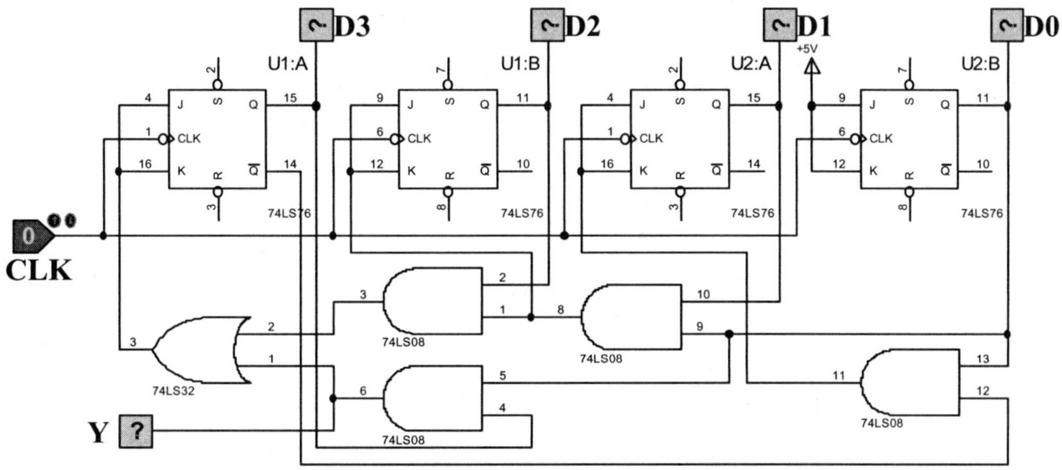

[그림 5-105] 동기식 BCD 카운터 실습회로

① 부품( ) 선택(P)으로 AND('74LS08')와 OR('74LS32'), JK-플립플롭('74LS76')과 로직신호 입력기('LOGICSTATE'), 로직 프로브('LOGICPROBE(BIG)')를 등록하고, [그림 5-105]와 같이 배치하고 신호선을 연결한다.

② 터미널( ) 아이콘을 클릭 후 전원('POWER')을 선택하여 [그림 5-105]와 같이 배치하고 신호선을 연결한다.

③ 애니메이션을 실행( )하자.

④ CLK 로직신호 입력단에 클록 신호를 계속 입력한다.

⑤ D0~D3의 변화를 살펴보면 9까지 카운터 후 0이 됨을 알 수 있다.
또한 9에서 출력 Y가 1이 됨을 알 수 있다.

비동기식과 동기식의 카운터를 실습을 해보았다. 실습결과에서 느낄 수 있듯이 어떠한 N진 카운터도 플립플롭과 기본 논리 게이트를 이용하면 설계에 어려움이 없음을 알 수 있다.

실습문제 디지털 시계 회로

1. [그림 5-106]과 같은 동기식 업-다운 카운터의 회로를 구성하고, 시뮬레이션을 통하여 업 계수와 다운 계수가 되는지를 확인하라. 그리고 출력단의 로직 프로브를 제거하고, FND를 추가한 업-다운 카운터의 회로를 설계하라.

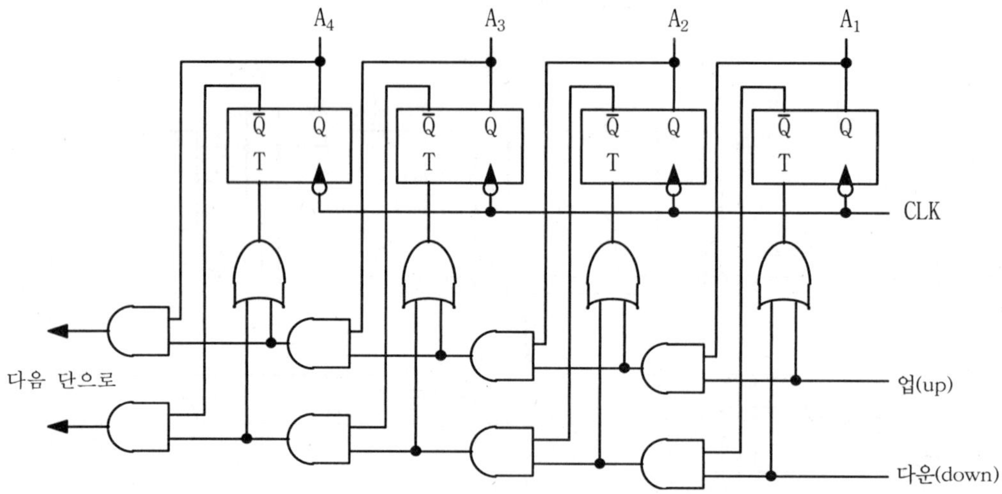

[그림 5-106] 동기식 업-다운 카운터의 논리회로도

▼ 회로도

2. [그림 5-107]의 블록도와 같은 디지털 시계회로를 설계하라. 입력신호 'SINE'는 "[그림 3-35] 미분회로 실습을 위한 구형파 신호설정"을 참조하여 low 전압은 0[V], high 전압은 5[V], 주파수는 1[Hz] 구형파를 입력신호로 사용하라.(분단위 표시회로 [그림 5-108]과 시단위 표시회로 [그림 5-109]를 참조하여 설계하라.)

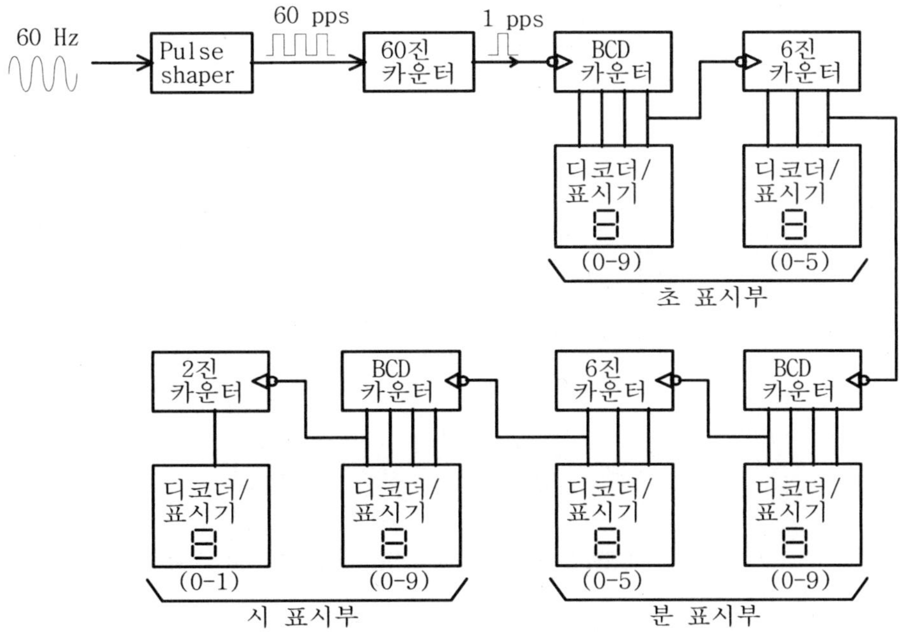

[그림 5-107] 디지털 시계 블록도

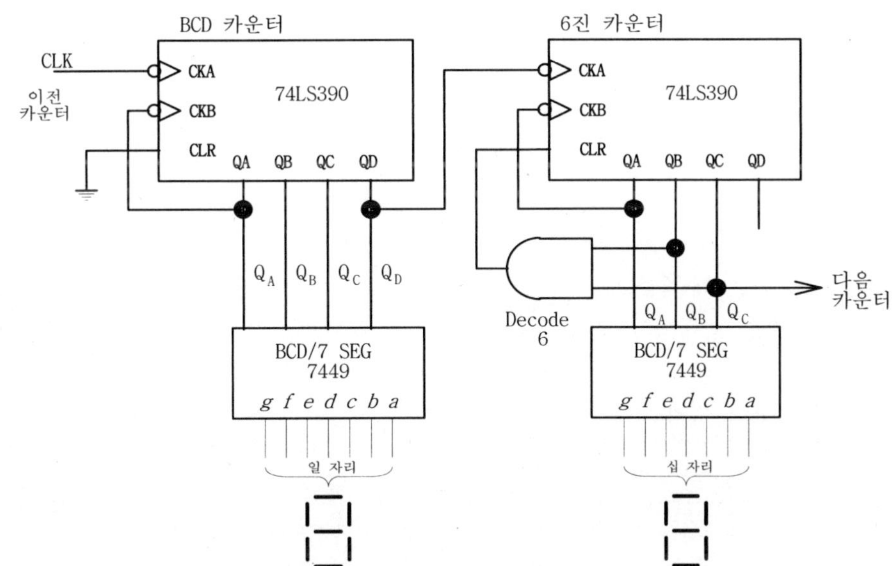

[그림 5-108] 디지털 시계의 60분 단위 카운터 참조 회로도

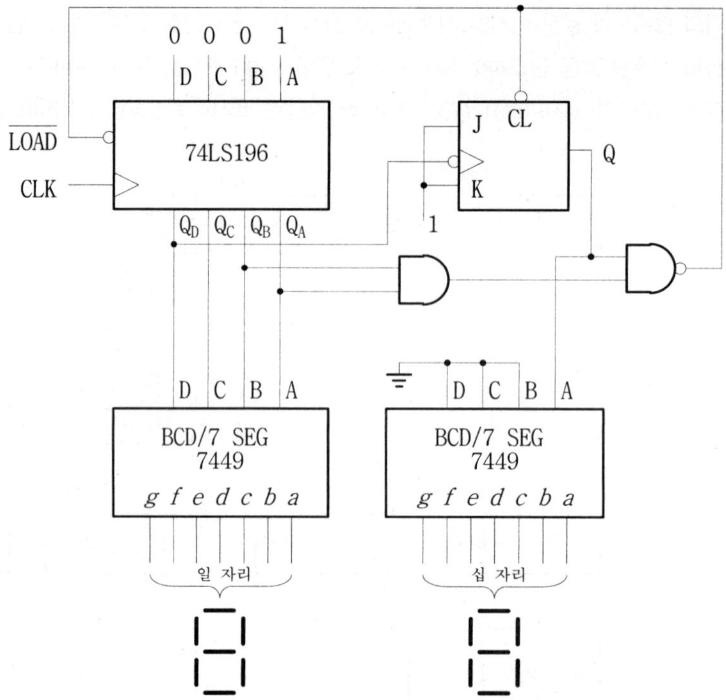

[그림 5-109] 12시간 카운터에 대한 논리회로도

▼ 회로도

부 록

부록 1. PROVSM INSTALL
부록 2. 논리 IC 내부 회로 목록

부록 1. PROVSM INSTALL

ProVSM은 데모용으로 무료로 다운받아 사용할 수 있다. 그리고 이 교재는 Proteus 6을 기준으로 설명하였지만 Proteus 7 데모용과 동작은 유사하므로 학습하는데 있어 아무런 문제가 되지 않을 것이다.

1) 'http://www.labcenter.co.uk'사이트에 접속한다.
2) [그림 부록-1]과 같이 'Downloads' 〉 'Proteus 7 Demo'를 클릭한다.

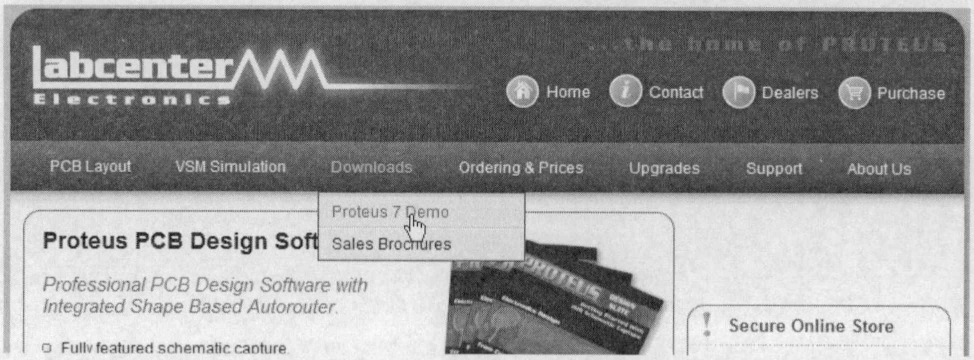

[그림 부록-1] 'www.labcenter.co.uk'사이트에 접속하기

3) [그림 부록-2]와 같이 'PRODEMO.EXE'를 클릭하여 PROVSM프로그램을 다운로드 받는다.

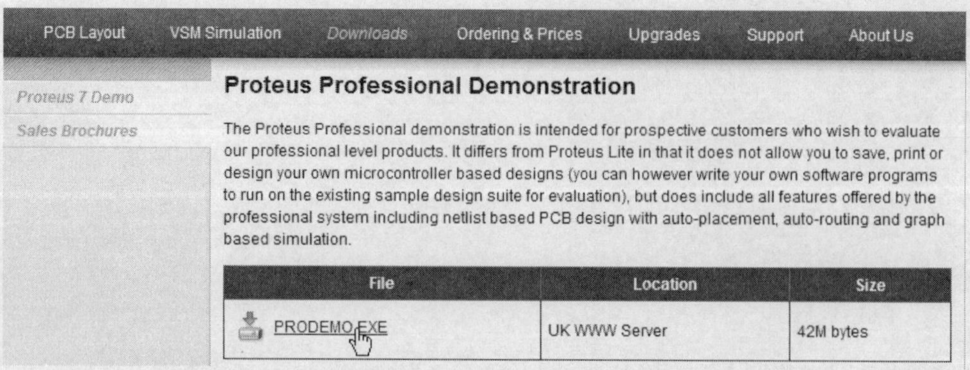

[그림 부록-2] 다운로드 페이지로 이동

4) Windows XP의 보안에 의하여 다운로드 여부를 묻는 [그림 부록-3]과 같은 화면이 나타나면 [그림 부록-3]과 같이 마우스 왼쪽 버튼을 클릭하여 '파일다운로드(D)..'를 선택한다.(적당한 위치에 다운로드를 받는다.)

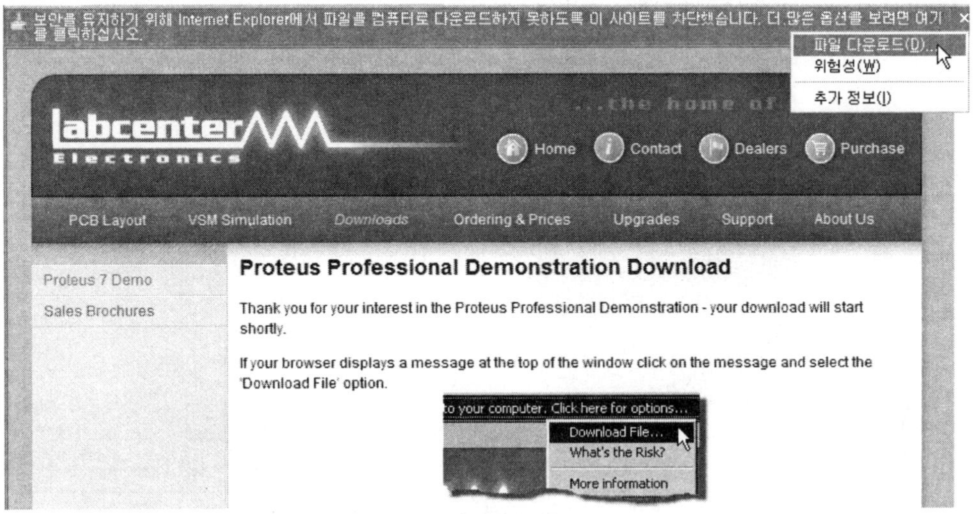

[그림 부록-3] 강제로 다운로드 허용하기

5) 다운로드받은 'prodemo.exe'를 클릭 후 [그림 부록-4]와 같은 창이 열리면 실행을 클릭한다.

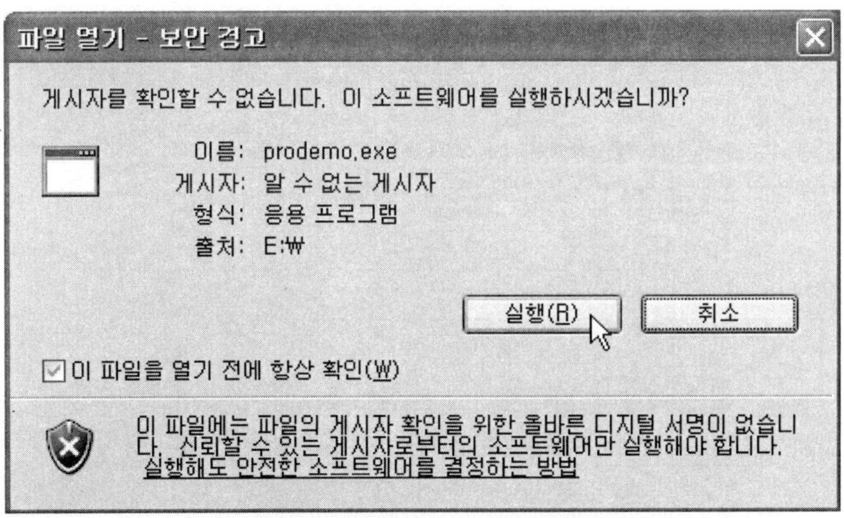

[그림 부록-4] 강제로 다운로드 허용하기

6) [그림 부록-5]와 같이 'NEXT'를 클릭하여 프로그램 설치를 시작한다.

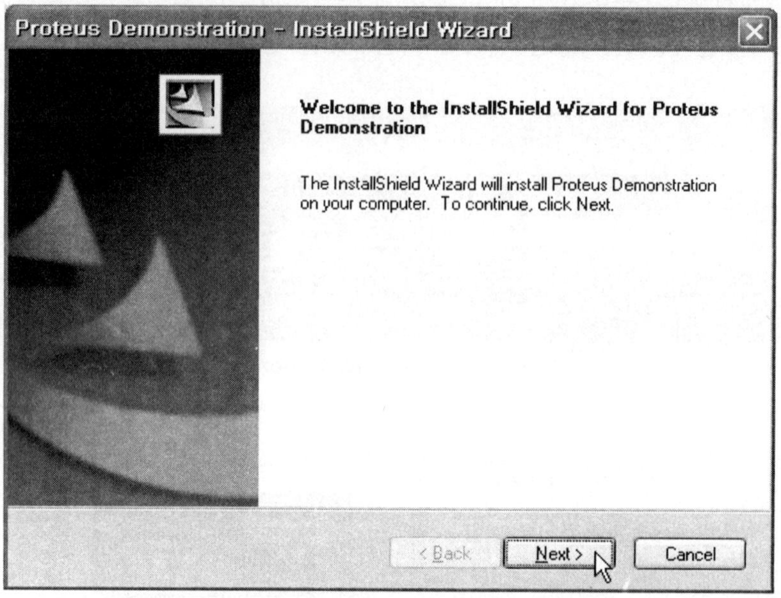

[그림 부록-5] 프로그램 설치 시작

7) 설치할 위치를 [그림 부록-6]에서 'Browse..'를 클릭하여 바꾸거나, PROVSM이 지정한 위치에 설치하고자 한다면 'Next'를 클릭한다.

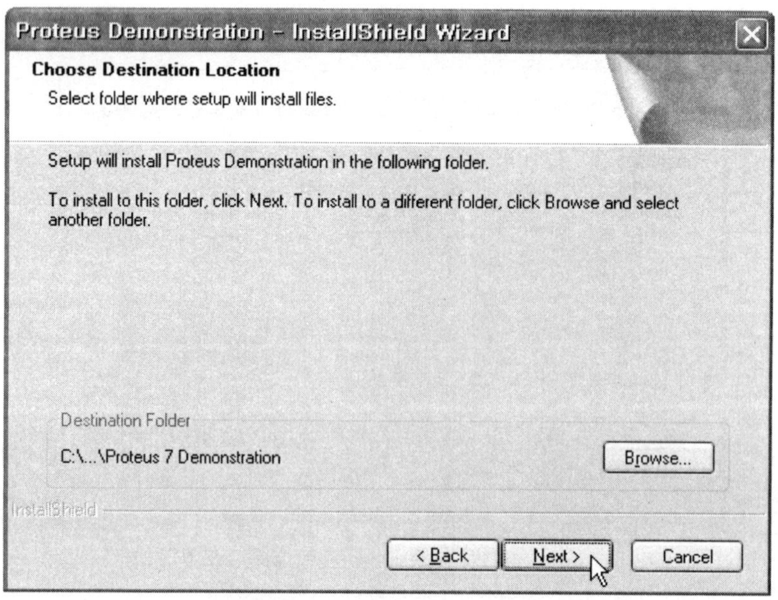

[그림 부록-6] 인스톨 위치 설정

8) 설치할 프로그램을 [그림 부록-7]과 같이 선택되었다면 'Next'를 클릭하고, 프로그램 폴드도 'Next'를 클릭하면 인스톨(Install)이 시작된다.

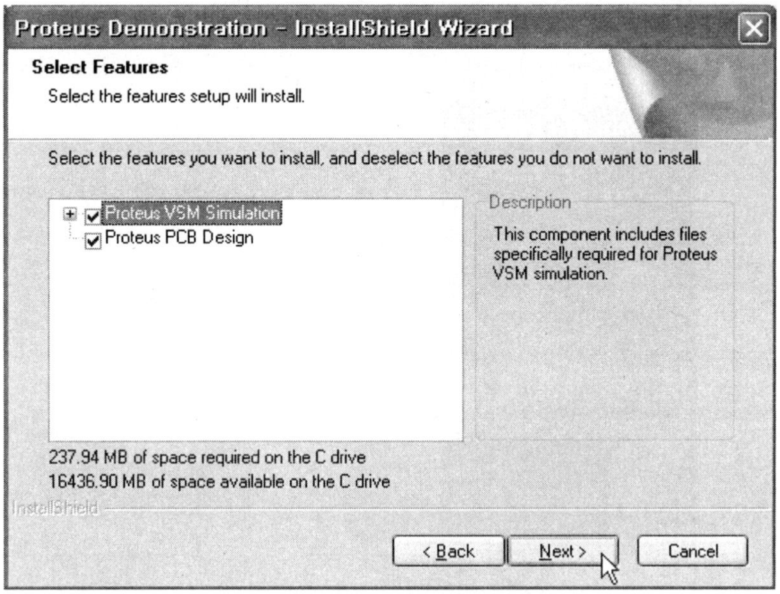

[그림 부록-7] 설치항목 설정

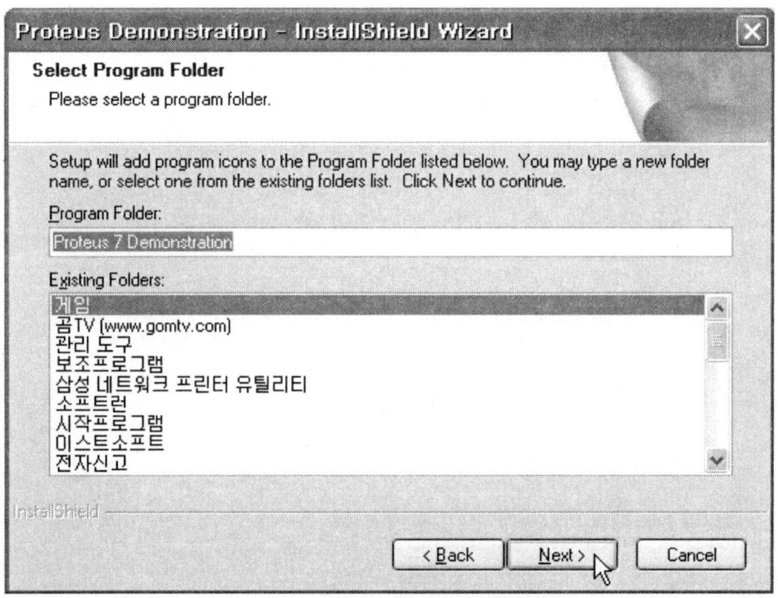

[그림 부록-8] 설치 폴드 지정

9) 설치 완료 화면이 [그림 부록-9]와 같이 나타나면 'Finish'를 클릭하여 설치를 종료한다. 이때 Proteus 7의 새로운 점의 관한 자료를 보고 싶지 않다면 체크 표시를 선택취소 후 'Finish'를 클릭하여 설치를 종료한다.

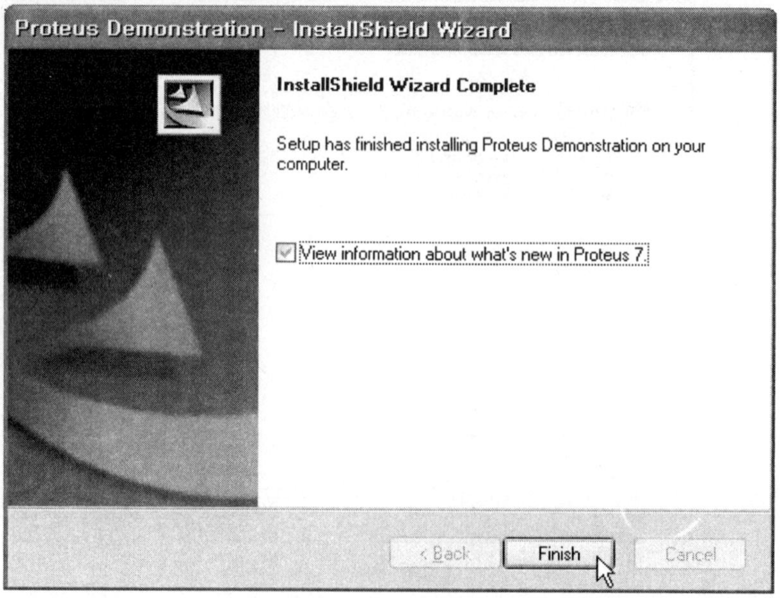

[그림 부록-9] 설치 완료

10) 이제 제1장의 "1.1.1 프로그램 시작"을 이용하여 'Proteus 7 Demo'를 실행하면 된다.

부록 2. 논리 IC 내부 회로도

74LS00

(Quad 2-input NAND Gate)

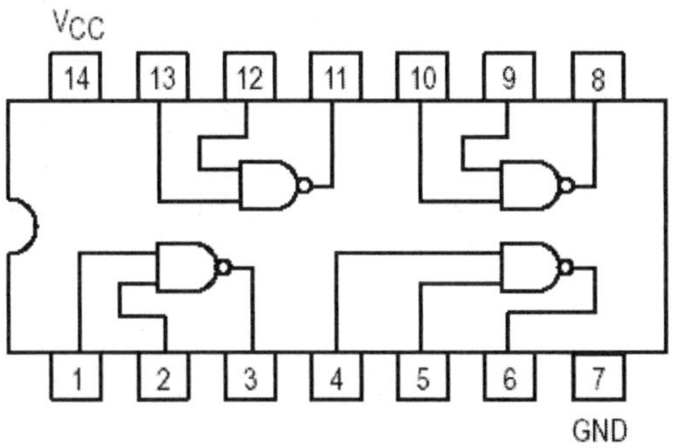

74LS02

(Quad 2-input NOR Gate)

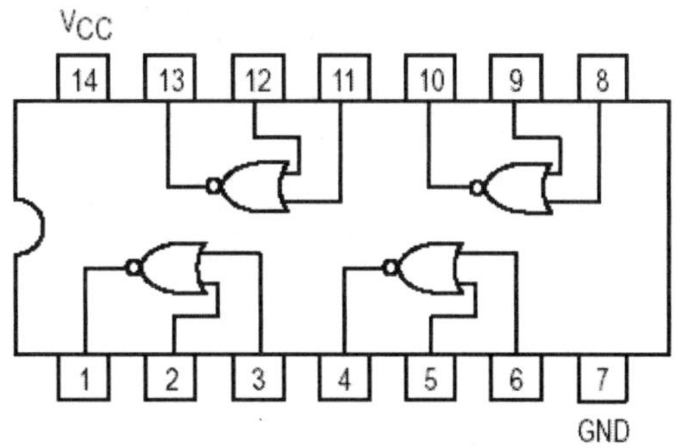

74LS04

(Hex Inverter)

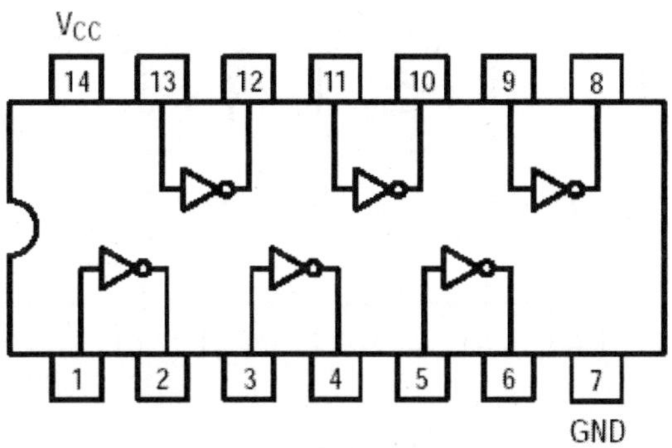

74LS08

(Quad 2-input AND Gate)

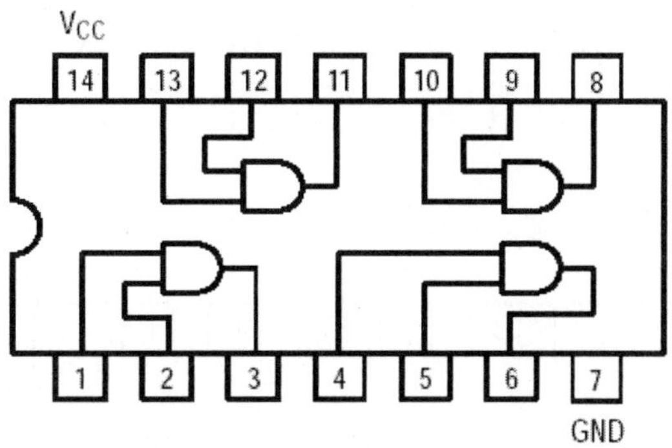

74LS10

(Triple 3-input NAND Gate)

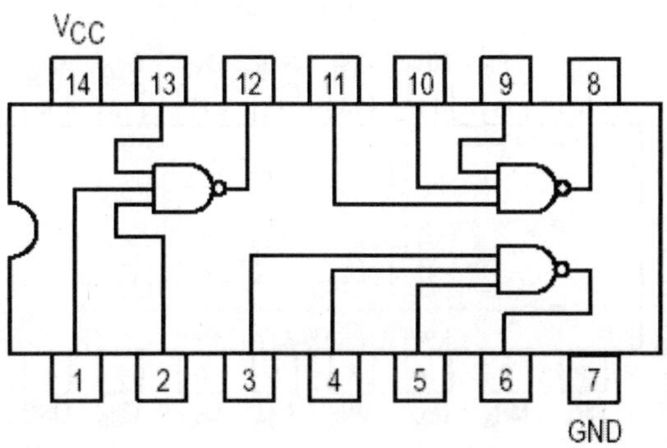

74LS11

(Triple 3-input AND Gate)

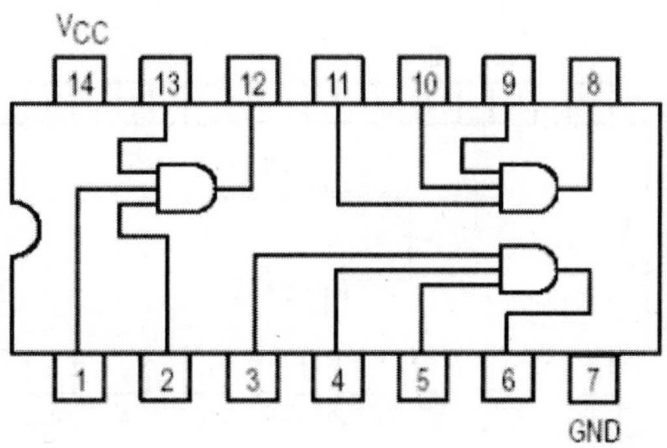

74LS20

(Dual 4-input NAND Gate)

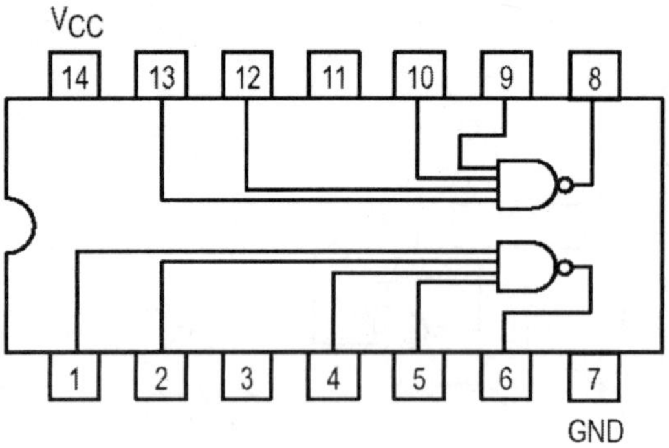

74LS21

(Dual 4-input AND Gate)

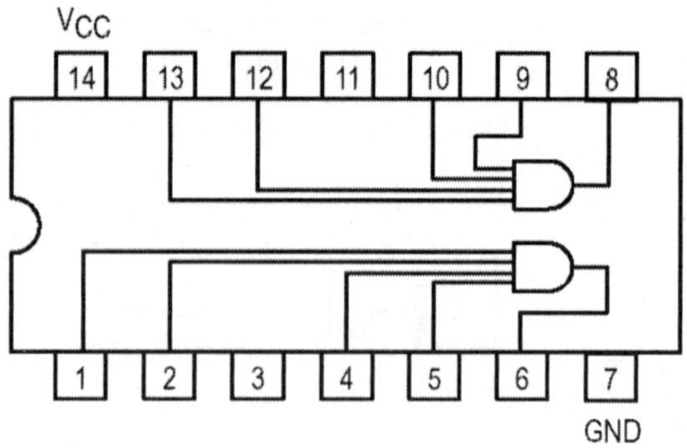

4002

(Dual 4-input NOR Gate)

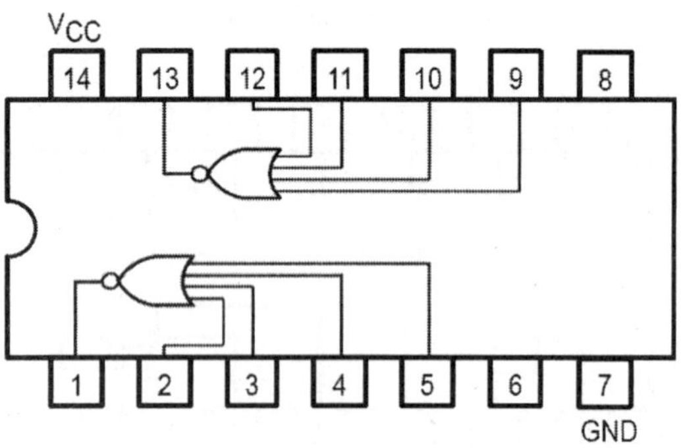

74LS32

(Quad 2-input OR Gate)

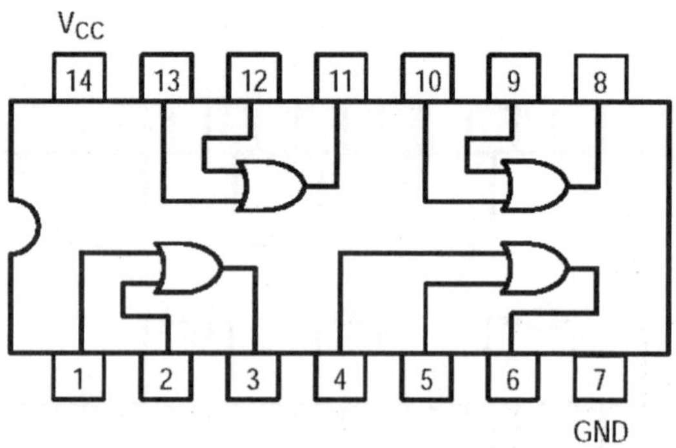

74LS47

(BCD to 7-Segment Decoder/Driver)

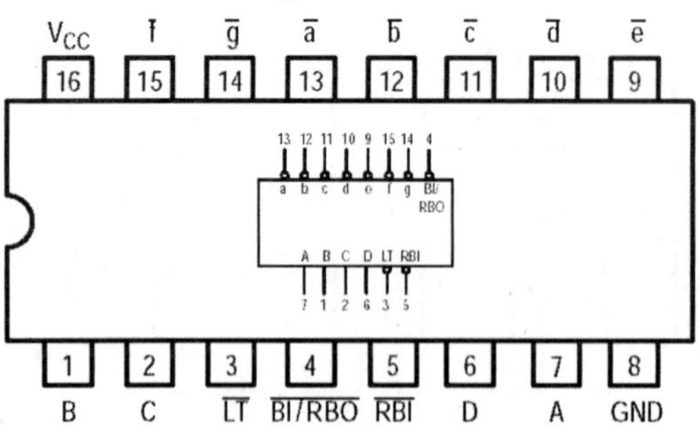

74LS49

(Dual Decade Counter)

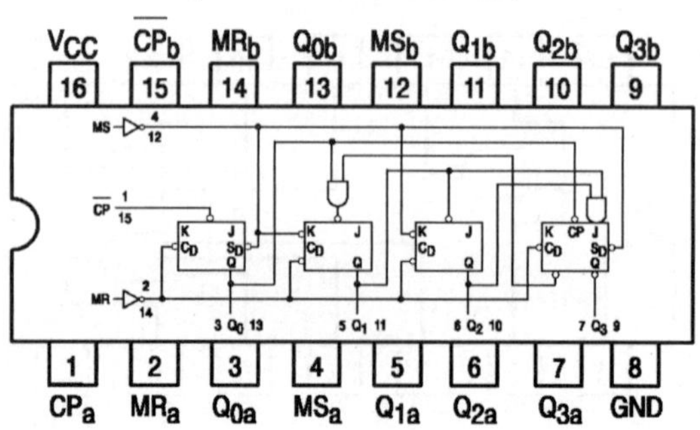

74LS74

(Dual Positive-Edge-Triggered D Flip-Flops with Preset, Clear and Complementary Outputs)

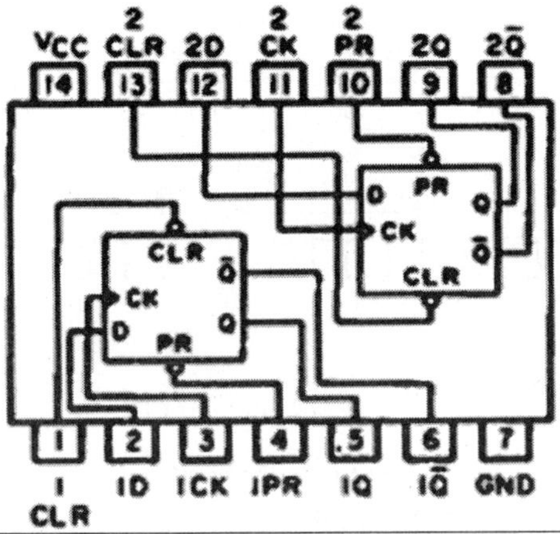

74LS76

(Dual JK Flip-Flop with Set and Clear)

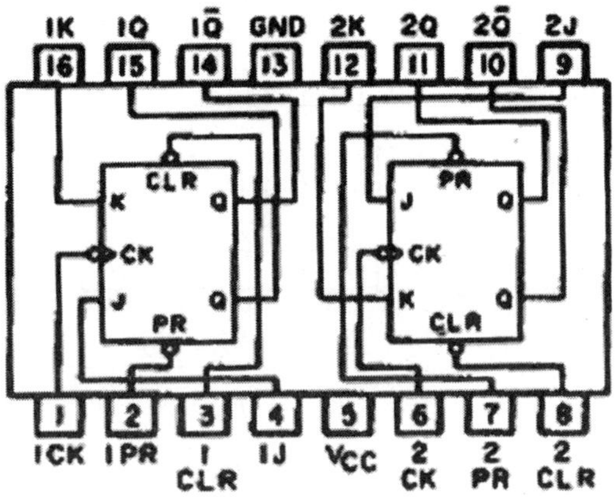

74LS83

(4-Bit Binary Full Adder with Fast Carry)

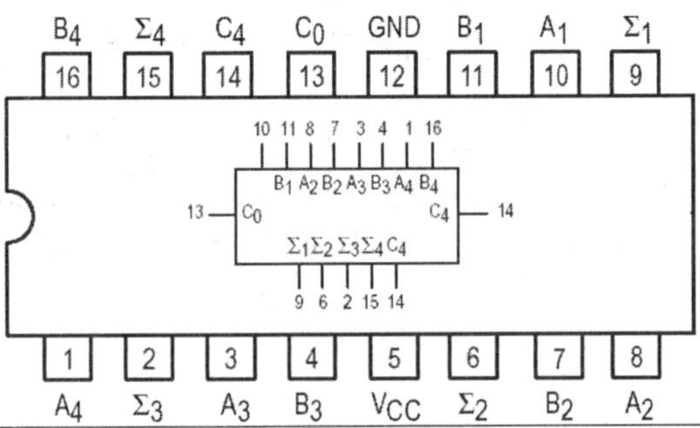

74LS85

(4Bit Magnitude Comparator)

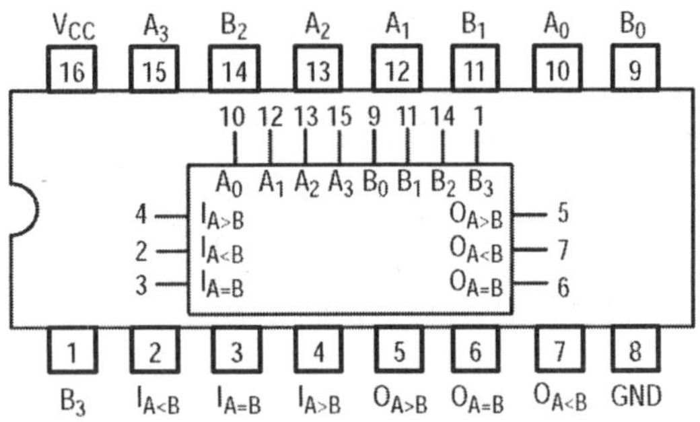

74LS86

(Quad 2-input XOR Gate)

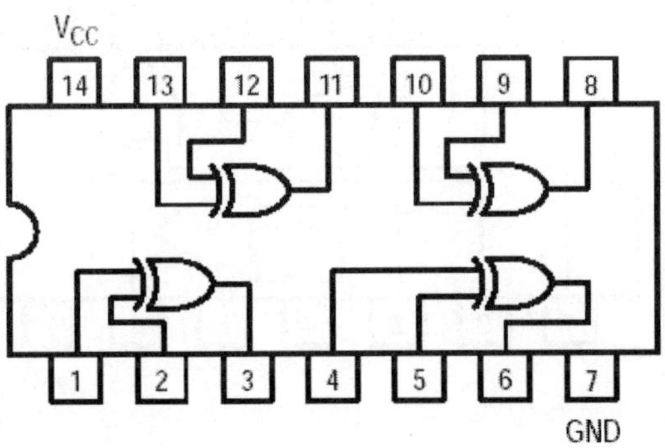

74LS90

(Decade and Binary Counters)

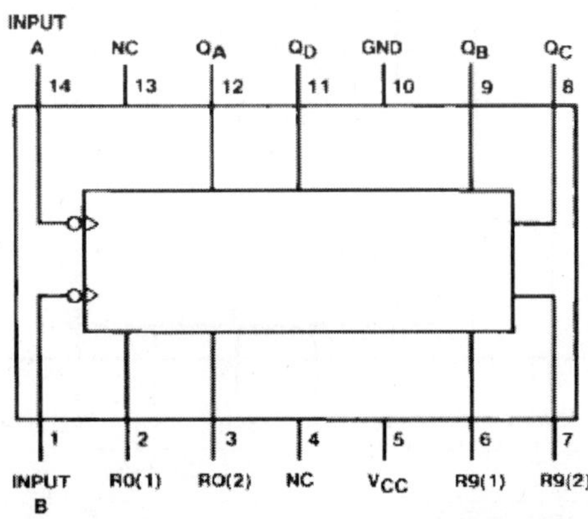

74HC151

(8-input Multiplexer)

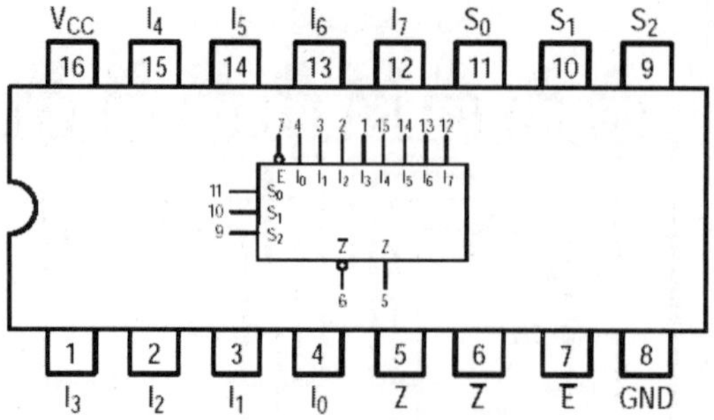

74LS194

(4-Bit Bidirectional Universal Shift Register)

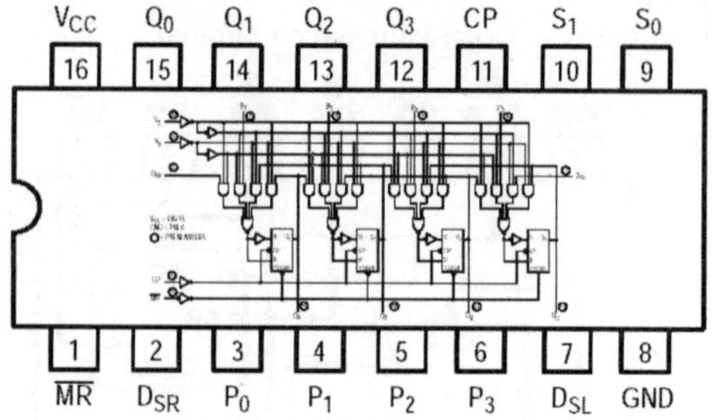

74LS196

(4-State Presettable Ripple Counters)

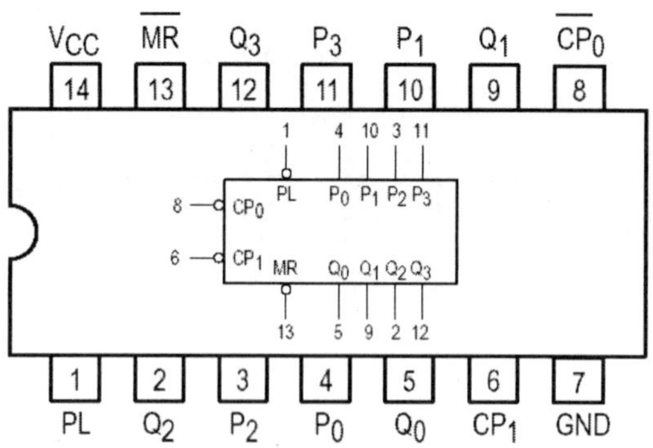

74LS266, 4077

(Quad XNOR Gate with Open Drain, O.C(Open Collecter))

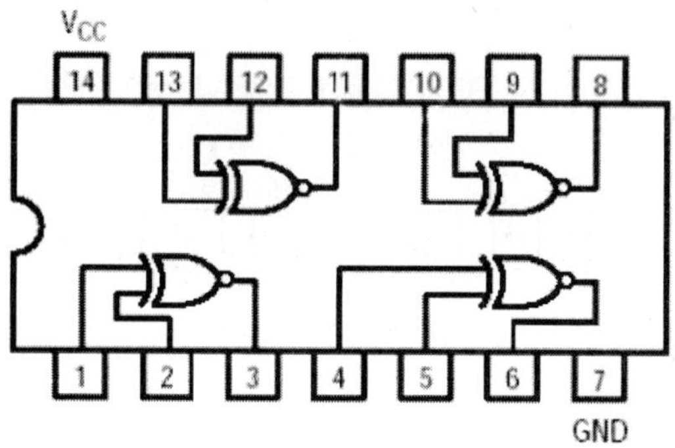

74LS390

(Dual 4-Bit Decade Counter)

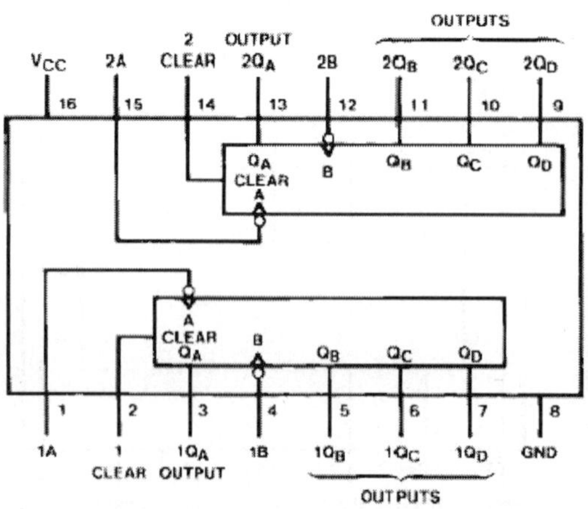

74HC4075

(Triple 3-input OR)

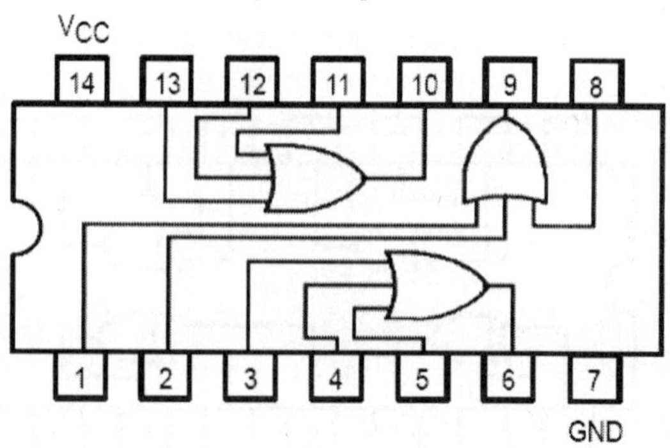

찾아보기

E

F

G

H

I

J

K

L

W

X

Y

Z

기타

PROVSM 기초회로 시뮬레이션

2022년 2월 25일 1판 5쇄 발행

저 자 최상복 · 홍원학
발행인 남 승 우

발행처 도서출판 상尙 학學 당堂
서울특별시 동작구 사당로9가길 6
TEL : 02) 595-1692 ~ 4
FAX : 02) 595-1394
E-mail : namdoo6@unitel.co.kr
신고 : 2-155호 (1968. 11. 29)

정가 25,000원

ISBN 978-89-93383-55-3 93560

〈디자인〉 편집 엄해숙 / 표지 토틀컴